工程材料丛书

工 程 训 练

李国明 陈 珊 主编

科 学 出 版 社
北 京

内 容 简 介

全书共分为 9 章，内容包括工程材料及热处理、毛坯成型方法（铸造、锻压和焊接）、车削加工、钳工、其他机加工方式（铣削、刨削和磨削）、特种加工技术、数控加工技术、互换性与技术测量基础及装配、综合与创新训练。本书内容力求精简，注重新颖性、实用性，图文并茂。

本书可作为普通高等学校各专业金工实习教材，也可供高职高专学校选用，以及有关的工程技术人员参考使用。

图书在版编目（CIP）数据

工程训练 / 李国明，陈珊主编. —北京：科学出版社，2020.8
(工程材料丛书)
ISBN 978-7-03-065870-8

Ⅰ. ①工… Ⅱ. ①李… ②陈… Ⅲ. ①机械制造工艺-高等学校-教材 Ⅳ. ①TH16

中国版本图书馆 CIP 数据核字（2020）第 154486 号

责任编辑：谭耀文 张 湾 / 责任校对：高 嵘
责任印制：彭 超 / 封面设计：苏 波

科学出版社 出版
北京东黄城根北街 16 号
邮政编码：100717
http://www.sciencep.com
武汉中科兴业印务有限公司 印刷
科学出版社发行 各地新华书店经销
*
2020 年 8 月第 一 版 开本：787 × 1092 1/16
2024 年 1 月第二次印刷 印张：16 3/4
字数：390 000

定价：58.00 元

（如有印装质量问题，我社负责调换）

前　　言

随着高等教育的不断发展和教育教学改革的不断深入，我国高等工科教育的人才培养正由知识型向能力型转化，注重能力、素质和创新思维的综合发展。各高等工科院校比以往任何时候都更加重视工程实践教学，普遍成立了工程训练中心或校内实践教学基地，加大了工程训练经费和先进教学设施的投入，纷纷改进教学硬件条件，在师资队伍建设、课程建设、教材建设、教学管理、教学方法和教学研究各方面都开展了更多的工作。

本书系统介绍工程材料基础知识、主要的传统制造工艺、先进的制造技术以及综合与创新训练内容；针对具体的实习内容进行安排，力求内容简单明了，易于短时间了解掌握；不仅能让学生掌握基本的材料、加工等方面的理论知识，而且能让学生在教师的指导下掌握传统的制造技术和一些现代制造技术的基本技能，培养他们的创新意识。本书适应面广，便于自学。另外，本书配套使用的《工程训练实习报告册》，虽未正式出版，但一直作为我校学生内部教辅使用。如读者有相关需求，可与作者联系。

本书由李国明、陈珊主编。第一章、第八章由李国明编写，第二章由胡裕龙编写，第三章由迟钧瀚编写，第四～六章由陈珊编写，第七章由胡会娥编写，第九章由苏小红编写。全书由李国明、陈珊负责统稿。

湖北理工学院徐庆华教授、武汉华夏理工学院常万顺高工审阅了书稿，在此表示衷心感谢。

书中引用并参考了部分教材和资料，在此对其作者一并表示感谢。

由于编者编写经验不足、编写时间仓促等，书中难免有不足之处，诚请读者和专家批评指正，以便及时修改。

编　者

2020年2月

目　录

第一章　工程材料及热处理

实习目的和要求

（1）了解常用工程材料的分类、性能和用途。
（2）了解常用舰船装备材料，主要有船体材料和舰用柴油机用材料。
（3）了解材料的力学性能、各种性能评价指标。
（4）了解常用热处理设备，掌握普通热处理的工业特点及应用。

第一节　工程材料的分类

工程材料是制造工程结构和机器零件所使用的材料的总称。工程材料有各种分类方法，比较科学的方法是根据材料的本性或其结合键的性质进行分类。一般将工程材料分为金属材料、陶瓷材料、高分子材料和复合材料四大类。

一、金属材料

金属材料是最重要的工程材料，包括金属和以金属为基的合金。元素周期表中的金属元素分简单金属和过渡金属两类。凡是内电子壳层完全填满或完全空着的元素，均属于简单金属；内电子壳层未完全填满的元素属于过渡金属。

工业上把金属及其合金分为两大部分。

（1）黑色金属——铁和以铁为基的合金（钢、铸铁和其他铁合金）。

（2）有色金属——黑色金属以外的所有金属及其合金。

其中，应用最广的是黑色金属。以铁为基的合金材料占有整个结构材料和工具材料的90%以上。黑色金属的工程性能比较优越，价格也比较便宜，是最重要的工程金属材料。

（一）黑色金属

钢铁材料是以铁、碳为主要成分的合金，又称铁碳合金。钢是指含碳量小于或等于2.11%的铁碳合金；铸铁是指含碳量大于2.11%的铁碳合金。

1. 钢

钢分为碳素钢和合金钢两大类。合金钢是为了提高钢的力学性能、工艺性能或某些其他特殊性能（耐腐蚀性、耐热性、耐磨性等），在冶炼中有目的地加入一些合金元素（锰、硅、镍、铬、钼、钒、钨、钛等）。工业用碳钢的含碳量一般为0.05%～1.35%。

碳素结构钢有害杂质较多，保证力学性能而不保证化学成分，主要用于制造各种工程构件（桥梁、船舶、建筑构件等）和要求不高的机械零件（螺钉、螺栓等）。这类钢一般属于低碳钢(含碳量小于0.25%)和中碳钢(含碳量为0.25%～0.60%)。常用的牌号有Q215、Q235、Q275等。

优质碳素结构钢既保证化学成分又保证力学性能，有害杂质较少，主要用于制造较重要的机械零件（齿轮、传动轴、连杆等）。常用的牌号有08、10、20、45、55。

碳素工具钢主要用于制作各种低速切削刀具（丝锥、锉刀、锯条等）、模具、量具。这类钢属于高碳钢（含碳量大于0.6%）。常用的牌号有T8、T10、T10A、T12、T12A等。

合金结构钢主要用于制造承受载荷较大或截面尺寸大的重要工程结构和机器零件（曲轴、连杆螺栓、弹簧、轴承等）。常用的牌号有低合金结构钢（Q345、Q390）、调质钢（40Cr、35CrMo）、弹簧钢（65Mn、60SiMn）和滚动轴承钢（GCr15）等。

合金工具钢主要用于制造尺寸较大、形状较复杂的各类刀具、模具和量具等。常用的牌号有刃具钢9SiCr、CrWMn、W18Cr4V，模具钢Cr12、Cr12MoV、5CrMnMo，以及用于制造量具的CrWMn和GCr15等。

特殊性能钢是指具有特殊的物理、化学或力学性能的钢，用于制造有特殊性能要求的零件。在机械制造行业中应用较多的有不锈钢、耐热钢、耐磨钢等。不锈钢广泛用于化工设备、管道、汽轮机叶片、医疗器械等。耐热钢要求在高温下具有一定的抗氧化、抗腐蚀性能，又要求高温下强度高，广泛用于汽轮机、燃气轮机、航空器、电炉等制造行业。高锰耐磨钢常用于制造工作中承受冲击和压力并要求耐磨的零件，广泛用于制造车辆的履带、破碎机颚板、铁路道岔、防弹钢板等。常用的牌号有1Cr18Ni9、2Cr13(不锈钢)、15CrMo、4Cr9Si2（耐热钢）、ZGMn13（耐磨钢）。

2. 铸铁

工业上常用的铸铁含碳量为2.5%～4%，它含有比碳钢更多的硅、锰、硫、磷等杂质，力学性能比钢差，但由于铸铁具有良好的铸造性能、切削加工性能、耐磨性、减振性，且成本低廉，广泛应用于机械制造中。

灰口铸铁广泛用于制造承受静压力或冲击载荷较小的零件（床身、底座、箱体、手轮等）。常用的牌号有HT100、HT150、HT200、HT300等。

球墨铸铁可代替碳素结构钢用于制造受力复杂、性能要求高的重要零件（曲轴、连杆、齿轮等）。常用的牌号有QT400-18、QT500-7、QT600-3等。

可锻铸铁用于制造形状复杂、承受冲击和振动的薄壁小型零件（管接头、农具、连杆类零件等）。常用的牌号有KTZ350-10、KTZ550-04等。

（二）有色金属

有色金属可分为轻金属、易熔金属、难熔金属、贵金属、铀金属、稀土金属和碱土金属。它们是重要的特殊用途材料。

1. 铜合金

在纯铜（紫铜）中加入某些合金元素（如锌、锡、铝、铍、锰、硅、镍、磷等），就形成了铜合金。铜合金具有较高的强度和耐磨性，较好的导电性、导热性和耐腐蚀性，同时具有良好的加工性能，广泛应用于电气工业、仪表工业、造船工业及机械制造工业等领域。根据化学成分的不同，铜合金分为黄铜、青铜和白铜。

黄铜是以锌为主要合金元素的铜合金，具有良好的变形加工性能、耐腐蚀性能和优良的铸造性能。常用的黄铜牌号有 H62、H70 等。

青铜是以锡为主要合金元素的铜合金，工业上习惯把含铝、硅、铍、锰、铅等元素的铜合金都称为青铜，如锡青铜、铝青铜、铍青铜等。青铜主要用于制造耐腐蚀件、耐磨件、弹簧组件（如飞机、拖拉机、汽车轴承、齿轮、蜗杆、蜗轮、船舶及电气零件等）。常用的锡青铜牌号有 ZCuSn5Pb5Zn5、ZCuSn10Pb5 等。

白铜是以镍为主要合金元素的铜合金，具有良好的耐腐蚀性能，主要用于制造船舶上的海水管路，常用的白铜牌号有 B10、B30。

2. 铝合金

以铝为基添加一定量其他合金化元素的合金，是轻金属材料之一。铝合金具有较高的强度，优良的物理、化学性能和工艺性能，广泛用于电气工程、航空航天及机械制造工业等领域。在工业生产中的应用仅次于钢铁。根据化学成分及加工方法的不同，铝合金分为变形铝合金和铸造铝合金。

变形铝合金具有较高的比强度、较好的塑性及耐腐蚀性，常加工成各种型材、板材、线材、管材及结构件（如铆钉、焊接油箱、管道、容器、发动机叶片、飞机大梁及起落架、内燃机活塞等）。变形铝合金根据用途可分为防锈铝合金、硬铝合金、超硬铝合金等。

铸造铝合金是用于制造铝合金铸件的材料，按加入的主要合金元素不同，铸造铝合金分为铝硅合金、铝铜合金、铝镁合金和铝锌合金。铝硅合金是应用最广的铸造铝合金，通常称为硅铝明合金，耐腐蚀性和耐热性好，又有足够的强度，适用于制造形状复杂的薄壁件或气密性要求较高的零件（如内燃机气缸体、化油器等）。

二、陶瓷材料

陶瓷材料是人类应用最早的硅酸盐材料。它具有高熔点、高硬度、高耐磨性、耐氧化等特点，可用作结构材料、刀具材料。由于陶瓷还具有某些特殊性能，又可作为功能材料。

陶瓷是一种或多种金属元素与一种非金属元素（通常为氧）的化合物，其中尺寸较大的氧原子为陶瓷的基质，较小的金属（或半金属，如硅等）原子处于氧原子之间的孔隙里。陶瓷的硬度高，但脆性大。

陶瓷材料属于无机非金属材料，是指不含碳氢氧结合的化合物，主要为金属氧化物和金属带氧化合物。因为大部分无机非金属材料含有硅和其他元素的化合物，所以又叫作硅酸盐材料。

按照成分和用途，工业陶瓷材料可分为如下类型。

（1）普通陶瓷（或传统陶瓷）——主要为硅、铝氧化物的硅酸盐材料。

（2）特种陶瓷（或新型陶瓷）——主要为高熔点的氧化物、碳化物、氮化物、硅化物等的材料。

（3）金属陶瓷——主要指用陶瓷生产方法制取的金属与碳化物或其他化合物的粉末制品。

三、高分子材料

高分子材料为有机合成材料，也称聚合物。它具有较高的强度、良好的塑性、较强的耐腐蚀性能、很好的绝缘性及重量轻等优良性能，在工程上是发展最快的一类新型结构材料。

高分子材料由大量分子量特别高的大分子化合物组成，每个大分子皆包含结构相同、相互连接的链节。有机物质主要以碳元素（通常还有氢）为其结构组成，在大多数情况下它构成大分子的主链。

和无机材料一样，高分子材料按其分子链排列有序与否，可分为结晶聚合物和无定形聚合物两类。结晶聚合物的强度较高，结晶度决定于分子链排列的有序程度。

高分子材料种类很多，工程上通常根据力学性能和使用状态将其分为三大类。

（1）塑料——主要指强度、韧性和耐磨性较好的，可制造某些机器零件或构件的工程塑料，分热塑性塑料和热固性塑料两种。

（2）橡胶——通常指经硫化处理的、弹性特别优良的聚合物，有通用橡胶和特种橡胶两种。

（3）合成纤维——指由单体聚合而成的、强度很高的通过机械处理所获得的纤维材料。

四、复合材料

复合材料是两种或两种以上不同材料的组合材料，其性能是它的组成材料所不具备的。复合材料可以由各种材料复合组成。它在强度、刚度和耐腐蚀性方面比单纯的金属、陶瓷和聚合物优越，是一类特殊的工程材料，具有广阔的发展前景，可能成为 21 世纪的“钢”。

复合材料一般以强度低、韧性好的材料为基体，以强度高、脆性大的材料为增强相。常见的复合材料有玻璃纤维复合材料（玻璃钢）和碳纤维复合材料，是目前发展最快、应用最广的纤维复合材料。玻璃钢是以塑料为基体，与玻璃纤维复合而成的，常用于制作减摩、耐磨的机械零件、密封件、仪器仪表零件、管道、泵阀、汽车船舶壳体、建筑结构、飞机的旋翼等。

第二节　舰船装备材料

舰船装备材料分为船体材料及舰用柴油机用材料。

一、船体材料

建造舰船结构（如外壳板、龙骨、肋骨、甲板）用的钢材称为船体结构钢，简称为船体钢。船体钢是工程结构钢的一个分支。

（一）船体结构钢的发展概况

船体材料、结构设计和建造工艺是保证船体结构获得优异性能的三个主要方面，其中船体材料是开展结构设计和制订建造工艺的基础，而船体结构钢又是用来建造船体及其附属设备的最主要的金属材料。因此，船体结构钢的发展历来受到各国海军的重视。

一些发达国家海军在船体结构钢的研究与发展方面比较先进，不仅钢的品种齐全，而且不断向高强度级别发展。近年来，船体结构钢的发展有两个主要动向：一是努力提高钢的强韧性，以增加潜艇下潜深度；二是寻找新的途径，在获得较高强韧性的同时，降低钢的成本。例如，美国继 HY-80、HY-100 钢之后又研制开发了强度级别更高的潜艇用钢 HY-130。用其制造的潜艇下潜深度可达 560 m。20 世纪 80 年代，美国又研制开发出强韧性与 HY-80 相当的 HSLA-80 钢。这种超低碳、以铜为主要合金化元素的钢，一改传统的碳化物第二相强化机制，采用时效处理，通过铜的沉淀硬化提高钢的强度。又由于该钢的含碳量低（≤0.07%），低温韧性也相当好。更优越的是这种钢不用调质，因而成本低，用其建造大型水面舰艇可大大降低建造成本，由此可称为新一代船体钢。

我国国产船体钢的发展也相当快。中华人民共和国成立不久，20 世纪 50～60 年代，我国就成功地仿制了 3C、4C 等碳素船体钢，并研制出 901、902、903、921 等 7 种低合金船体钢，形成了我国第一代军用船体钢系列，用这些钢建造了 40 种型号约 500 艘舰艇。

20 世纪 70 年代末，国内又研制出以镍、铬为主要合金元素，耐海水腐蚀性较好的 907 钢，代替耐海水腐蚀性能较差的 902 钢，用于制造潜艇非耐压壳体；80 年代又相继研制成功 921A 系列钢、国内最高强度级别的潜艇用钢 402 钢（现命名为 980 钢）及新型的水面舰船用钢 945 钢。90 年代采用精炼技术改进、提高了 907 钢的质量与性能，研制成功了 907A 钢。

（二）船体结构钢的分类

船体结构钢主要可分为三大类：一般强度船体结构钢、高强度船体结构钢和超高强度船体结构钢。前者为碳素船体钢，后两者为低合金船体钢。低合金船体钢不仅强度比碳素船体钢高得多，韧性（尤其是低温韧性）也比碳素船体钢好。碳素船体钢的组织为铁素体+珠光体型。低合金船体钢按照使用时的组织状态可分为铁素体+珠光体型、调质型（回火马氏体、回火索氏体）、贝氏体型及奥氏体型等不同类型。目前，常用的是前两种组织类型的船体钢。奥氏体型船体钢属于中碳钢，主要用于建造扫雷舰及船体特殊部位的结构。

1. 一般强度船体结构钢

一般强度船体结构钢的屈服强度为 235 MPa。按照质量等级，这类钢分为 A 级、B 级、D 级和 E 级四类，其中 B 级用量最大。质量等级越高，对冲击韧性要求越高。A 级钢的冲击试验温度为 20 ℃，B 级钢的冲击试验温度为 0 ℃，D 级钢的冲击试验温度为–20 ℃，E 级钢的冲击试验温度为–40 ℃。A 级钢一般用于建造内河船舶，B 级钢用于建造沿海船舶，D 级钢、E 级钢用于建造远洋船舶，其中 E 级钢主要用于大型远洋船舶的强力甲板边板、舷顶列板和外板等结构。

2. 高强度船体结构钢

我国高强度船体结构钢有三个强度级别，即 315 MPa、355 MPa 和 390 MPa，有 A 级、D 级、E 级、F 级四个质量等级，质量等级越高，对冲击韧性要求越高。A 级钢的冲击试验温度为 20 ℃，D 级钢的冲击试验温度为–20 ℃，E 级钢的冲击试验温度为–40 ℃，F 级钢的冲击试验温度为–60 ℃。高强度船体结构钢的牌号有 AH32、DH32、EH32、FH32，AH36、DH36、EH36、FH36，AH40、DH40、EH40、FH40。该类钢的使用状态通常为控制轧制、正火或温度-形变控制轧制，AH40、DH40、EH40 及 F 级钢有时需要淬火+回火。

高强度船体结构钢主要为 Mn-Si 系船体钢，主要合金化元素是锰，其次是钒、钛、铌等，随着钢中合金元素含量的增多，略减碳含量，以保证可焊性。使用状态主要为热轧或正火态，组织为铁素体+珠光体，因而屈服强度最高只能达到 450 MPa。

3. 超高强度船体结构钢

超高强度船体结构钢是指屈服强度大于 420 MPa 的船体结构钢，我国超高强度船体结构钢有 420 MPa、460 MPa、500 MPa、550 MPa、620 MPa、690 MPa 和 785 MPa 级。我国超高强度船体结构钢、海洋用钢有 Mn 系和 Cr-Ni 系船体结构钢。Mn 系超高强度船体结构钢、海洋用钢有 A 级、D 级、E 级、F 级四个质量等级，质量等级越高，对冲击韧性要求越高。A 级、D 级、E 级、F 级超高强度船体结构钢均需进行–60 ℃冲击试验，强度级别越高，冲击韧性要求越高。这类钢的牌号有 AH420、DH420、EH420、FH420，AH460、DH460、EH460、FH460，AH500、DH500、EH500、FH500，AH550、DH550、EH550、FH550，AH620、DH620、EH620、FH620，AH690、DH690、EH690、FH690。目前，该类钢的成分在《船舶及海洋工程用结构钢》（GB 712—2011）中只规定了碳、硅、锰、硫、磷和氮的含量上限，添加的合金化元素及细化晶粒元素铝、铌、钒、钛还没有规定。该类钢的供货状态为温度-形变控制轧制、淬火+回火或温度-形变控制轧制+回火。

对于强度级别很高的钢，国内外目前主要采用 Cr-Ni 系船体结构钢，如美国目前使用的 HY-80（550 MPa）、HY-100（690 MPa）和 HY-130（890 MPa），俄罗斯目前使用的 схл-45（440 MPa）和 AK-25（590 MPa），俄罗斯最高强度的 AK 船体钢屈服强度超过了 1100 MPa。我国 Cr-Ni 系超高强度船体结构钢、海洋用钢也有 440 MPa 级、590 MPa 级、785 MPa 级等，现正在研制 980 MPa 级深海用钢（NiCrMoV 系低碳贝氏体钢）。这类钢中含有较多的镍、铬，并加入了钼，显著提高了钢的淬透性，保证厚截面钢板调质后，心部也能获得 50% 以上的回火索氏体组织。镍、铬溶入铁素体还起到固溶强化作用，并提高钢的韧性，尤其是镍，可显著降低钢的韧脆转变温度。钼还可消除高温回火脆性，钒则起到细化晶粒的作用。

4. 奥氏体型船体钢——低磁钢

磁导率接近 1 Gs/Oe 的钢材称为低磁钢。一般钢材的磁导率是几万或十几万 Gs/Oe，奥氏体钢属低磁钢。锰是扩大奥氏体相区元素，含锰量足够高时，可在室温下获得单相奥氏体组织。目前使用的低磁钢有 Mn-Al 系钢 45Mn17Al3，奥氏体不锈钢也可作为低磁钢，用于制造局部的特殊船体结构部件。

二、舰用柴油机用材料

柴油机是舰艇上的主要动力装置之一，它的体积小、重量轻、启动简便迅速，故轻型及快速舰船多选用其作为主机。柴油机燃烧室内的温度可高达 1400 ℃以上，压力为 45～80 MPa。它是通过连杆、曲轴、齿轮、轴等来传递动力的，这些零件的受力情况、工作条件各不相同，因而需要选用各种材料来满足它们的使用要求。

（一）曲轴

曲轴的功能是将连杆的往复运动转变为旋转运动。它受到周期变化的扭转、弯曲、压缩和冲击等多种载荷的作用。尤其是在变工况情况（改变转速、正倒车、启停等）下，其受力情况更为复杂。因此，要求曲轴材料应具有良好的综合力学性能、抗疲劳性能和轴颈部位的耐磨性。曲轴有组合式和整锻式两种，一般主机均采用整锻式，辅机则可采用组合式。整锻式曲轴应注意保证流线的连续性。

曲轴视功率大小和转速快慢的不同，可以选用 35、40、45、40Cr、35CrMoA、18Cr2Ni4W 等。

（二）连杆

连杆是将活塞的往复运动转换为曲轴的旋转运动的重要传动零件，其所受到的是周期性并具有方向变化的力，除拉压作用外还有弯曲作用。因此，要求连杆材料具有较高的屈服强度和疲劳强度。此外，还要求其有足够的刚度（这需要从零件的形状和尺寸方面进行考虑）和韧性。连杆所受的周期力近似于小能量多次冲击，从这个角度来看，是否更应强调其屈服强度，这是个值得探讨的问题。

目前一般低、中速柴油机的连杆多选用 35、45、40Cr、35CrMo 等钢制造，舰用高速柴油机则选用 18Cr2Ni4WA。碳钢一般只作正火+回火处理，但热处理后的冲击韧性值不得小于 50 J/cm^2；合金钢则均采用调质处理。从热处理来看，还是比较着重于韧性方面。从已发生的损坏实例来看，连杆的破损位置多发源于连杆小头上杆身的过渡区、连杆大头上螺钉孔及油孔等处，而且多属于疲劳性断裂。因此，考虑安全、可靠性的要求，高速机连杆调质处理时要求必须全部淬透，心部应保证获得 95%以上的马氏体，以便在高温回火之后得到绝大部分的典型回火索氏体组织，从而使连杆具有优良的综合力学性能。这正是高速舰用柴油机连杆采用 18Cr2Ni4WA 并作调质处理的缘由。

（三）活塞销

活塞销是活塞和连杆间的连接件。它直接把活塞所受的力传递给连杆，并承受强烈的冲击和交变弯曲载荷作用。活塞销又是连杆的摆动轴，工作表面还要受到严重的摩擦，由于润滑条件差，摩擦阻力大，故极易磨损。为此活塞销表面必须有高的硬度和耐磨性，心部要有足够的强度和冲击韧性。

船用柴油机活塞销的材料通常为 15、20、15Cr、20Cr、20CrMnTi、18Cr2Ni4WA 等渗碳钢。其热处理工艺为渗碳+淬火+低温回火。渗碳层深度要求为 1.1～1.7 mm，渗碳热处理后的表面硬度为 HRC58～64。其中，18Cr2Ni4WA（42-160 机活塞销材料）

由于含合金元素较多，一般渗碳淬火后，渗层中存在大量的残余奥氏体，表面硬度下降。为此，渗碳淬火后应进行–60～80 ℃的冷处理，以消除大部分残余奥氏体组织，改善活塞销的表面性能。

活塞销也可采用碳调质钢（如 45 钢、6-390 机活塞销材料）制造。相应热处理工艺为调质+表面淬火，此时其表面硬度要求为 HRC52～56。

（四）凸轮及凸轮轴

凸轮及凸轮轴用于柴油机喷气和喷油机构，保证定时启闭、启动空气阀和喷油泵。凸轮表面与气阀顶杆或滚轮接触，承受变化的接触应力和摩擦。因此，凸轮轴除具有一定的强度和刚度外，还必须具有较高的接触疲劳强度和耐磨性。

船用大功率柴油机的凸轮及凸轮轴材料或采用低碳钢、低碳合金钢，如 15、20、20Cr 等，或采用中碳钢、中碳合金钢，如 45、40Cr、50B、50Mn 等，也可以采用稀土镁球墨铸铁材料制造。

低碳钢或低碳合金钢凸轮及凸轮轴一般均采用渗碳+淬火+低温回火处理，其表面硬度要求与活塞销相同，为 HRC58～64。

中碳钢或中碳合金钢凸轮及凸轮轴多采用正火+高频或中频淬火。采用高频或中频感应加热应依零件尺寸和对材料性能的要求而定。淬硬层过浅，容易产生接触疲劳，表面层出现麻点或剥落；淬硬层过深，又会削弱心部韧性。对于大、中型柴油机的凸轮及凸轮轴表面，淬硬层深度要求为 3～5 mm，其表层硬度为 HRC52～56。

采用球墨铸铁的凸轮轴应进行等温淬火处理。球铁凸轮轴不仅切削加工性能好，成本较低，而且在耐磨性方面优于钢制的凸轮轴。研究表明，中碳钢、中碳合金钢或球铁材料凸轮及凸轮轴先经低温离子氮碳共渗（离子软氮化）或气体软氮化后，再进行表面淬火及低温回火的复合热处理，能显著提高凸轮的疲劳强度和耐磨性。

（五）气阀

气阀是柴油机配气机构中的重要零件之一。进气阀、排气阀处于不同的工作条件。进气阀的工作温度一般为 300～400 ℃；排气阀的工作温度最高可达 750～800 ℃。排气阀不仅工作温度高，而且受到高温气体的冲刷和腐蚀，故工作条件比进气阀恶劣得多。阀盘需要具有在高温下抵抗腐蚀、蠕变和疲劳的性能；还要具有抵抗热冲击的强度和耐磨性。气阀的杆部不仅要受颈部弯曲疲劳的影响，而且要在润滑不良的条件下与导管发生摩擦，故要有较高的减摩和耐磨性能。气阀的顶端与挺杆撞击，必须有足够的硬度，以防止塌陷。选择气阀材料和热处理时应满足上述要求。

常用气阀材料：进气阀采用 40Cr、35CrMo、40CrNi 合金钢；排气阀采用 4Cr9Si2、4Cr10Si2Mo 及 4Cr14Ni14W2Mo 耐热钢。

气阀粗加工后应经调质处理，要求硬度为 HRC30～35，其中 4Cr14Ni14W2Mo 制成的气阀硬度为 HB180～286。气阀端部应经表面淬硬处理，硬度要求为 HRC50～55，淬硬深度为 2～3 mm。

在排气阀钢中，4Cr14Ni14W2Mo 钢属于奥氏体耐热钢，它的热强性、组织稳定性及抗氧化性比上述钢号都高，工作温度可达 750 ℃，常用于舰船、机车等柴油机的排气阀。此钢固溶处理温度为 1 150～1 180 ℃，并进行 750～800 ℃时效，使用组织为奥氏体加弥散分布的碳化物。这是一种国内外均广泛采用的沉淀硬化型耐热钢。

排气阀都用昂贵的耐热钢制造，但其承受高温却仅限于阀盘部分，故为了节省耐热钢，有时排气阀用两种材料焊接而成。例如，杆部用中碳低合金钢 40Cr，阀盘用 4CrSi2Mo。

为了提高阀盘和阀杆顶端的耐磨及抗冲蚀能力，在阀盘和顶端处堆焊钴铬钨合金可明显地提高零件的使用寿命。其实，除顶端和阀盘之外，阀杆的耐磨性也是决定气阀使用寿命和工作可靠性的重要因素，为此，有的采用阀杆镀铬或氮化的方法来改善其表面性能，并得到了良好的效果。

（六）重要螺栓

重要螺栓是指承受动载荷的连接螺栓，如气缸盖螺栓、连杆螺栓、主轴承螺栓、组合活塞的连接螺栓及贯穿螺栓等。这些螺栓的紧固质量将直接影响柴油机的安全运转。螺栓受力复杂，除承受拉力外，还受到惯性力、冲击力和振动力的循环作用。

重要螺栓材料可采用 35CrMo、40Cr 或 45 钢等。舰用柴油机的重要螺栓则选用高级调质钢如 5CrNi3W、37CrNi3A、35CrMo、18Cr2Ni4WA 制造，以确保螺栓的质量。

重要螺栓均应进行调质热处理，调质后应在整个截面上获得均匀的回火索氏体组织，其硬度为 HRC28～38。大型低速柴油机的贯穿螺栓允许用正火代替调质。

第三节　材料的力学性能

材料之所以获得广泛应用，是因为它们具有优良的使用性能和工艺性能。材料的使用性能包括力学、物理和化学性能等；材料的工艺性能包括铸造、锻压、焊接、热处理和切削性能等。在选择和应用材料时，首先应着眼于材料的使用性能。

材料的力学性能是材料在承受各种载荷时的行为，又称为机械性能。它关系到工件在使用过程中传递力的能力和使用寿命，也关系到材料加工的难易程度。当材料受外力作用时，一般会出现弹性变形、塑性变形和断裂三个过程。根据载荷性质的不同（如拉伸、压缩、冲击等），这些过程的发生和发展是不同的，评价材料力学性能的指标也有其特定的物理意义。

（一）强度

在外力的作用下，材料抵抗塑性变形和断裂的能力称为强度。当试样承受拉力时，强度特性的指标主要是屈服强度和抗拉强度。

屈服强度指材料抵抗微量塑性变形的能力。抗拉强度（R_m）指材料抵抗最大均匀塑性变形或断裂的能力。

屈服强度和抗拉强度是零件设计的主要依据，也是评定材料性能的重要指标。

（二）塑性

断裂前材料发生塑性变形的能力称为塑性。塑性以材料断裂后塑性变形量的大小来表示。伸长率和断面收缩率值越大，材料的塑性越好。良好的塑性是材料成型加工和保证零件工作安全的必要条件。

（三）硬度

材料抵抗其他更硬物体压入其表面的能力称为硬度，它反映了材料抵抗局部塑性变形的能力，是一个综合的物理量。

通常，硬度越高，耐磨性越好。因此，常将硬度值作为衡量材料耐磨性的重要指标之一。测量硬度常用布氏法、洛氏法和维氏法。

1. 布氏硬度

在直径为 D 的淬火钢球或硬质合金球上加一定的压力 F，使其压入被测材料的表面，保持一定时间后卸去载荷，此时被测表面将出现直径为 d 的压痕。在读数显微镜下测量压痕的直径，并根据所测直径查表，即可得硬度值。显然，材料越软，压痕直径越大，布氏硬度值越低；反之，布氏硬度值越高。

2. 洛氏硬度

洛氏硬度以顶角为 120°的金刚石圆锥体或直径 1.588 mm 的淬火钢球为压头，以一定的压力使其压入材料表面，测量压痕深度来确定其硬度。压痕越深，材料越软，硬度值越低；反之，硬度值越高。被测材料硬度可直接在硬度计刻度盘上读出。

3. 维氏硬度

维氏硬度的测量原理基本上和布氏硬度相同，区别在于采用锥面夹角为 136°的金刚石正四棱锥体为压头，压痕是四方锥形。所用载荷小，压痕深度浅，适用于测量零件薄的表面硬化层、金属镀层及薄片金属的硬度。

（四）冲击韧性

许多机器零件是在冲击载荷下工作的，即载荷以较高的速度施加到零件上。一般说来，随加载速度的增加，材料的塑性下降，脆性增大。因此，对于冲击载荷下工作的零件，不能简单地用静载力学性能指标来衡量其性能。

材料抵抗冲击载荷的作用而不被破坏的能力通常用冲击韧性值 a_k 来度量。通过一次摆锤冲击试验，可测得冲击载荷作用下，破坏标准试样所消耗的功 K（J 或 kJ）。再用试样缺口处的原始横截面积 S 去除 K，可得到材料的冲击韧性值 a_k（kJ/m^2 或 J/cm^2）。

第四节 钢的热处理

热处理是指将钢在固态下加热、保温、冷却，以改变钢的内部组织结构，从而获得所需要性能的一种工艺。钢经过正确的热处理，可提高使用性能，改善工艺性能，达到充分发挥金属材料性能潜力，提高产品质量，延长使用寿命，提高经济效益的目的。

根据加热和冷却方式的不同，热处理可以分为如下几类。

普通热处理：包括退火、正火、淬火和回火。

表面热处理：包括感应加热表面淬火、火焰加热表面淬火、电接触加热表面淬火等。

化学热处理：包括渗碳、碳氮共渗、渗硼、渗铝、渗铬等。

其他方法热处理：包括控制气氛热处理、真空热处理、形变热处理等。

一、普通热处理

（一）退火

将组织偏离平衡状态的钢加热到适当温度，保温一定时间，然后缓慢冷却（一般为随炉冷却），以获得接近平衡状态组织的热处理工艺称为退火。

根据处理的目的和要求不同，钢的退火可分为完全退火、等温退火、球化退火、扩散退火和去应力退火等。

（1）完全退火。完全退火称重结晶退火，是把钢加热至 A_{c3}（亚共析钢加热时的临界温度）以上 20～30 ℃，保温一定时间后缓慢冷却（随炉冷却或埋入石灰或砂中冷却），以获得接近平衡组织的热处理工艺。

（2）等温退火。等温退火是将钢件或毛坯加热到高于 A_{c3} 或 A_{c1}（共析钢加热时的临界温度）的温度，保温适当时间后，较快地冷却到珠光体区的某一温度，并等温保持，使奥氏体转变为珠光体组织，然后从炉中取出空冷的热处理工艺。

（3）球化退火。球化退火为使钢中碳化物球状化的热处理工艺。球化退火一般采用随炉加热方法，加热温度略高于 A_{ccm}（过共析钢加热时的临界温度），以便保留较多的未熔碳化物质点或较大的奥氏体碳浓度分布的不均匀性，以促进球状碳化物的形成。

（4）扩散退火。扩散退火是为减少钢锭、铸件或锻坯的化学成分和组织的不均匀性，将其加热到略低于固相线的温度，长时间保温后缓慢冷却的热处理工艺。

（5）去应力退火。为消除铸造、锻造、焊接和机加工、冷变形等冷热加工在工件中造成的残留内应力而进行的低温退火，称为去应力退火。

（二）正火

钢材或钢件加热到 A_{c3}（对于亚共析钢）和 A_{ccm}（对于过共析钢）以上 30～50 ℃，保温适当时间后，在自由流动的空气中均匀冷却，得到珠光体类组织（一般为索氏体）的热处理工艺称为正火。

一般应用于以下方面：①作为最终热处理可以细化奥氏体晶粒，使组织均匀化；减少亚共析钢中铁素体含量，使珠光体含量增多并细化，从而提高钢的强度、硬度和韧性。对于普通结构零件，力学性能要求不是很高时，可以采用正火作为最终热处理。②预先热处理截面较大的合金结构钢件，在淬火或调质处理（淬火+高温回火）前常进行正火，以消除魏氏组织和带状组织，并获得细小而均匀的组织，对于过共析钢可减少二次渗碳体量，并使其不形成连续网状，为球化退火作组织准备。③改善切削加工性能。低碳钢或低碳合金钢退火后硬度太低，不便于切削加工，正火可提高其硬度，改善其切削加工性能。

正火与完全退火相比，能获得更高的强度和硬度，生产周期较短，设备利用率较高，节约能源，成本较低，因此得到了广泛的应用。

（三）淬火

淬火是将钢加热到临界点以上，保温后以大于临界冷却速度的速度冷却，使奥氏体转变为马氏体的热处理工艺。它与回火工艺配合可以使工件获得所需要的力学性能，如高硬度、耐磨性、高弹性或良好的综合力学性能等。

1. 淬火温度的选定

在一般情况下，亚共析钢的淬火加热温度为 A_{c3} 以上 30～50 ℃，共析和过共析钢的淬火加热温度为 A_{c1} 以上 30～50 ℃。亚共析钢加热到 A_{c3} 以下时，淬火组织中会保留自由铁素体，使钢的淬火硬度降低。过共析钢加热到 A_{c1} 以上时，组织中会因保留少量二次渗碳体，而有利于钢的硬度和耐磨性，并且由于降低了奥氏体中的碳含量，可以改变马氏体的形态，从而降低马氏体的脆性，此外，还可减少淬火后残余奥氏体的量。而且，淬火温度太高时，会形成粗大的马氏体，使力学性能恶化，同时也增大淬火应力，使变形和开裂倾向增大。由于合金钢中大多数元素（锰、磷除外）有阻碍奥氏体晶粒长大的作用，淬火温度可比碳钢高，一般为临界点以上 50～100 ℃。提高淬火温度有利于合金元素在奥氏体中的充分溶解和均匀化，以获得较好的淬火效果。

2. 加热时间

加热时间受钢件成分、尺寸和形状、装炉量、加热炉类型、炉温和加热介质等因素的影响。可根据《热处理手册》中介绍的经验公式来估算，也可由试验来确定。

3. 淬火介质

冷却是淬火工艺的另一个重要因素。为了保证得到马氏体组织，淬火速度必须大于临界冷却速度 V。但是，快冷不可避免地会造成很大的内应力，往往会引起工件变形甚至开裂。

（四）回火

回火是指将淬火钢重新加热到 A_1（平衡温度）以下的某一温度保温后进行冷却的热处理工艺。

回火的目的主要有以下几个方面：①降低脆性，减少或消除内应力，防止工件变形和开裂。②获得要求的力学性能。淬火工件硬度高，脆性大，必须通过适当回火调整其组织，才能获得所需要的强度、硬度、塑性和韧性。③稳定工件尺寸。淬火马氏体和残余奥氏体在室温下都是不稳定组织，它们会自发地向稳定的平衡组织——铁素体和渗碳体转变，因此会引起工件尺寸和形状的改变。回火可使淬火马氏体和残余奥氏体转变为较稳定的组织，从而保证工件在使用过程中不发生尺寸和形状的变化。④对于某些高淬透性的合金钢，空冷便可淬成马氏体,硬度大,不易切削加工。若采用退火软化，则周期很长。此时宜采用高温回火来降低硬度，可简化工艺，降低成本。

按照回火温度和钢件所要求的性能，一般将回火分为三种。

1. 低温（150～250 ℃）回火

低温回火的目的是降低淬火应力，提高工件韧性，保证淬火后的高硬度（一般为HRC58～64）和高耐磨性。低温回火组织为回火马氏体。主要用于处理各种高碳钢工具、模具、滚动轴承及渗碳和表面淬火的零件。

2. 中温（350～500 ℃）回火

中温回火得到回火屈氏体组织。它具有高的弹性极限和屈服强度，同时也具有一定的韧性，硬度一般为HRC35～45。主要用于处理各类弹簧。

3. 高温（500～650 ℃）回火

高温回火得到回火索氏体组织。它的综合力学性能最好，即强度、塑性和韧性都较好。硬度一般为HRC25～35。通常把淬火+高温回火称为调质处理，它广泛用于各种重要的机器结构件，特别是受交变载荷的零件，如连杆、轴、齿轮等。也可作为某些精密工件如量具、模具等的预先热处理。钢调质处理后的力学性能和正火相比，不仅强度较高，而且塑性和韧性也较好。

二、表面热处理

表面热处理是将钢的表面进行强化的热处理方法。其目的是使钢的表面具有较高的硬度和耐磨性、耐腐蚀性、耐疲劳性，而心部有较高的塑性和韧性。

钢的表面淬火是通过快速加热，将钢件表面层迅速加热到淬火温度，然后快速冷却的热处理方法。其目的是获得高硬度、高耐磨性的表层，表面硬度可达HRC52～54，而心部仍保持原有的良好韧性。适用于表面淬火的工程材料是中碳钢、中碳合金钢，表面淬火前应进行正火或调质处理。目前，表面淬火常用于机床主轴、齿轮、发动机的曲轴等零件的热处理。

表面淬火有多种方法，现在常用的有感应加热表面淬火法、火焰加热表面淬火法，此外还有电接触加热表面淬火法、激光加热表面淬火法等。目前应用最广泛的是感应加热表面淬火法。感应加热表面淬火法是利用电磁感应加热原理，将工件放入感应器内，通入交变电流产生交变磁场，于是工件就产生频率相同的感应电流。由于高频电流的集肤效应，在工件表面电流密度极大，工件表面被迅速加热，几秒之内就可使温度上升至 800～1000 ℃。此时，立即断电，喷水冷却，工件表层即可淬硬。心部因未能加热到淬火温度，仍然保持原来的组织和性能。感应电流透入工件表层的深度主要取决于电流频率，频率越高，电流透入深度越浅，工件表层淬硬层越薄。

三、化学热处理

化学热处理是将钢件置于一定温度的活性介质中保温，使某些元素（碳、氮、铝、硼等）渗透零件表层，改变其化学成分和组织，以提高零件表面的硬度、耐磨性、耐热性和耐腐蚀性的热处理方法。常用的化学热处理有渗碳、渗氮、氰化（碳、氮共渗）及渗入金属元素等方法，其中渗碳应用最为广泛。渗碳法分气体法、液体法和固体法，常用的是气体渗碳法。

气体渗碳法是将工件装在密封的渗碳炉中，加热到 900～950 ℃，向炉内滴入易分解的有机液体（如煤油、苯、甲醇等），或直接通入渗碳气体（如煤气、石油液化气等），受热分解出活性原子，渗入工件表面。渗碳适用于低碳钢和低碳合金钢，渗碳后可使零件表面 12 mm 厚度内含碳量提高到 0.8%～1.2%。渗碳后的零件，进行淬火和低温回火，使工件具有外硬内韧的性能，主要用于既受强烈摩擦，又承受冲击或疲劳载荷的工件（汽车的变速齿轮、活塞销、凸轮等）。

四、热处理新技术

目前，热处理发展的主要趋势是不断改革加热和冷却技术，发展真空热处理、控制气氛热处理和形变热处理等，以及创造新的表面热处理工艺。新工艺和新技术的发展主要是为了提高零件的强度、韧性；增强零件的抗疲劳和耐磨损能力；减轻加热过程中的氧化和脱碳，减少热处理过程中零件的变形；节约能源，降低成本，提高经济效益，以减少或防止环境污染等。热处理的新发展很多，这里只简要介绍控制气氛热处理、真空热处理和形变热处理，以及若干新的表面技术。

（一）控制气氛热处理

控制气氛热处理是在炉气成分可控制的情况下进行热处理，实现渗碳、碳氮共渗等化学热处理，或防止工件加热时的氧化、脱碳。通过建立气体渗碳数学模型、计算机碳势优化控制及动态控制，可实现渗碳层浓度分布的优化控制、层深的精确控制，大大提高生产效率。目前，国外已广泛应用于汽车、拖拉机零件和轴承的生产，国内也引进成套设备，应用于铁路、车辆轴承的热处理。

（二）真空热处理

真空热处理是在低于大气压力（通常为 10^{-3}～10^{-1}Pa）环境下进行的热处理工艺，包括真空淬火、真空退火、真空化学热处理。真空热处理零件不氧化、不脱碳、表面质量好；升温慢，热处理变形小；可显著提高疲劳强度、耐磨性和韧性；表面氧化物、油污在真空加热时分解，被真空泵排出，劳动条件好。但是真空热处理设备复杂、投资和成本高，目前主要用于工模具和精密零件的热处理。

（三）形变热处理

形变热处理是将塑性变形与热处理有机结合的复合工艺。该工艺是使工件同时发生形变和相变，获得单一强化方法所不能得到的优异性能（强韧性），同时还能简化工艺，节约能源、设备，减少工件氧化和脱碳，提高经济效益和产品质量。例如，低温形变热处理可使钢的塑性和韧性在不降低或降低不多的情况下，显著提高钢的强度和疲劳强度，提高钢的抗磨损和耐回火性的能力，主要适用于强度要求极高的工件（高速钢刀具、模具、轴承、飞机起落架及重要弹簧等）。

形变热处理目前应用还不普遍，主要是因为受设备和工艺条件限制，对形状比较复杂的工件进行形变热处理尚有困难，形变热处理后对工件的切削加工和焊接也有一定的影响。

（四）激光加热表面淬火

激光加热表面淬火是利用高功率密度的激光束扫描工件表面，将其迅速加热到钢的相变点以上，然后依靠零件本身的传热，来实现快速冷却淬火。激光加热表面淬火的硬化层较浅，通常为 0.3～0.5 mm。采用 4～5 kW 的大功率激光器，能使硬化层深度达 3 mm。由于激光的加热速度特别快，工件表层的相变是在很大过热度下进行的，形核率高。同时加热时间短，碳原子的扩散及晶粒的长大受到限制，因而得到不均匀的奥氏体细晶粒，冷却后转变成隐晶或细针状马氏体。激光加热表面淬火比常规淬火的表面硬度高 15%～20%，可显著提高钢的耐磨性。表面淬硬层造成较大的压应力，有助于其疲劳强度的提高。另外，激光能对形状复杂的零件进行处理，且淬火变形极小，工艺操作简单。因此，激光加热表面淬火近几十年来发展十分迅速，并已在机械制造中取得了成功的应用。

（五）表面气相沉积

表面气相沉积主要有化学气相沉积（chemical vapor deposition，CVD）和物理气相沉积（physical vapor deposition，PVD）两种。化学气相沉积是使挥发性化合物气体发生分解或化学反应，并在工件上沉积成膜的方法。利用多种化学反应，可得到不同的金属、非金属或化合物镀层。物理气相沉积包括真空蒸发、溅射、离子镀三种方法，因为它们都是在真空条件下进行的，所以也称为真空镀膜法。

气相沉积镀层的特点是附着力强、均匀、快速、质量好、公害小、选材广，可以得到全包覆的镀层。在满足现代技术提出的越来越高的要求方面，这种方法比常规方法有许多优越性。它能制备各种耐磨膜（如 TiN、TiC、WC、Al_2O_3 等）、耐腐蚀膜（如 Al、Cr、Ni 及某些多层金属等）、润滑膜（如 MoS、WS、石墨、CaF 等）、磁性膜、光学膜及其他功能性薄膜。因此，在机械制造、航天、原子能、电器、轻工部门得到了广泛的应用。

第二章　毛坯成型方法

实习目的和要求

（1）熟悉铸造的生产工艺过程、铸件成型特点、铸造生产的优缺点及其应用。

（2）了解型砂的组成和性能要求。

（3）掌握手工造型的基本方法及其选择。

（4）熟悉砂型铸造工艺，即浇注系统组成、不同浇注方法，了解特种和现代铸造方法。

（5）了解常见铸造缺陷的名称、特征及其产生的原因。

（6）了解锻压分类和各种工艺、特点、所用设备及应用。

（7）了解焊接的分类、特点。

（8）了解手工电弧焊、气焊、气割和其他焊接方法的原理、设备与基本操作方法，以及应用范围。

（9）了解常用金属材料的焊接性和焊接方法、现代焊接技术的发展方向。

第一节　铸　　造

一、铸造概述

（一）铸造工艺概述

铸造工艺是将金属熔融后得到的液态金属注入预制好的铸型中使之冷却、凝固，获得一定形状和性能铸件的金属成型方法。铸造生产的铸件一般作为毛坯，需要经过机械加工后才能成为机器零件，少数对尺寸精度和表面粗糙度要求不高的零件也可以直接应用铸件。

铸造工艺是机械制造工业中毛坯和零件的主要加工工艺，在国民经济中占有极其重要的地位。铸件在一般机器中占总品质的40%～80%，而在内燃机中占总品质的70%～90%，在机床、液压泵、阀中占总品质的65%～80%，在拖拉机中占总品质的50%～70%。铸造工艺广泛应用于机床制造、动力机械、冶金机械、重型机械、航空航天等领域。

（二）铸造工艺特点

铸造工艺具有以下特点：

（1）适用范围广。几乎不受零件的形状复杂程度、尺寸大小、生产批量的限制，可以铸造壁厚0.3 mm～1 m、质量从几克到300多吨的各种金属铸件。

（2）可制造各种合金铸件。很多能熔化成液态的金属材料可以用于铸造生产，如铸钢、铸铁、各种铝合金、铜合金、镁合金、钛合金及锌合金等。生产中铸铁应用最广，占铸件总产量的70%以上。

（3）铸件的形状和尺寸与图样设计零件非常接近。加工余量小；尺寸精度一般比锻件、焊接件高。

（4）成本低廉。由于铸造容易实现机械化生产，铸造原料又可以大量利用废、旧金属材料，加之铸造动能消耗比锻造动能消耗小，铸造的综合经济性能好。

铸造按生产方法不同，可分为砂型铸造和特种铸造。其中，砂型铸造应用最为广泛，砂型铸件占铸件总产量的80%以上，其铸型（砂型和型芯）是由型砂制作的。本节主要介绍大量用于铸铁件生产的砂型铸造方法。

（三）砂型铸造生产工序

砂型铸造的主要生产工序有制模、配砂、造型、造芯、合型、熔炼、浇注、落砂、清理和检验。以套筒铸件为例，砂型铸造的生产过程如图2-1-1所示，根据零件形状和尺寸，设计并制造模样和芯盒；配制型砂和芯砂；利用模样和芯盒等工艺装备分别制作砂型和型芯；将砂型和型芯合为一整体铸型；将熔融的金属浇注入铸型，完成充型过程；冷却凝固后落砂取出铸件；最后对铸件清理并检验。

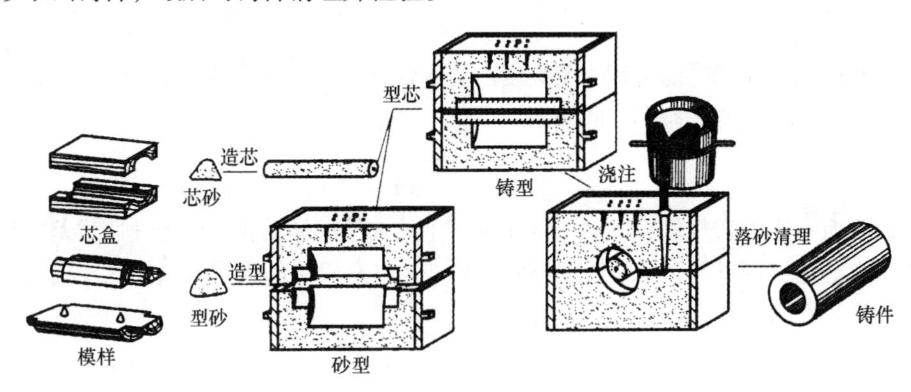

图2-1-1　砂型铸造的生产过程

二、造型与制芯

造型和制芯是利用造型材料和工艺装备制作铸型的工序，按成形方法总体可分成手工造型（制芯）和机器造型（制芯）。本节主要介绍应用广泛的砂型造型及制芯。

（一）铸型的组成

铸型是根据零件形状用造型材料制成的。铸型一般由上砂型、下砂型、型芯和浇注系统等部分组成，如图2-1-2所示。上砂型和下砂型之间的接合面称为分型面。铸型中由砂型面和型芯面所构成的

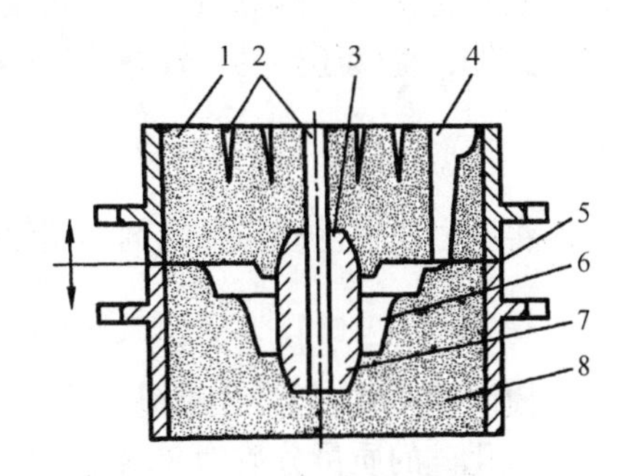

图2-1-2　铸型装配

1—上砂型；2—出气孔；3—型芯；4—浇注系统；5—分型面；6—型腔；7—芯头、芯座；8—下砂型

空腔部分，用于在铸造生产中形成铸件本体，称为型腔。

型芯一般用来形成铸件的内孔和内腔。金属液流入型腔的通道称为浇注系统。出气孔的作用在于排出浇注过程中产生的气体。

（二）型（芯）砂的性能

砂型铸造的造型材料为型砂，其质量好坏直接影响铸件的质量、生产效率和成本。生产中为了获得优质的铸件和良好的经济效益，对型砂性能有一定的要求。

1. 强度

型砂抵抗外力破坏的能力称为强度。它包括常温湿强度、干强度、硬度及热强度。型砂要有足够的强度，以防止造型过程中产生塌箱和浇注时液体金属对铸型表面的冲刷破坏。

2. 成形性

型砂要有良好的成形性，包括良好的流动性、可塑性和不黏模性，铸型轮廓清晰，易于起模。

3. 耐火度

型砂承受高温作用的能力称为耐火度。型砂要有较高的耐火度，同时应有较好的热化学稳定性、较小的热膨胀率和冷收缩率。

4. 透气性

型砂要有一定的透气性，以利于浇注时产生的大量气体的排出。透气性过差，铸件中易产生气孔；透气性过高，易使铸件黏砂。另外，具有较小的吸湿性和较低发气量的型砂对保证铸造质量有利。

5. 退让性

退让性是指铸件在冷凝过程中，型砂能被压缩变形的性能。型砂退让性差，铸件在凝固收缩时将易产生内应力、变形和裂纹等缺陷，所以型砂要有较好的退让性。

此外，型砂还要具有较好的耐用性、溃散性和韧性等。

（三）型（芯）砂的组成

将原砂或再生砂与黏结剂和其他附加物混合制成的物质称为型砂和芯砂。

1. 原砂

原砂即新砂，铸造用原砂一般采用符合一定技术要求的天然矿砂，最常使用的是硅砂。其二氧化硅的质量分数为 80%～98%，硅砂粒度大小及均匀性、表面状态、颗粒形状等对铸造性能有很大影响。除硅砂外的其他铸造用砂称为特种砂，如石灰石砂、锆砂、镁砂、橄榄石砂、铬铁矿砂、钛铁矿砂等，这些特种砂性能较硅砂优良，但价格较贵，主要用于合金钢和碳钢铸件的生产。

2. 黏结剂

黏结剂的作用是使砂粒粘接在一起，制成砂型和型芯。黏土是铸造生产中用量最大的一种黏结剂，此外水玻璃、植物油、合成树脂、水泥等也是铸造常用的黏结剂。

用黏土作黏结剂制成的型砂又称黏土砂，其结构如图 2-1-3 所示。黏土资源丰富，价格低廉，它的耐火度较高，复用性好。水玻璃砂可以适应造型、制芯工艺的多样性，在高温下具有较好的退让性，但水玻璃加入量偏高时，砂型及型芯的溃散性差。油类黏结剂具有很好的流动性和溃散性，很高的干强度，适合于制造复杂的型芯，浇出的铸件内腔表面粗糙度 Ra 值低。

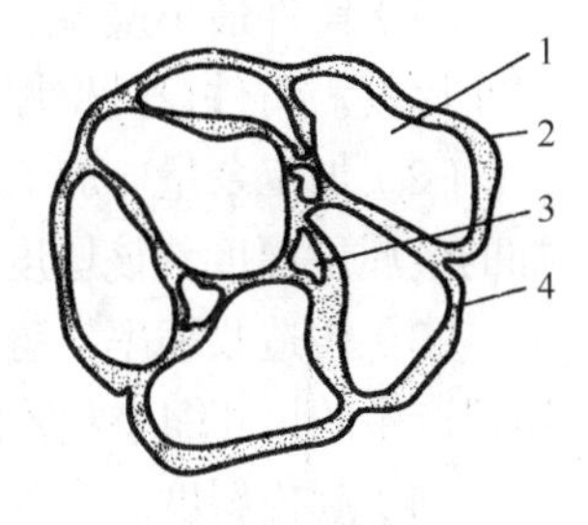

图 2-1-3　黏土砂结构

1—砂粒；2—黏土；3—孔隙；4—附加物

3. 涂料

涂敷在型腔和型芯表面，用以提高砂（芯）型表面抗黏砂和抗金属液冲刷等性能的铸造辅助材料称为涂料。使用涂料，有降低铸件表面粗糙度值，防止或减少铸件黏砂、砂眼和夹砂缺陷，提高铸件落砂和清理效率等作用。涂料一般由耐火材料、溶剂、悬浮剂、黏结剂和添加剂等组成。耐火材料有硅粉、刚玉粉、高铝矾土粉，溶剂可以是水和有机溶剂等，悬浮剂为膨润土等。涂料可制成液体、膏状或粉剂，用刷、浸、流、喷等方法涂敷在型腔、型芯表面。

型砂中除含有原砂、黏结剂和水等材料外，还加入一些辅助材料，如煤粉、重油、锯木屑、淀粉等，使砂型和型芯的透气性、退让性增加，提高铸件抗黏砂能力和铸件的表面质量，使铸件具有一些特定的性能。

（四）型（芯）砂的制备

黏土砂根据在合箱和浇注时的砂型烘干与否分为湿型砂、干型砂和表干型砂。湿型砂造型后不需烘干，生产效率高，主要应用于生产中、小型铸件；干型砂要烘干，它主要靠涂料保证铸件表面质量，可采用粒度较粗的原砂，其透气性好，铸件不容易产生冲砂、黏砂等缺陷，主要用于浇注中、大型铸件；表干型砂只在浇注前对型腔表面用适当方法烘干，其性能兼具湿型砂和干型砂的特点，主要用于中型铸件生产。

湿型砂一般由新砂、旧砂、黏土、附加物及适量的水组成。铸铁件用的湿型砂配比（质量比）一般为旧砂 50%～80%、新砂 5%～20%、黏土 6%～10%、煤粉 2%～7%、重油 1%、水 3%～6%。各种材料通过混制工艺使成分混合均匀。黏土膜均匀包覆在砂粒周围，混砂时先将各种干料（新砂、旧砂、黏土和煤粉）一起加入混砂机进行干混，再加水湿混后出碾。型（芯）砂混制处理好后，应进行性能检测。对各组元的含量如黏土的含量、有效煤粉的含量、水的含量等，砂的性能如紧实率、透气性、湿强度、韧性参数等进行检测，以确定型（芯）砂是否达到相应的技术要求，也可用手捏的感觉对某些性能做出粗略的判断。

（五）模样、芯盒与砂箱

模样、芯盒与砂箱是砂型铸造造型时使用的主要工艺装备。

1. 模样

模样是根据零件形状设计制作，用以在造型中形成铸型型腔的工艺装备。设计模样要考虑到铸造工艺参数，如铸件最小壁厚、加工余量、铸造收缩率和起模斜度等。

（1）铸件最小壁厚。铸件最小壁厚是指在一定的铸造条件下，铸造合金能充满铸型的最小厚度。铸件设计壁厚若小于铸件工艺允许最小壁厚，则易产生浇不足和冷隔等缺陷。

（2）加工余量。加工余量是为保证铸件加工面尺寸和零件精度，在铸件设计时预先增加的金属层厚度，该厚度在铸件机械加工成零件的过程中去除。

（3）铸造收缩率。铸件浇注后在凝固冷却过程中，会产生尺寸收缩，其中以固态收缩阶段产生的尺寸缩小对铸件的形状和尺寸精度影响最大，此时的收缩率又称铸件线收缩率。

（4）起模斜度。当零件本身没有足够的结构斜度时，为保证造型时容易起模，避免损坏砂型，应在铸件设计时给出铸件的起模斜度。

图 2-1-4 为零件及模样关系示意图。

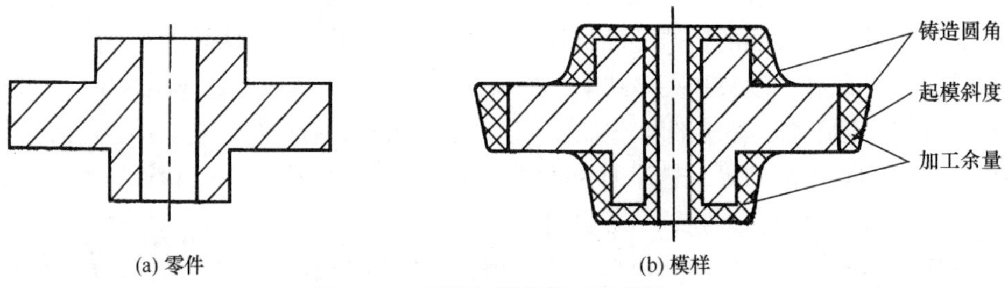

图 2-1-4　零件与模样关系示意图

2. 芯盒

芯盒是制造型芯的工艺装备。按制造材料可分为金属芯盒、木质芯盒、塑料芯盒和金木结构芯盒四类。在大量生产中，为了提高型芯精度和芯盒耐用性，多采用金属芯盒。按芯盒结构可分为整体式、分式、敞开脱落式和多向开盒式多种。前两种芯盒结构形式参见图 2-1-5、图 2-1-6。

3. 砂箱

砂箱是铸件生产中必备的工艺装备之一，用于铸造生产中容纳和紧固砂型。一般根据铸件的尺寸、造型方法设计及选择合适的砂箱。按砂箱制造方法可把砂箱分为整铸式、焊接式和装配式。图 2-1-7 为小型和大型砂箱示意图（图中长度单位为 mm）。

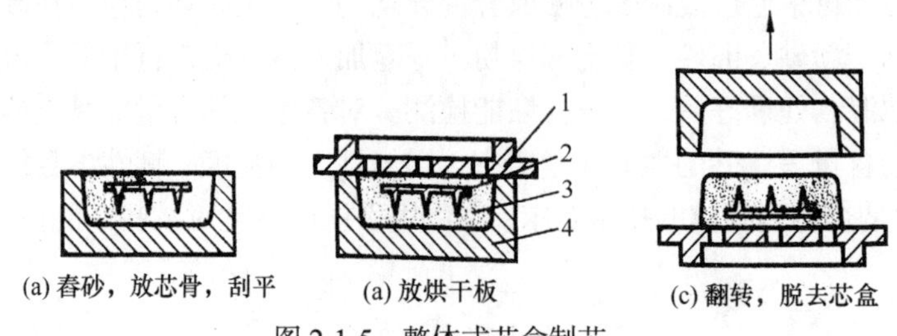

图 2-1-5　整体式芯盒制芯

1—烘干板；2—芯骨；3—型芯；4—芯盒

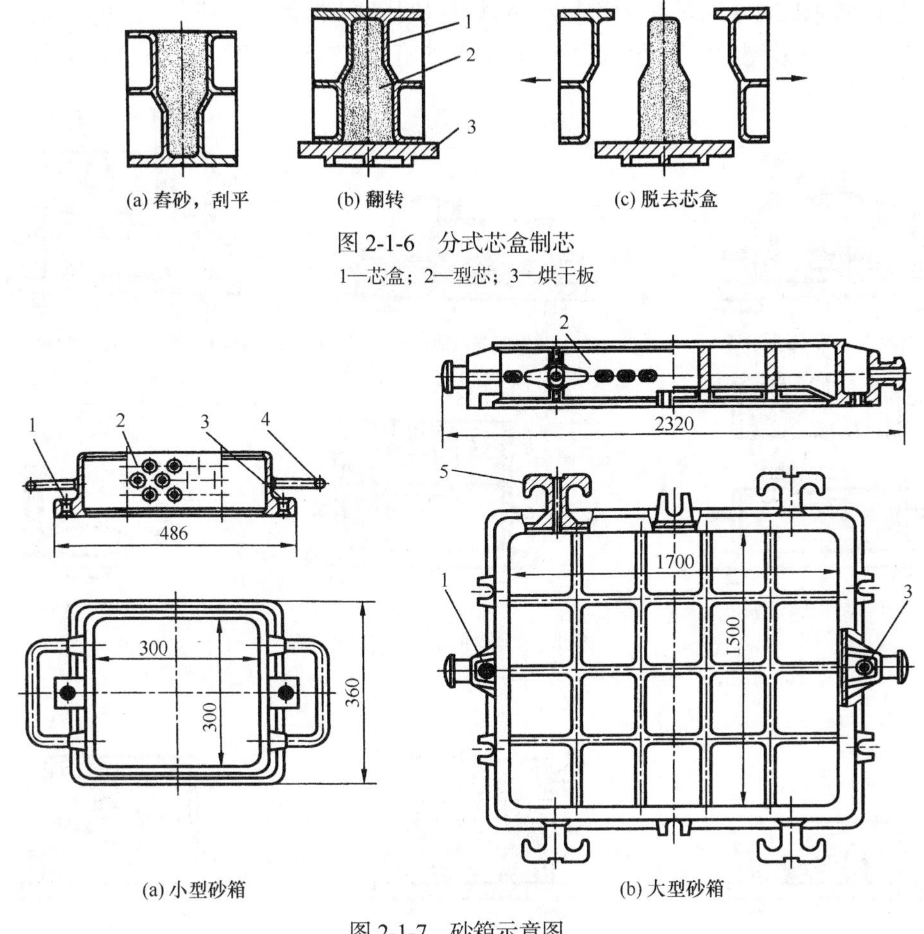

图 2-1-6　分式芯盒制芯

1—芯盒；2—型芯；3—烘干板

图 2-1-7　砂箱示意图

1—定位套；2—箱体；3—导向套；4—环形手柄；5—吊耳

除模样、芯盒与砂箱外，砂型铸造造型时使用的工艺装备还有压实砂箱用的压砂板，填砂用的填砂框，托住砂型用的砂箱托板，紧固砂箱用的套箱，以及用于型芯的修磨工具、烘芯板和检验工具等。

（六）手工造型

造型主要工序为填砂、舂砂、起模和修型。填砂是将型砂填充到已放置好模样的砂箱内，舂砂则是把砂箱内的型砂紧实，起模是把形成型腔的模样从砂型中取出，修型是起模后对砂型损伤处进行修理的过程。手工完成这些工序的操作方式即手工造型。

手工造型方法很多，有砂箱造型、脱箱造型、刮板造型、组芯造型、地坑造型等。砂箱造型又可分为两箱造型、三箱造型、迭箱造型和劈箱造型。下面就介绍几种常用的手工造型方法。

1）简单两箱造型

两箱造型应用最为广泛，按其模样又可分为整体模样造型（简称整模造型）和分开模样造型（简称分模造型）。整模造型一般用在零件形状简单、最大截面在零件端面的情况，其造型过程如图 2-1-8 所示。分模造型是将模样从其最大截面处分开，并以此面为分型面。造型时，先将下砂型舂好，然后翻箱，舂制上砂箱，其造型过程如图 2-1-9 所示。

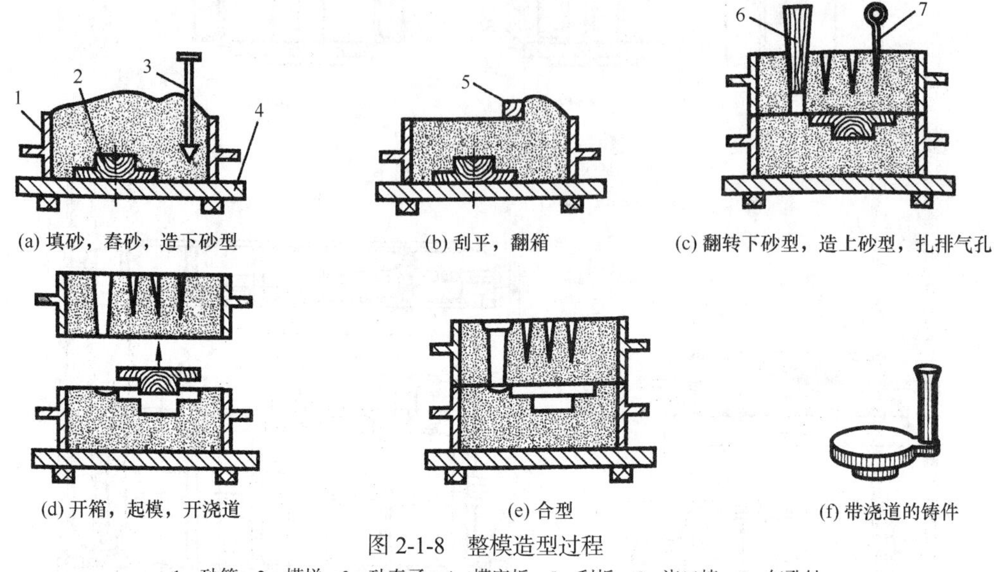

图 2-1-8 整模造型过程

1—砂箱；2—模样；3—砂舂子；4—模底板；5—刮板；6—浇口棒；7—气孔针

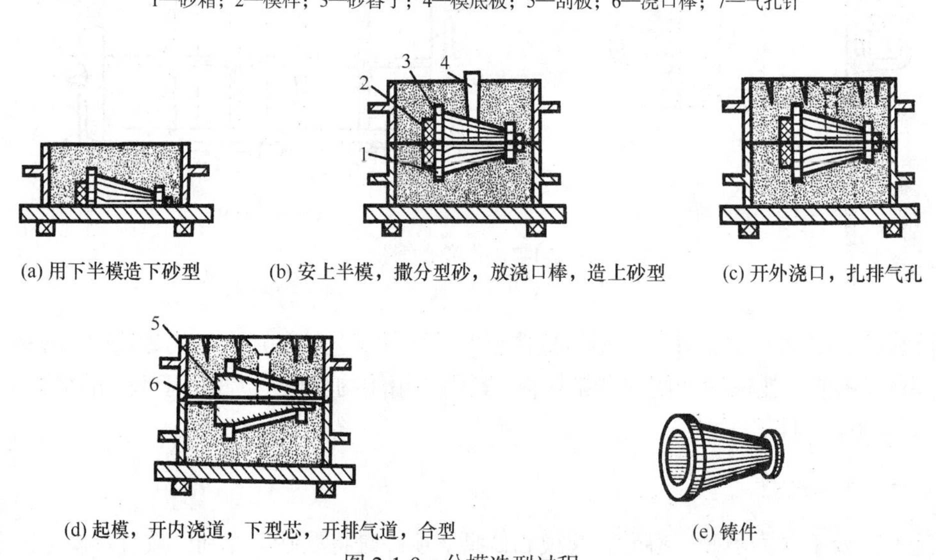

图 2-1-9 分模造型过程

1—下半模；2—型芯头；3—上半模；4—浇口棒；5—型芯；6—排气孔

2）挖砂造型

有些铸件的模样不宜做成分开结构，必须做成整体，在造型过程中局部被砂型埋住不能起出模样，这时就需要采用挖砂造型，即沿着模样最大截面挖掉一部分型砂，形成不太规则的分型面，如图 2-1-10 所示。挖砂造型工作麻烦，适用于单件或小批量的铸件生产。

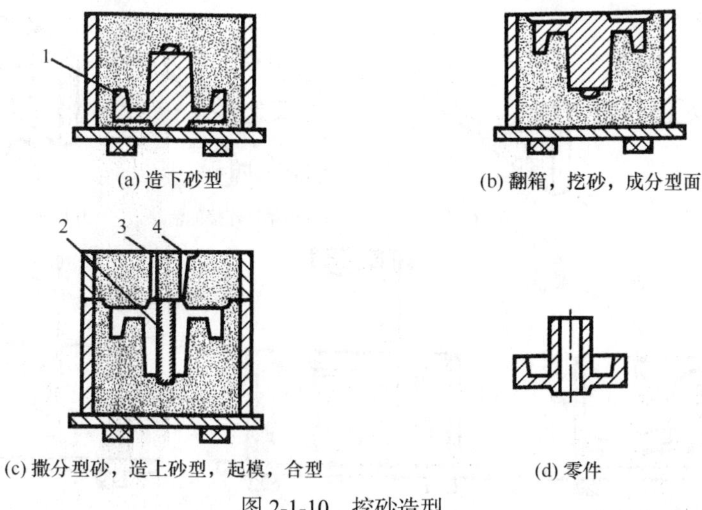

(a) 造下砂型　(b) 翻箱，挖砂，成分型面

(c) 撒分型砂，造上砂型，起模，合型　(d) 零件

图 2-1-10　挖砂造型

1—模样；2—型芯；3—出气孔；4—外浇口

3）假箱造型

假箱造型方式与挖砂造型相近，先采用挖砂的方法做一个不带直浇道的上箱，即假箱，砂型尽量舂实一些，然后将这个上箱作为底板制作下箱砂型，再制作用于实际浇注的上箱砂型，其原理如图 2-1-11 所示。

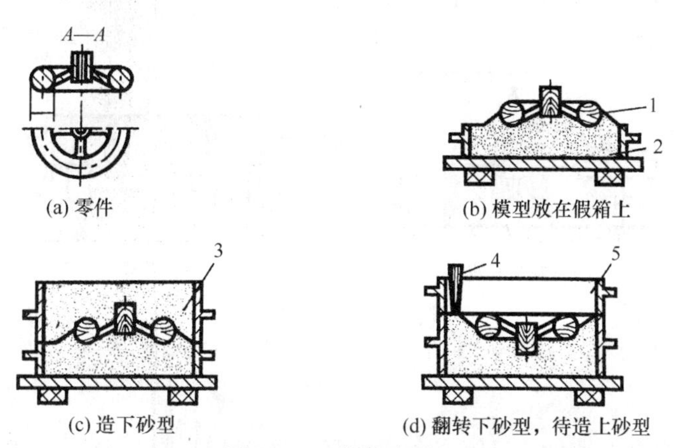

(a) 零件　(b) 模型放在假箱上

(c) 造下砂型　(d) 翻转下砂型，待造上砂型

图 2-1-11　假箱造型

1—模样；2—假箱；3—下砂型；4—浇口棒；5—上砂箱

4）活块造型

有些零件侧面带有凸台等突起部分，造型时这些突起部分妨碍模样从砂型中起出，故在模样制作时，将突起部分做成活块，用销钉或燕尾槽与模样主体连接，起模时，先取出模样主体，然后从侧面取出活块，这种造型方法称为活块造型，如图 2-1-12 所示。

5）刮板造型

刮板造型用于单件、小批量生产中型、大型旋转体铸件或形状简单的铸件，方法是利用刮板模样绕固定轴旋转，将砂型刮制成所需的形状和尺寸，如图 2-1-13 所示。刮板造型模样制作简单省料，但造型生产效率低，并要求较高的操作技术。

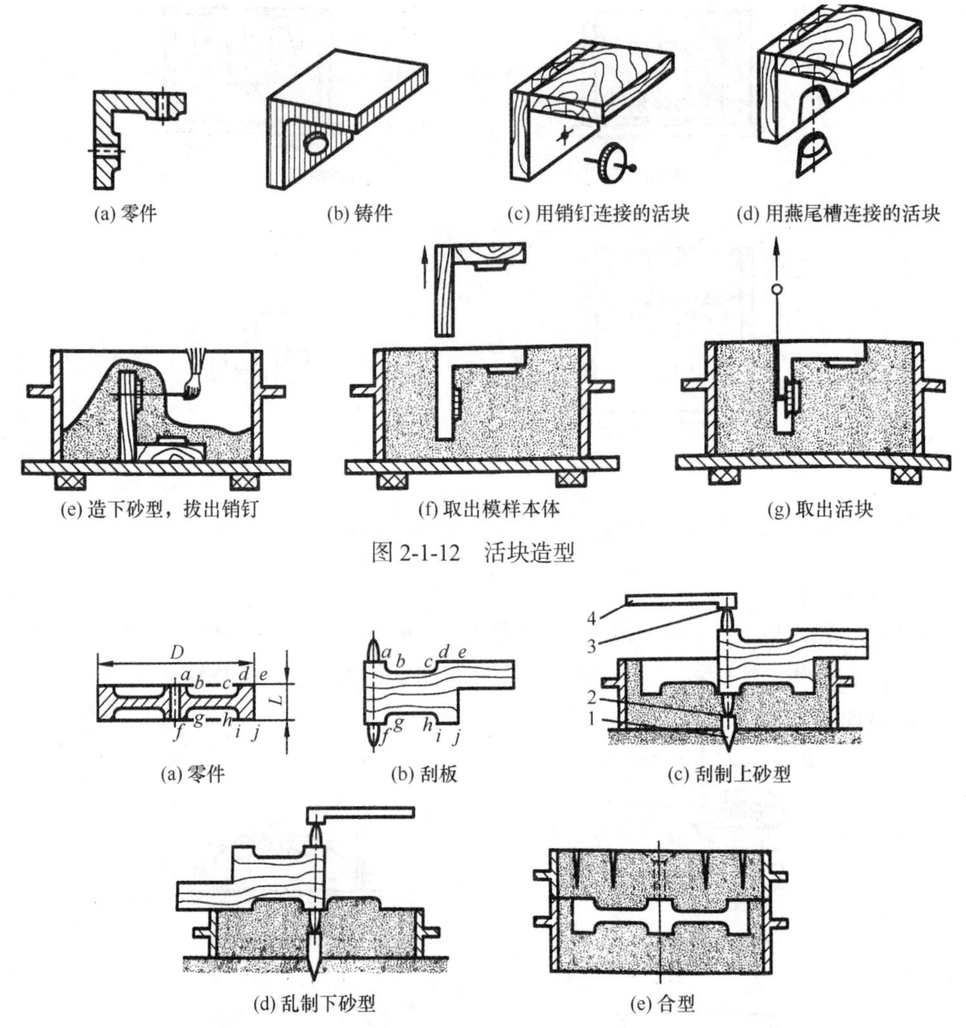

(a) 零件　(b) 铸件　(c) 用销钉连接的活块　(d) 用燕尾槽连接的活块

(e) 造下砂型，拔出销钉　(f) 取出模样本体　(g) 取出活块

图 2-1-12　活块造型

(a) 零件　(b) 刮板　(c) 刮制上砂型

(d) 乱制下砂型　(e) 合型

图 2-1-13　刮板造型

1—木桩；2—下顶针；3—上顶针；4—转动臂；D—模型直径；L—模型高度

6）三箱造型

对一些形状复杂的铸件，只用一个分型面的两箱造型难以正常取出砂型中的模样，必须采用三箱造型或多箱造型的方法。三箱造型有两个分型面，操作过程较两箱造型复杂，生产效率低，只适用于单件或小批量生产，其工艺过程如图 2-1-14 所示。

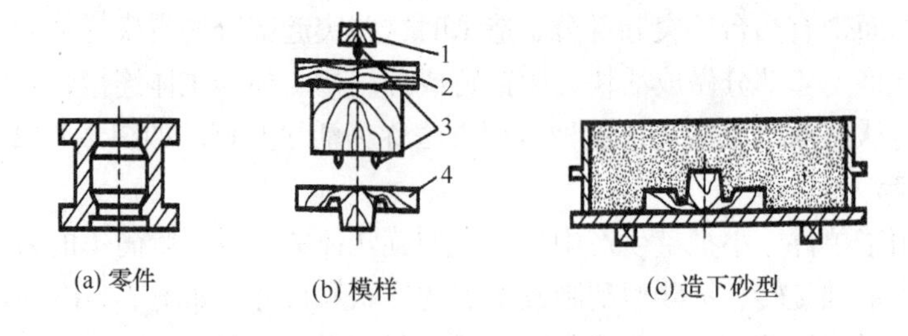

(a) 零件　(b) 模样　(c) 造下砂型

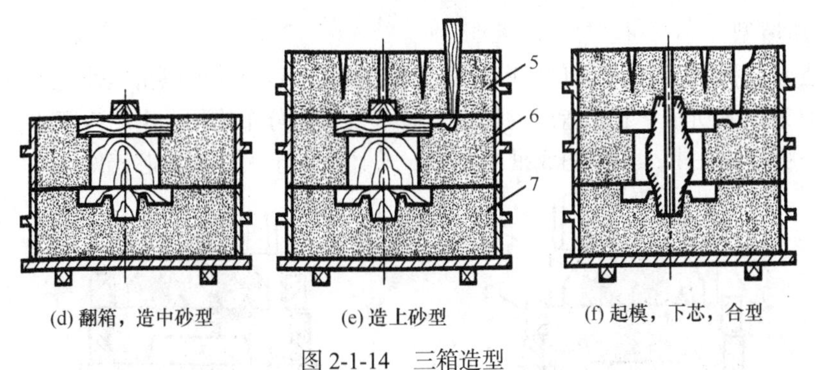

图 2-1-14　三箱造型

1—上箱模型；2—中箱模型；3—销钉；4—下箱模型；5—上砂型；6—中砂型；7—下砂型

（七）机器造型

机器造型实质上是用机械方法取代手工进行造型过程中的填砂、紧砂和起模。填砂过程常在造型机上用加砂斗完成，要求型砂松散，填砂均匀。紧砂就是使砂型紧实，达到一定的强度和刚度。型砂被紧实的程度通常用单位体积内型砂的质量表示，称为紧实度。一般紧实的型砂，紧实度在 1.55～1.7 g/cm^3；高压紧实后的型砂，紧实度在 1.6～1.8 g/cm^3；非常紧实的型砂，紧实度达到 1.8～1.9 g/cm^3。紧砂是机器造型的关键一环。机器造型可以降低劳动强度，提高生产效率，保证铸件质量，适用于成批大量生产铸件。

1. 造型方法

1）高压造型

压实造型是型砂借助压头或模样所传递的压力紧实成形，按比压大小可分为低压（0.15～0.4 MPa）、中压（0.4～0.7 MPa）、高压（大于 0.7 MPa）三种。高压造型目前应用很普遍，图 2-1-15 为多触头高压造型工作原理图。高压造型具有生产效率高、砂型紧实度高、强度大、所生产的铸件尺寸精度高和表面质量较好等优点，在大批量生产中应用较多。

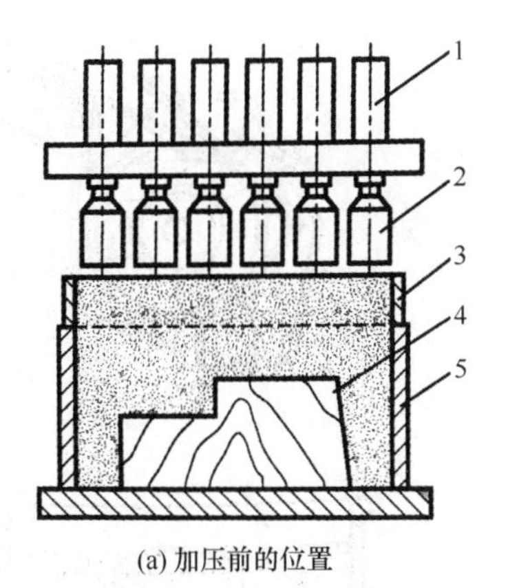

(a) 加压前的位置

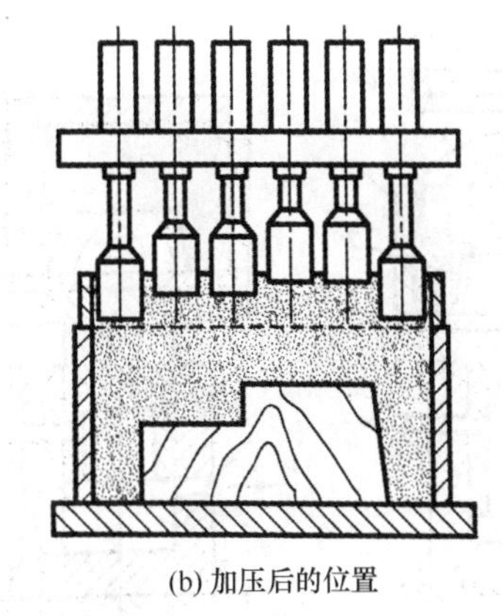

(b) 加压后的位置

图 2-1-15　多触头高压造型工作原理

1—液压缸；2—触头；3—辅助框；4—模样；5—砂箱

2）射压造型

射压造型是利用压缩空气将型砂以很高的速度射入砂箱并加以挤压使之得到紧实，工作原理如图 2-1-16 所示。射压造型的特点是砂型紧实度分布均匀，生产速度快，工作无振动噪声，一般应用在中、小件的成批生产中，尤其适用于无芯或少芯铸件。

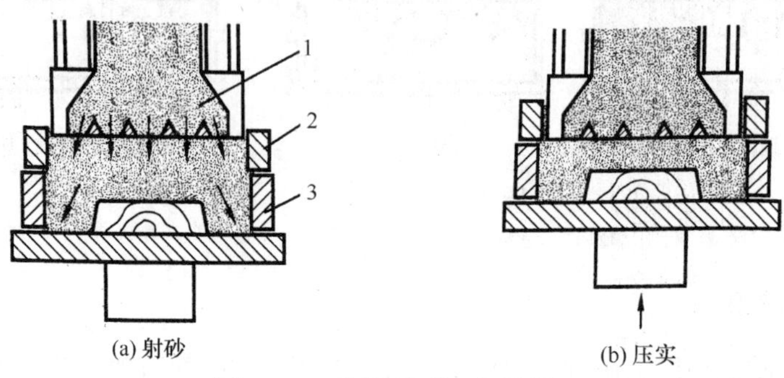

图 2-1-16　射压造型工作原理

1—射砂头；2—辅助框；3—砂箱

3）振压造型

振压造型是利用振动和加压使型砂压实，工作原理如图 2-1-17 所示。该方法得到的砂型密度的波动范围小，紧实度高。振压造型最常应用的是微振压实造型方法，其振动频率为 400 Hz，振幅为 5～10 mm。振压造型与纯压造型相比可获得较高的砂型紧实度，且砂型均匀性也较高，可用于精度要求高、形状较复杂铸件的成批生产。

4）抛砂造型

抛砂造型是用机械的方法将型砂以高速抛入砂箱，使砂层在高速砂团的冲击下得到紧实，抛砂速度在 30～50 m/s，工作原理如图 2-1-18 所示。抛砂造型的特点是填砂和紧实同时进行，对工艺装备要求不高，适应性强，只要在抛头的工作范围内，不同砂箱尺寸的砂型都可以用抛砂机造型。抛砂造型可以用于小批量生产的中型、大型铸件。但抛砂造型也存在砂型顶部需补充紧实，型砂质量要求较高及不适合用于小砂型的缺点。

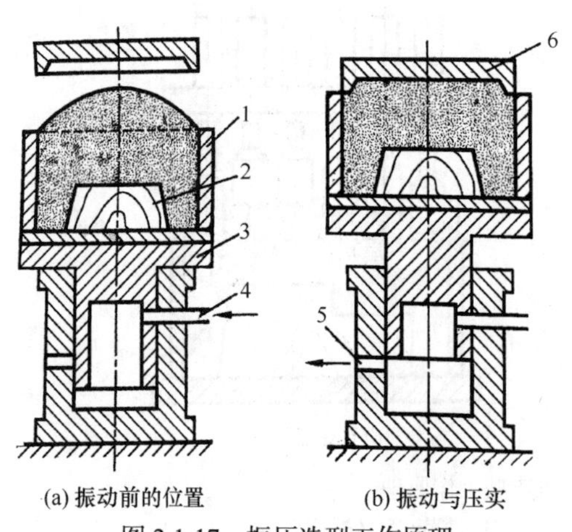

图 2-1-17　振压造型工作原理

1—砂箱；2—模样；3—气缸；4—进气口；5—排气口；6—压板

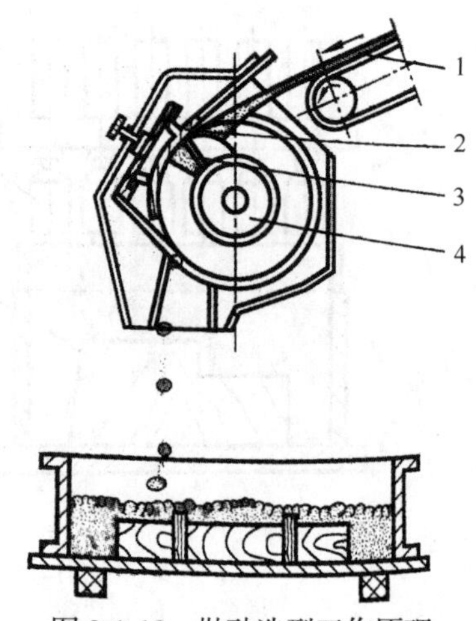

图 2-1-18　抛砂造型工作原理

1—送砂胶带；2—弧板；3—叶片；4—抛砂头转子

另外，机器造型还有气流紧实造型、真空密封造型等多种方法。机器造型方法的选择应根据多方面的因素综合考虑：铸件要求精度高，表面粗糙度值低时选择砂型紧实度高的造型方法；铸钢、铸铁件与非铁合金铸件相比对砂型刚度要求高，也应选用砂型紧实度高的造型方法；铸件批量大、产量大时，应选用生产效率高或专用的造型设备；铸件形状相似、尺寸和质量相差不大时应选用同一造型机和统一的砂型。

2. 机器起模

机器起模也是铸造机械化生产的一道工序。机器起模比手工起模平稳，能降低工人劳动强度。机器起模有顶箱起模和翻转起模两种。

（1）顶箱起模。如图 2-1-19 所示，起模时利用液压或油气压，用四根顶杆顶住砂箱四角，使之垂直上升，固定在工作台上的模板不动，砂箱与模样逐渐分离，实现起模。

（2）翻转起模。如图 2-1-20 所示，起模时用翻台将型砂和模样一起翻转 180°，然后用接箱台将砂型接住，固定在翻台上的模板不动，接着下降接箱台使砂箱下移，完成起模。

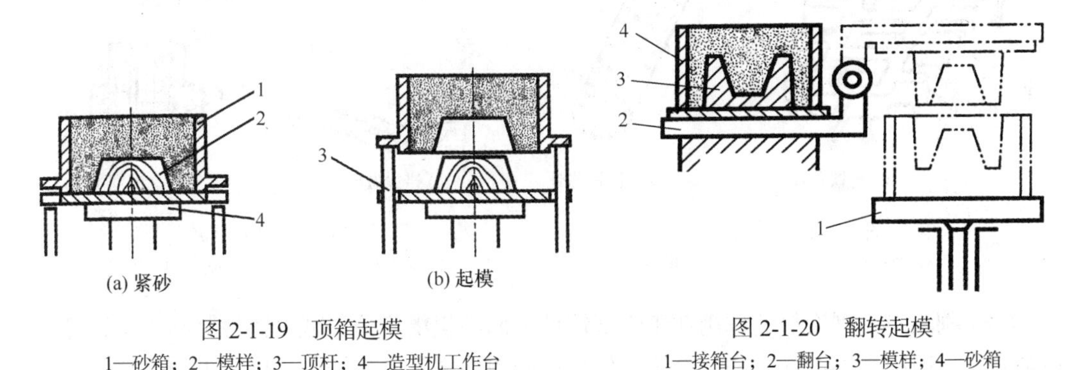

图 2-1-19　顶箱起模

1—砂箱；2—模样；3—顶杆；4—造型机工作台

图 2-1-20　翻转起模

1—接箱台；2—翻台；3—模样；4—砂箱

（八）制芯

型芯主要用于形成铸件的内腔、孔洞和凹坑等部分。

1. 芯砂

型芯在铸件浇注时，它的大部分或部分被金属液包围，经受的热作用、机械作用都较强烈，排气条件也差，出砂和清理困难，因此对芯砂的要求一般比型砂高。一般可用黏土砂作芯砂，但黏土含量比型砂高，并提高新砂使用比例。要求较高的铸造生产可用钠水玻璃砂、油砂或合脂砂作为芯砂。

2. 制芯工艺

由于型芯在铸件铸造过程中所处的工作条件比砂型更恶劣，型芯必须具备比砂型更高的强度、耐火度、透气性和退让性。制型芯时，除选择合适的材料外，还必须采取以下工艺措施。

（1）放芯骨。为了保证型芯在生产过程中不变形、不开裂、不折断，通常在型芯中埋置芯骨，以提高其强度和刚度。

小型型芯通常采用易弯曲变形、回弹性小的退火铁丝制作芯骨，中、大型型芯一般采用铸铁芯骨或用型钢焊接而成的芯骨，如图 2-1-21 所示。这类芯骨由芯骨框架和芯骨齿组成，为了便于运输，一些大型的型芯在芯骨上做出了吊攀。

（2）开通气道。型芯在高温金属液的作用下，浇注时很短时间内会产生大量气体。当型芯排气不良时，气体会侵入金属液，使铸件产生气孔缺陷，为此制型芯时除采用透气性好的芯砂外，应在型芯中开设排气道，在型芯出气位置的铸型中开排气通道，以便将型芯中产生的气体引出型外。型芯中开排气道的方法有用通气针扎出气孔、用通气针挖出气孔和用蜡线或尼龙管做出气孔，型芯内加填焦炭也是一种增加型芯透气性的措施（图 2-1-22）。

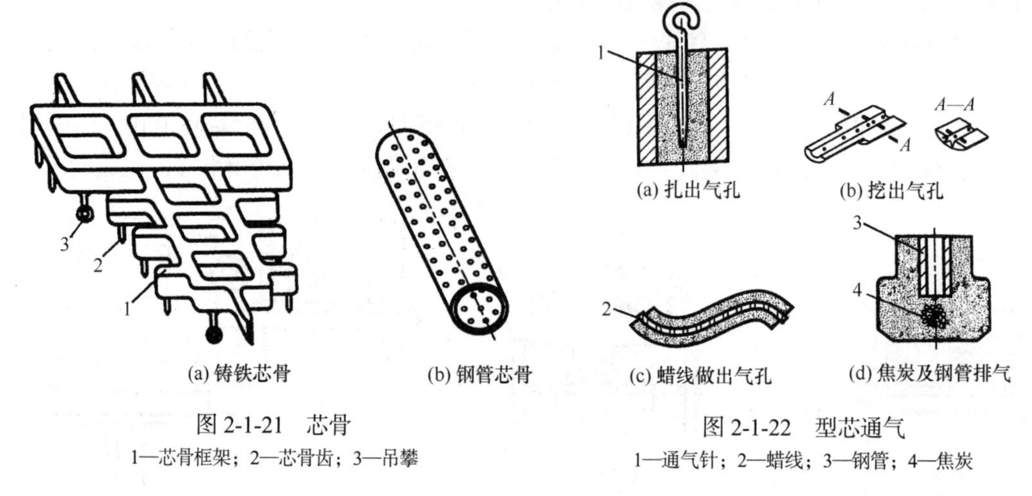

(a) 铸铁芯骨　(b) 钢管芯骨

图 2-1-21　芯骨

1—芯骨框架；2—芯骨齿；3—吊攀

(a) 扎出气孔　(b) 挖出气孔　(c) 蜡线做出气孔　(d) 焦炭及钢管排气

图 2-1-22　型芯通气

1—通气针；2—蜡线；3—钢管；4—焦炭

（3）刷涂料。刷涂料的作用在于降低铸件表面的粗糙度值，减少铸件黏砂、夹砂等铸造缺陷。一般中、小铸钢件和部分铸铁件可用硅粉涂料，大型铸钢件用刚玉粉涂料，石墨粉涂料常用于铸铁件生产。

（4）烘干。型芯烘干后可以提高强度，增加透气性。烘干时采用低温进炉、合理控温、缓慢冷却的烘干工艺。烘干温度黏土型芯为 250～350 ℃，油型芯为 200～220 ℃，合脂型芯为 200～240 ℃，烘干时间为 1～3 h。

3. 制芯方法

制芯方法分手工制芯和机器制芯两大类。

1）手工制芯

手工制芯可分为芯盒制芯和刮板制芯。

首先，介绍芯盒制芯。芯盒制芯是应用较广的一种方法，按芯盒结构的不同，又可分为整体式芯盒制芯、分式芯盒制芯及脱落式芯盒制芯。

（1）整体式芯盒制芯。对于形状简单且有一个较大平面的型芯，可采用这种方法。如图 2-1-5 所示为整体式芯盒制芯。

（2）分式芯盒制芯。工艺过程如图 2-1-6 所示。也可以采用两半芯盒分别填砂制芯，然后组合，使两半型芯黏合后取出型芯的方法。

（3）脱落式芯盒制芯。其操作方式和分式芯盒制芯类似，不同的是把妨碍型芯取出的芯盒部分做成活块，取芯时，从不同方向分别取下各个活块。

然后，介绍刮板制芯。对于具有回转体形的型芯可采用刮板制芯方式，和刮板造型一样，它也要求操作者有较高的技术水平，并且生产效率低，所以刮板制芯适用于单件、小批量生产型芯。刮板制芯工艺如图 2-1-23 所示。

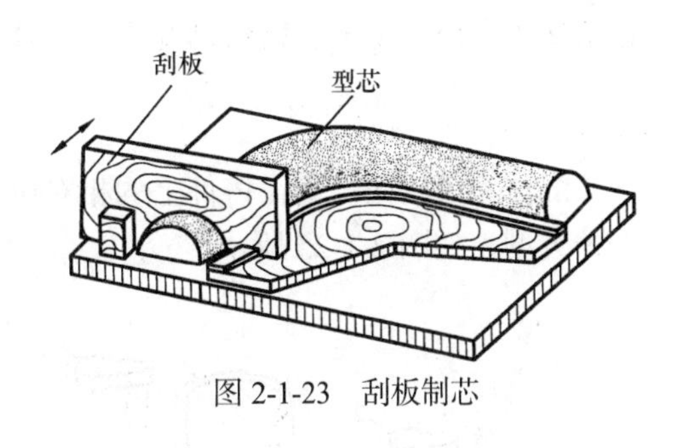

图 2-1-23　刮板制芯

2）机器制芯

机器制芯与机器造型原理相同，也有振实式、微振压实式和射芯式等多种方法。机器制芯生产效率高，型芯紧实度均匀、质量好，但安放龙骨、取出活块或开通气道等工序有时仍需手工完成。

（九）浇注系统

浇注系统是砂型中引导金属液进入型腔的通道。

1. 对浇注系统的基本要求

浇注系统设计的正确与否对铸件质量影响很大，对浇注系统的基本要求如下。

（1）引导金属液平稳、连续充型，防止卷入、吸收气体和使金属过度氧化。

（2）充型过程中金属液流动的方向和速度可以控制，保证铸件轮廓清晰、完整，避免因充型速度过高而冲刷型壁或型芯，避免充型时间不适合造成的夹砂、冷隔、皱皮等缺陷。

（3）具有良好的挡渣、溢渣能力，净化进入型腔的金属液。

（4）浇注系统结构应当简单、可靠，金属液消耗少，并容易清理。

2. 浇注系统的组成

浇注系统一般由外浇口、直浇道、横浇道和内浇道四部分组成，如图 2-1-24 所示。

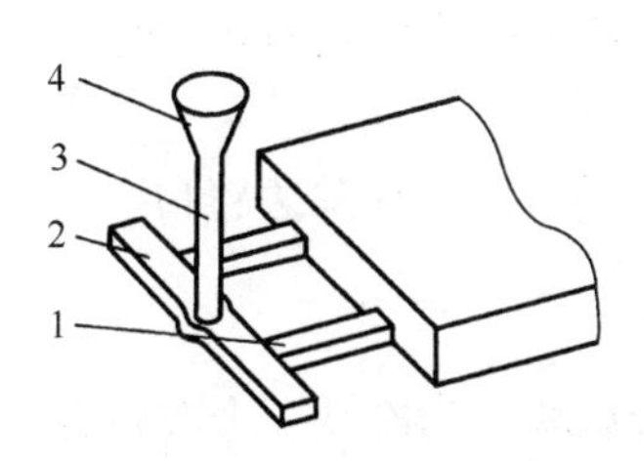

图 2-1-24　浇注系统的组成
1—内浇道；2—横浇道；3—直浇道；4—外浇口

（1）外浇口。外浇口用于承接浇注的金属液，起防止金属液的飞溅和溢出、减缓对型腔的冲击、分离渣滓和气泡、阻止杂质进入型腔的作用。外浇口分漏斗形（浇口杯）和盆形（浇口盆）两大类。

（2）直浇道。其功能是从外浇口引导金属液进入横浇道、内浇道或直接导入型腔。直浇道有一定的高度，使金属液在重力的作用下克服各种流动阻力，在规定时间内完成充型。直浇道常做成上大下小的锥形、等截面的柱形或上小下大的倒锥形。

（3）横浇道。横浇道是将直浇道的金属液引入内浇道的水平通道。作用是将直浇道金属液压力转化为水平速度，减轻对直浇道底部铸型的冲刷，控制内浇道的流量分布，阻止渣滓进入型腔。

（4）内浇道。内浇道与型腔相连，其功能是控制金属液充型速度和方向，分配金属液，调节铸件的冷却速度，对铸件起一定的补缩作用。

3. 浇注系统的类型

浇注系统按内浇道在铸件上的相对位置，分为顶注式、底注式、中注式和阶梯注入式四种类型，如图 2-1-25 所示。

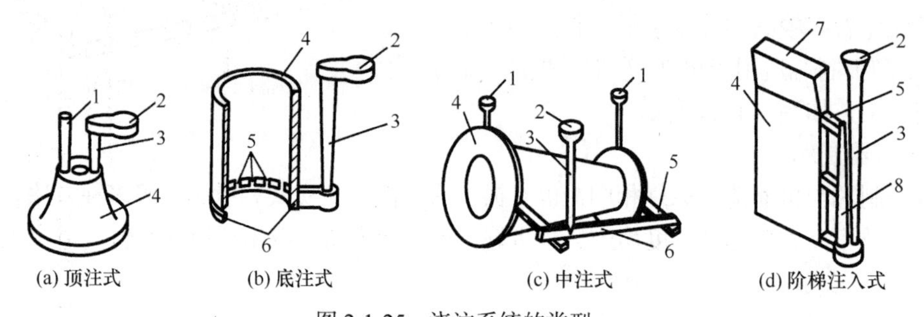

图 2-1-25　浇注系统的类型

1—出气口；2—外浇口；3—直浇道；4—铸件；5—内浇道；6—横浇道；7—冒口；8—分配直浇道

（十）冒口和冷铁

为了使铸件在浇注、冷凝过程中能正常充型和冷却收缩，一些铸型设计中应用了冒口和冷铁。

1. 冒口

铸件浇铸后，金属液在冷凝过程中会发生体积收缩，为防止由此而产生的铸件缩孔、缩松等缺陷，常在铸型中设置冒口，即人为设置用以存储金属液的空腔，用于补偿铸件形成过程中可能产生的收缩，并为控制凝固顺序创造条件，同时冒口也有排气、集渣、引导充型的作用。引导冒口形状有圆柱形、球顶圆柱形、长圆柱形、方形和球形等多种。若冒口设在铸件顶部，使铸型通过冒口与大气相通，称为明冒口；冒口设在铸件内部，则为暗冒口，如图 2-1-26 所示。冒口一般应设在铸件壁厚交叉部位的上方或旁侧，并尽量设在铸件最高、最厚的部位，其体积应能保证所提供的补缩液量不小于铸件的冷凝收缩和型腔扩大量之和。

应当说明的是，在浇铸冷凝后，冒口金属与铸件相连，清理铸件时，应除去冒口。

2. 冷铁

为增加铸件局部冷却速度，在型腔内部及工作表面安放的金属块称为冷铁。冷铁分为内冷铁和外冷铁两大类。放置在型腔内，浇铸后与铸件熔合为一体的金属激冷块称为内冷铁；在造型时放在模样表面的金属激冷块为外冷铁，如图 2-1-27 所示。外冷铁一般可重复使用。

冷铁的作用在于调节铸件凝固顺序，在冒口难以补缩的部位防止缩孔、缩松，扩大冒口的补缩距离，避免在铸件壁厚交叉及急剧变化部位产生裂纹。

三、熔炼与浇注

铸造合金熔炼和铸件的浇注是铸造生产的主要工艺。

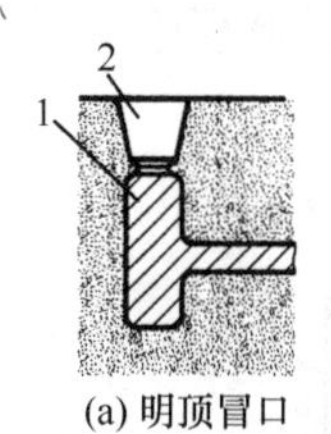

(a) 明顶冒口

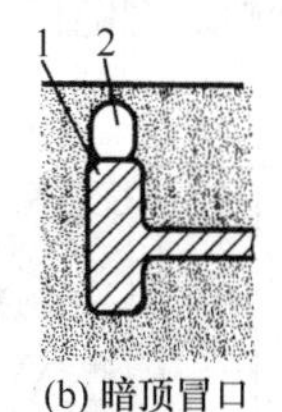

(b) 暗顶冒口

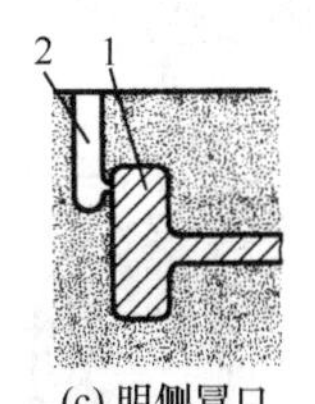

(c) 明侧冒口

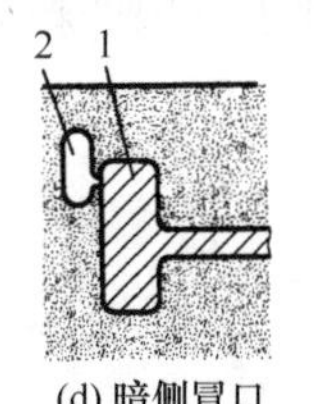

(d) 暗侧冒口

图 2-1-26 冒口

1—铸件；2—冒口

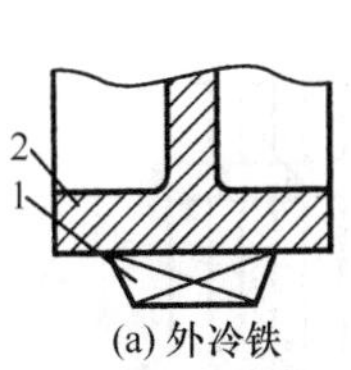

(a) 外冷铁

(b) 内冷铁

图 2-1-27 冷铁

1—冷铁；2—铸件；3—长圆柱形冷铁；4—钉子；5—型腔；6—型砂

（一）合金的熔炼

熔炼是将铸造合金由固态转变为液态并达到一定温度和化学成分的操作过程。常用的铸造合金是铸铁、铸钢和铸造有色合金。本节主要介绍铸铁、铸钢和铸造有色合金的熔炼。

1. 铸铁的熔炼

铸铁件占铸件总量的 70%～75%。为了生产高质量的铸件，首先要熔炼出优质铁水。铸铁的熔炼应符合下列要求：①铁水温度足够高；②铁水的化学成分符合要求；③熔化效率高，节约能源。

铸铁可用反射炉、电炉或冲天炉熔炼，目前以冲天炉应用最广。冲天炉的构造如图 2-1-28 所示，主要部分有烟囱、炉体、炉缸、前炉等。冲天炉熔炼铸铁的炉料包括金属料（新生铁、回炉料、废钢、废铁和铁合金等）、燃料（焦炭、煤粉、渣油等）、熔剂（石灰石、萤石等）。用冲天炉熔化的铁水质量虽然不及电炉，但冲天炉的结构简单、操作方便、燃料消耗少、熔化的效率也较高。从环保角度讨论，铸铁熔炼还应以使用电炉为宜。

冲天炉的大小以每小时熔化铁水的吨位表示。常用冲天炉的大小为 1.5～10 t/h。

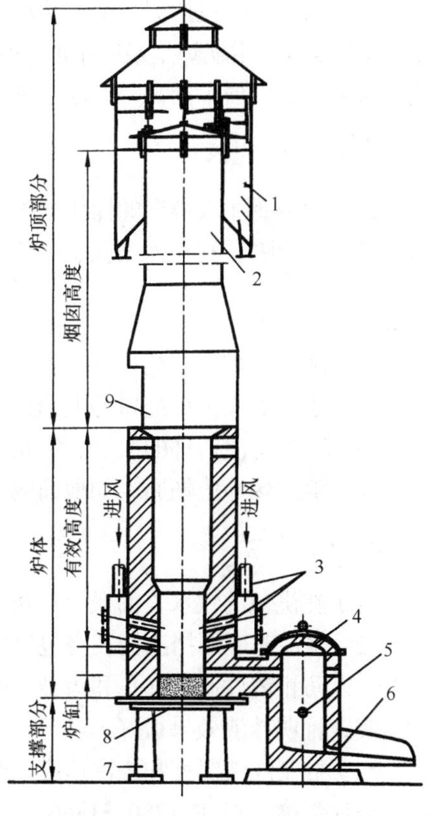

图 2-1-28 冲天炉的构造示意图

1—除尘器；2—烟囱；3—送风系统；4—前炉；5—出渣口；6—出铁口；7—支柱；8—炉底板；9—加料口

2. 铸钢的熔炼

铸钢主要分碳钢和合金钢两大类，铸钢的强度和韧度均较高，常用来制造较重要的铸件。铸钢的铸造性能比铸铁差，如熔点高、流动性差、收缩大、高温时易氧化与吸气，最好采用电炉熔化。生产中常用三相电弧炉（图 2-1-29）来熔炼铸钢。电弧炉的温度容易控制，熔炼速度快，质量好，操作方便。生产小型铸钢件也可用低频或中频感应电炉熔炼，如图 2-1-30 所示。

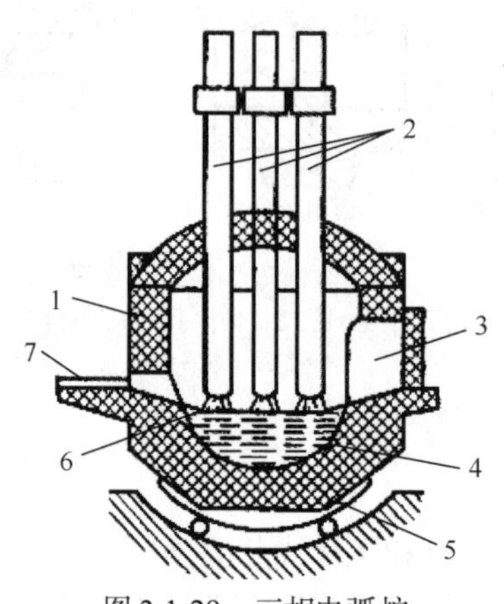

图 2-1-29 三相电弧炉

1—炉墙；2—电极；3—加料口；4—钢液；5—倾斜机构；6—电弧；7—出钢口

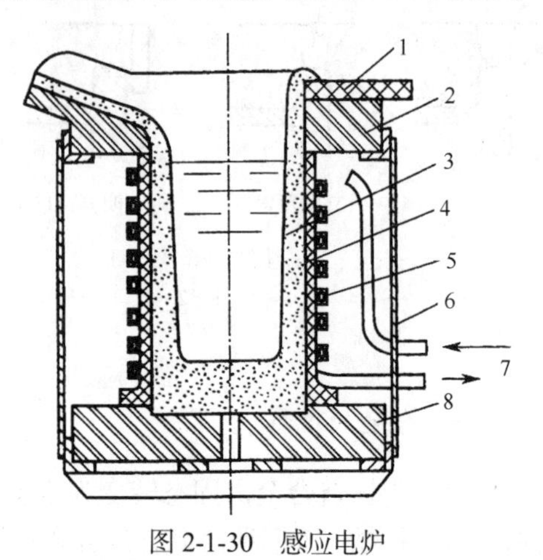

图 2-1-30 感应电炉

1—盖板；2—耐火砖框；3—坩埚；4—绝缘布；5—感应线圈；6—防护板；7—冷却水；8—底座

3. 铸造有色合金的熔炼

铸造有色合金包括铜、铝、镁及锌合金等。它们大多熔点低、易吸气和易氧化，故多用坩埚炉熔炼。坩埚炉是最简单的一种熔炉，其优点是金属液不受炉气污染，纯净度较高，成分易控制，烧损率低，一般用于批量不大的有色合金铸件的熔炼。

（二）铸型浇注

将熔融金属注入铸型的操作即浇注。浇注是铸造生产中的重要工序，若操作不当将会造成铁豆、冷隔、气孔、缩孔、夹渣和浇不足等缺陷。浇注时注意事项如下。

1. 准备工作

（1）准备并烘干好端包、抬包等各类浇包。

（2）去掉盖在铸型浇口杯上的护盖并清除周围的散砂，以免落入型腔中。

（3）熟悉待浇铸件的大小、形状和浇注系统类型等。

（4）浇注场地应畅通，如地面潮湿有积水，用干砂覆盖，以免造成金属液飞溅伤人。

2. 浇注方法

（1）在浇包的铁水表面撒上草灰用以保温和聚渣。

（2）浇注时应用挡渣钩在浇包口挡渣。用燃烧的木棍在铸型四周将铸型内逸出的气体引燃，以防止铸件产生气孔和污染车间空气。现在，许多企业流行在浇口处安置陶瓷挡渣网，实践证明挡渣效果很好。

（3）控制浇注温度和浇注速度。对形状复杂的薄壁件浇注温度宜高些；反之，则应低些。浇注温度一般在 1280～1350 ℃。浇注速度要适宜，浇注开始时液流细且平稳，以免金属液洒落在浇口外伤人和将散砂冲入型腔内。浇注中期要快，以利于充型；浇注后期应慢，以减少金属液的抬箱力，并有利于补缩。浇注中不能断流，以免产生冷隔。例如，C616

普通车床床身质量为 560 kg，其浇注时间仅限定在 15 s。

四、铸造缺陷

了解铸件缺陷的产生原因，以便采取措施加以防止。表 2-1-1 列出了常见铸造缺陷特征及其产生的原因。

表 2-1-1　常见铸造缺陷特征及产生的原因

序号	缺陷名称和特征	产生的原因
1	气孔：在铸件内部、表面或近于表面处，内壁光滑，形状有圆形、梨形、腰圆形或针头状，大气孔常孤立存在，小气孔成片聚集。断面直径在 1 mm 至数毫米，长气孔长为 3～10 mm A放大 A 聚集气孔	（1）炉料潮湿、锈蚀、油污，金属液含有大量气体或产气物质； （2）砂型、型芯透气性差，含水分和发气物质太多，型芯未烘干，排气不畅； （3）浇注系统不合理，浇注速度过快； （4）浇注温度低，金属液除渣不良，黏度过高； （5）型砂、芯砂和涂料成分不当，与金属液发生反应
2	（1）缩孔：在铸件后断面内部，两交界面的内部及后断面和后断面交接处的内部或表面，形状不规则，孔内壁粗糙不平，晶粒粗大。 （2）缩松：在铸件内部微小而不连贯的缩孔，聚集在一处或多处，金属晶粒间存在很小的孔眼，水压试验渗水 缩孔　缩松	（1）浇注温度不当，过高易产生缩孔，过低易产生缩松； （2）合金凝固时间过长或凝固间隔过宽； （3）合金中杂质和溶解的气体过多，金属成分中缺少晶粒细化元素； （4）铸件结构设计不合理，壁厚变化大； （5）浇注系统、冒口、冷铁等设置不当，使铸件在冷缩时得不到有效补缩
3	黏砂：在铸件表面上，全部或部分覆盖着金属（或金属氧化物）与砂（涂料）的混合物或化合物，或者一层烧结的型砂，致使铸件表面粗糙 黏砂	（1）型砂和芯砂太粗，涂料质量差或涂层厚度不均匀； （2）砂型和型芯的紧实度低或不均匀； （3）浇注温度和外浇口高度太高，浇注过程中金属液压力大； （4）型砂和芯砂含 SiO_2 少，耐火度差； （5）金属液中的氧化物和低熔点化合物与型砂发生反应
4	渣眼：在铸件内部或表面有形状小、规则的孔眼。孔眼不光滑，里面全部或部分充塞着渣	（1）浇注时，金属液挡渣不良，熔渣随金属液一起注入型腔； （2）浇注温度过低. 熔渣不易上浮； （3）金属液含有大量硫化物、氧化物和气体，浇注后在铸件内形成渣气
5	夹砂结疤：在铸件表面上，有金属夹杂物或片状、瘤状物，表面粗糙，边缘锐利。在金属瘤片和铸件之间夹有型砂 金属凸起　砂壳　金属疤　铸件正常表面 夹砂　结疤	（1）在金属液热作用下，型腔上表面和下表面膨胀鼓起开裂； （2）型砂湿强度低，水分过多，透气性差； （3）浇注温度过高，浇注时间过长； （4）浇注系统不合理，使局部砂型烘烤严重，型砂膨胀率大，退让性差

续表

序号	缺陷名称和特征	产生的原因
6	冷裂：在铸件凝固后冷却过程中因铸造应力大于金属强度而产生的穿透或小穿透性裂纹。裂纹呈直线或折线状，开裂处有会属光泽 	（1）铸件结构设计不合理，壁厚相差太大； （2）浇冒口设置不当，铸件各部分冷却速度差别过大； （3）熔炼时金属液有害杂质成分超标，铸造合金抗拉强度低； （4）浇注温度太高，铸件开箱过早，冷却速度过快
7	热裂：在铸件凝固末期或凝固后不久，因铸件固态收缩受阻而引起的穿透或不穿透性裂纹。裂纹呈曲线状，开裂处金属表皮氧化 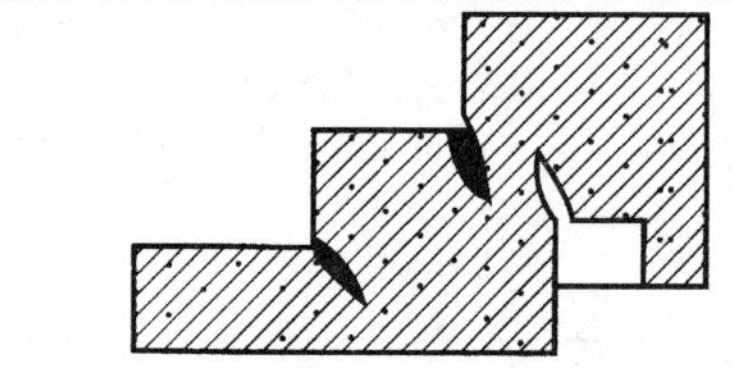	（1）铸件壁厚悬殊，连接处过渡圆角太小，阻碍铸件正常收缩； （2）浇道、冒口设置位置和大小不合理，限制铸件正常收缩； （3）型砂和芯砂黏土含量太多，型、芯强度太高，退让性差； （4）铸造合金中硫、磷等杂质成分含量超标； （5）铸件开箱、落砂过早，冷却过快
8	冷隔：是铸件上穿透或不穿透的缝隙，其交接边缘是圆滑的，由充型时金属液流汇时熔合不良造成 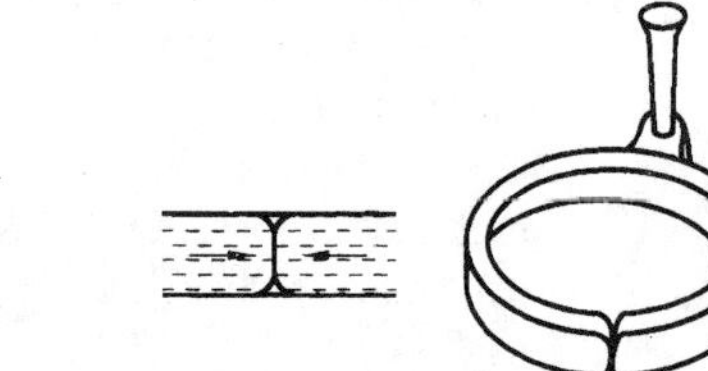	（1）浇注温度太低，铸造合金流动性差； （2）浇注温度过低或浇注中断； （3）铸件壁厚太小，薄壁部位处于铸型顶部或距内浇道太远； （4）浇道横截面积太小，直浇道高度不够，内浇道数量少或开设位置不当； （5）铸型透气性差
9	浇不足：由于金属液未完全充满型腔而产生的铸件残缺、轮廓不完整或边角圆钝。常出现在型腔表面或远离浇道的部位 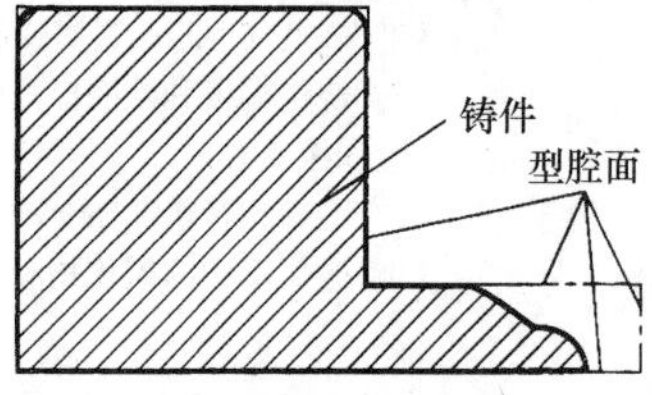	（1）浇注温度太低，浇注速度过慢或浇注过程中断流； （2）浇注系统设计不合理，直浇道高度不够，内浇道数量少或横截面积小； （3）铸件壁厚太小； （4）金属液氧化严重，非金属氧化物含量大，黏度大、流动性差； （5）型砂和芯砂发气量大，型、芯排气口少或排气通道堵塞
10	错型：铸件的一部分与另一部分在分型面上错开，发生相对位移 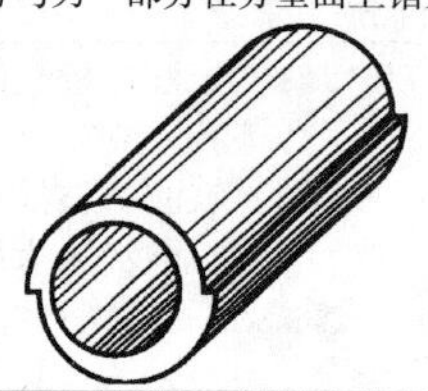	（1）砂箱合型时错位，定位销未起作用或定位标记未对准； （2）分模的上、下半模样装备错位或配合松动； （3）合型后砂型受碰撞，造成上、下型错位
11	偏芯：在金属液充型力的作用下，型芯位置发生了变化，使铸件内孔位置偏错，铸件形状和尺寸与图样不符 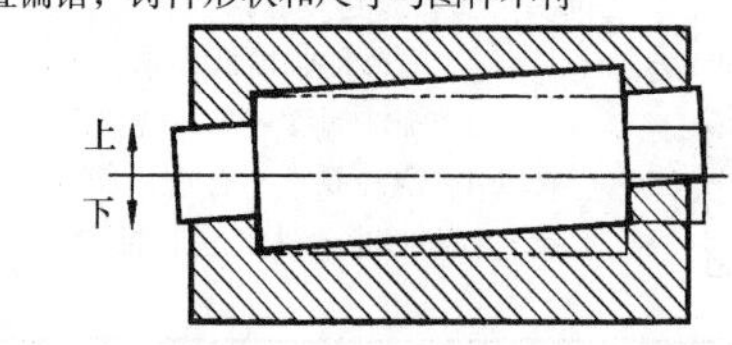	（1）型芯下偏； （2）起模不慎，使芯座尺寸发生变化； （3）芯头横截面积太小，支撑面不够大，芯座处型砂紧实度低，芯砂强度低； （4）浇注系统设计不当，充型时金属静压力过大或金属液流速大，直冲型芯； （5）浇注温度、浇注速度过高，使金属液对型芯的热作用或冲击作用过于强烈

铸件主要的修补方法有如下几种。

（1）焊补常用于修补裂纹、气孔、缩孔、冷隔、砂眼等。焊补的部位可达到与铸件本体相近的力学性能，可承受较大载荷。为确保焊补质量，焊补前应将缺陷处黏砂、氧化皮、水等夹杂物除净，开坡口并使其露出新的金属光泽，以保证焊透、减少夹渣等，不残留新的缺陷。

对于密集的缺陷，应将整个缺陷区铲掉。处理的方法有风铲铲除、砂轮打磨、机械加工、火焰或碳弧切割等。常用的焊接方法有焊条电弧焊、气体保护焊、气焊的方法。

为防止焊补时裂纹扩展，应在离裂纹两端 5 mm 处，先钻直径为 6～10 mm 的孔，孔深比裂纹深 2～3 mm。

（2）金属液熔补。大型铸件上有浇不足等尺寸类缺陷或损伤较大的缺陷修补时，可将缺陷处铲净，造型，浇入高温金属液将缺陷处填满。此法适用于青铜、铸钢件的修补。

（3）浸渍法。此法用于承受气压不高，渗漏又不严重的铸件。方法是将稀释后的酚醛清漆、水玻璃压入铸件缝隙，或者将硫酸铜或氯化铁和氨的水溶液压入黑色金属孔隙，硬化后即可将孔隙填塞堵死。

（4）填腻修补。用腻子填入孔洞类缺陷。但只适用于装饰，不能改善铸件质量。腻子配比为铁粉∶水玻璃∶水泥=1∶4∶1。

（5）金属喷镀。在缺陷处喷镀一层金属。应用等离子喷镀效果好。

五、特种铸造

特种铸造是指与砂型铸造不同的其他铸造工艺。特种铸造在提高铸件精度和表面质量，提高铸件的物理和力学性能，提高生产效率，改善劳动条件和降低铸件成本，实现机械化和自动化生产等方面均有明显的优势。

目前，常用的特种铸造方法有金属型铸造、熔模铸造、压力铸造、离心铸造、陶瓷型铸造及挤压铸造等。

（一）金属型铸造

金属型铸造是指将液态金属浇注到金属铸型而获得铸件的方法。因为金属型可重复使用，所以又称为永久型铸造。金属型铸造不用或很少用型砂，可以节省生产费用，提高生产效率。另外，由于铸件冷却速度快，组织致密，其力学性能比砂型铸件高 15%左右。

金属型铸造在发动机、仪表、农机等工业部门有广泛应用，一般适用于铸造不太复杂的中小型零件，很多合金零件都可采用金属型铸造，而其中又以铝、镁合金零件应用金属型铸造工艺最为广泛。因为金属型铸造周期长、成本较高，一般在成批或大量生产同一种零件时，这种铸造工艺才能显示出良好的经济效益。

（二）熔模铸造

熔模铸造又称失蜡铸造，其工艺流程如图 2-1-31 所示。这种方法是用易熔材料（如蜡料、松香料等）制成熔模样件，然后在模样表面涂敷多层耐火材料，干燥固化后加热熔出模料，其壳型经高温焙烧后浇入金属液即得到熔模铸件。

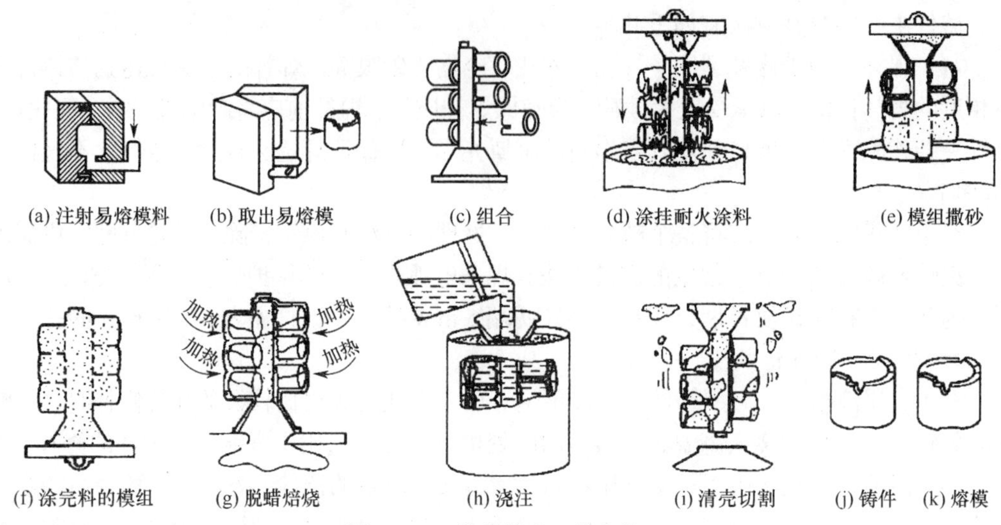

(a) 注射易熔模料　(b) 取出易熔模　(c) 组合　(d) 涂挂耐火涂料　(e) 模组撒砂
(f) 涂完料的模组　(g) 脱蜡焙烧　(h) 浇注　(i) 清壳切割　(j) 铸件　(k) 熔模

图 2-1-31　熔模铸造工艺流程

熔模铸造的特点是铸件尺寸精度高，能铸造外形复杂的零件，铝、镁、铜、钛、铁、钢等合金零件都能用此方法铸造，在航空航天、兵器、船舶、机械制造、家用电器、仪器仪表等行业都有应用，其典型产品有铸铝热交换器、不锈钢叶轮、铸镁金属壳体等。

（三）压力铸造

压力铸造是将液态或半液态金属，在高压（5～150 MPa）作用下，以高的速度填充金属型腔，并在压力下快速凝固而获得铸件的一种铸造方法。压力铸造所用的模具称为压铸模，用耐热合金制造，压力铸造需要在压铸机上进行。

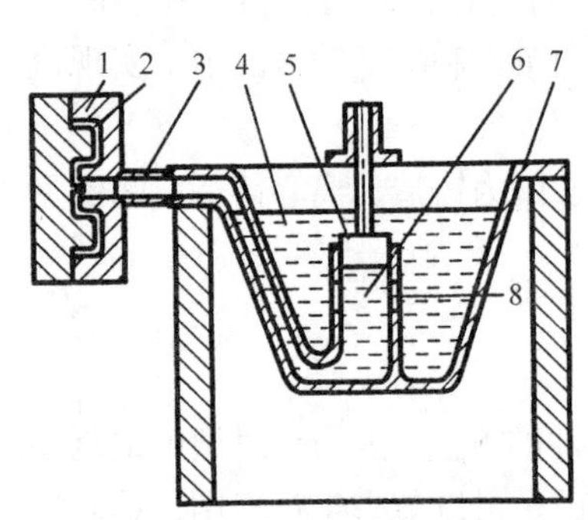

图 2-1-32　热室压铸填充过程

1—压铸模；2—型腔；3—喷嘴；4—金属液；5—压射冲头；6—压室；7—坩埚；8—进口

图 2-1-32 所示为热室压铸填充过程，当压射冲头上升时，坩埚内的金属液通过进口进入压室内，而当压射冲头下压时，金属液沿通道经喷嘴填充压铸模，冷却凝固成型，然后压射冲头回升，开模取出铸件，完成一个压铸循环。

生产速度快，产品质量好，经济效果好是压力铸造工艺的优点，采用的压铸合金分为非铁合金和钢铁材料，目前应用广泛的是非铁合金，如铝、镁、铜、锌、锡、铅合金。压力铸造应用较多的行业有汽车、拖拉机、电气仪表、电信器材、医疗器械、航空航天等。

（四）离心铸造

离心铸造是将熔化的金属通过浇注系统注入旋转的金属型膜内，在离心力的作用下充型，最后凝固成铸件的一种铸造方法。图 2-1-33 所示为圆环形铸件立式离心铸造示意图。

金属型模的旋转速度由铸件结构和金属液体重力决定，应保证金属液在金属型腔内有足够的离心力而不产生淋落现象，离心铸造常用旋转速度为250～1500 r/min。

离心铸造的特点和适用范围如下。

（1）用离心铸造生产空心旋转铸件时，可以省去型芯、浇注系统和冒口。

（2）在离心力作用下，密度大的金属液被推往外壁。而密度小的气体、熔渣向自由表面移动，以自外向内的顺序凝固，补缩条件好，使铸件致密，力学性能好。

（3）便于浇注双金属轴套和轴瓦。

（4）铸件内孔自由表面粗糙，尺寸误差大，质量差。

（5）不适合密度偏析大的合金及铝、镁等轻合金。

离心铸造工艺主要应用于离心铸管、缸盖、轧辊、轴套、轴瓦等零件的生产。

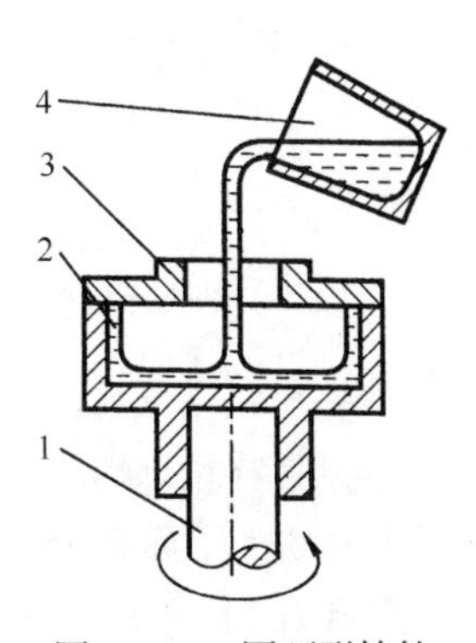

图 2-1-33　圆环形铸件立式离心铸造示意图
1—旋转机构；2—铸件；3—铸型；4—浇包

（五）陶瓷型铸造

陶瓷型铸造是20世纪50年代英国首先研制成功的。其基本原理是，以耐火度高、膨胀系数小的耐火材料为骨料，将经过水解的硅酸乙酯作为黏结剂而配制成陶瓷型浆料，在碱性催化剂的作用下用灌浆法成型，经过胶结、喷燃和烧结等工序，制成光洁、精确的陶瓷型。陶瓷型按不同的成型方法分为两大类：全部为陶瓷铸型的整体型和带底套的复合陶瓷型，底套的材料有硅砂和金属两种。整体陶瓷型铸造的工艺流程如图2-1-34所示。

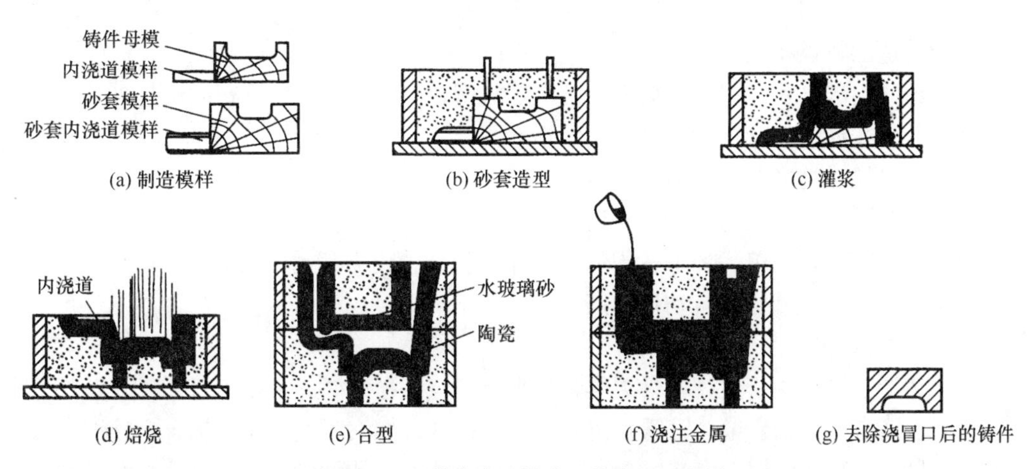

图 2-1-34　整体陶瓷型铸造工艺流程示意图

陶瓷型兼有砂型铸造和熔模铸造的优点，即操作及设备简单，型腔的尺寸精度高，表面粗糙度值低，精度达公差等级CT6～CT8级［《铸件　尺寸公差、几何公差与机械加工余量》（GB/T 6414—2017）］。在单件小批生产的条件下，铸造精密铸件，铸件质量从几千克到几吨。生产效率较高，成本低，节省机加工工时。

陶瓷型广泛用于制造厚大的精密铸件，如热拉模、热锻模、橡胶件生产用钢模、玻璃成型模具、金属型和热芯盒等，并且在模具工作面上可铸出复杂、光滑的花纹，尺寸精确，模具的耐腐蚀性和工作寿命较高。陶瓷型铸造法也可用于生产一般机械零件，如螺旋压缩机转子、内燃机喷嘴、水泵叶轮、齿轮箱、阀体、钻机凿刀、船用螺旋桨、工具、刀具等。

（六）挤压铸造

挤压铸造又称液态模锻，是一种铸锻结合的工艺方法。其原理及工艺过程如图 2-1-35 所示，是将精炼熔融金属用定量浇勺浇入挤压铸型型腔内，随后合型加压，使液态金属在模具中充型，而多余的金属液（与金属液中气体和杂质一同）由铸型顶部挤出，进而升压，达到预压力并保持一定时间，使金属结晶凝固。由于是将压铸工艺与热模锻工艺相结合的先进成型方法，获得的是形状复杂程度接近纯铸件、力学性能接近纯锻件的液态模铸（锻）件，是一种很有发展前途的新工艺。

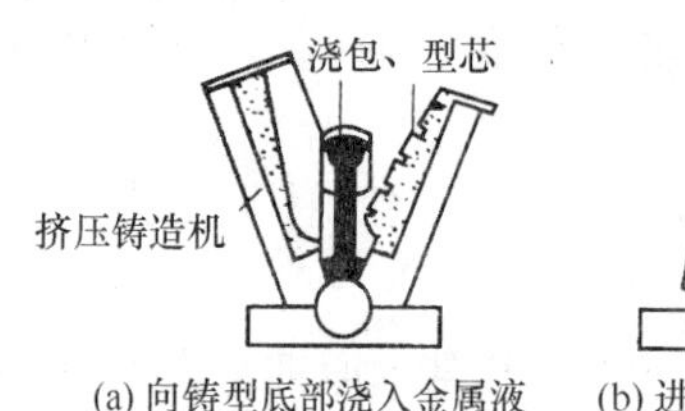

(a) 向铸型底部浇入金属液　(b) 进行挤压铸造

(c) 形成铸件并排出多余的金属液

图 2-1-35　挤压铸造原理及工艺过程示意图

影响液态模锻的主要工艺因素有模具温度、浇注温度、加压时间、单位压力、保压时间、润滑方式等。其工艺流程为：原材料配制—熔炼—浇注—合模和加压—开模和顶出锻件—灰坑冷却铸（锻）件—铸（锻）件热处理—检验入库。

挤压铸造的特点及应用范围如下。

（1）铸件内部气孔、缩松等缺陷少，组织致密，晶粒细化，可进行固溶热处理。力学性能高于其他普通铸件，接近同种合金锻造水平。

（2）铸件尺寸精度高，表面粗糙度低。

（3）工艺适应性强，适合于多种铸造合金和部分塑性成型合金。

（4）模具结构较简单，加工费用低，寿命较长，金属的利用率较高。

（5）便于实现机械化、自动化生产。

（6）不适宜铸造形状复杂的铸件。

挤压铸造主要适用于生产各种力学性能要求高、气密性好的薄壁铸件。目前已用于生产铝合金、镁合金、铜合金、铸铁和铸钢的各种铸件，如汽车、摩托车铝合金轮毂，发动机的铝活塞、铝缸体；铝、镁或锌合金光学镜架、仪表及计算机壳体件；铜合金轴套、炮弹壳体和铸铁锅等。

（七）磁性铸造

磁性铸造是德国在研究熔模铸造的基础上发明的铸造方法，其实质是采用铁丸代替型砂及芯砂，用磁场作用力代替铸造黏结剂，用泡沫塑料熔模铸造替普通模样的一种新的铸造方法。与砂型铸造相比，它提高了铸件品质，因与熔模铸造原理相似，其质量状况与熔模铸造相同，同时比熔模铸造减少了铸造材料的消耗。经常用于自动化生产，可铸材料和铸件大小范围广，常用于汽车零件等精度要求高的中小型铸件生产。

（八）石墨型铸造

石墨型铸造是用高纯度的人造石墨块经机械加工成型，或以石墨砂为骨架材料，添加其他附加物制成铸型，浇注凝固后获得铸件的一种工艺方法。它与砂型铸造、金属型铸造相比，铸型的激冷能力强，使铸件晶粒细化，力学性能提高；由于石墨的热化学稳定性好，熔融金属与铸型接触时一般不发生化学作用，铸件表面质量好；石墨型铸造受热尺寸变化影响小，不易发生弯曲、变形，故铸件尺寸精度高；石墨型铸造的寿命达 2 万～5 万次，劳动生产率比砂型铸造提高 2～10 倍。

石墨型铸造多用于锌合金、铜合金、铝合金等铸件。石墨型铸造不仅可用于重力铸造，还可用于低压铸造、差压铸造、连续铸造、挤压铸造和离心铸造。

六、现代铸造技术

社会的高速发展对铸造的精密性、质量与可靠性、经济、环保等提出了更高的要求，而知识经济和高新技术也给铸造行业带来了深刻的影响，渗透到材料使用、工艺方法、生产过程、设备及工装等各个方面。

（一）造型制芯与特种铸造

具有成本低、污染小、效率高、质量好等优点的射压造型、气流压实造型和空气冲击造型在砂型造型中的应用比例提高，并且具有高度机械化、自动化、高密度等优点。特种铸造如熔模铸造、压力铸造、低压铸造和实型铸造等作为一种实现少余量、无余量加工的精密成型技术，将向精密化、薄壁化、轻量化、节能化方向发展。

（二）发展提高铸件质量的技术

在铸铁方面使用冲天炉-电炉双联熔炼工艺及设备，采用铁液脱硫、过滤技术来提高铁液质量；研究薄壁高强度的铸铁件制造技术；研究铸铁复合材料制造技术；采用金属型铸造及金属型覆砂铸造工艺等。

铸钢件采用精炼工艺和技术，开发新型铸钢材料，提高强韧性并使之具有特殊性能。铝、镁合金具有密度小、比强度高、耐腐蚀的优点，在航空、航天、汽车、机械行业中应用日趋广泛。优质铝合金材料的开发、镁合金熔炼工艺的研究、对轻合金压铸与挤压铸造工艺及相关技术的开发研究都有很好的发展前景。

（三）计算机技术在铸造工程中的应用

铸造过程计算机辅助工程（computer aided engineering，CAE）分析和铸造工艺计算机辅助设计（computer aided design，CAD）是计算机技术在铸造工程中的典型应用，前者通过对温度场、流动充型过程、应力场及凝固过程的计算机数字模拟来预测铸件组织和缺陷，提出工艺改进措施，最终达到优化工艺的目的；后者把传统工艺设计问题转化为 CAD，其特点是计算准确、迅速，能够存储并利用大量专家的经验，可大大提高铸造工艺的科学性、可靠性。

此外，快速成型制造技术集成了计算机辅助制造（computer aided manufacturing，CAM）技术、现代数控技术、激光技术和新型材料技术，可以快速制出形状复杂的模样，或用激光束直接将覆砂制成铸型以便完成铸造生产；参数检测与生产过程的计算机控制可以实现铸造过程最佳参数的调节，并使铸造生产实现自动化。

（四）发展节能和环保的技术

从可持续发展战略出发，节能降耗、应用清洁铸造技术也是铸造行业发展的方向。

（1）铸造生产向专业化方向发展，机械化、自动化程度提高，冲天炉大型化，节省能源消耗，减少环境污染。

（2）节约材料资源，研究开发多种铸造废弃物的再生和综合利用技术，如铸造旧砂回用新技术、熔炼炉渣的处理和综合利用技术。

（3）从材料、工艺和设备等多方面入手，解决环境污染问题，如研究无毒、无味铸造辅料，开发无毒熔炼及变质技术，使用除尘技术等。

第二节 锻 压

一、锻压概述

锻压是对坯料施加外力，使其产生塑性变形，改变尺寸、形状及改善性能，用于制造机械零件、工件或毛坯的成型加工方法。锻造与冲压属于金属塑性成型（压力加工）的一部分。金属塑性成型还包括挤压、轧制、拉拔等。

金属塑性成型在机械制造、交通运输、电力电信、化工、建材、仪器仪表、航空航天、国防军工、民用五金和家用电器等行业应用广泛，在国民经济中占有十分重要的地位。据统计，钢总产量的90%以上和有色金属总产量的70%以上，均需经过塑性加工成材；而在汽车生产中，70%以上的零件都是由塑性成型方法制造的。

（一）金属塑性成型方法

1. 锻造

锻造是指在加压设备及工（模）具的作用下，使坯料、铸锭产生局部或全部的塑性变形，以获得一定几何尺寸、形状和质量的锻件的加工方法，如图 2-2-1 所示。锻造又包括自由锻、模锻及介于两者之间的胎模锻等。锻造是一般机械厂常用的生产方法。锻造能提高制件的力学性能，主要用来生产承受冲击或交变载荷的重要零件，如机床主轴和齿轮、内燃机的曲轴和连杆、起重机的吊钩等。

2. 冲压

冲压是使板料经分离或成型而得到制件的工艺总称。冲压包括冲裁、弯曲、拉深及其他成型方法，如图 2-2-2 所示。冲压主要用来加工金属薄板，广泛用于汽车外壳、仪表、电器及日用品的生产。

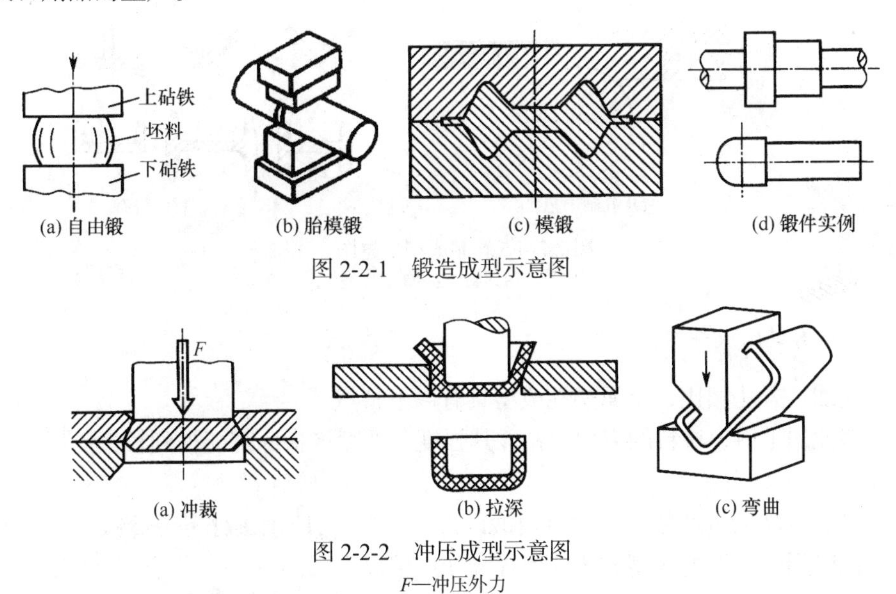

图 2-2-1　锻造成型示意图

图 2-2-2　冲压成型示意图

F—冲压外力

3. 挤压、拉拔

挤压是指坯料在封闭模膛内受三向不均匀压力作用，从模具的孔口或缝隙挤出，使之横截面积减小，成为所需制品的加工方法。

拉拔是指坯料在牵引力作用下通过模孔拉出，产生塑性变形，而使截面变小、长度增加的工艺，如图 2-2-3 所示。

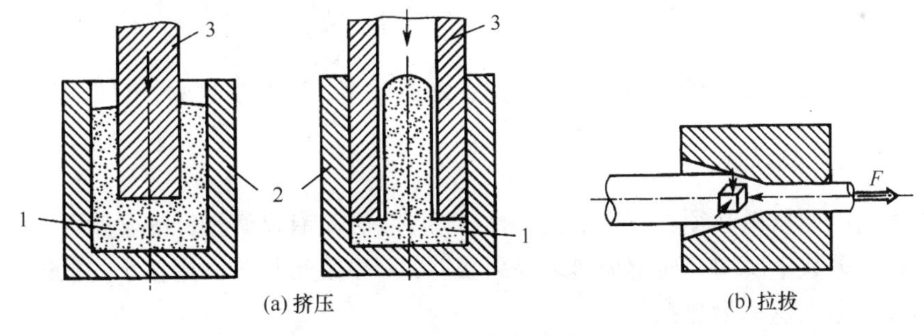

图 2-2-3　挤压与拉拔示意图

1—工件；2—凹模；3—凸模；*F*—拉拔外力

4. 轧制

轧制是金属材料（或非金属材料）在旋转轧辊的压力作用下，产生连续塑性变形，获得所要求的截面形状并改变其性能的方法，如图 2-2-4 所示。按轧辊轴线与轧辊转向的关系不同，可分为纵轧、斜轧和横扎三种。挤压、轧制、拉拔等加工方法主要用来生产型材、棒材、板材、管材、线材等不同截面形状的原材料。

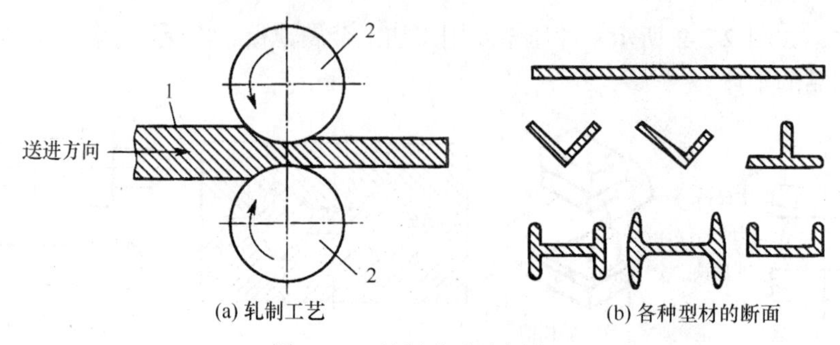

图 2-2-4　轧制成型示意图

1—坯料；2—轧辊

（二）金属塑性成型特点

与其他加工方法相比，金属塑性成型具有以下特点。

（1）塑性加工后，材料的组织致密，其强度、硬度等指标都能得到较大提高，产品力学性能高。

（2）具有较高的生产效率（除自由锻以外）。例如，应用多任务位冷镦工艺加工内六角螺钉，比应用棒料切削成型方法工效提高 400 倍以上。

（3）提高材料利用率。塑性成型是利用金属的塑性，让其形状改变，使其体积重新分配，而不需要切除材料，节约了金属材料和加工工时，经济效益显著。

（4）能加工各种形状、质量的零件，使用范围广。

由于压力加工时材料要产生较大的塑性变形而不至于破裂，用于压力加工的材料必须具有良好的塑性。低碳钢和多数有色金属及其合金塑性良好，可以压力加工；有些非金属材料和复合材料也可用于压力加工；铸铁塑性很差，不能用于压力加工。

二、锻造工艺

锻造工艺过程一般包括下料、坯料加热、锻造成型、冷却、检验、热处理。

（一）锻造加热设备

用于锻造的原材料必须具有良好的塑性。除了少数具有良好塑性的金属可在常温下锻造成型外，大多数金属均需通过加热来提高塑性，降低变形抗力，用较小的锻造力来获得较大的塑性变形，这称为热锻。

在锻造生产中，根据热源的不同，分为火焰加热和电加热。其中，前者是利用燃料（如煤、焦炭、重油、柴油、煤气和天然气等）燃烧产生的火焰来加热坯料的方法。常用的加热设备如下。

（1）手锻炉。手锻炉是把固体燃料放在炉膛内燃烧，坯料置于其中加热的炉子，也称明火炉，如图 2-2-5 所示。这种炉加热温度不均匀，加热时要经常翻转坯料，生产效率低，但结构简单，操作方便，一般供手工锻造，加热小件用。它也是目前锻造实习操作中经常采用的加热设备之一。

（2）室式炉。室式炉是用喷嘴将重油或煤气与压缩空气混合后直接喷射（呈雾状）到炉膛中燃烧的一种火焰加热炉。因为它的炉膛是由六面体耐火材料组成的，其中一面有门，所以称室式炉，也叫箱式炉，如图 2-2-6 所示。常用的设备有重油炉和煤气炉，两者的结构基本相同，主要的区别在于喷嘴的结构不同。

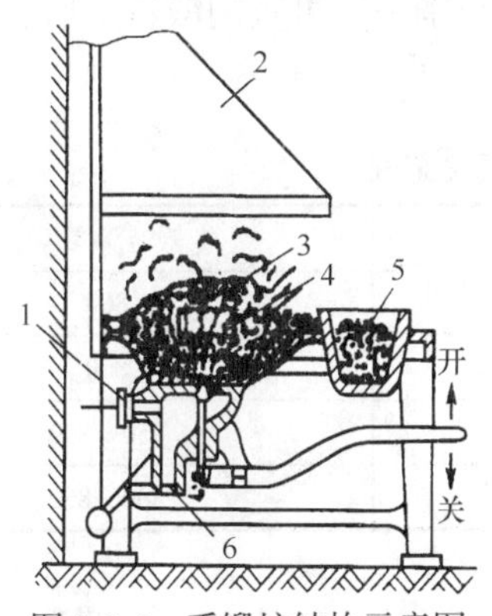

图 2-2-5　手锻炉结构示意图

1—进风管；2—烟罩；3—煤棚；4—工件；5—湿煤槽；6—出灰口

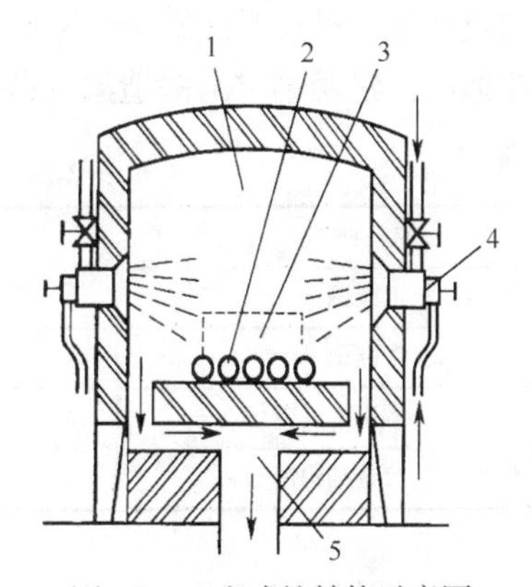

图 2-2-6　室式炉结构示意图

1—炉膛；2—坯料；3—炉门；4—喷嘴；5—烟道

（3）反射炉。反射炉是燃料在燃烧室燃烧，生成的火焰靠炉顶反射到加热室加热坯料的炉子，如图 2-2-7 所示。这种炉子的炉膛面积较大，加热温度较均匀，生产效率也高，用于中小批量的锻件加热。

（4）电阻炉。电阻炉是常用的电加热设备，是利用电流通过加热元件时产生的电阻热加热坯料的，它分为中温电炉（加热元件为电阻丝，最高使用温度为 1000 ℃）和高温电炉（加热元件为硅碳棒，最高使用温度为 1350 ℃）两种。图 2-2-8 为箱式电阻炉，其特点是结构简单，操作方便，炉温及炉内气氛容易控制，坯料表面氧化小，加热质量好，坯料加热温度适应范围较大，但热效率较低，适合于自由锻或模锻合金钢、有色金属坯料的单件或成批件的加热。

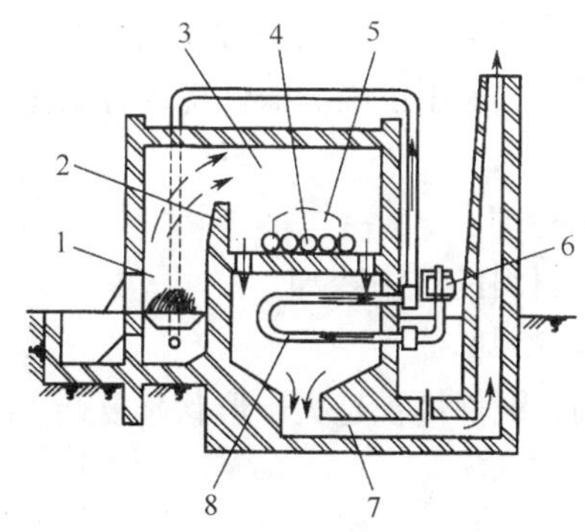

图 2-2-7　反射炉结构示意图

1—燃烧室；2—火墙；3—加热室；4—坯料；5—炉门；6—鼓风机；7—烟道；8—换热器

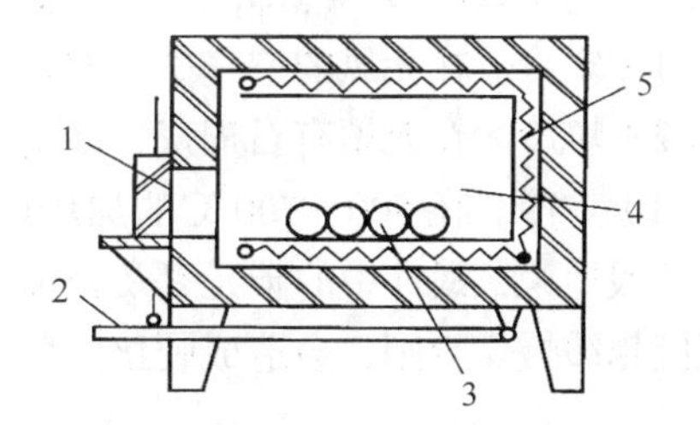

图 2-2-8　箱式电阻炉结构示意图

1—炉门；2—踏杆；3—坯料；4—炉膛；5—电阻丝

（二）锻造温度范围的确定

锻造温度范围是指金属开始锻造的温度（称始锻温度）和终止锻造温度（称终锻温度）

之间的温度间隔。在保证不出现加热缺陷的前提下，始锻温度应取高一些，以便有较充裕的时间锻造成型，减少加热次数，降低材料、能源消耗，提高生产效率。在保证坯料还有足够塑性的前提下，终锻温度应尽量低一些，这样能使坯料在一次加热后完成较大变形，减少加热次数，提高锻件质量。金属材料的锻造温度范围一般可查阅锻造手册、国家标准或企业标准。常用钢材的锻造温度范围见表 2-2-1。

表 2-2-1　常用钢材的锻造温度范围

材料种类	始锻温度/℃	终锻温度/℃
低碳钢	1200～1250	800
中碳钢	1150～1200	800
碳素工具钢	1050～1150	750～800
合金结构钢	1150～1200	800～850

金属加热的温度可用仪表来测量，还可以通过观察加热毛坯的火色，即用火色鉴定法来判断。碳素钢加热温度与火色的关系见表 2-2-2。

表 2-2-2　钢加热到各种温度范围的火色

火色	温度/℃	火色	温度/℃
暗红色	650～750	深黄色	1050～1150
樱红色	750～850	亮黄色	1150～1250
橘红色	850～900	亮白色	1250～1300
橙红色	900～1050		

（三）锻件的冷却

锻件锻后的冷却方式对锻件的质量有一定影响。冷却太快，会使锻件发生翘曲，表面硬度提高，内应力增大，甚至会产生裂纹，使锻件报废。采用正确的锻件冷却方法是保证锻件质量的重要环节。冷却的方法有如下三种。

（1）空冷。在无风的空气中，放在干燥的地面上冷却。

（2）坑冷。在充填有石棉灰、沙子或炉灰等绝热材料的坑中冷却。

（3）炉冷。在 500～700 ℃的加热炉中，随炉缓慢冷却。

一般地说，锻件中的碳元素及合金元素含量越高，锻件体积越大，形状越复杂，冷却速度应越缓慢。否则，会造成硬化、变形甚至开裂。

三、自由锻造

自由锻造是指将加热后的坯料置于铁砧上或锻压机器的上、下砧铁之间直接进行塑性变形而获得锻件的加工方法。前者称为手工自由锻（简称手锻），后者称为机器自由锻（简称机锻）。

（一）自由锻工具

常用的自由锻工具按功能分为支撑工具、打击工具和辅助工具等，如图 2-2-9 所示。

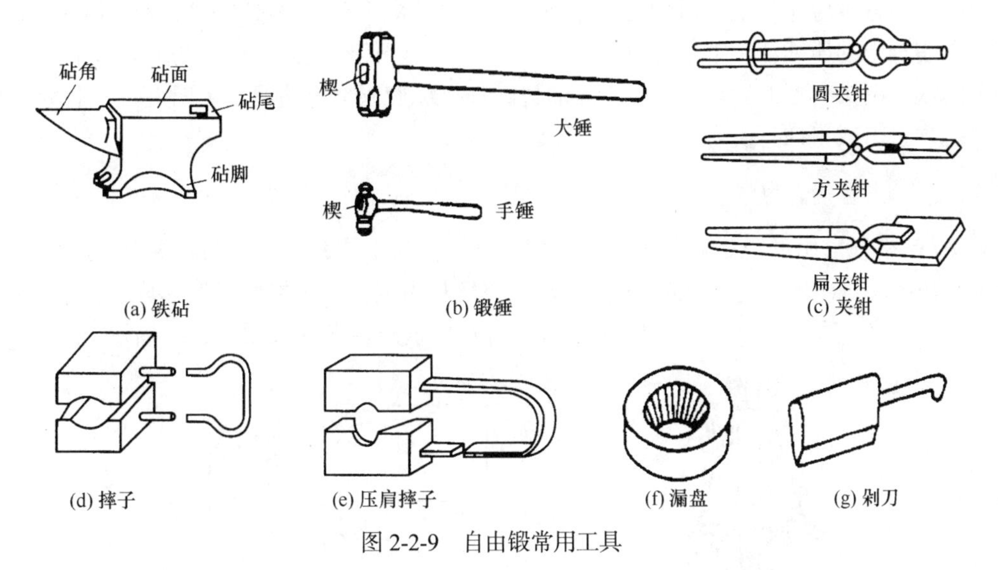

图 2-2-9 自由锻常用工具

（二）自由锻设备

自由锻设备主要有空气锤、蒸汽-空气自由锻锤及水压机。一般中小型锻件常用空气锤和蒸汽-空气自由锻锤，大型锻件主要采用水压机锻造。

1. 空气锤

空气锤是锻造小型锻件的通用设备，其外形结构及工作原理如图 2-2-10 所示。空气锤由锤身、压缩缸、操纵机构、传动机构、落下部分及砧座等几个部分组成。锤身、压缩缸及工作缸铸成一体。砧座部分包括下砧铁、砧垫和砧座。空气锤的规格以落下部分（包括

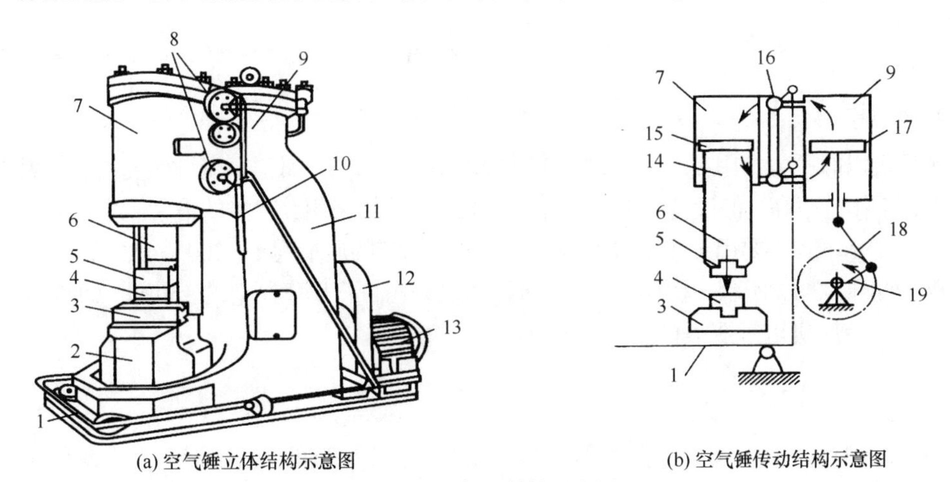

图 2-2-10 空气锤结构示意图

1—踏杆；2—砧座；3—砧垫；4—下砧铁；5—上砧铁；6—锤头；7—工作缸；8—旋阀；9—压缩缸；10—手柄；11—锤身；12—减速机构；13—电动机；14—锤杆；15—工作活塞；16—上旋阀；17—压缩活塞；18—连杆；19—曲柄

工作活塞、锤杆、上砧铁）的质量表示，我国空气锤的规格为65～750 kg。锻锤产生的冲击力一般可达到落下部分重力的10000倍，可以锻造小于50 kg的锻件。空气锤在现实生产中已逐渐减少应用。空气锤的工作原理是，由电动机驱动，通过减速机构和曲柄、连杆带动压缩缸中的压缩活塞上下往复运动，将压缩空气经旋阀送入工作缸的上腔或下腔，驱使上砧铁（锤头）上下运动进行打击。通过踏杆操纵旋阀，可使锻锤实现空转、上悬、下压、连续打击或单次打击等各种动作。

2. 蒸汽-空气自由锻锤

蒸汽-空气自由锻锤是将蒸汽（或压缩空气）作为工作介质，驱动锤头上下运动进行打击，并适应自由锻工艺需要的锻锤。蒸汽-空气自由锻锤的规格用落下部分的质量表示，一般为1～5 t，适用于中小型锻件的生产。蒸汽-空气自由锻锤如图2-2-11所示。

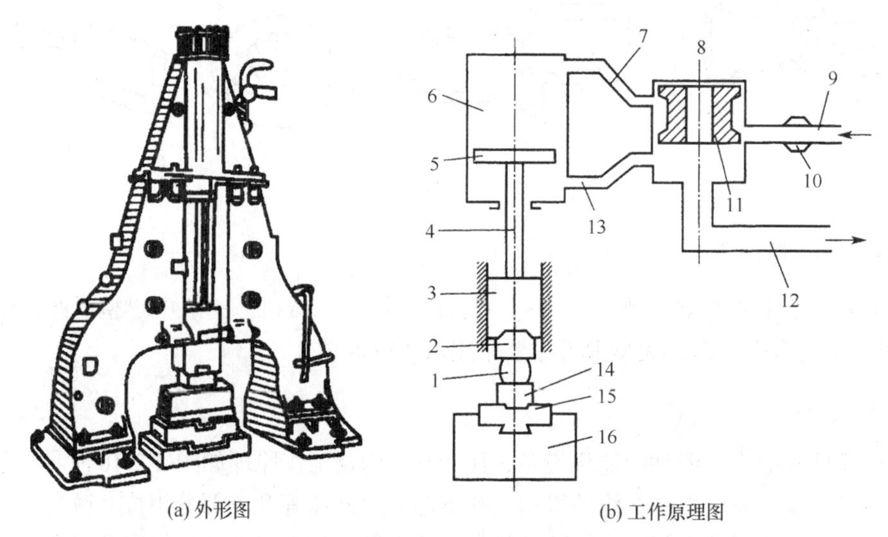

(a) 外形图　(b) 工作原理图

图2-2-11　蒸汽-空气自由锻锤结构示意图

1—坯料；2—上砧铁；3—锤头；4—锤杆；5—工作活塞；6—工作缸；7—上气道；8—压缩缸；9—进气管；10—节气阀；11—压缩活塞；12—排气管；13—下气道；14—下砧铁；15—砧垫；16—砧座

3. 水压机

水压机以静压力作用在坯料上，工作时振动小，易将锻件锻透，变形速度慢，可提高锻件塑性，工作效率高，但设备庞大，造价高。水压机的规格用其产生的最大压力来表示，一般为5～125 MN，主要用于大型锻件的锻造。可锻钢锭的质量为1～300 t。大型锻件主要用水压机，如图2-2-12所示。中国第一重型机械集团公司自行研发制造的150 MN（1.5×10^4 t）全数字操控液压机可锻造锻件质量达600 t。

（三）自由锻工序

锻造时锻件的形状是通过各种变形工序将坯料逐步成型的。自由锻的工序按其作用不同分为基本工序、辅助工序和精整工序三大类。基本工序是实现锻件基本成型的工序，如镦粗、拔长、冲孔、弯曲、切割等；辅助工序是为基本工序操作方便而进行的预先变形工

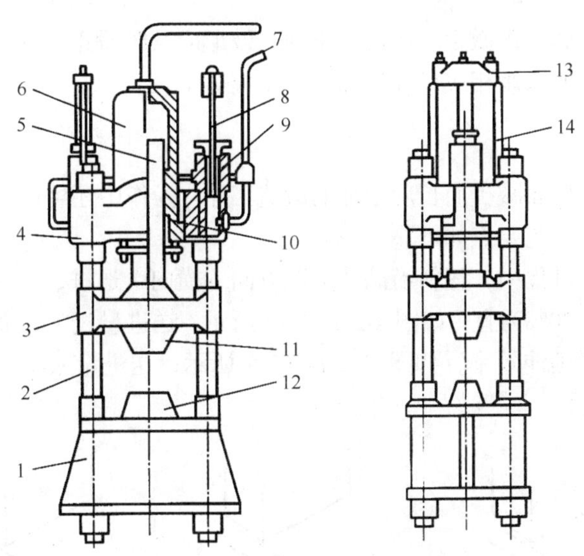

图 2-2-12　水压机结构示意图

1—下横梁；2—立柱；3—活动横梁；4—上横梁；5—工作柱塞；6—工作缸；7—管道；8—回程柱塞；9—回程缸；10—密封圈；11—上砧铁；12—下砧铁；13—回程横梁；14—拉杆

序，如压钳口、压肩、钢锭倒棱等；精整工序是用以减少锻件表面缺陷而进行的工序，如校正、滚圆、平整等。

实际生产中最常用的是镦粗、拔长、冲孔三个基本工序。

1. 镦粗

如图 2-2-13 所示，镦粗是使坯料高度减小而截面增大的锻造工序，有完全镦粗和局部镦粗两种。完全镦粗是将坯料直立在下砧铁上进行锻打，使其沿整个高度减小。局部镦粗分为端面镦粗和中间镦粗，需要借助工具如胎模或漏盘（或称垫环）来进行。

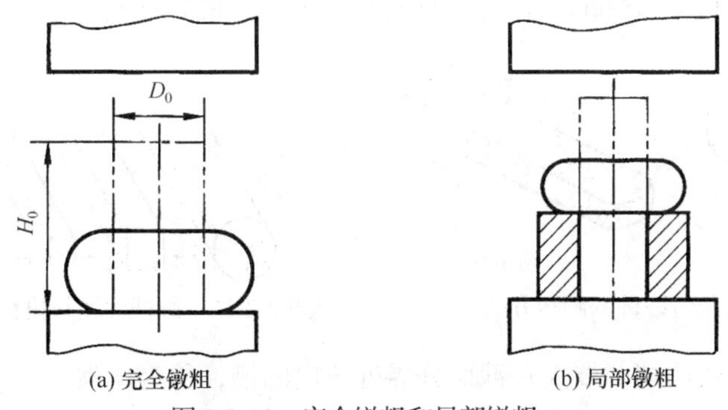

(a) 完全镦粗　(b) 局部镦粗

图 2-2-13　完全镦粗和局部镦粗

镦粗操作的工艺要点如下。

（1）坯料的高径比，即坯料的高度 H_0 和直径 D_0 之比，为 2.5～3。高径比过大的坯料容易镦弯或造成双鼓形，甚至发生折叠现象，而使锻件报废。

（2）为防止镦歪，坯料的端面应平整，并与坯料的中心线垂直，端面不平整或不与中心线垂直的坯料，镦粗时要用钳子夹住，使坯料中心与锤杆中心线一致。

（3）镦粗过程中如发现镦歪、镦弯或出现双鼓形应及时矫正。

（4）局部镦粗时要采用相应尺寸的漏盘或胎模等工具。

2. 拔长

拔长是使坯料横截面减少而长度增加的锻造工序。操作中还可以进行局部拔长、芯轴拔长等。拔长操作的工艺要点如下。

（1）送进。锻打过程中，坯料沿砧铁宽度方向（横向）送进，每次送进量不宜过大，以砧铁宽度的30%～70%为宜，如图 2-2-14（a）所示。送进量过大，金属主要沿坯料宽度方向流动，反而降低延伸效率，如图 2-2-14（b）所示；送进量太小，又容易产生夹层，如图 2-2-14（c）所示。

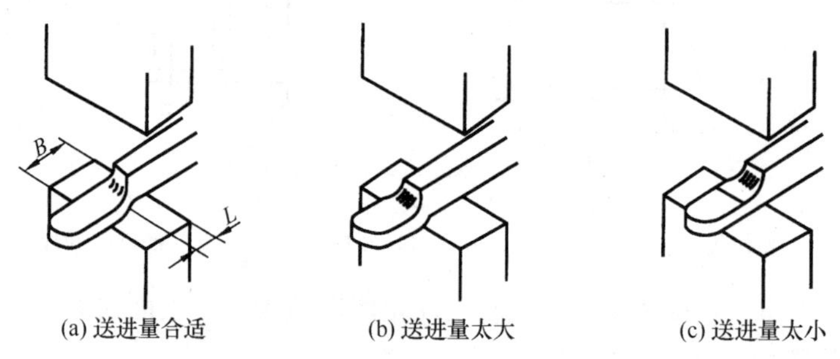

(a) 送进量合适　(b) 送进量太大　(c) 送进量太小

图 2-2-14　拔长时的送进方向和送进量

B—砧铁宽度；*L*—送进量

（2）翻转。拔长过程中应不断翻转坯料，除了按图 2-2-15 所示数字顺序进行的两种翻转方法外，还有螺旋式翻转拔长方法。为便于翻转后继续拔长，压下量要适当，应使坯料横截面的宽度与厚度之比不超过 2.5，否则易产生折叠。

（3）锻打。将圆截面的坯料拔长成直径较小的圆截面时，必须先把坯料锻成方形截面，在拔长到边长接近锻件的直径时，再锻成八角形，最后打成圆形，如图 2-2-16 所示。

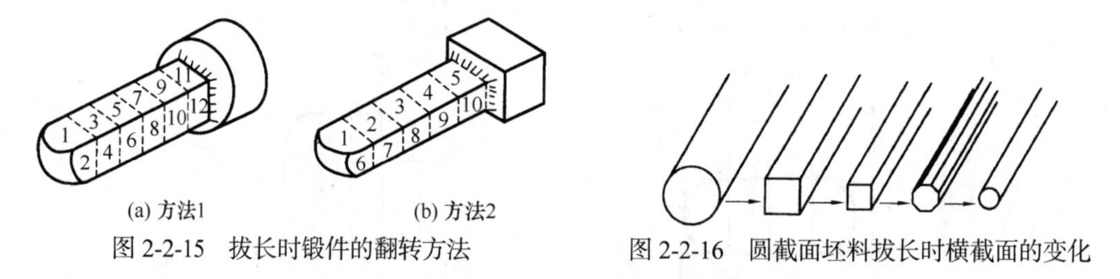

(a) 方法1　(b) 方法2

图 2-2-15　拔长时锻件的翻转方法

图 2-2-16　圆截面坯料拔长时横截面的变化

（4）锻制台阶或凹档。要先在截面分界处压出凹槽，称为压肩。

（5）修整。拔长后要进行修整，以使截面形状规则。修整时坯料沿砧铁长度方向（纵向）送进，以增加锻件与砧铁间的接触长度，减少表面的锤痕。

3. 冲孔

在坯料上冲出通孔或不通孔的工序称为冲孔。冲孔分双面冲孔和单面冲孔，如图 2-2-17、图 2-2-18 所示。

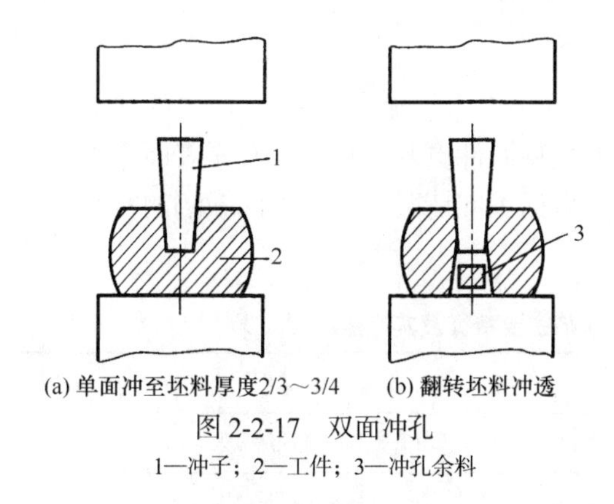

图 2-2-17 双面冲孔

1—冲子；2—工件；3—冲孔余料

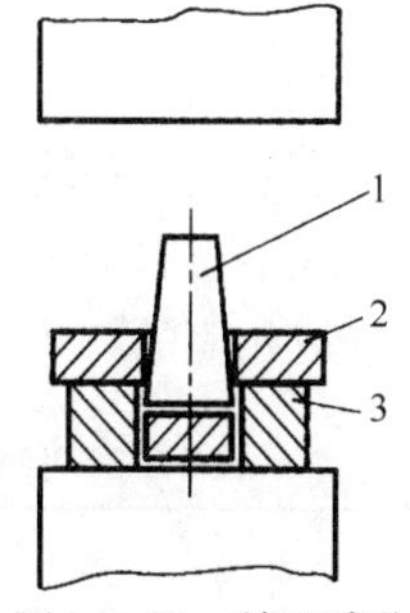

图 2-2-18 单面冲孔

1—冲子；2—工件；3—漏盘

单面冲孔适用于坯料较薄场合。冲孔操作工艺要点如下。

（1）冲孔前，坯料应先镦粗，以尽量减小冲孔深度。

（2）为保证孔位正确，应先试冲，即用冲子轻轻压出凹痕，如有偏差，可加以修正。

（3）冲孔过程中应保证冲子的轴线与锤杆中心线（即锤击方向）平行，以防将孔冲歪。

（4）一般锻件的通孔采用双面冲孔法冲出，即先从一面将孔冲至坯料厚度 2/3～3/4 的深度，再取出冲子［图 2-2-17（a）］，翻转坯料，从反面将孔冲透［图 2-2-17（b）］。

（5）为防止冲孔过程中坯料开裂，一般冲孔孔径要小于坯料直径的 1/3。大于坯料直径 1/3 的孔，要先冲出一较小的孔，然后采用扩孔的方法达到所要求的孔径尺寸。常用的扩孔方法有冲头扩孔和芯轴扩孔。冲头扩孔利用扩孔冲子锥面产生的径向分力将孔扩大。芯轴扩孔实际上是将带孔坯料沿切向拔长，内外径同时增大，扩孔量几乎不受限制，最适于锻制大直径的薄壁圆环件。

4. 弯曲

将坯料弯成一定角度或弧度的工序称为弯曲，如图 2-2-19 所示。

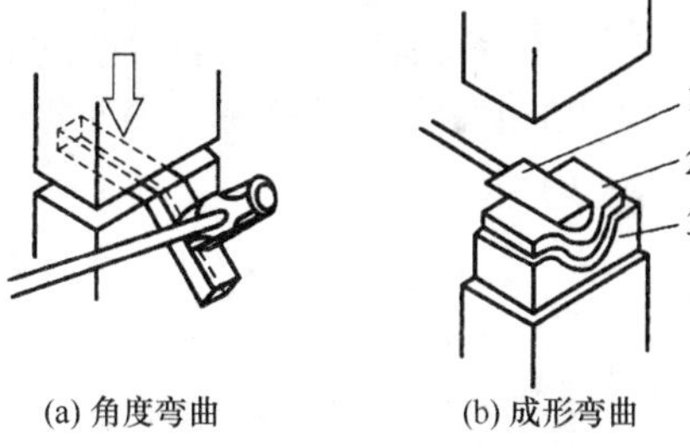

图 2-2-19 弯曲

1—成形压铁；2—工件；3—成形垫铁

5. 切割

将锻件从坯料上分割下来或切除锻件的工序称为切割，如图 2-2-20 所示。

自由锻造的基本工序还有扭转、错移等。

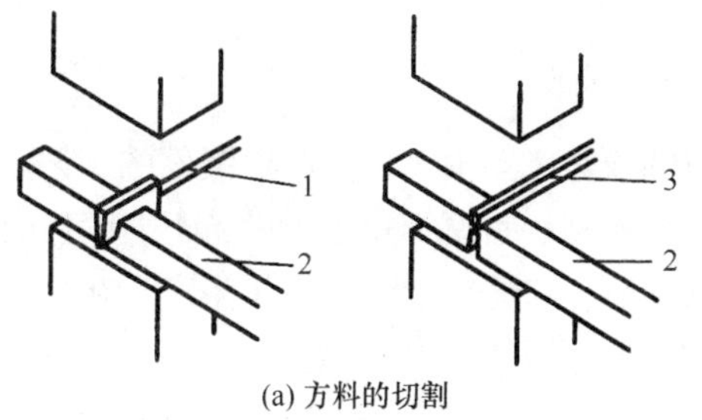

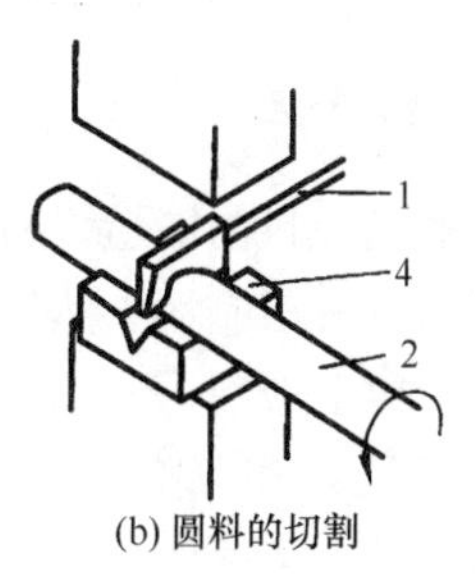

图 2-2-20 切割

1—垛刀；2—工件；3—剋棍；4—垛垫

（四）自由锻造过程中常见缺陷及其产生原因

自由锻造过程中常见缺陷主要特征及其产生原因的分析见表 2-2-3。产生的缺陷有的是坯料质量不良引起的，尤其是以铸锭为坯料的大型锻件更要注意铸锭有无表面或内部缺陷；有的是热处理不当引起的。对锻造缺陷，要根据不同情况下产生不同缺陷的特征进行综合分析，并采取相应的纠正措施。

表 2-2-3　自由锻造过程中常见缺陷主要特征及其产生原因

缺陷名称	主要特征	产生原因
表面横向裂纹	拔长时，锻件表面及角部出现横向裂纹	原材料质量不好；拔长时进锤量过大
表面纵向裂纹	镦粗时，锻件表面出现纵向裂纹	原材料质量不好；镦粗时压下量过大
中空裂纹	拔长时，中心出现较长甚至贯穿的纵向裂纹	未加热透，内部温度过低；拔长时，变形集中于上、下表面，心部出现横向拉应力
弯曲、变形	锻造、热处理后弯曲与变形	锻造矫直不够；热处理操作不当
冷硬现象	锻造后锻件内部保留冷变形组织	变形温度偏低；变形速度过快；锻后冷却过快

四、模锻

模型锻造简称模锻。模锻是在高强度模具材料上加工出与锻件形状一致的模膛（即制成锻模），然后将加热后的坯料放在模膛内受压变形，最终得到和模膛形状相符的锻件。模锻与自由锻相比有以下特点。

（1）能锻造出形状比较复杂的锻件。

（2）模锻件尺寸精确，表面粗糙度值较小，加工余量小。

（3）生产效率高。

（4）模锻件比自由锻件节省金属材料，减少切削加工工时。此外，在批量足够的条件下可降低零件的成本。

（5）劳动条件得到一定改善。

但是，模锻生产受到设备规格的限制，模锻件的尺寸不能太大。此外，锻模制造周期长，成本高，所以模锻适合于中小型锻件的大批量生产。

按所用设备不同，模锻可分为胎模锻、锤上模锻等。

（一）胎模锻

胎模锻是在自由锻造设备上使用简单的模具（胎模）来生产模锻件的工艺。胎模锻一般采用自由锻方法制坯，然后在胎模中终锻成型。胎模不固定于设备上，锻造时根据工艺过程可随时放上或取下。胎模锻生产比较灵活，它适合于中小批量生产，在缺乏模锻设备的中小型工厂采用较多。常用的胎模结构主要有以下三种类型。

（1）扣模。扣模主要用于杆状非回转体锻件局部或整体成型，或为合模制坯，如图 2-2-21 所示。

（2）套筒模。锻模呈套筒形，主要生产锻造齿轮、法兰盘等回转体类锻件，如图 2-2-22 所示。

└ 3）合模。合模通常由上模和下模两部分组成，为了使上、下模吻合及避免产生错模，经常用导柱等定位。主要用于形状较复杂的非回转体锻件的终锻成型，如图 2-2-23 所示。

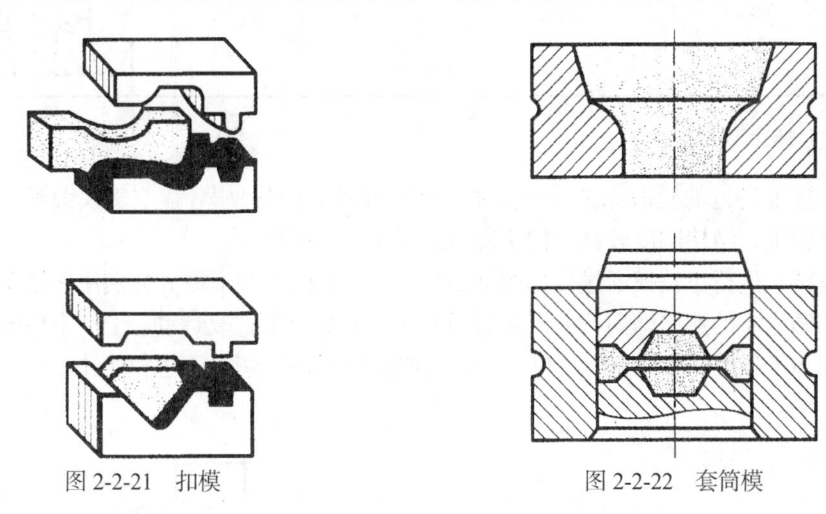

图 2-2-21　扣模　　　　图 2-2-22　套筒模

图 2-2-24 所示为功率输出轴坯锻件图，锻件材料为 45 钢，锻造设备为 750 kg 空气锤，其胎模锻造工艺过程见表 2-2-4。

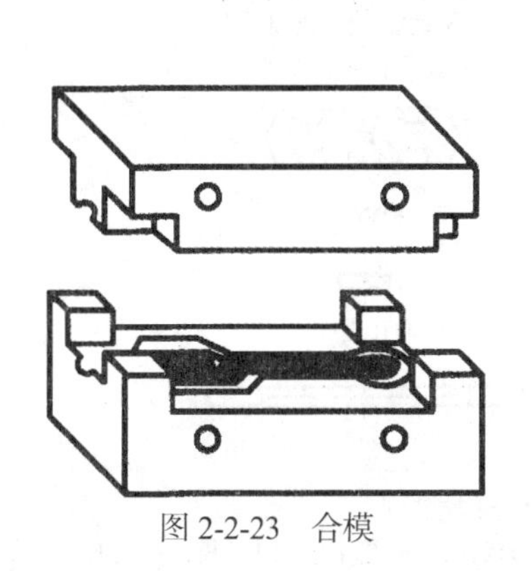

图 2-2-23　合模

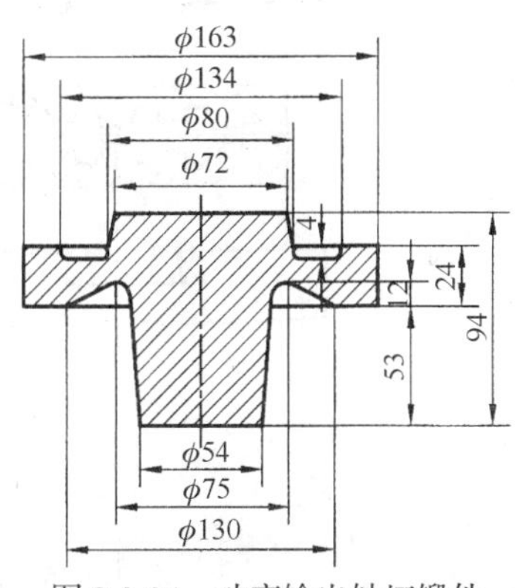

图 2-2-24　功率输出轴坯锻件

表 2-2-4　功率输出轴胎模锻造工艺过程

序号	工序名称	工序简图	序号	工序名称	工序简图
1	下料加热	145；φ75	3	锻出法兰盘	
2	拔长杆部	φ75；110；φ53	4	压出凸台	

续表

序号	工序名称	工序简图	序号	工序名称	工序简图
5	加热	—	6	终锻	

（二）锤上模锻

在锻锤上进行的模锻称为锤上模锻。常用的模锻设备是蒸汽-空气模锻锤，其运动精确，砧座较重，结构刚度较高，锤头部分质量为 1～16 t。

模锻锤上进行齿轮模锻过程如图 2-2-25 所示。上模 4 和下模 8 分别用斜镶条 1 紧固在锤头 3 和砧座 9 的燕尾槽内，上模 4 与锤头 3 一起做上下往复运动。上、下模间的分界面为分模面 6，分模面上开有飞边槽 7。锻后取出模锻件，切去飞边和冲孔连皮，便完成模锻过程。

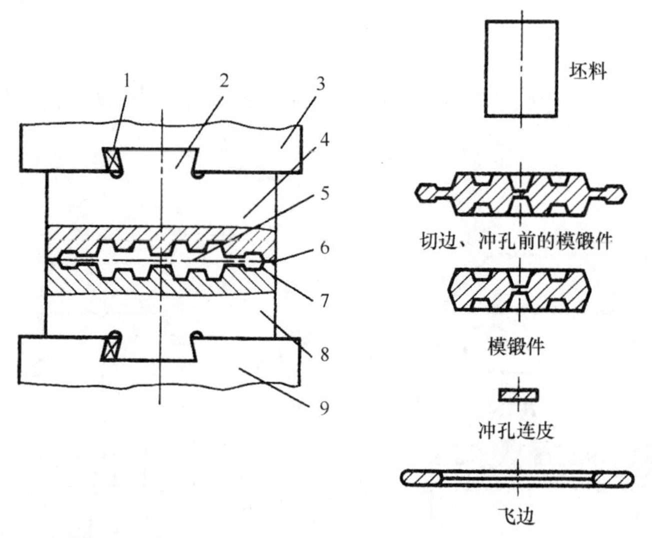

图 2-2-25　模锻锤上进行齿轮模锻过程

1—斜镶条；2—燕尾；3—锤头；4—上模；5—模膛；6—分模面；7—飞边槽；8—下模；9—砧座

（1）机械压力机上模锻。锤上模锻虽具有适应性广的特点，但振动和噪声大，能耗多，因此有逐步被机械压力机所取代的趋势。

（2）曲柄压力机上模锻。曲柄压力机上模锻具有锤击力近似于静压力、振动及噪声小、机身刚度大、导轨与滑块间隙小（用于保证上、下模对准）等特点，因此，锻件尺寸精度高。但不适宜于拔长和滚压等工序。生产效率高，每小时可生产 400～900 件。锻件尺寸精度较高，表面质量好。节省材料，材料利用率可达 85%～95%，但对非回转体及中心不对称的锻件难以锻造。

五、板料冲压

冲压生产中，对于各种形状的冲压件，应根据其具体的形状和尺寸，选择合适的冲压工序、冲压设备及冲模，才能得到较好的冲压效果。

（一）板料冲压的基本工序

板料冲压的工序分为分离工序和成型工序两大类。分离工序是使零件与母材沿一定的轮廓线相互分离的工序，有冲裁、切口等；成型工序是使板料产生局部或整体塑性变形的工序，有弯曲、拉深、翻边、胀形等。板料冲压的基本工序分类见表 2-2-5。

表 2-2-5　板料冲压的基本工序

序号	工序	定义	示意图	特点及操作注意事项	应用
1	冲裁（下料）	冲裁是使板料以封闭的轮廓分离的工序	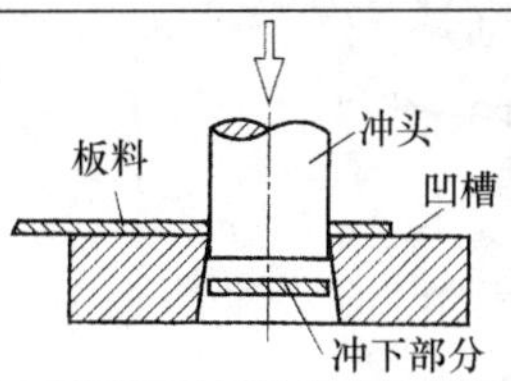 板料；冲头；凹槽；冲下部分	冲头和凸凹模间隙很小，刃口锋利	制造各种形状的平板冲压件或作为变形工序的下料
2	弯曲（压弯）	将板料、型材或管材在弯矩作用下弯成具有一定曲率和角度的成型工序	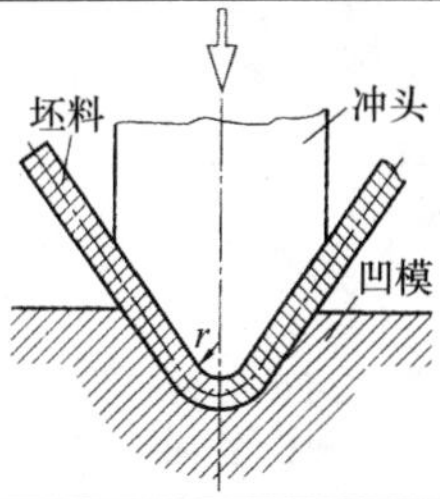 坯料；冲头；凹模；r	（1）弯曲件有最小弯曲半径的限制；（2）凹模工作部位的边缘要有圆角，以免拉伤冲压件	制造各种弯曲形状的冲压件
3	拉深（拉延）	将冲裁后得到的平板坯料制成杯形或盒形冲压件，而厚度基本不变的加工工序	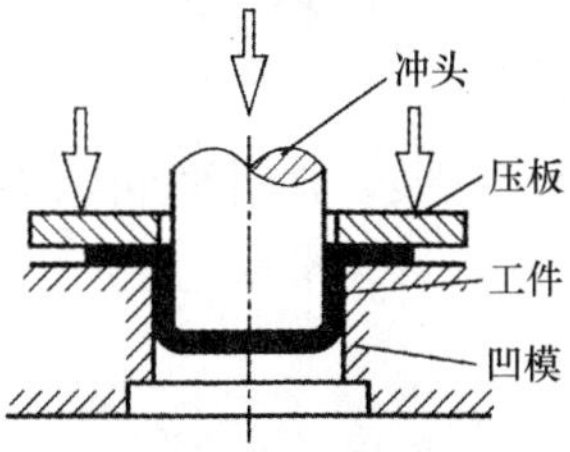 冲头；压板；工件；凹模	（1）凸凹模的顶角必须以圆弧过渡；（2）凸凹模的间隙较大，等于板厚的 1.1～1.2 倍；（3）板料和模具间应有润滑剂；（4）为防止起皱，要用压板将坯料压紧	制造各种弯曲形状的冲压件
4	翻边	在带孔的平坯料上用扩孔的方法获得凸缘或把边缘按曲线或圆弧弯成竖直的边缘的工序	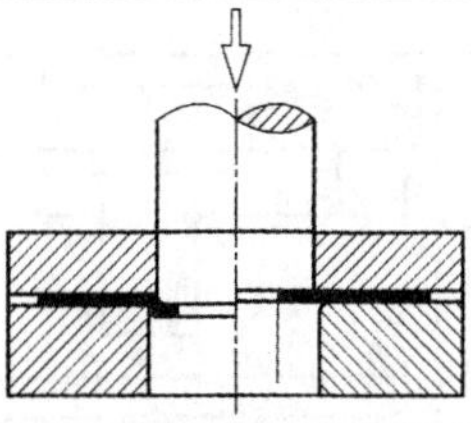	（1）如果翻边孔的直径超过允许值，会对孔的边缘造成破坏；（2）对凸缘高度较大的零件，可采用先拉深后冲孔再翻边的工艺来实现	制造带有凸缘或带有翻边的冲压件

（二）冲压设备及冲模

1. 冲床

常用冲压设备主要有剪床、冲床、液压机等。冲床是进行冲压加工的基本设备，常用的有开式双柱曲轴冲床，如图 2-2-26 所示，电动机 5 通过 V 带减速系统 4 带动带轮转动。踩下踏板 7 后，离合器 3 闭合并带动曲轴 2 旋转，连杆 11 再带动滑块 9 沿导轨 10 做上下往复运动，进行冲压加工。如果将踏板踩下后立即抬起，滑块冲压一次后便在制动器 1 的作用下，停止在最高位置上；如果踏板不抬起，滑块就进行连续冲击。冲床的规格以额定公称压力来表示，如 100 kN。其他主要技术参数有滑块行程距离、滑块行程次数和封闭高度等。

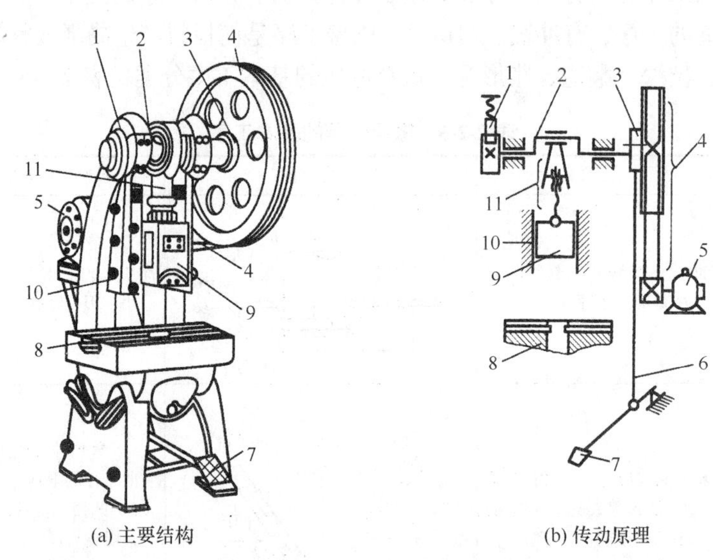

图 2-2-26　开式双柱曲轴冲床

1—制动器；2—曲轴；3—离合器；4—V 带减速系统；5—电动机；6—拉杆；7—踏板；8—工作台；9—滑块；10—导轨；11—连杆

2. 冲模模具

冲模是使板料分离或成型的工具。典型的冲模结构如图 2-2-27 所示，一般分为上模和下模两部分。上模通过模柄安装在冲床滑块上，下模则通过下模板由压板和螺栓安装在冲床工作台上。

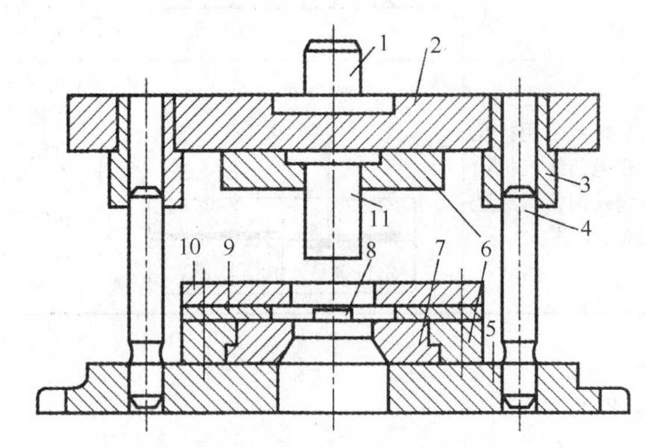

图 2-2-27　典型的冲模结构

1—模柄；2—上模板；3—导套；4—导柱；5—下模板；6—压板；7—凹模；8—定位销；9—导料板；10—卸料板；11—凸模

冲模各部分的作用如下。

（1）凸模和凹模。凸模 11 和凹模 7 是冲模的核心部分，凸模与凹模配合使板料产生分离或成型。

（2）导料板和定位销。导料板 9 用以控制板料的进给方向，定位销 8 用以控制板料的进给量。

（3）卸料板。卸料板 10 使凸模在冲裁以后从板料中脱出。

（4）模架。模架包括上模板 2、下模板 5、导柱 4 和导套 3。上模板 2 用以固定凸模 11 和模柄 1 等，下模板 5 用以固定凹模 7、导料板 9 和卸料板 10 等。导柱 4 和导套 3 分别固定在下、上模板上，以保证上、下模对准。

六、先进成型技术的开发和应用

不可否认，在金属加工中，冲压是成型效率和材料利用率最高的加工方式之一，其具有自己独特的优势与特点。面对严重挑战，冲压加工正以新的姿态，向铸造、锻压、焊接和机械加工等领域开拓，已经生产出许多具有时代特点的产品，展现了冲压加工广阔的天地。例如，冲压摇臂、冲压摇臂座、冲压焊接成型的离心泵、冲爪焊接成型的汽车后轿壳、冲压离合器壳体、冲压变速箱壳体、冲压皮带轮等，一改过去工件由铸造、焊接生产而呈现的粗笨外表，许多冲压件的精度丝毫不逊色于机械加工的产品，其结构合理性甚至要超过某些机械加工产品，尤其是其生产效率又远非机械加工所能比拟。而复合冲压、微细冲压、智能化冲压等高新技术又展示了冲压加工极具魅力的新领域，可以说冲压加工无论是从深度上，还是从广度上都大有作为，前景美好。

1. 复合冲压

本书所涉及的复合冲压，并不是指落料、拉深、冲孔等冲压工序的复合，而是指冲压工艺与其他加工工艺的复合，如冲压与电磁成型的复合，冲压与冷锻的复合，冲压与机械加工的复合等。

2. 微细冲压

这里所述的微细加工指的是微零件加工技术。用该技术制作的微型机器人、微型飞机、微型卫星、微型陀螺、微型泵、微型仪器仪表、微型传感器、集成电路等，在现代科学技术许多领域都有着出色的应用，它能给许多领域带来新的拓展和突破，无疑将对我国未来的科技和国防事业有深远的影响，对世界科技发展的推动作用也是难以估量的。例如，微型机器人可完成光导纤维的引线、粘接、对接等复杂操作和细小管道、电路的检测，还可以进行集成芯片生产、装配等，仅此就不难窥见微细加工诱人的魅力。

微冲压成型技术作为一种新兴的加工工艺，是一种重要的介观尺度（介观尺度是指介于宏观和微观之间的尺度，一般认为它的尺度在纳米和毫米之间）下的微成型技术。介观尺度下的金属成型技术，主要是指成型那些在二维方向上、尺寸在毫米级以下的一些金属类零件的方法。这种技术是伴随着产品微型化的趋势，对结构零件逐步提高的微细化要求，而得到研究和发展的。目前，微细塑性成型技术还处于探索和试验研究阶段，还没有形成一套完整、系统的加工理论体系。要提高微冲压工艺水平，就必须在介观尺度下材料模型、摩擦模型、微冲压仿真建模和装备模具等方面展开深入详细的研究，完善工艺设计基础理论。

3. 智能化冲压

智能化冲压是控制论、信息论、数理逻辑、优化理论、计算机科学与板料成型理论有机结合而产生的综合性技术。板料智能化冲压是冲压成型过程自动化及柔性化加工系统等新技术的更高阶段。其令人赞叹之处是，能根据被加工对象的特性，利用易于监控的物理量，在线识别材料的性能参数，预测最优的工艺参数，并自动以最优的工艺参数完成板料的冲压。这就是典型的板料成型智能化控制的四要素：实时监控、在线识别、在线预测、实时控制加工。智能化冲压从某种意义上说，是人们对冲压本质认识的一次革命。

第三节　焊　　接

焊接是一种重要的金属加工工艺。它广泛使用的历史虽然不长，但由于它在技术上、经济上的独特优点，已被广泛地应用于各行各业。同时，随着科学技术的不断发展和电子计算机技术在焊接工艺上的逐步应用，焊接的应用将更加广泛。

一、焊接概述

(一) 焊接的分类

焊接是指通过加热或加压或同时加热加压，并且用或不用填充材料使工件达到结合的一种工艺方法。焊接方法的种类很多，通常分为三大类：熔焊、压焊和钎焊。

(1) 熔焊。它是将待焊处的母材金属熔化以形成焊缝的焊接方法。

(2) 压焊。焊接过程中，必须对焊件施加压力（加热或不加热）以完成焊接的焊接方法。

(3) 钎焊。以比母材熔点低的金属材料为钎料，将焊件和钎料加热到高于钎料熔点，低于母材熔化温度，利用液态钎料润湿母材，填充接头间隙并与母材相互扩散实现连接焊件的工艺方法。

常用焊接方法的分类如图 2-3-1 所示。

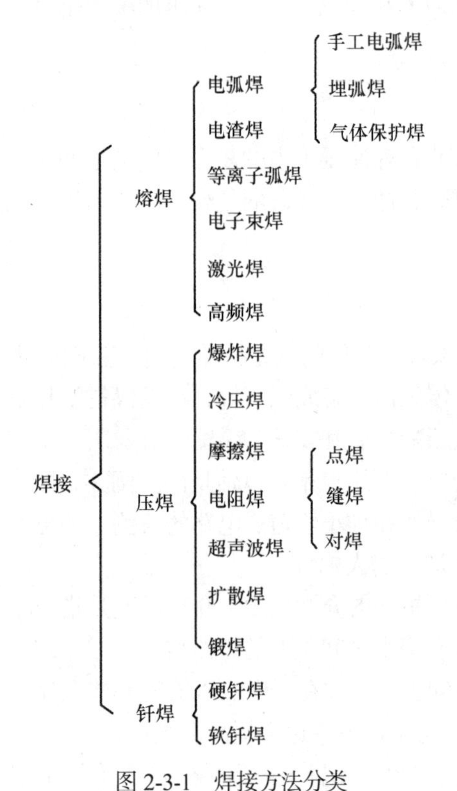

图 2-3-1　焊接方法分类

(二) 焊接的特点

焊接方法的特点如下。

(1) 减轻结构重量，节省金属材料。焊接与传统的连接方法——铆接相比，一般可以节省金属材料15%～20%。由于节约了材料，金属结构的自重也得以减轻。

（2）可以制造双金属结构。用焊接方法可以对不同材料零件进行对焊、摩擦焊等，还可以制造复合层容器，以满足高温设备、高压设备、化工设备等特殊的性能要求。

（3）能化大为小，以小拼大。在制造形状复杂的结构件时常常先把材料加工成较小的部分，然后用逐步装配焊接的方法以小拼大。对于大型结构，如轮船等，它们的制造都是以小拼大。

（4）结构强度高，产品质量好。在多数情况下，焊接接头能达到母材同等强度，甚至接头强度高于母材的强度，因此，焊接结构的产品质量比铆接要好，目前焊接已基本上取代了铆接。

（5）焊接时的噪声较小，工人劳动强度较低，生产率较高，易于实现机械化与自动化。

但因为焊接是一个不均匀的加热过程，所以焊接后会产生焊接应力与焊接变形。一般在焊接过程中采取一定的合理措施后，可以消除或减轻焊接应力与变形。

由于上述特点，焊接在桥梁、容器、舰船、锅炉、起重机械、电磁信号塔、金属桁架等结构的制造过程中应用十分广泛，并且随着焊接技术的发展，焊接质量及生产效率不断提高，焊接在国民经济建设中的应用也将更加广泛。

二、手工电弧焊

手工电弧焊是用手工操纵焊条进行焊接的电弧焊方法。手工电弧焊是目前生产中应用最多、最普遍的一种金属焊接方法。它是利用焊条与焊件之间产生的电弧热，熔化焊件与焊条而进行焊接的。

（一）焊接电弧

焊接电弧是在电极与焊件之间的气体介质中产生的强烈而持久的放电现象，如图2-3-2所示。焊接电弧的产生一般有接触引弧和非接触引弧两种方式，手工电弧焊采用接触引弧，如图2-3-3（a）所示。用装在焊钳上的焊条，擦划或敲击焊件，由于焊条末端与焊件瞬时接触而造成短路，产生很大的短路电流，温度迅速升高，为电子的逸出和气体电离准备了能量条件。接着迅速把焊条提起3～6 mm的距离，在两极间电场力作用下，被加热的阴极间就有电子高速飞出并撞击气体介质，使气体介质电离成正离子、负离子和自由电子，如图2-3-3（b）所示。此时正离子奔向阴极，负离子和自由电子奔向阳极。在它们运动的

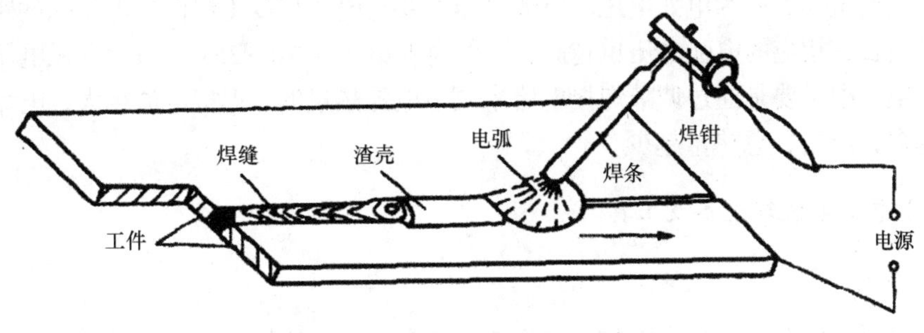

图2-3-2　手工电弧焊焊接过程示意图

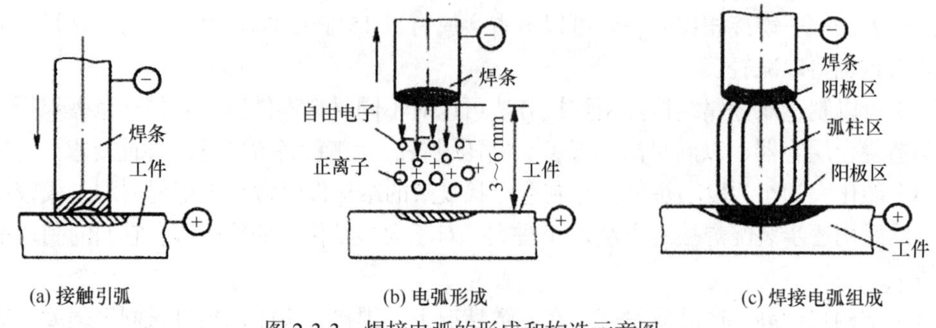

图 2-3-3　焊接电弧的形成和构造示意图

过程中和到达两极时不断碰撞与复合，使动能变为热能，便产生大量的光和热，因此，在焊条端部与焊件之间形成了电弧。

在焊条与焊件之间形成的电弧热，使焊件局部和焊条端部同时熔化成为熔池，焊条金属熔化后成为熔滴，并借助重力和电弧气体的吹力作用过渡到焊件形成的熔池当中。同时，电弧热还使焊条的药皮熔化或燃烧，药皮熔化后与液体金属发生物理化学作用，所形成的液态熔渣不断地从熔池中向上浮起，药皮燃烧时产生的大量气体环绕在电弧周围，熔渣和气体可防止空气中氧、氮的侵入，起到保护熔化金属的作用。

焊接电弧由阴极区、阳极区和弧柱区三部分组成，如图 2-3-3（c）所示。

阴极区是发射电子的地方。发射电子需消耗一定的能量，所以阴极区产生的热量不多，只占电弧总热量的 36%左右，温度在 2400 K 左右。阳极区是接收电子的地方。由于高速电子撞击阳极表面，产生较多的能量，占到电弧总热量的 43%左右，温度大约在 2600 K。弧柱区是指阴极与阳极之间的气体空间区域。弧柱区产生的热量仅占电弧总热量的 21%左右，但弧柱中心温度最高，为 6000～8000 K。弧柱区的热量大部分通过对流、辐射散失到周围空气中。

焊接电弧不同的区域温度是不同的，就阴极区、阳极区而言，阳极区的温度要高于阴极区。如果采用直流电焊机焊接，当把焊件接阳极、焊条接阴极时，电弧热量大部分集中在焊件上使工件熔化加快，保证了足够的熔深，故适用于焊接厚的焊件，这种连接方法称为正接法。相反，当焊件接阴极，焊条接阳极时，焊条熔化得快，适合于焊接较薄的焊件或不需要较多热量的焊件，这种接法叫反接法。使用交流电焊机时，由于阴极、阳极在不断变化，焊件与焊条得到的热是相等的，不存在正接或反接问题。应当指出的是，电弧热量的多少是与焊接电流和电压的乘积成正比的，通常电弧稳定燃烧时，焊件与焊条之间所保持的一定的电压，称为电弧电压。电弧电压主要与电弧长度（焊件与焊条间的距离）有关。电弧越长，相应的电弧电压也越高，一般电弧电压在 20～35V。因为电弧电压变化较小，所以生产中主要是通过调节焊接电流来调节电弧热量的，焊接电流越大，电弧产生的总热量越多，反之，总热量越少。

（二）手工电弧焊设备及工具

1. 弧焊电源

供给电弧焊电源的专用设备称为电焊机，它是手工电弧焊的主要设备，生产中按焊接电流的种类不同，电焊机可以分为交流电焊机和直流电焊机两类。

1）交流电焊机

交流电焊机实际上是一种特殊的降压变压器。焊接时，焊接电弧的电压基本不随焊接电流变化。当接通电源（初级线圈形成回路）时，由于互感作用，次级线圈内产生感应电动势（即空载电压）。当焊条与工件接触时，次级线圈形成闭合回路，便有感应电流通过，从而熔化工件与焊条进行焊接。这种电焊机的效率较高，结构简单，使用可靠，成本较低，噪声较小，维护、保养也很容易，但它的电弧燃烧时稳定性较差。

2）直流电焊机

直流电焊机有两种：一种是旋转式直流电焊机，另一种是整流式电焊机。与交流电焊机相比，直流电焊机电弧燃烧稳定，构造复杂，维修不便，噪声大，成本高，损耗大，适用于焊接较重要的焊件，以及铜合金、铝合金、不锈钢、薄板器材的焊接等。

2. 手工电弧焊的工具

1）焊钳

它的作用是夹持焊条和传导电流。一般要求焊钳导电性能好，重量轻，焊条夹持稳固，换装焊条方便等。

2）焊接电缆

它的作用是传导电流。一般要求用多股紫铜软线制成，绝缘性要好，而且要有足够的导电截面积，其截面积大小应根据焊接电流大小而定。

3）面罩及护目玻璃

面罩的作用是焊接时保护焊工的面部免受强烈的电弧光照射和飞溅金属的灼伤。护目玻璃，又称黑玻璃，它的作用是减弱电弧光的强度，过滤紫外线和红外线，使焊工在焊接时既能通过护目玻璃观察到熔池的情况，便于掌握和控制焊接过程，又避免眼睛受弧光的灼伤。

（三）焊条

1. 焊条的组成与作用

焊条由焊芯和药皮两部分组成。其质量的优劣直接影响到焊缝金属的力学性能。

1）焊芯

焊芯是组成焊缝金属的主要材料。它的主要作用是传导焊接电流，产生电弧并维持电弧燃烧；其次是作为填充金属与母材熔合成一体，组成焊缝。在焊缝金属中，焊芯金属占60%～70%，由此可见焊芯的化学成分和质量对焊缝质量有重大的影响。为了保证焊接质量，国家标准对焊芯的化学成分和质量作了严格的规定。焊芯的牌号以“焊”字打头（代号是“H”），其后的牌号表示法与钢号表示法完全一样。例如，常用的牌号有 H08、H08MnA、H10Mn2 等。

2）药皮

药皮由一系列矿物质、有机物、铁合金和黏结剂组成。它的主要作用如下。

（1）保证焊接电弧的稳定燃烧。

（2）向焊缝金属渗某些合金元素，提高焊缝的力学性能。

（3）改善焊接工艺性能，有利于进行各种位置的焊接。

（4）使焊缝金属顺利脱氧、脱硫、脱磷、去氢等。

（5）保护熔池与熔滴不受空气侵入。

2. 焊条的分类、型号及牌号

1）焊条的分类

焊条的分类方法很多。按用途焊条分为碳钢焊条、低合金钢焊条、不锈钢焊条、铸铁焊条、堆焊焊条、镍和镍合金焊条、铜和铜合金焊条、铝和铝合金焊条等。按照焊条药皮熔化后的酸碱度又分为酸性焊条和碱性焊条两类。酸性焊条熔渣中酸性氧化物的比例较高，焊接时，电弧柔软，飞溅小，熔渣流动性和覆盖性较好，因此，焊缝美观，对铁锈、油脂、水分的敏感性不大，但焊接中对药皮合金元素烧损较大，抗裂性较差，适用于一般结构件的焊接。碱性焊条熔渣中碱性氧化物的比例较高，焊接时，电弧不够稳定，熔渣的覆盖性较差，焊缝不美观，焊前要求清除油脂和铁锈。但它的脱氧和去氢能力较强，故又称为低氢型焊条，焊接后焊缝的质量较高，适用于焊接重要的结构件。

2）焊条型号、牌号及编制方法

焊条型号及牌号主要反映焊条的性能特点及类别。目前，我国参照国际标准，陆续对不同焊条型号作了修改。例如，碳钢焊条型号编制方法规定以字母“E”打头表示焊条。前两位数字表示熔敷金属抗拉强度的最小值（单位为 MPa）。第三位数字表示焊条的焊接位置：“0”及“1”表示焊条适用于全位置焊接；“2”表示焊条适用于平焊及平角焊；“4”表示焊条适用于向下立焊。第三位和第四位数字组合表示焊接电流种类及药皮类型。例如，E4303 表示焊缝金属的 $R_m \geqslant 430$ MPa，适用于全位置焊接，药皮类型是钛钙型，电流种类是交流或直流正、反接。

3. 焊条选用原则

1）考虑母材的力学性能和化学成分

对于结构钢，主要考虑母材的强度等级；对于低温钢，主要考虑母材的低温工作性能；对于耐热钢、不锈钢等，主要考虑熔敷金属的化学成分与母材相当。

2）考虑焊件的结构复杂程度和刚性

对于形状复杂、刚性较大的结构，应选用抗裂性好的低氢型焊条。

3）考虑焊件的工作条件

对于工作条件特殊的，应选用相应的焊条，如不锈钢焊条、耐热钢焊条等。此外，还要考虑劳动生产率、劳动条件、经济效益、焊接质量等。

（四）手工电弧焊工艺

1. 焊缝空间位置

焊接时，按焊缝在空间位置的不同可分为平焊、横焊、立焊和仰焊四种，如图 2-3-4 所示。其中，平焊操作容易，劳动条件好，生产效率高，质量易于保证，因此，一般应把焊缝放在平焊位置施焊。横焊、立焊、仰焊时焊接较为困难，应尽量避免。若无法避免，可选用小直径的焊条，较小的电流，调整好焊条与焊件的夹角与弧长再进行焊接。

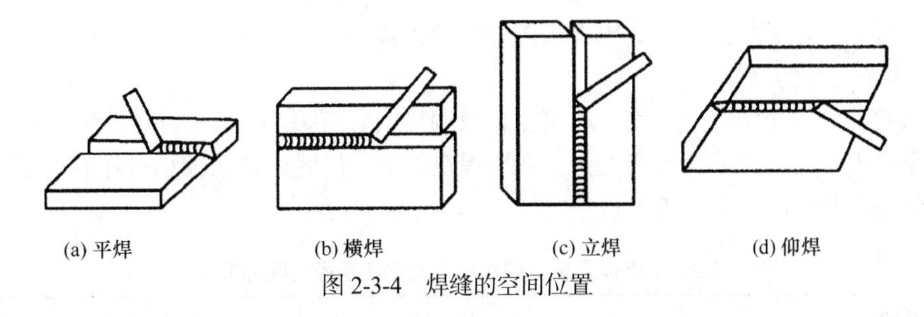

图 2-3-4　焊缝的空间位置

2. 焊接接头基本形式和坡口基本形式

在手工电弧焊焊接中，由于结构形状、工件厚度及对质量的要求不同，其接头形式和坡口形式也不同。基本的焊接接头形式有对接接头、角接接头、T 形接头、搭接接头等。基本的坡口形式有 I 形坡口（不开坡口）、V 形坡口、双边 V 形坡口、单边 U 形坡口和双边 U 形坡口等，如图 2-3-5 所示。

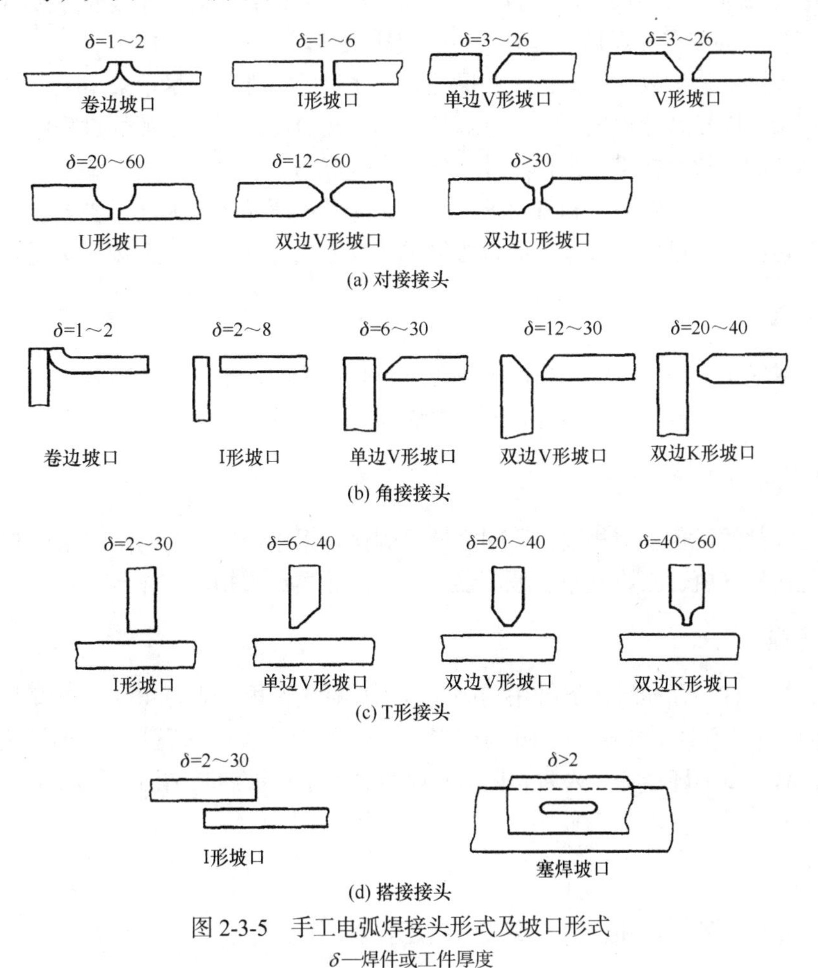

图 2-3-5　手工电弧焊接头形式及坡口形式

δ—焊件或工件厚度

3. 焊接工艺参数的选择

焊接时，为了保证焊接质量而选定的有关物理量的总称为焊接工艺参数，主要包括焊接电流、焊条直径、焊接层数、电弧长度和焊接速度等。

1）焊条直径的选择

焊条直径的大小与焊件厚度、焊接位置及焊接层数有关。一般焊件厚度大时应采用大直径焊条；平焊时，焊条直径应大些；多层焊在焊第一层时应选用较小直径的焊条。焊件厚度与焊条直径的关系见表 2-3-1。

表 2-3-1　焊件厚度、焊接电流与焊条直径之间的关系

焊件厚度/mm	1.5～2	2.5～3	3.5～4.5	5～8	10～12	13
焊条直径/mm	1.6～2	2.5	3.2	3.2～4	4～5	5～6
焊接电流/A	40～70	70～90	100～130	160～200	200～250	250～300

2）焊接电流的选择

焊接电流的选择主要根据焊条直径，见表 2-3-1。非水平位置焊接或焊接不锈钢时，焊接电流应小 15%左右。焊角焊缝时，电流要稍大些。

总之，焊接工艺参数的选择，应在保证焊接质量的条件下，尽量采用大直径焊条和大电流进行焊接，以提高劳动生产率。电弧长度和焊接速度在手工电弧焊过程中，都是靠手工操作来掌握的，故在技术上未作具体规定。但电弧过长，会使燃烧不稳定，熔深减小，飞溅增加，还会使空气中的氧和氮侵入焊缝区，降低焊缝品质。因此，要求电弧长度尽量短些。焊接速度不应过快或过慢，应以焊缝的外观与内在质量均达到要求为适宜。

三、气焊与气割

气焊（或气割）是将气体火焰作为热源进行焊接（或切割）的一种方法。可燃性气体主要有乙炔、氢气、液化石油气等，其中最常用的是乙炔。

（一）气焊与气割的设备、工具

气焊与气割的设备基本相同，不同之处是焊接时采用焊矩，而切割时采用割矩。这些设备主要包括氧气瓶、乙炔气瓶、减压器、回火防止器、焊矩、割矩等。

1. 氧气瓶

氧气瓶是一种储存和运输氧气用的高压容器，氧气容积一般为 40 L，瓶口上装有开闭氧气的阀门，并套有保护瓶阀的瓶帽。按规定，氧气瓶外表涂成天蓝色，并用黑色标明“氧气”字样。氧气瓶不许曝晒、火烤、振荡及敲打，也不许被油脂玷污。使用的氧气瓶必须定期进行压力试验。

2. 乙炔气瓶

乙炔气瓶是一种储存和运输乙炔气的高压容器，瓶口装有阀门并套有瓶帽保护。按规定，乙炔气瓶外表涂成白色，并用大红色字标明“乙炔火不可近”字样。

3. 减压器

氧气减压器是将氧气瓶内的高压氧气调节成工作所需要的低压氧气，并在工作过程中保持压力与流量稳定不变；乙炔减压器是将乙炔气瓶内的高压乙炔气调节成工作所需要的低压乙炔气并保持工作过程中的压力与流量稳定不变。

4. 回火防止器

在气焊与气割过程中，由于气体供应不足，或管道与焊嘴阻塞等，火焰均会沿乙炔导管向内逆燃，这种现象称为回火。回火会引起乙炔气瓶或乙炔发生器的爆炸。为了防止这种严重事故的发生，必须在导管与发生器之间装上回火防止器。目前常用的是中压闭式水封回火防止器。

5. 焊矩

焊矩的作用是将可燃气体与氧气按一定比例混合，并以一定的速度喷出，点燃后形成稳定燃烧并具有较高热能的焊接火焰。按可燃气体与氧气混合方式的不同，焊矩可分为射吸式和等压式两类。目前使用较多的是射吸式焊矩。

6. 割矩

割矩的作用是将可燃气体与氧气以一定的方式和比例混合后，形成稳定燃烧并具有一定热能和形状的预热火焰，并在预热火焰的中心喷射切割氧气流进行切割。按可燃气体与氧气混合方式的不同分为射吸式和等压式两类，其中射吸式使用广泛。

（二）气焊工艺

气焊是利用氧气和可燃气体（乙炔）混合燃烧所产生的热量将焊件和焊丝局部熔化而进行焊接的。气焊火焰易于控制，灵活性强，不需电源，能焊接多种材料，但气焊火焰温度较低，加热缓慢，热影响区较宽，焊件易变形且难于实现机械化。气焊工艺适合焊接厚度在 3 mm 以下的薄钢板、非铁金属及其合金，钎焊刀具和铸铁的补焊等。

1. 气焊火焰

气焊时质量的好坏与所用气焊火焰的性质有极大的关系。改变氧气和乙炔气体的体积比，可得到三种性质的气焊火焰，如图 2-3-6 所示。

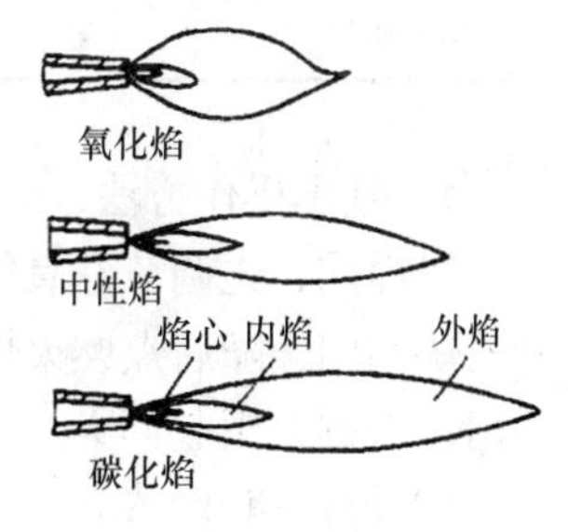

图 2-3-6　氧-乙炔火焰种类

1）中性焰

在一次燃烧区内既无过量氧又无游离碳的火焰为中性焰。氧气与乙炔充分燃烧，内焰的最高温度可达 3150 ℃，适合于焊接低中碳钢、低合金钢、紫铜、铝及其合金等。

2）氧化焰

火焰中有过量的氧，在尖形焰心外面形成一个有氧化性的富氧区的火焰称为氧化焰，由于氧气充足，燃烧剧烈，火焰最高温度可达 3300 ℃，适合于焊接黄铜、镀锌铁皮等。

3）碳化焰

火焰中含有游离碳，具有较强还原作用，也有一定渗碳作用的火焰为碳化焰，此时乙炔过剩，最高温度可达 3000 ℃，适合于焊接高碳钢、高速钢、铸铁及硬质合金等。

2. 接头形式与坡口形式

气焊时主要采用对接接头，而角接接头和卷边接头只是在焊薄板时使用，搭接接头和 T 形接头很少采用。在对接接头中，当焊件厚度小于 5 mm 时，可以不开坡口，只留 0.5～1.5 mm 的间隙，厚度大于 5 mm 时必须开坡口。坡口的形式、角度、间隙及钝边等与手工电弧焊基本相同。

3. 气焊工艺参数

1）焊丝直径的选择

气焊焊丝的化学成分与焊件的化学成分基本相符；焊丝的直径一般是根据焊件的厚度来决定的，见表 2-3-2。

表 2-3-2　气焊焊件厚度与焊丝直径关系表

焊件厚度/mm	1～2	2～3	3～5	5～10	10～15	＞15
焊丝直径/mm	1～2	2～3	3～4	3～5	4～6	4～6

2）氧气压力与乙炔压力

氧气压力一般根据焊矩型号选择，通常取 0.2～0.4 MPa，最高可取 0.8 MPa，乙炔压力一般取 0.001～0.1 MPa。

3）焊嘴倾角的选择

焊嘴倾角是指焊嘴长度方向与焊接运动方向之间的夹角，如图 2-3-7 所示，其大小主要取决于焊件厚度和材料的熔点等，焊件厚度与焊嘴倾角的关系见表 2-3-3。

表 2-3-3　焊嘴倾角的选择表

焊件厚度/mm	1	1～3	3～5	5～7	7～10	10～15	＞15
焊嘴倾角/（°）	20	30	40	50	60	70	80

4）基本操作方法

气焊前，先调节好氧气压力和乙炔压力，装好焊矩，点火时，先打开氧气阀门，再打开乙炔阀门，随后点燃火焰，再调节所需要的火焰。灭火时，应先关乙炔阀门，再关氧气阀门，否则会引起回火。

5）焊接速度

焊接速度与焊件的熔点和厚度有关，一般当焊件的熔点高、厚度大时焊速应慢些，但在保证焊接质量的前提下应尽量提高焊速，以提高劳动生产率。

（三）气割工艺

气割是利用氧-乙炔火焰的热能，将待切割金属预热到燃点，然后开放高压氧气流使金属氧化燃烧，产生大量反应热，并将氧化物熔渣从切口吹掉，形成割缝的过程，如图 2-3-8 所示。

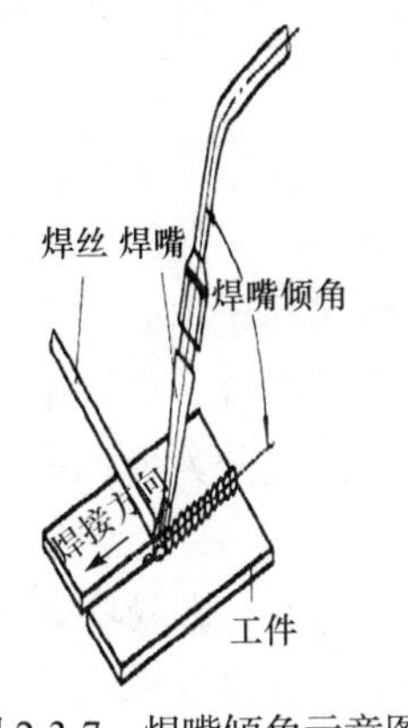

图 2-3-7　焊嘴倾角示意图

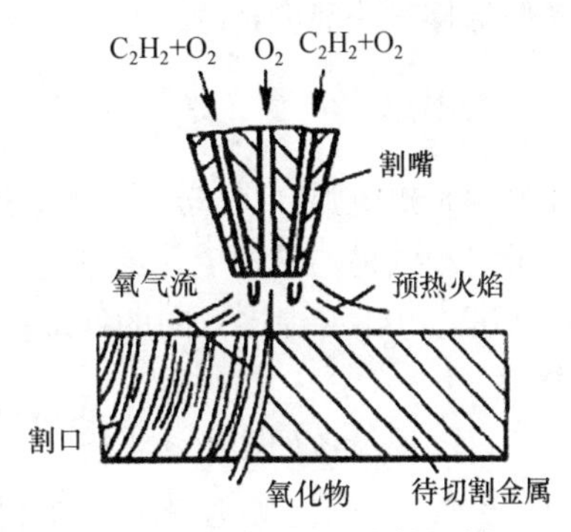

图 2-3-8　氧-乙炔火焰切割

1. 氧-乙炔火焰切割金属的条件

（1）金属材料的燃点必须低于其熔点，否则，切割变为熔割，使割口过宽且不整齐。

（2）燃烧生成的金属氧化物的熔点应低于金属本身的熔点，这样熔渣具有一定的流动性，便于高压氧气流将其吹掉。

（3）金属在氧气中燃烧时所产生的热量应大于金属本身由于热传导而散失的热量，这样才能保证有足够高的预热温度，使切割过程不断进行。

2. 气割工艺参数

1）氧气压力与乙炔压力

氧气压力一般根据割矩或板厚选择，通常取 0.4～0.8 MPa，最高取 1.4 MPa。乙炔压力通常取 0.01～0.12 MPa。

2）割嘴与割件间的倾斜角

割嘴与割件间的倾斜角是指割嘴与气割运动方向之间的夹角，它直接影响气割速度。割嘴倾斜角的大小由割件厚度来确定。直线切割时，当割件厚度为 20～30 mm 时，割嘴应与割件表面垂直；厚度小于 20 mm 时，割嘴应和切割运动相反方向成 60°～70°。曲线切割时，无论厚度大小，割嘴都必须与割件表面垂直，以保证割口平整。

割嘴与割件表面的距离根据预热火焰及割件的厚度而定，一般为 3～5 mm，并要求在整个切割过程中保持一致。

3）基本操作方法

气割前根据割件厚度选择割矩和割嘴，对割件表面切口处的铁锈、油污等杂质进行清理，割件要垫平，并在下方留出一定的间隙，预热火焰的点燃过程与气焊相同，预热火焰一般调整为中性焰或轻微氧化焰。

气割时将预热火焰对准割件切口进行预热，待加热到金属表层即将氧化燃烧时，再以一定压力的氧气流吹入切割层，吹掉氧化燃烧产生的熔渣，不断移动割矩，切割便可以连续进行下去，直至切断为止。割矩移动的速度与割件厚度和使用割嘴的形状有关，割件越厚，气割速度越慢，反之，则越快。氧-乙炔火焰气割常用于纯铁、低碳钢、低合金结构钢的下料和切割铸钢件的浇冒口等。

四、其他焊接方法简介

（一）埋弧焊

埋弧焊是指电弧在焊剂层下燃烧进行焊接的方法。埋弧焊属于电弧焊的一种，可分为自动和半自动两种，它的工作原理是，电弧在颗粒状的焊剂下燃烧，焊丝由送丝机构自动送入焊接区，电弧沿焊接方向的移动按手工操作或机械自动完成分为埋弧半自动焊和埋弧自动焊。

埋弧自动焊设备如图 2-3-9 所示。电源接在导电嘴和焊件上，颗粒状焊剂通过软管均匀地撒在被焊的位置，焊丝被送丝电机自动送入电弧燃烧区，并维持选定的弧长，在焊接小车的带动下，以一定的速度移动完成焊接。

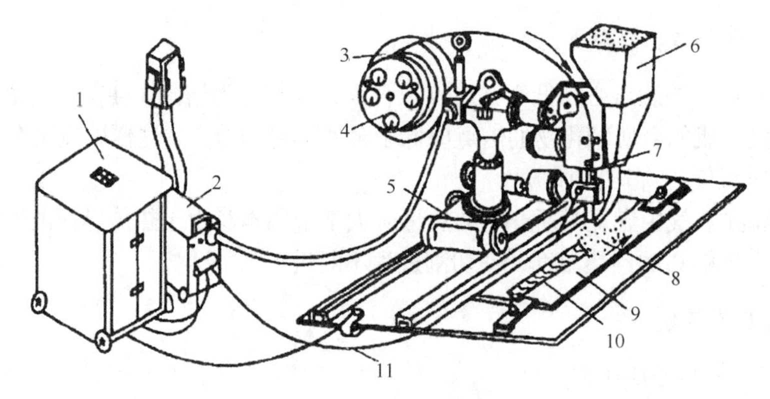

图 2-3-9　埋弧自动焊设备

1—焊接电源；2—控制箱；3—焊丝盘；4—操纵盘；5—焊接小车；6—焊剂斗；7—焊丝；8—焊剂；9—工件；10—焊缝；11—焊接电缆

埋弧自动焊的优点是，允许采用较大的焊接电流，使生产效率提高，焊缝保护好，焊接质量高，能节省材料和电能，劳动条件好，容易实现焊接自动化和机械化。缺点是焊接时电弧不可见，不能及时发现问题，接头的加工与装配要求较高，设备投入较大，焊前准备时间长。

埋弧焊主要用于焊接非合金钢、低合金高强度钢，也可用于焊接不锈钢及紫铜等。适于大批量焊接较厚的大型结构件的直线焊缝和大直径环形焊缝。

（二）气体保护电弧焊

气体保护电弧焊简称气体保护焊或气电焊，它是将外加气体作为电弧介质并保护电弧和焊接区的电弧焊。气体保护焊分为熔化极和非熔化极两种，根据所用的保护气体的不同有氩弧焊、二氧化碳气体保护焊等。

1. 氩弧焊

氩弧焊是以氩气为保护气体的气体保护焊，按所用的电极不同，氩弧焊分为非熔化极（钨极）氩弧焊和熔化极氩弧焊两种，如图 2-3-10 所示。

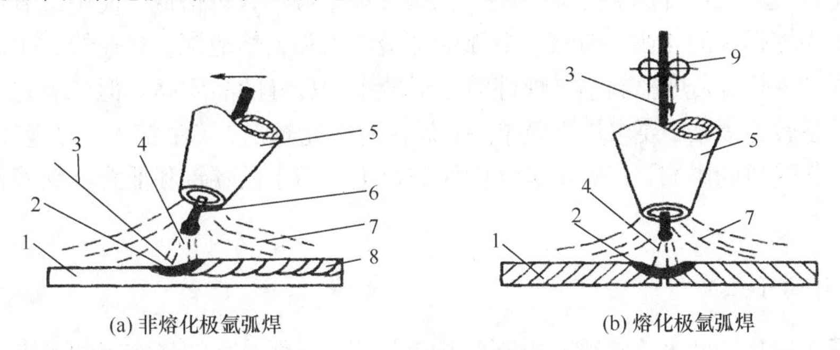

图 2-3-10　氩弧焊示意图

—工件；2—熔池；3—焊丝；4—电弧；5—喷嘴；6—钨极；7—氩气；8—焊缝；9—送丝轮

氩弧焊的特点是，氩弧焊是一种明弧焊，便于观察，操作灵活，适宜于各种位置的焊接，焊后无熔渣，易实现焊接自动化。焊缝表面成型好，具有较好的力学性能，焊接电弧燃烧稳定，飞溅较小，可焊接 2 mm 以下薄板及某些异种金属，但氩弧焊所用的设备及控制系统比较复杂，维修困难，氩气价格较贵，焊接成本高。

氩弧焊应用范围广泛，几乎可以用于所有的钢材、非铁金属及其合金，通常多用于焊接铝、镁、钛及其合金、低合金钢、耐热合金等；但对于低熔点和易蒸发的金属，焊接困难。

2. 二氧化碳气体保护焊

二氧化碳气体保护焊是将二氧化碳气体作为保护气体的气体保护焊，如图 2-3-11 所示。

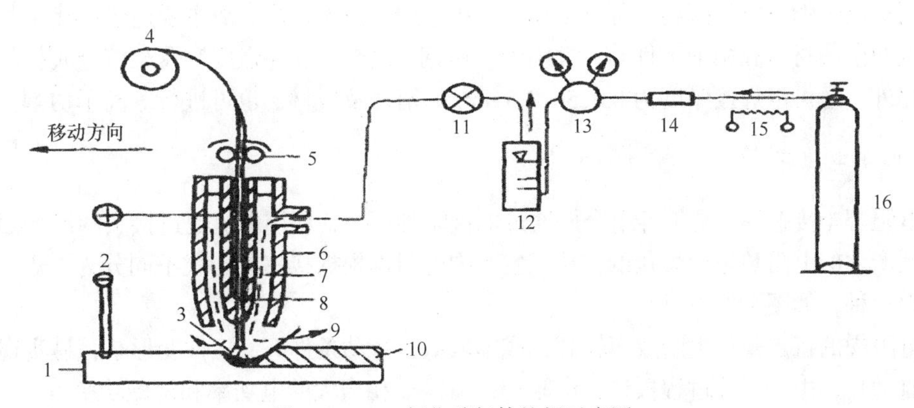

图 2-3-11　二氧化碳气体护焊示意图

1—母材；2—直流电源；3—电弧；4—焊丝；5—送丝滚轮；6—喷嘴；7—二氧化碳气体；8—导电嘴；9—熔池；10—焊缝；11—阀；12—流量计；13—减压阀；14—干燥阀；15—预热器；16—液态二氧化碳

焊接时焊丝作为电极连续送进，二氧化碳气体从喷嘴中以一定流量喷出，电弧引燃后，电弧与熔池被二氧化碳气体包围，防止了空气对焊缝金属的有害作用。二氧化碳是氧化性气体，在高温下能使钢中的合金元素烧损。因此，必须选择具有脱氧能力的合金钢焊丝，如 H08MnSi 等。

二氧化碳气体保护焊的特点是：二氧化碳气体来源广，价格低，使用二氧化碳气体保护焊的成本为埋弧焊的 40%～50%；电弧的穿透能力强，熔池深；焊速快，生产效率比手工电弧焊高 2～4 倍；热影响小，焊件的变形较小，焊缝的品质高。但二氧化碳气体保护焊的焊接设备较为复杂，要求用直流电源，焊接时弧光较强，飞溅较大，焊缝表面不平滑，室外焊接时常受风的影响。二氧化碳气体保护焊主要用于低碳钢和低合金钢薄板等材料的焊接。

（三）等离子弧焊

等离子弧焊是借助水冷喷嘴对电弧的拘束作用，获得较高能量密度的等离子弧进行焊接的方法。当自由电弧经过水冷却喷嘴孔道时，受到喷嘴细孔的机械压缩；弧柱周围的高速冷却气流使电弧产生热收缩；弧柱的带电粒子流在自身磁场作用下，产生相互吸引力，使电弧产生磁收缩，被高度压缩的自由电弧，形成高温、高电离度及高能量密度的电弧，称为等离子弧，如图 2-3-12 所示。

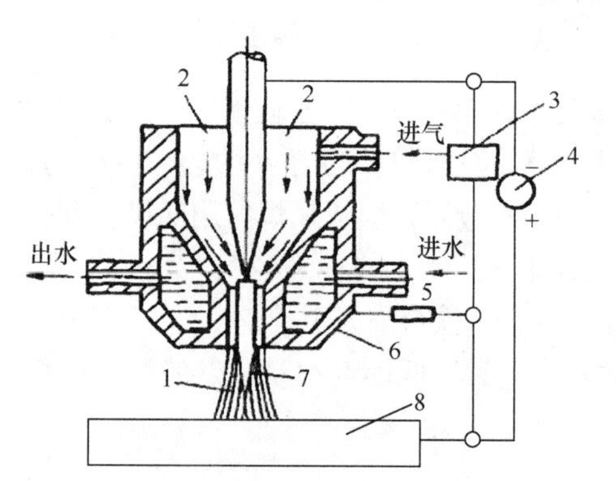

图 2-3-12　等离子弧发生装置示意图
1—保护气体；2—气流；3—振荡器；4—直流电源；5—电阻；6—喷嘴；7—等离子弧；8—焊件

等离子弧焊接的特点是：等离子弧能量易于控制，弧柱温度高（可达 15700 ℃以上），穿透能力强，焊接质量高，生产效率高，焊缝深宽比大，热影响区小。但其焊矩结构复杂，对控制系统要求较高，焊接区可见度不好，焊接最大厚度受到限制。

用等离子弧可以焊接绝大部分金属，但由于焊接成本较高，故主要适于焊接某些焊接性能差的金属材料和精细工件等，常用于不锈钢、耐热钢、高强度钢及难熔金属材料的焊接。此外，还可以焊接厚度为 0.025～2.5 mm 的箔材及板材，也可进行等离子切割。

（四）电阻焊

电阻焊（接触焊）是工件组合后通过电极施加压力，利用电流流过接头的接触面及邻近区域产生的电阻热进行焊接的方法，生产中电阻焊根据接头的形式不同分为点焊、缝焊和对焊三种，如图 2-3-13 所示。

电阻焊的特点是：生产效率较高，成本较低，劳动条件好，工件变形小，易实现机械化与自动化，由于焊接过程极快，电阻焊设备需要相当大的电功率和机械功率。

电阻焊主要用于低碳钢、不锈钢、铝、铜等材料的焊接。其中，点焊主要用于厚度在 4 mm 以下的薄板的焊接；缝焊主要用于厚度在 3 mm 以下的薄板的焊接；对焊主要用于较大截面（直径或边长小于 20 mm）焊件与不同种类的金属和合金的对接。

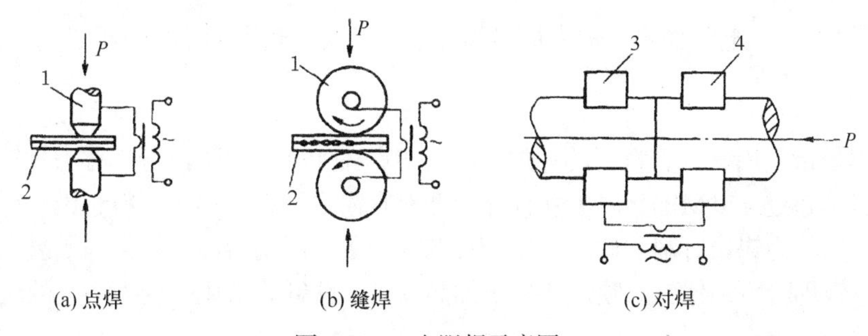

图 2-3-13　电阻焊示意图

1—电极；2—焊件；3—固定电极；4—移动电极；P—压力

（五）电渣焊

电渣焊是利用电流通过液态熔渣所产生的电阻热而进行焊接的方法，如图 2-3-14 所示。电渣焊可分为有丝极电渣焊、熔嘴电渣焊和板极电渣焊三种。

电渣焊时，焊缝尽可能处于垂直位置，当需要倾斜时最大不超过 30°。装配间隙（焊缝宽度）一般为 25～38 mm，而且是上大下小，一般差 3～6 mm。因此，焊件不需要开坡口。焊缝金属在液态停留时间长，且焊缝轴线与浮力方向一致，因此，不易产生气孔及夹渣等缺陷。焊缝及近缝区冷却速度缓慢，对难焊接的钢材，不易出现淬硬组织和冷裂缝倾向，故焊接低合金高强度钢及中碳钢时，通常不需要预热。但焊接热影响区在高温停留时间长，易产生晶粒粗大和过热组织。焊缝金属呈铸态组织，焊接接头冲击韧性低，一般焊后需要正火或回火，以改善接头的组织与性能。

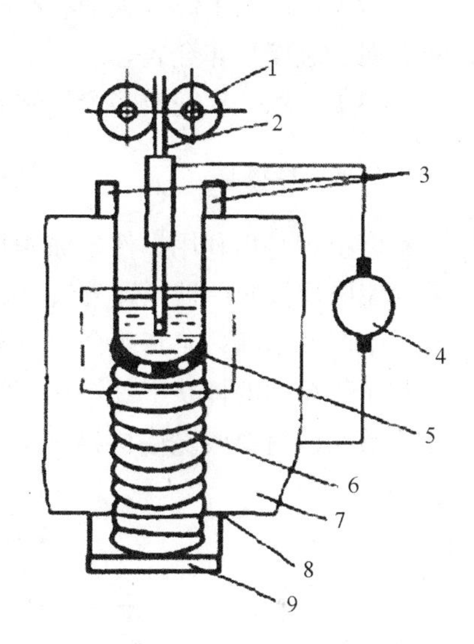

图 2-3-14　电渣焊示意图

1—送丝滚轮；2—焊丝；3—引出板；4—焊接电源；5—熔池；6—焊缝；7—焊件；8—引入板；9—引弧板

电渣焊生产效率高，劳动条件好，特别适合大厚度结构件的焊接，主要用于厚壁压力容器纵焊缝的焊接和大型的铸焊、锻焊或厚板拼焊结构的制造，可以焊接非合金钢、耐热钢、不锈钢、铝及铝合金等。

（六）钎焊

钎焊与熔化焊相比，焊件加热温度低，组织和力学性能变化较小，接头光滑平整；某些钎焊方法可以一次焊多个工件、多个接头，生产效率高；可以连接异种材料。但接头的强度较低，工作温度也不能太高。钎焊根据钎料熔点的不同可分为硬钎焊和软钎焊两种。

1. 硬钎焊

硬钎焊是指使用硬钎料进行的钎焊。钎料熔点在 450 ℃以上的钎焊称为硬钎焊，焊接强度为 300～500 MPa。属于硬钎焊的钎料有铜基、铝基、银基、镍基钎料等，常用的为铜基。焊接时需要加钎剂，对铜基钎料常用硼砂、硼酸混合物。硬钎焊的加热方式有氧-乙炔火焰加热、电阻加热、炉内加热等，适合于受力较大的工件及工具的焊接。

2. 软钎焊

软钎焊是指使用软钎料进行的钎焊。钎料熔点在 450 ℃以下的钎焊称为软钎焊。其焊接强度一般不超过 470 MPa。属于软钎焊的钎料有锡铅钎料、锡银钎料、铅基钎料、镉基钎料等，常用的为锡铅钎料。此时所用的钎剂为松香、酒精溶液、氯化锌或氯化锌加氯化氨水溶液。钎焊时可用铬铁、喷灯或炉子加热焊件。软钎焊常用于受力不大的仪表导电元件等的焊接。

钎焊具有以下优点。

（1）钎焊时由于加热温度低，对焊件材料的性能影响较小，焊接的应力变形比较小。

（2）可以用于焊接碳钢、不锈钢、高合金钢、铝、铜等金属材料，也可以用于连接异种金属、金属与非金属。

（3）可以一次完成多个焊件的钎焊，生产效率高。

（七）摩擦焊

摩擦焊是指利用焊件表面相互摩擦所产生的热，使端面达到热塑性状态，然后迅速顶锻，完成焊接的一种压焊方法，如图 2-3-15 所示。其特点是焊接质量高，易实现焊接自动化，生产效率高，尤其适合于焊接异种材料，如铜与铝的焊接、铜与不锈钢的焊接等，主要用于等截面的杆状工件焊接。但设备投资较大，工件必须有一个是回转体，不易焊接摩擦系数小的材料或脆性材料。

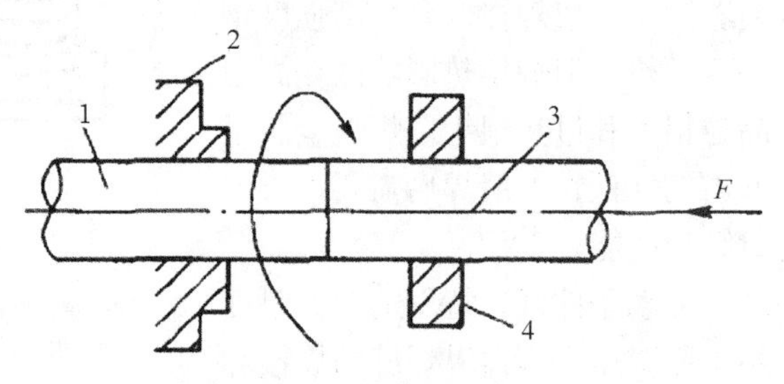

图 2-3-15　摩擦焊示意图

1—焊件 1；2—旋转夹头；3—焊件 2；4—不旋转夹头；F—压力

（八）超声波焊接

超声波焊接是指利用超声波的高频振荡能对焊件接头进行局部加热和表面清理，然后施加压力实现焊接的一种压焊。进行超声波焊接时，因为无电流流经工件，无火焰、无电弧热源的影响，所以焊件表面无变形和热影响区，表面不需严格清理，焊接质量高。超声波焊接适合于焊接厚度小于 0.5 mm 的工件，特别适合于焊接异种材料。

（九）爆炸焊

爆炸焊是指利用炸药爆炸产生的冲击力造成焊件迅速碰撞，实现连接的一种压焊方法。可以说，任何具有足够强度和塑性，并能承受工艺过程所要求的快速变形的金属，均可以进行爆炸焊。爆炸焊的质量较高，工艺操作比较简单，适合于一些工程结构件的连接，如建筑螺纹钢的对接、钢轨的对接等。

（十）高频电阻焊

高频电阻焊是指利用 10～500 kHz 的高频电流，进行焊接的一种电阻焊方法。其方法是，当高频电流通过焊件时，在工件结合面处产生电阻热，施加一定的压力后，使焊件连接。高频电阻焊的特点是焊接速度快，可以焊接多种金属材料。

（十一）扩散焊

扩散焊是指将工件在高温下加压，但不产生可见变形和相对移动的固态焊接方法。在焊接过程中，被焊工件的表面在热和压力的作用下，发生微观塑性流变，相互紧密接触，通过原子的相互扩散运动，经过一定时间的保温，焊接区的化学成分、组织均匀化，最终焊件完成结合。使用此方法焊接时，结合面之间可预置填充金属。扩散焊的特点是焊接接头质量高，焊件变形小，可以焊接非金属和异种金属材料，可以制造多层复合材料，如弥散强化的高温合金、纤维强化的硼-铝复合材料等。

（十二）电子束焊

电子束焊是指利用加速和聚焦的电子束轰击置于真空或非真空中的焊件所产生的热能进行焊接的方法。电子束焊时，电子的产生、加速和汇聚成束是由电子枪完成的。真空电子束焊接如图 2-3-16 所示，阴极在加热后发射电子，在强电场的作用下电子加速从阴极向阳极运动，通常在发射极到阳极之间加上 30～150 kV 的高电压，电子以很高速度穿过阳极孔，并在聚焦线圈汇聚作用下聚焦于焊件，电子束动能转换成热能后，使焊件熔化焊接。为了减小电子束流的散射及能量损失，电子枪内要保持 10^{-2} Pa 以上的真空度。

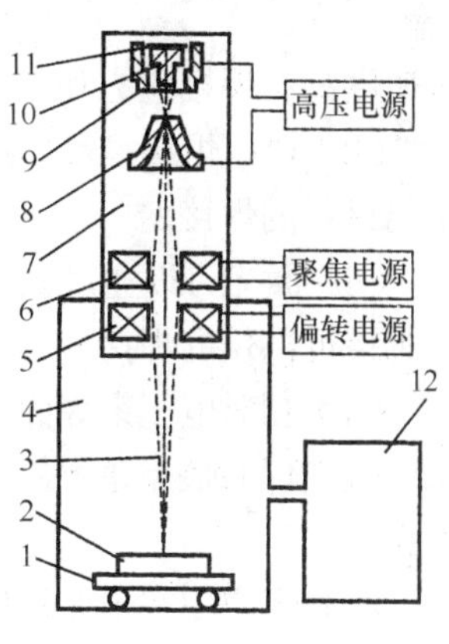

图 2-3-16　真空电子束焊接

1—焊接台；2—焊件；3—电子束；4—真空室；5—偏转线圈；6—聚焦线圈；7—电子枪；8—阳极；9—聚束极；10—阴极；11—灯丝；12—真空泵系统

电子束焊按被焊焊件所处环境的真空度可分成三种，即真空电子束焊（10^{-4}～10^{-1} Pa）、低真空电子束焊（10^{-1}～25 Pa）和非真空电子束焊（不设真空室）。

电子束焊与电弧焊相比，其主要特点是：

（1）功率密度大，可达 10^{6}～10^{9} W/cm^{2}。焊缝熔深大，熔宽小，既可以进行很薄材料（0.1 mm）的精密焊接，又可以用在很厚（最厚达 300 mm）构件的焊接。

（2）焊缝金属纯度高，所有用其他焊接方法能进行熔焊的金属及合金都可以用电子束焊接。它还能用于异种金属、易氧化金属及难熔金属的焊接。

（3）设备较为昂贵，焊件接头加工和装配要求高，另外电子束焊接时应对操作人员加以防护，避免受到 X 射线的伤害。

电子束焊接已经应用于很多领域，如汽车制造中的齿轮组合体、核能工业的反应堆壳体、航空航天部门的飞机发动机等。

（十三）激光焊

激光焊是以大功率相干单色光子流聚集而成的激光束为热源进行焊接的方法。激光的产生利用了原子受激辐射的原理，当粒子（原子、分子等）吸收外来能量时，从低能级跃升至高能级，此时若受到外来一定频率的光子的激励作用，又跃迁到相应的低能级，同时发出一个和外来光子完全相同的光子。如果利用装置（激光器）使这种受激辐射产生的光子去激励其他粒子，将导致光放大作用，产生更多的光子，在聚光器的作用下，最终形成一束单色的、方向一致和亮度极高的激光输出。再通过光学聚焦系统，可以使焦点上的激光能量密度达到10^6～10^{12} W/cm^2，然后将此激光用于焊接。激光焊装置如图 2-3-17 所示。

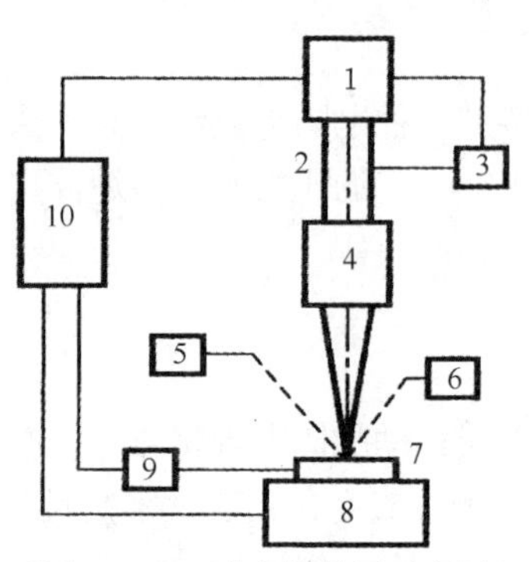

图 2-3-17　激光焊装置示意图

1—激光发生器；2—激光光束；3—信号器；4—光学系统；5—观测瞄准系统；6—辅助能源；7—焊件；8—工作台；9—控制系统一；10—控制系统二

激光焊属于高能束焊范畴，与一般焊接方法相比有以下优点：

（1）激光功率密度高，加热范围小（小于 1 mm），焊接速度高，焊接应力和变形小。

（2）可以焊接一般焊接方法难以焊接的材料，实现异种金属的焊接，甚至用于一些非金属材料的焊接。

（3）激光可以通过光学系统在空间传播相当长距离而衰减很小，能进行远距离施焊或对难接近部位的焊接。

（4）相对电子束焊而言，激光焊不需要真空室，激光不受电磁场的影响。

激光焊的缺点是焊机价格较贵，激光的电光转换效率低，焊前对工件的加工和装配要求高。

激光焊应用在很多机械加工作业中，如汽车车身拼焊、仪器仪表零件的连接、变速箱齿轮焊接、集成电路中的金属箔焊接等。

（十四）磁力脉冲焊

磁力脉冲焊是指依靠被焊工件之间脉冲磁场相互作用而产生冲击的结果来实现金属之间连接的焊接方法。其工作原理与爆炸焊相似，适合于焊接薄壁管材和异种金属（如铜-铝、铝-不锈钢、铜-不锈钢等）。

（十五）计算机在焊接技术中的应用

计算机在焊接技术中的应用已取得了很多的成果，并获得了较好的经济效益。例如，电弧焊的跟踪自动控制，就是一种利用计算机以焊枪、电弧或熔池中心相对接缝或坡口中心位置的偏差为检测量，以焊枪位移量为操作量的调节控制系统。利用此系统可以提高焊接质量和效率。此外，焊接优化自适应控制、CAD/CAM、焊接机器人等技术，都是计算机在焊接技术中的具体应用和结合。可以说，计算机正逐步成为提高焊接机械化、自动化和智慧化的关键，也是目前焊接技术发展的主要方向之一。

五、常用金属材料的焊接

焊接性是材料在限定的施工条件下焊接成规定设计要求的构件，并满足预定服役要求的能力。它包括两方面的内容：其一是使用焊接性，指焊接接头对使用要求的适应性，如对强度、塑性、耐腐蚀性等的敏感程度；其二是工艺焊接性，指焊接时对产生裂纹等缺陷的敏感程度。

金属的焊接性主要受材料化学成分、焊接方法、构件类型及使用要求四个因素的影响。对于非合金钢及低合金钢，常用碳当量来评定它的焊接性，碳当量是指把钢中的合金元素（包括碳）含量按其作用换算成碳的相当含量的总和。

国际焊接学会推荐的碳的计算公式如下。当量 Ceq 的计算公式为

$$\mathrm{Ceq} = w(\mathrm{C}) + w(\mathrm{Mn})/6 + [w(\mathrm{Cr}) + w(\mathrm{Mo}) + w(\mathrm{V})]/5 + [w(\mathrm{Ni}) + w(\mathrm{Cu})]/15$$

在计算碳当量时，各元素的质量分数都取化学成分范围的上限。

根据一般经验，碳当量 Ceq＜0.4%时，淬硬倾向小，焊接性良好，焊接时不需预热；Ceq=0.4%～0.6%时，淬硬倾向较大，焊接性较差，一般需要预热；Ceq＞0.6%时，淬硬倾向严重，焊接性差，需要较高的预热温度和严格的工艺措施。

下面简要介绍一下常用金属材料的焊接。

1. 非合金钢的焊接

1）低碳钢的焊接

低碳钢中碳的质量分数较小，塑性好，一般没有淬硬与冷裂倾向，所以低碳钢的焊接性良好。一般不需预热，采用所有的焊接方法都可以得到优良的焊接接头。只有厚度大的大型结构件，在 0 ℃以下低温环境焊接时，要考虑预热。

2）中、高碳钢的焊接

这两类钢中碳的质量分数较高，淬硬与冷裂倾向较大，焊接性较差。因此，焊前必须预热，焊后要进行热处理。

2. 低合金钢和合金钢的焊接

对于低合金钢，当屈服点等级在 400 MPa 以下，碳当量较小时，其焊接性良好；屈服点等级在 400 MPa 以上，碳当量较大时，淬硬倾向较大，其焊接性较差，焊前需预热，焊后还要热处理。中、高合金钢的碳当量较大，其焊接性更差，因此，焊接时必须采取措施，通常是焊前预热，焊后热处理。

3. 铸铁的焊接

铸铁的焊接性较差，焊接时焊缝金属的碳和硅等元素烧损较多，易产生白口组织及裂纹。因此，焊接时必须采用严格的措施，一般是焊前预热，焊后缓冷，以及通过调整焊缝化学成分等方法来防止白口组织及裂纹的产生。

4. 铜及铜合金的焊接

铜及铜合金的焊接性一般较差，同时铜的导热系数大，焊接时母材和填充金属难以熔合，因此，必须采用大功率热源，必要时还要采取预热措施。生产中，一般用不同的焊接方法来焊接不同的铜材料，这样可以改善铜及铜合金的焊接性。目前，常用氩弧焊焊接紫铜、黄铜、青铜及白铜；黄铜还可以采用气焊。另外，还可以采用钎焊及等离子弧焊等方法进行焊接。

5. 铝及铝合金的焊接

铝及铝合金的焊接一般较为困难，铝极易生成熔点很高（2025 ℃）的氧化铝薄膜，其密度是纯铝的约 1.4 倍，且易吸收水分，使焊接时易形成气孔、夹渣等缺陷；铝的导热系数大，焊接时消耗的热量多，必须采用大功率的热源；铝的线胀系数较大；铝液态时溶解氢的能力很强，易使焊件产生变形和气孔。此外，铝及铝合金从固态转变为液态时，无明显的颜色变化，使操作者难以掌握加热温度。

针对上述焊接特点，生产中一般采用不同焊接方法来焊接不同的铝或铝合金。目前最常用的是氩弧焊，适合于各类铝合金。另外，等离子弧焊及电子束焊也适宜于焊接不同的铝合金。

六、现代焊接技术及其发展方向

焊接作为一种传统的工业技术在新材料不断涌现、新技术迅速发展的今天既面临着挑战，也展现出广阔的发展机遇。

1. 先进材料的连接

现代制造业的发展使得材料应用有从黑色金属向有色金属、从金属材料向非金属材料、从结构材料向功能材料、从单一材料向复合材料变化的趋势。金属材料中超高强度钢、超低温钢、钛合金、高强度轻质铝（或镁）合金等应用越来越多，高性能工程塑料、新型陶瓷因其特殊的性能在现代工程中起着极为重要的作用，而复合材料则是材料发展中的一个重要方向。这些先进的材料往往具有特殊的组织结构和性能，其焊接性通常很差，必须研究和开发一些相应的特殊的连接方法以满足先进材料的连接要求。

2. 焊接方法与电源技术的发展

自 20 世纪 90 年代以来，出现了许多新的焊接方法。例如：氩气-钨极惰性气体（argon-tungsten inert gas，A-TIG）保护电弧焊利用在坡口表面涂敷活化剂使钨极氩弧焊焊接熔深大幅度提高；双丝及多丝埋弧焊可用于中厚板的高速焊接；搅拌摩擦焊技术的发明大大改变并简化了高强度铝合金结构的制造；而采用两种热源叠加的激光-熔化极惰性气体（metal inert gas，MIG）复合焊接用于汽车制造业，能增强能量密度并提高生产效率。另外，作为高能束焊的激光焊接和等离子弧焊接，通过提高输入功率和自动化水平，不仅可以实现大型厚壁焊件的焊接，而且在应用领域上也有扩展。

在焊接电源技术上，一方面作为新型电源的弧焊逆变器，经历了开关器件从晶闸管式到晶体管式、场效应管式、绝缘栅双极型晶体管（insulated gate bipolar transistor，IGBT）式的发展，主电路从硬开关型到软开关型的改进，使逆变电源的节能、轻量、性能优异的特点更突出；另一方面电源控制技术也有从集成电路到单片机控制系统，再到数字信号处理器（digital signal processor，DSP）控制系统的发展过程，电源可以实现最佳焊接工艺参数输出，并能控制熔滴短路过渡过程的电流波形，电源控制有智能化趋势。

3. 焊接自动化水平的提高

焊接自动化水平的提高体现在以下几个方面。

（1）熔化极气体保护焊逐渐取代手工电弧焊，成为焊接工艺的主流，焊丝占焊材消耗量的比例逐年增加，从而使焊接机械化和自动化水平提高，对稳定和保证焊接质量、提高生产效率发挥着积极作用。

（2）焊接机器人的出现突破传统的刚性自动化，为建立柔性焊接生产线提供了技术基础，可以实现小批量产品的焊接自动化，也可以替代人完成恶劣条件下的焊接工作。目前焊接机器人主要应用在汽车、摩托车、工程机械、铁路机车等行业。

（3）焊接装备如焊接操作机、变位器、滚轮架在采用计算机控制后运动精度提高，另外人工智能如模糊控制、人工神经网络等用于焊缝熔透控制、焊缝跟踪，结合焊接机器人的使用，使空间曲线焊缝也能实现自动焊接。

第三章 车 削 加 工

实习目的和要求

（1）了解卧式车床的型号、主要组成部分及作用。

（2）了解车刀组成、主要角度的作用及其安装、刃磨。

（3）了解切削液的作用和选用。

（4）了解工件的安装方式及其所用附件。

（5）掌握外圆、端面、内孔、台阶、螺纹、切槽和切断的加工操作方法。

第一节 车削加工概述

车削加工是在车床上利用工件的旋转和刀具的移动来改变毛坯形状和尺寸，将其加工成所需零件的一种切削加工方法。其中，主运动是工件的旋转运动，进给运动是刀具的移动。车削加工范围很广泛，可参见图 3-1-1。

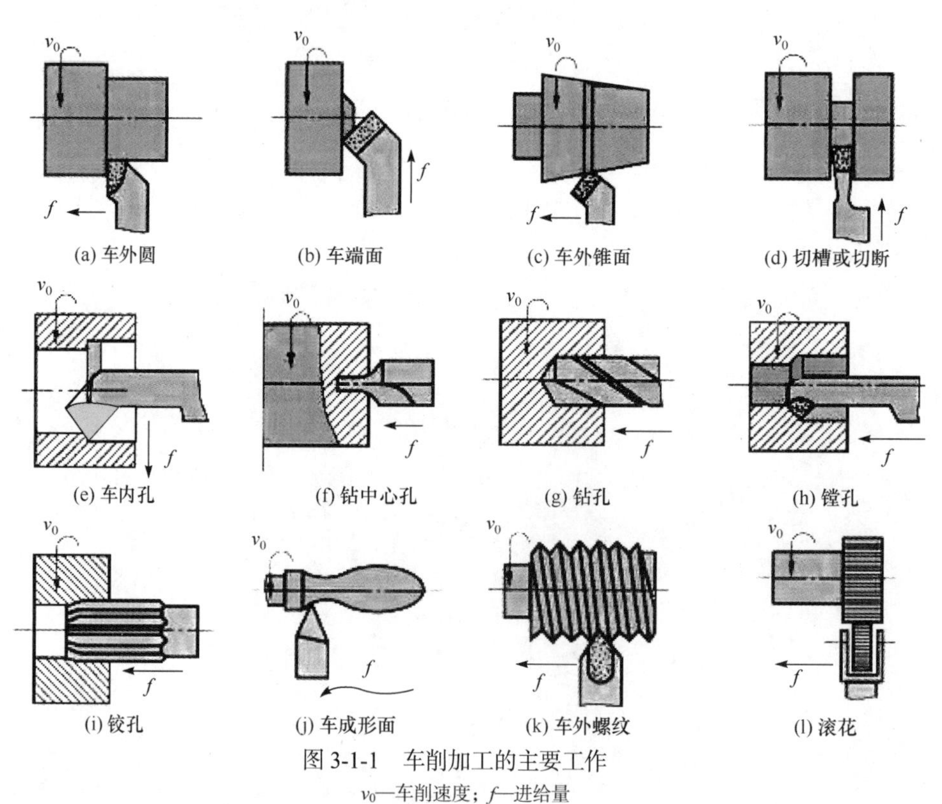

图 3-1-1 车削加工的主要工作

v_0—车削速度；f—进给量

车床在机械加工设备中占总数的50%以上，是金属切削机床中数量最多的一种，适于加工各种回转体表面，在现代机械加工中占有重要的地位。车削加工可以在卧式车床、立式车床、转塔车床、仿形车床、自动车床、数控车床及各种专用车床上进行，以满足不同尺寸、形状零件的加工及提高劳动生产率，其中卧式车床应用最广。

车削加工与其他切削加工方法比较有如下特点。

（1）车削适用范围广。它是加工不同材质、不同精度的各种具有回转表面零件不可缺少的工序。

（2）容易保证零件各加工表面的位置精度。例如，在一次安装过程中加工工件各回转面时，可保证各加工表面的同轴度、平行度、垂直度等位置精度的要求。

（3）生产成本低。车刀是刀具中最简单的一种，制造、刃磨和安装较方便。车床附件较多，生产准备时间短。

（4）生产效率较高。车削加工一般是等截面连续切削。因此，切削力变化较小，较刨、铣等切削过程平稳。可选用较大的切削用量，生产效率较高。

第二节　车　　床

一、车床型号

车削加工是在车床上完成的。在机械工厂中，车床是各种工作机床中应用最广泛的设备，约占金属切削机床总数的50%。车床的种类和规格很多，其中以卧式车床应用最广泛。

车床型号是按照《金属切削机床 型号编制方法》（GB/T 15375—2008）的规定，由汉语拼音和阿拉伯数字组成。例如，C6132车床，其中各代号的含义分别如下："C"表示机床类别代号（车床类）；"6"表示机床组别代号（落地及卧式车床系）；"1"表示机床型别代号（卧式车床型）；"32"表示机床主参数（最大车削直径320 mm × 1/10）。

二、卧式车床的组成

车床的主要工作是加工旋转表面，因此必须具有带动工件旋转运动的部件，此部件称为主轴及尾座；其次还必须具有使刀具做纵、横向直线移动的部件，此部件称为刀架、溜板箱和进给箱。上述两部件都由床身支撑，如图3-2-1所示。

由图可知车床由如下几部分组成。

1. 床身

床身是车床的基础零件，用以连接各主要部件，并保证各部件之间有正确的相对位置。

2. 主轴箱

主轴箱内装有主轴和主轴变速机构。主轴为空心结构，前部外锥面用于安装夹持工件的附件（如卡盘等），前部内锥面用来安装顶尖，细长的通孔可穿入长棒料。

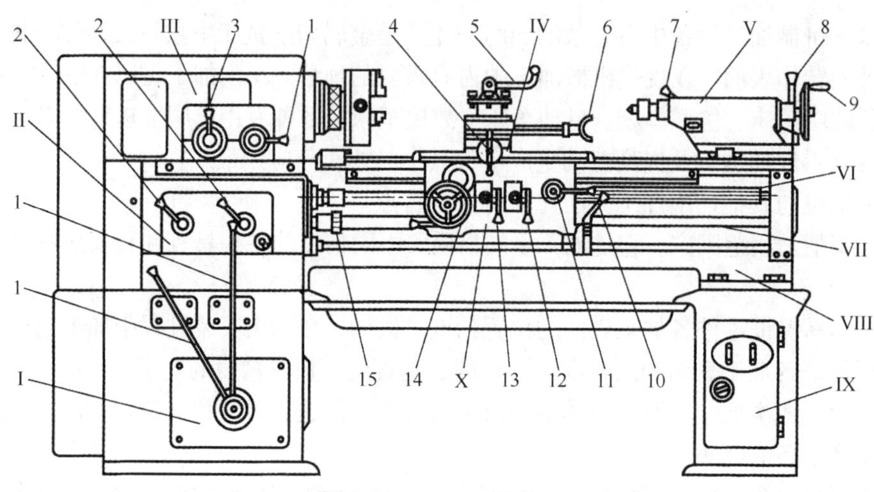

图 3-2-1　C6132 车床

I—变速箱；II—进给箱；III—主轴箱；IV—刀架；V—尾座；VI—丝杠；VII—光杠；VIII—床身；IX—床腿；X—溜板箱；1—主运动变速手柄；2—进给运动变速手柄；3—刀架纵向移动变速手柄；4—刀架横向运动手柄；5—方刀架锁紧手柄；6—小滑板移动手柄；7—尾座套筒锁紧手柄；8—尾座锁紧手柄；9—尾座套筒移动手柄；10—主轴正反转及停止手柄；11—开合螺母开合手柄；12—横向进给自动手柄；13—纵向进给自动手柄；14—纵向进给手工手柄；15—光杠、丝杠更换使用的离合器

3. 进给箱

进给箱内装有进给运动变速机构。通过调整进给箱外部手柄的位置，可把主轴的旋转运动传给光杠或丝杠，以得到不同的进给量或螺距。

4. 光杠和丝杠

通过光杠和丝杠将进给箱的运动传给溜板箱。光杠用于自动走刀车削螺纹以外的表面，如外圆等；丝杠只用于车削螺纹。

5. 溜板箱

溜板箱与刀架连接，是车床进给运动的操纵箱。它可以将光杠传过来的旋转运动变为车刀需要的纵向或横向的直线运动，用以车削端面或外圆，将丝杠可旋转运动变为车刀的纵向移动，用以车削螺纹。

6. 刀架

刀架用来夹持工件，使其做纵向、横向或斜向的进给运动。刀架由大拖板（又称大刀架）、中滑板（又称中刀架、横刀架）、转盘、小滑板（又称小刀架）和方刀架组成。其中：大拖板与溜板箱连接，带动车刀沿床身导轨做纵向移动；中滑板安装在大拖板上，带动车刀沿大拖板上面的导轨做横向移动；转盘用螺栓与中滑板紧固在一起，松开螺母，可使其在水平面内扭转任意角度，如图 3-2-2 所示。

三、C6132 车床的传动系统

车床的传动系统由两部分组成，即主运动传动系统和进给运动传动系统。图 3-2-3 所示为 C6132 车床的传动系统简图。

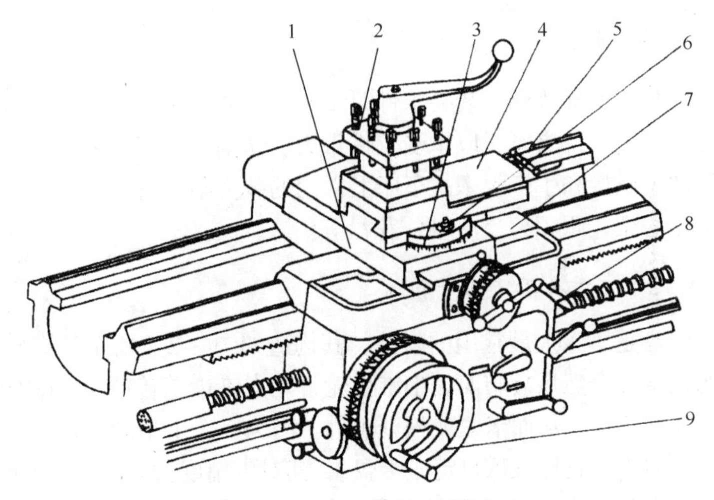

图 3-2-2　C6132 车床刀架结构

1—中滑板；2—方刀架；3—转盘；4—小滑板；5—小滑板手柄；6—螺钉；7—床鞍；8—中滑板手柄；9—床鞍手轮

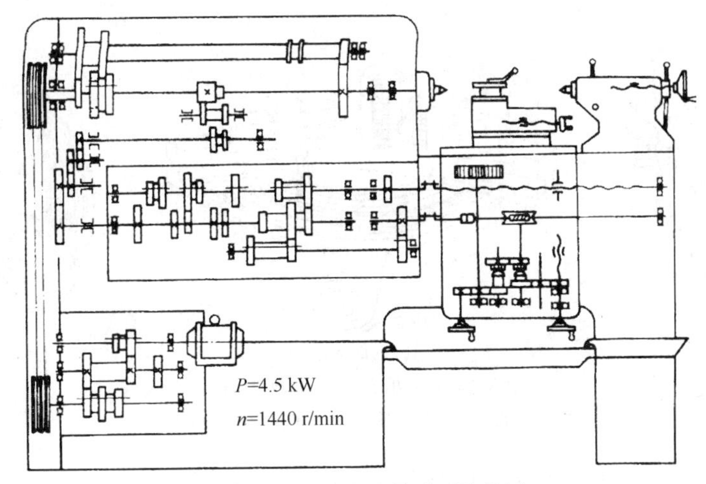

图 3-2-3　C6132 车床传动系统简图

1. 主运动传动系统

从电动机到主轴之间的传动系统称为主运动传动系统。电动机的转速是不变的，为 1440 r/min。通过变速箱后可获得 6 种转速。这 6 种转速通过带轮可直接传给主轴，也可再经主轴箱内的减速机构获得另外 6 种较低的转速。因此，C6132 车床的主轴共有 12 种转速。另外，通过电动机的反转，主轴还有与正转相适应的 12 种反转转速。

2. 进给运动传动系统

主轴的转动经进给箱和溜板箱使刀架移动，称为进给运动传动系统。车刀的进给速度是与主轴的转速配合的，主轴转速一定，通过进给箱的变速机构可使光杠获得不同的转速，再通过溜板箱又能使车刀获得不同的纵向或横向进给量；也可使丝杠获得不同的转速，加工出不同螺距的螺纹。另外，调节正、反走刀手柄可获得与正转相适应的反向进给量。

四、车床附件及工件的安装

车床主要用于加工回转表面。装夹工件时，应使要加工表面回转中心和车床主轴的中心线重合，同时还要把工件夹紧，以承受工件重力、切削力、离心惯性力等，还要考虑装夹方便，以保证加工质量和生产效率。车床上常用的装夹附件有三爪自定心卡盘、四爪单动卡盘、顶尖、中心架、跟刀架、心轴、花盘等。

（一）三爪自定心卡盘及工件的安装

三爪自定心卡盘是车床上最常用的附件，其构造如图 3-2-4 所示。将方头扳手插入卡盘三个方孔中的任意一个然后旋转时，小锥齿轮带动大锥齿轮转动，它背面的平面螺纹使三个卡爪同时做径向移动，从而卡紧或松开工件。因为三个卡爪同时移动，所以夹持圆形截面工件时可自行对中（故称三爪自定心卡盘），其对中精度为 0.05～0.15 mm。三爪自定心卡盘主要用来装夹截面为圆形、正六边形的中小型轴类、盘套类工件。当工件直径较大，用正爪不便装夹时，可换上反爪进行装夹。

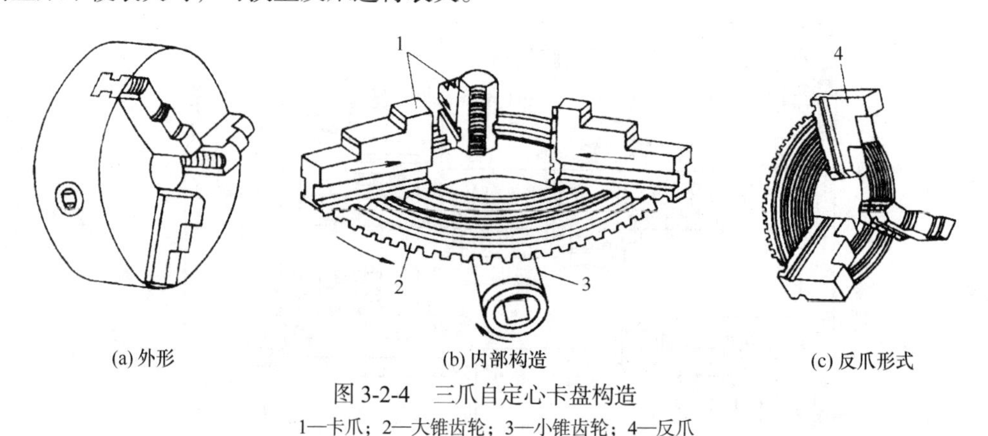

(a) 外形　(b) 内部构造　(c) 反爪形式

图 3-2-4　三爪自定心卡盘构造

1—卡爪；2—大锥齿轮；3—小锥齿轮；4—反爪

工件用三爪自定心卡盘装夹时必须装正夹牢，夹持长度一般不小于 10 mm。在车床开动时，工件不能有明显的摇摆、跳动，否则要重新装夹或找正。图 3-2-5 所示为工件装夹的几种形式。

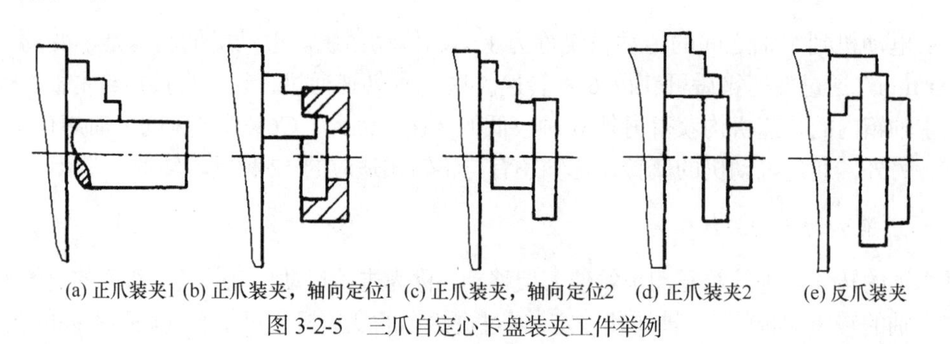
(a) 正爪装夹1　(b) 正爪装夹，轴向定位1　(c) 正爪装夹，轴向定位2　(d) 正爪装夹2　(e) 反爪装夹

图 3-2-5　三爪自定心卡盘装夹工件举例

（二）四爪单动卡盘及工件的安装

四爪单动卡盘结构如图 3-2-6 所示。四个卡爪可独立移动，它们分别装在卡盘体的四

个径向滑槽内，当扳手插入某一方孔内转动时，就带动该卡爪做径向移动。四爪单动卡盘比三爪自定心卡盘夹紧力大，装夹工件时，需四个卡爪分别调整，所以安装调整困难，但调整好时精度高于三爪自定心卡盘装夹。如图 3-2-6 所示，四爪单动卡盘适合装夹方形、椭圆形及形状不规则的较大工件。安装工件时需仔细找正。常用的找正方法有划线盘找正或百分表找正。当使用百分表找正时，定位精度可达 0.01 mm。

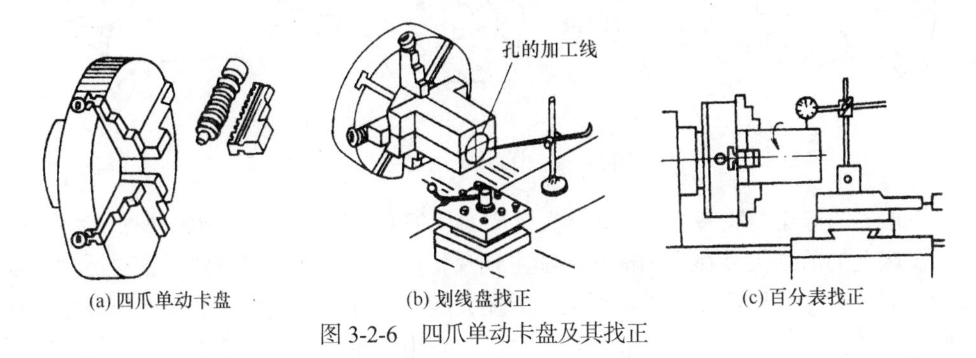

(a) 四爪单动卡盘　(b) 划线盘找正　(c) 百分表找正

图 3-2-6　四爪单动卡盘及其找正

（三）顶尖装夹工件

在车床上加工较长或工序较多的轴类工件时，常使用顶尖装夹工件，如图 3-2-7 所示。工件装在前、后顶尖间，由卡箍、拨盘带动其旋转，前顶尖装在主轴锥孔中，后顶尖装在尾座套筒中，拨盘与三爪自定心卡盘一样装在主轴端部，卡箍套在工件的端部，靠摩擦力带动工件旋转。生产中也常用一段钢料夹在三爪自定心卡盘中，车成 60°圆锥体，作为前顶尖，用三爪自定心卡盘代替拨盘，卡箍则通过卡爪带动旋转。

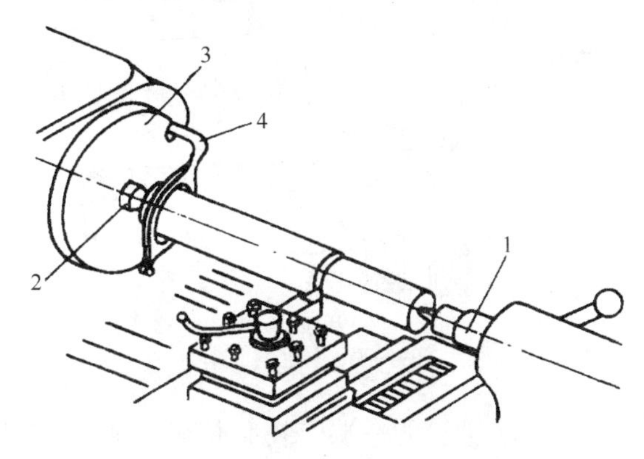

图 3-2-7　用前、后顶尖装夹工件

1—后顶尖；2—前顶尖；3—拨盘；4—卡箍

用双顶尖装夹工件，由于两端都是锥面定位，定位精度高，能保证在多次装夹中所加工的各回转表面之间具有较高的同轴度。

用顶尖装夹轴类零件的步骤如下。

（1）车平两端面和钻中心孔。先用车刀将两端面车平，再用中心钻钻中心孔，常用的中心孔有 A、B 两种类型，如图 3-2-8 所示。A 型中心孔由 60°锥孔和里端小圆柱孔形成，60°锥孔与顶尖的 60°锥面配合。里端的小孔用以保证锥孔与顶尖锥面配合贴切，并可储存润滑油。B 型中心孔的外端比 A 型中心孔多一个 120°的锥面，用以保证 60°锥孔的外缘不被碰坏。另外，也便于在顶尖处精车轴的端面。此外还有带螺孔的 C 型中心孔，当需要将其他零件轴向固定在轴上时，可采用这种类型。

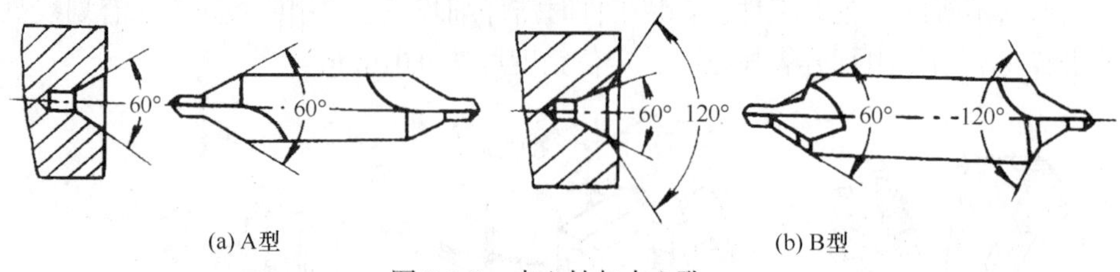

图 3-2-8　中心钻与中心孔

（2）顶尖的选用与装夹。常用的顶尖有普通顶尖（死顶尖）和活顶尖两种，如图 3-2-9 所示。车床上的前顶尖装在主轴锥孔内随主轴及工件一起旋转，与工件无相对运动，采用死顶尖。后顶尖可采用活顶尖或死顶尖，活顶尖能与工件一起旋转，不存在顶尖与工件中心孔摩擦发热问题，但准确度不如死顶尖高，一般用于粗加工或半精加工。轴的精度要求比较高时，采用死顶尖，但因为工件是在死顶尖上旋转，所以要合理选用切削速度，并在顶尖上涂黄油。当工件轴端直径很小，不便钻中心孔时，可将工件轴端车成 60°圆锥，顶在反顶尖的中心孔中，如图 3-2-9（d）所示。

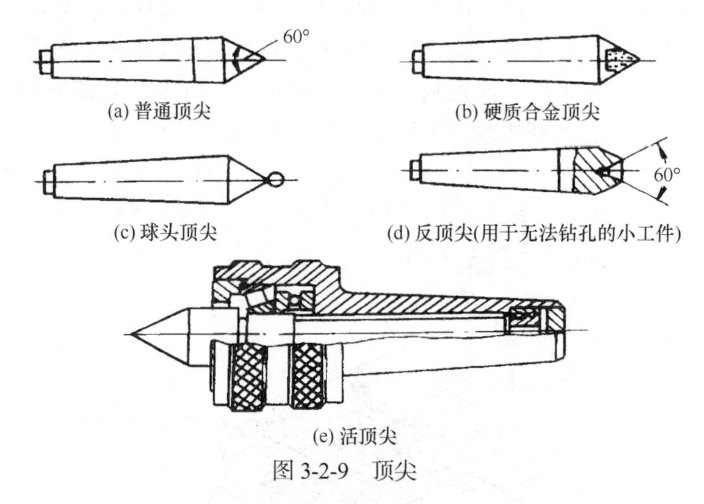

图 3-2-9　顶尖

（3）工件的装夹。工件靠主轴箱的一端应装上卡箍。顶尖与工件的配合松紧应当适度，过松会导致定心不准，甚至使工件飞出，太紧会增加与后死顶尖的摩擦，并可能将细长工件顶弯。当加工温度升高时，应将后顶尖稍许松开一些。装夹过程如图 3-2-10 所示。

对于较重或一端有内孔的工件可采用一端卡盘、一端顶尖的装夹方法，如图 3-2-10 所示。

（四）其他安装工件方法

1. 用一夹一顶安装工件

用两顶尖安装工件虽然精度高，但刚性较差。对于较重的工件，如果采用两顶尖安装

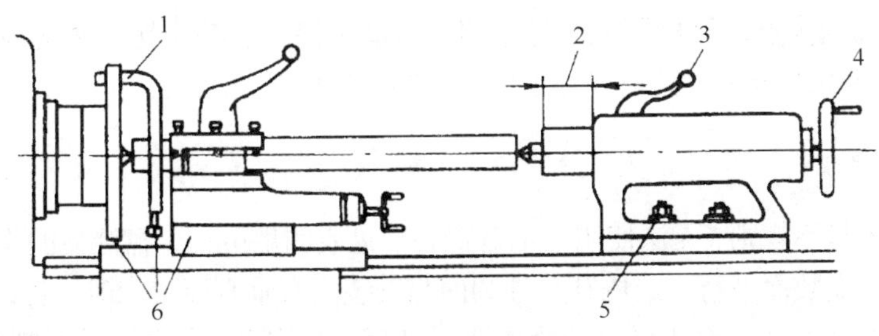

图 3-2-10　装夹工件

1—拧紧卡箍；2—调整套筒伸出长度；3—锁紧套筒；4—调节工件顶尖松紧；
5—将尾座固定；6—刀架移至车削行程左端，用手转动拨盘，检查是否会碰撞

会很不稳固，难以提高切削效率，因此在加工中常采用一端用卡盘夹住，另一端用顶尖顶住的装夹方法。为防止工件由于切削力的作用而产生位移，一般会在卡盘内装一个限位支承，或利用工件的台阶作限位。这种装夹方法比较安全，能承受较大的轴向切削力，刚性好，轴向定位比较准确，因此车轴类零件时常采用这种方法。但是装夹时要注意，卡爪夹紧处长度不宜太长，否则会产生过定位，憋弯工件。

2. 用心轴安装工件

盘套类零件的外圆、内孔往往有同轴度要求，与端面有垂直度要求，保证这些几何公差的最好的加工方法就是采用一次装夹全部加工完，但在实际生产中往往难以做到。此时，一般先加工出内孔，以内孔为定位基准，将零件安装在心轴上，再把心轴安装在前、后顶尖之间来加工外圆和端面，一般也能保证外圆轴线和内孔轴线的同轴度要求。

根据工件的形状和尺寸精度的要求及加工数量的不同，应采用不同结构的心轴。一般圆柱孔定位常用圆柱心轴和小锥度心轴；对于带有锥孔、螺纹孔、花键孔的工件定位，常用相应的锥体心轴、螺纹心轴和花键心轴。

圆柱心轴是以其外圆柱面定心、端面压紧来装夹工件的，如图 3-2-11 所示。心轴与工件孔一般用 H7/h6、H7/g6 的间隙配合，因此工件能很方便地套在心轴上，但由于配合间隙较大，一般只能保证同轴度在 0.02 mm 左右。为了消除间隙，提高心轴定位精度，心轴可以做成锥体，但锥体的锥度很小，否则工件在心轴上会产生歪斜［图 3-2-12（a）］。心轴常用的锥度为 c=1/5000～1/1000，定位时工件楔紧在心轴上，楔紧后孔会产生弹性变形［图 3-2-12（b）］，从而使工件不致倾斜。

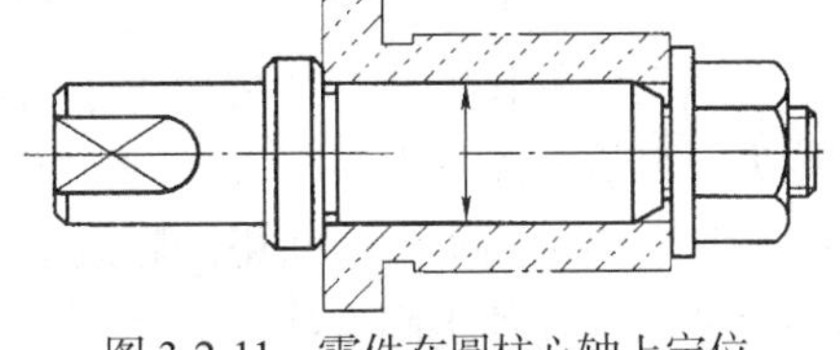

图 3-2-11　零件在圆柱心轴上定位

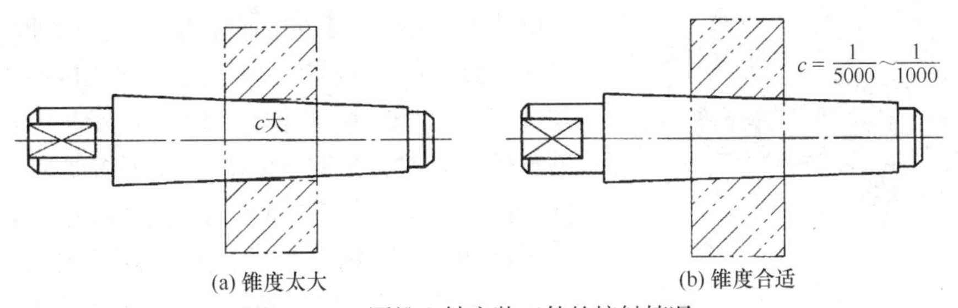

(a) 锥度太大　(b) 锥度合适

图 3-2-12　圆锥心轴安装工件的接触情况

小锥度心轴的优点是靠楔紧产生的摩擦力带动工件，不需要其他夹紧装置；定心精度高，可达 0.005～0.01 mm。其缺点是工件的轴向无法定位。

3. 花盘、弯板

对于车削形状不规则、无法使用三爪自定心卡盘或四爪单动卡盘装夹的零件，或者要求零件的一个面与安装面平行，或内孔、外圆面与安装面有垂直度要求时，可以用花盘装夹。

花盘是安装在车床主轴上的一个大圆盘，盘面上有许多长槽用以穿放螺栓，工件可以用螺栓和压板直接安装在花盘上，如图 3-2-13 所示。也可以把辅助支承角铁（弯板）用螺栓牢固地夹持在花盘上，工件则安装在弯板上，图 3-2-14 所示为加工一轴承座端面和内孔时用弯板在花盘上装夹工件的情况。用花盘和弯板安装工件时，找正比较费时。同时，要用平衡铁平衡工件和弯板等，以防止旋转时产生振动。

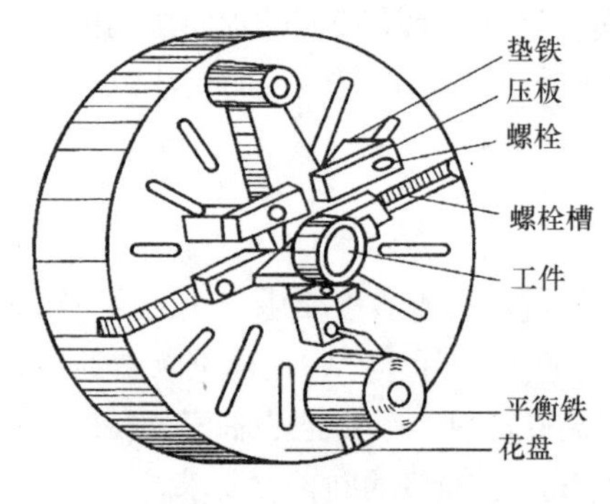

图 3-2-13　在花盘上安装工件

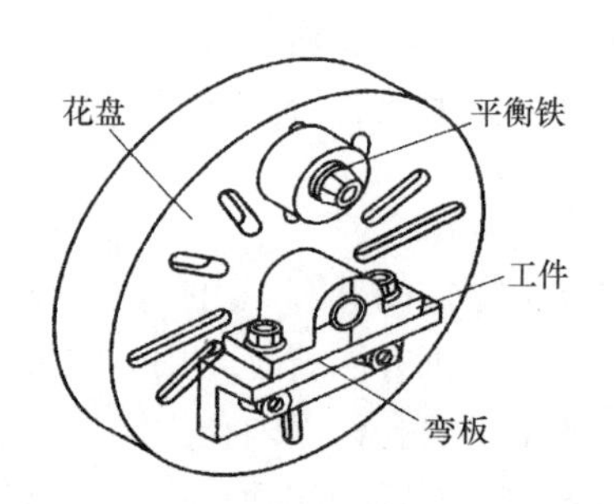

图 3-2-14　在花盘上用弯板安装工件

4. 中心架和跟刀架

当工件的长度与直径之比大于 25 时，因为工件本身的刚性差，加工过程中工件受切削力、自重、离心力等因素影响，所以容易产生弯曲、振动，严重影响圆柱度和表面粗糙度，常会出现两头细中间粗的腰鼓形。在切削过程中，工件受热伸长产生弯曲变形，严重时会使工件在顶尖间卡住。因此，必须采用中心架或跟刀架，将其作为附加支承。

1）用中心架支承车细长轴

在车削细长轴时，一般用中心架来增加工件的刚性。当工件可以进行分段切削时，中心架支承在工件中间，如图 3-2-15 所示。在工件装上中心架之前，必须在毛坯中部车出一段支承于中心架支承爪的沟槽，其表面粗糙度值及圆柱度偏差要小，并需在支承爪与工件接触处经常加润滑油。为提高工件精度，车削前应将工件轴线调整到与机床主轴回转中心同轴。当车削支承于中心架的沟槽比较困难时，或对于一些中段不需要加工的细长轴，可用过渡套筒，使支承爪与过渡套筒的外表面接触。过渡套筒的两端各装有四个螺钉，用这些螺钉夹住毛坯表面，并调整套筒外圆的轴线与主轴旋转轴线相重合。

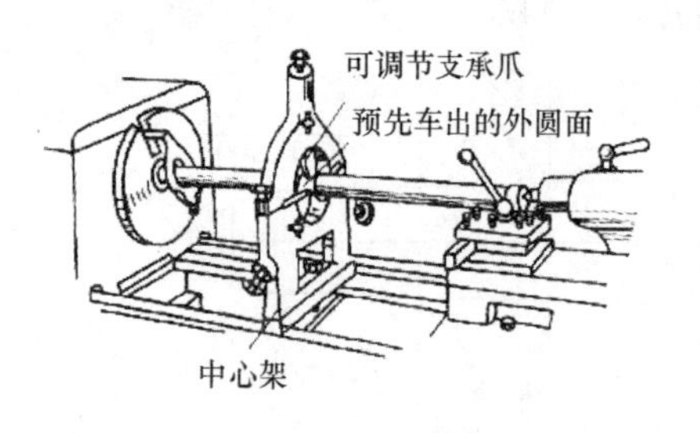

图 3-2-15　用中心架支承车细长轴

2）用跟刀架支承车细长轴

对不适宜调头车削的细长轴，不能用中心架支承，而要用跟刀架支承进行车削，以增加工件的刚性，如图 3-2-16 所示。跟刀架固定在床鞍上，一般有两个支承爪，它可以跟随车刀移动，抵消径向切削力，提高车削细长轴的形状精度，并减小表面粗糙度值。图 3-2-17（a）所示为两爪跟刀架，此时车刀给工件的切削抗力使工件贴在跟刀架的两个支承爪上，但由于工件本身的重力及偶然的弯曲，车削时工件会瞬时离开和接触支承爪，产生振动。比较理想的中心架是三爪跟刀架，如图 3-2-17（b）所示。此时，由三爪和车刀抵住工件，使之上下、左右都不能移动，车削时工件就比较稳定，不易产生振动。

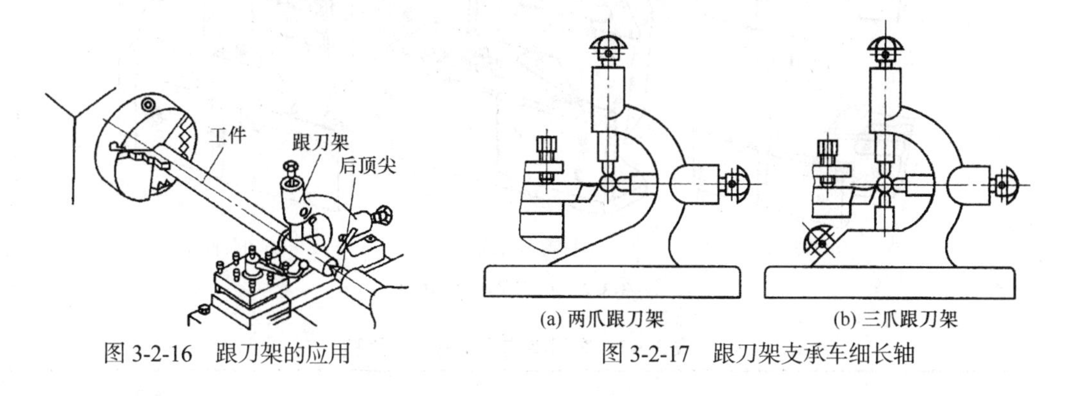

(a) 两爪跟刀架　(b) 三爪跟刀架

图 3-2-16　跟刀架的应用　　图 3-2-17　跟刀架支承车细长轴

第三节　车刀的结构、刃磨

一、车刀的结构、种类和用途

车刀的种类很多，如图 3-3-1 所示。根据工件和被加工表面的不同，合理地选用不同

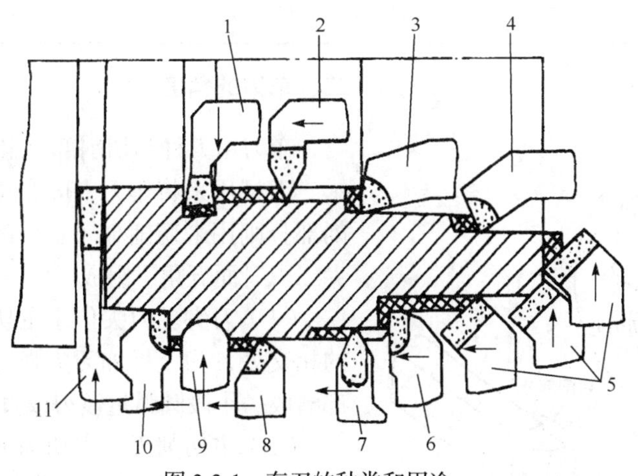

图 3-3-1　车刀的种类和用途

1—切槽镗刀；2—内螺纹车刀；3—盲孔镗刀；4—通孔镗刀；5—弯头外圆车刀；6—偏刀；7—外螺纹车刀；8—左刃直头外圆车刀；9—成型车刀；10—右刃偏刀；11—切断刀

种类的车刀不仅能保证加工质量，提高生产效率，降低生产成本，而且还能延长刀具使用寿命。

按车刀结构的不同，车刀的种类又可分为如图 3-3-2 所示四种类型，其特点及用途见表 3-3-1，按车刀刀头材料的不同，车刀的种类还可分为常用的高速钢车刀和硬质合金车刀等。

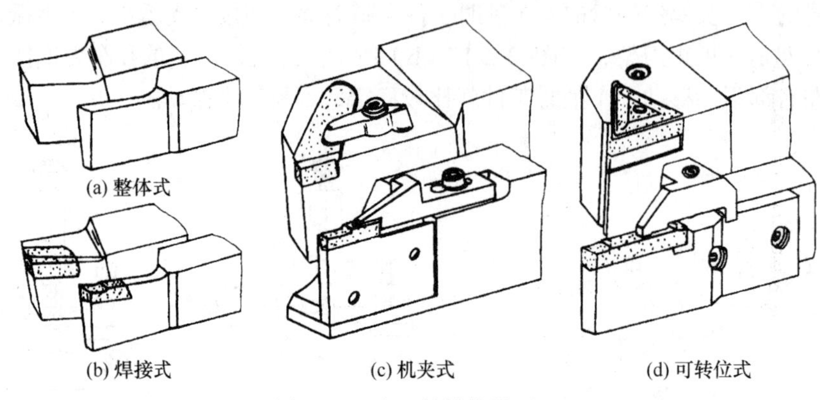

图 3-3-2　车刀的结构类型

表 3-3-1　车刀结构类型特点及用途

名称	特点	适用场合
整体式	用整体高速钢制造，刃口可磨得较锋利	小型车床及加工有色金属
焊接式	焊接硬质合金或高速钢刀片，结构紧凑，使用灵活	各类车刀，特别是小刀具
机夹式	避免了焊接产生的应力、裂纹等缺陷，刀杆利用率高。刀片可集中刃磨获得所需参数，使用灵活方便	外圆、端面、车孔割断、螺纹车刀等
可转位式	避免了焊接刀的缺陷，切削刃磨钝后刀片可快速转位，无须刃磨刀具，生产效率高，切削稳定，可使用涂层刀片	大中型车床加工外圆、端面、车孔，特别适用于自动线、数控机床

二、车刀的角度

车刀由刀杆和切削部分组成，如图 3-3-3 所示。刀杆用来将车刀夹固在车床方刀架上，切削部分则用来切削金属。切削部分主要由“一尖二刃三面五角”组成。

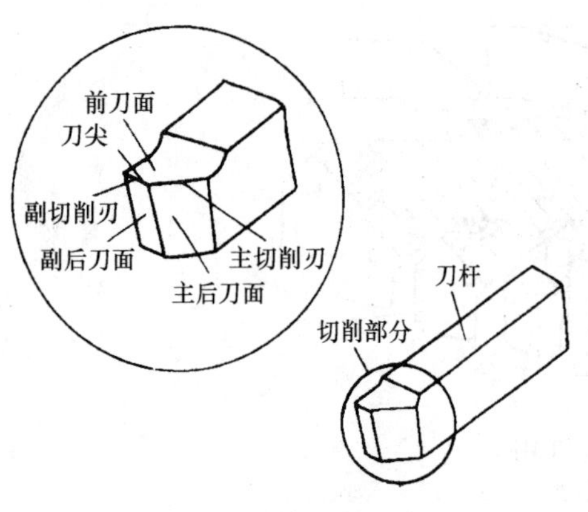

图 3-3-3　车刀的组成

（1）刀尖。刀尖位于主切削刃和副切削刃的相交处，为了增加刀尖强度，实际上刀尖处都磨成一小段圆弧过渡刃或直线。

（2）主切削刃。主切削刃是前刀面和主后刀面的交线，担负着主要切削任务。

（3）副切削刃。副切削刃是前刀面和副后刀面的交线，仅在靠刀尖处担负着少量的切削任务，并起一定修光作用。

（4）前刀面。切屑沿着它流动的刀面，也是车刀的上面。

（5）主后刀面。主后刀面是与工件过渡（加工）表面相对的刀面。

（6）副后刀面。副后刀面是与工件已加工表面相对的刀面。

刀具的几何形状、切削刃及前后面的空间位置都是由刀具的几何角度所决定的，角度的变化会影响切削加工的质量和刀具的寿命，为确定车刀的角度，需要建立辅助平面，它是以车刀的辅助平面为基面，加上切削平面与正交平面，三个互相垂直的平面所构成，如图 3-3-4 所示。基面是通过切削刃上选定点且平行于刀杆底面的平面。车刀的基面平行于车刀底面，即水平面。切削平面是通过主切削刃上选定点且与切削刃相切，并垂直于基面的平面。正交平面是通过切削刃选定点并垂直于基面和切削平面的平面。

如图 3-3-5 所示，车刀切削部分的主要角度有前角γ_o、后角α_o、主偏角κ_r、副偏角κ_r'和刃倾角λ_s（后面图中所涉及符号意义均同）。

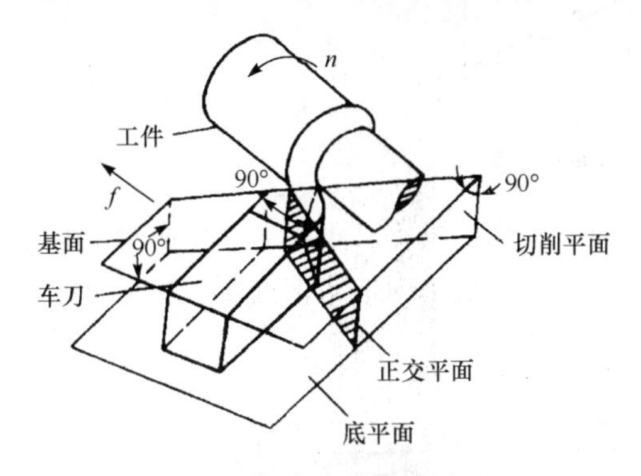

图 3-3-4　车刀的辅助平面

n，f—进给量，mm/r

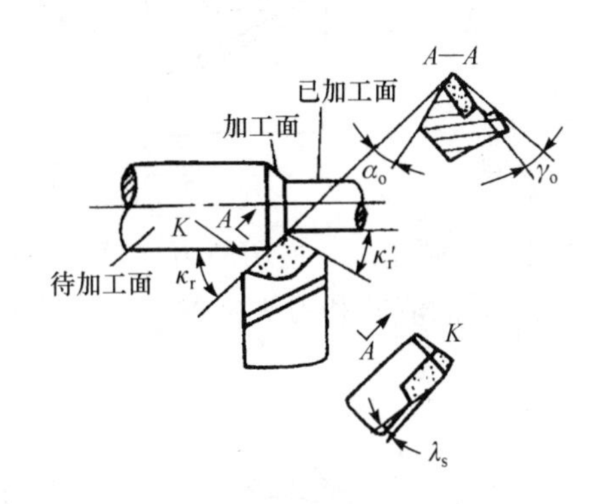

图 3-3-5　车刀的主要角度

（7）前角γ_o。在正交平面中测量的前刀面与基面的夹角。前角越大，刀具越锋利，切削力减小，有利于切削，工件表面质量好。但前角太大会降低切削刃强度，容易崩刃。前角一般为 5°～20°。加工塑性材料和精加工时选较大值，加工脆性材料和粗加工时选较小值。

（8）后角α_o。后角是在正交平面中测量的主后刀面与切削平面的夹角，其作用是减小车削时主后刀面与工件的摩擦。后角一般为 6°～12°。粗加工时选较小值，精加工时选较大值。

（9）主偏角κ_r。主切削刃与进给方向在基面上投影的夹角。主偏角减小，刀尖强度增加，主切削刃参加切削的长度也增加，切削条件得到改善，刀具寿命会延长。但主偏角减小会引起背向力 F_p 增大，如图 3-3-6 所示，工件易产生振动。加工细长轴时易将工件顶弯，常用主偏角有 45°、60°、75°和 90°几种。

（10）副偏角κ_r'。副切削刃与进给方向在基面上投影的夹角。它主要影响加工面的表面粗糙度和刀具的强度。由图 3-3-7 可知，在同样背吃刀量的情况下，减小副偏角，可以减少车削后的残留面积，使表面粗糙度值减小，但小的副偏角会增加副后刀面与已加工表面之间的摩擦，一般选取 5°～15°。

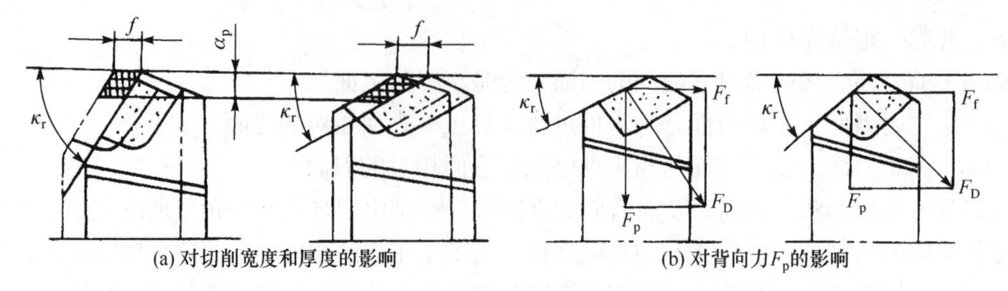

图 3-3-6 主偏角对切削宽度、厚度及背向力 F_P 的影响

f—进给量；F_f—走刀抗力；F_D—主切削力

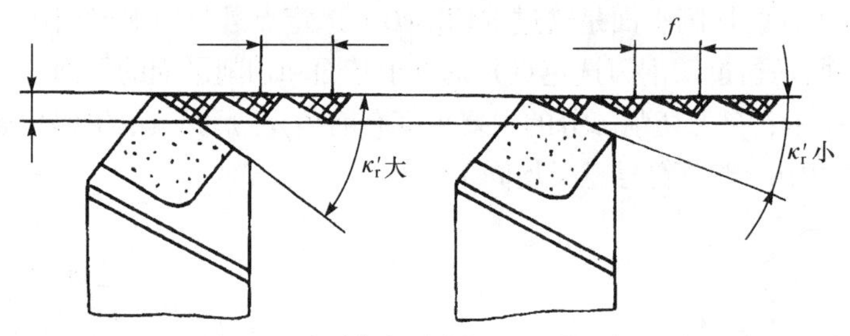

图 3-3-7 副偏角对残留面积的影响

（11）刃倾角λ_s。主切削刃与基面在切削平面上投影的夹角，如图 3-3-8 所示，它主要影响切屑的流向和刀头强度。λ_s一般选取$-5°$～$5°$。精加工时取正值或零，粗加工时取负值。

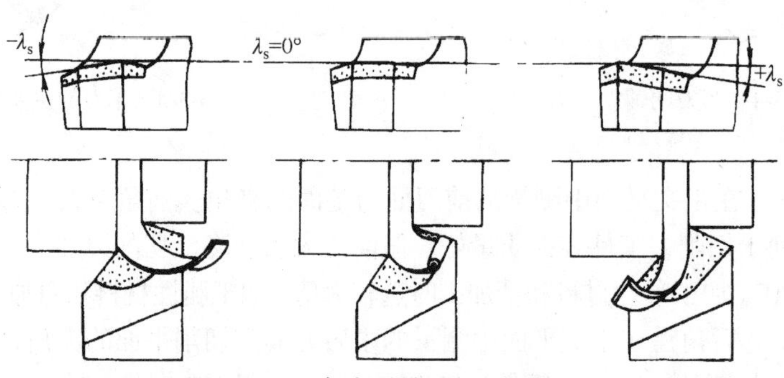

图 3-3-8 刃倾角对排屑方向的影响

此外，还有与副切削刃和副后刀面对应的副后角α_0'，在刃磨车刀时要用到。在实际车削加工中，若刀尖和工件回转中心不在同一水平线上，则刀具的实际角度会有一些变化。

三、车刀的刃磨

未经使用的新车刀或用钝后的车刀需要进行刃磨，得到所需的锋利刀刃后才能进行车削。车刀的刃磨一般在砂轮机上进行，也可以在工具磨床上进行，刃磨高速钢车刀应选用白色氧化铝砂轮，刃磨硬质合金车刀应选用绿色碳化硅砂轮，刃磨步骤如图 3-3-9 所示。

（1）磨主后刀面。磨出车刀的主偏角κ_r和后角α_o。

（2）磨副后刀面。磨出车刀的副偏角κ_r'和副后角α_0'。

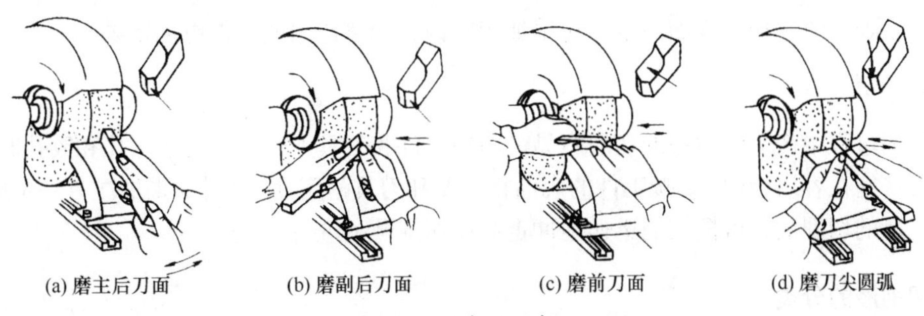

图 3-3-9　车刀刃磨

（3）磨前刀面。磨出车刀的前角γ_0及刃倾角λ_s。

（4）磨刀尖圆弧。在主、副刀刃之间磨刀尖圆弧。

经过刃磨的车刀，可用油石加少量机油对切削刃进行研磨，来提高刀具的耐用度和加工工件表面的质量。

刃磨车刀时应注意：

（1）启动砂轮或刃磨车刀时，磨刀者应站在砂轮侧面，以防砂轮破碎伤人。

（2）刃磨时，两手握稳车刀，刀具轻轻接触砂轮，接触过猛会导致砂轮碎裂或因手拿车刀不稳而飞出。

（3）被刃磨的车刀应在砂轮圆周上左右移动，使砂轮磨耗均匀，不出沟槽，避免在砂轮侧面用力粗磨车刀。

（4）刃磨高速钢车刀时，发热后应将刀具置于水中冷却，以防车刀升温过高而回火软化，而磨硬质合金车刀时不能沾水，以免产生热裂纹。

第四节　切　削　液

切削液又称冷却润滑液，主要用来减少切削过程中的摩擦和降低切削区温度。根据试验，采用乳化液与干切削相比，平均可降低切削温度 60～90 ℃。合理选择切削液可以提高表面粗糙度 1～2 级，减小工件的热变形，保证加工精度，减小切削力，提高刀具耐用度和生产效率。因此，对切削液的选用也应该予以重视。

一、切削液的作用

1. 冷却作用

切削液能带走切削区大量的切削热，改善散热条件，因此能降低刀具和工件的温度，从而提高刀具耐用度，减少工件的热变形。

2. 润滑作用

切削液能渗透到工件表面和刀具之间、切削与刀具之间的微小间隙中，形成一层薄薄的吸附膜，减小摩擦系数。因此，能减小切削力和切削热，减少刀具的磨损；并能限制积屑瘤的生长，改善加工表面质量。对精加工来说，润滑作用就显得更加重要了。

3. 清洗作用

切削过程中产生的微小的切屑容易黏附在工件和刀具上，尤其是钻深孔和铰孔时，切屑容易挤塞在容屑槽中，影响工件的表面粗糙度和刀具耐用度。这时如果加注有一定压力、足够流量的切削液，可把切屑迅速地冲走，使切削顺利进行。

二、切削液的分类

车工常用的切削液分为两大类。

1. 乳化液

乳化液主要起冷却作用。乳化液是把乳化油用90%～98%的水稀释而成。这类切削液比热容大，黏度小，流动性好，可以吸收大量的热量。使用这类切削液主要是为了冷却刀具和工件，提高粗糙度，减少热变形。但因水的成分较多，防锈性能较差。

2. 切削油

切削油主要起润滑作用。切削油的主要成分是矿物油，少数采用动物油和植物油。常用的是黏度较低的矿物油，如10号、20号机油及轻柴油、煤油等。纯矿物油润滑效果较差，在实际使用中常常加入极压添加剂（如硫、氯等）和防锈添加剂，以提高它的润滑和防锈性能。动物油、植物油能形成较牢固的润滑膜，其润滑效果比纯矿物油好，但这些油都是食用油，又容易变质，因此最好不用或少用。

三、切削液的选用

切削液应根据加工性质、工件材料、刀具材料、工艺要求等具体情况合理选用，才能得到良好的效果。选择切削液的一般原则如下。

1. 根据加工性质选择

（1）粗加工时，加工余量和切削用量较大，产生大量的切削热，因而容易使高速钢刀具迅速磨损。这时主要目的是降低切削温度，所以应选用以冷却为主的乳化液。

（2）精加工时，主要是提高刀具的耐用度，保证工件的精度和提高表面光洁度。实践证明，一般乳化液比切削油容易使刀具磨损，因此精加工时最好选用极压切削油或高浓度的极压乳化液。

（3）钻削、铰削和深孔加工时，刀具处在半封闭状态下工作，排屑困难，切削热不能及时传播，容易造成刀刃烧伤并严重破坏工件表面光洁度。应选用黏度较小的极压乳化液和极压切削油，并应加大流量和压力，一方面进行冷却、润滑，另一方面把切屑冲洗出来。

2. 根据工件材料选用

钢件粗加工一般用乳化液，精加工用极压切削油。

铸铁、铜及铝等脆性材料，切屑碎末会堵塞冷却系统，容易使机床磨损，一般不加切削液。但精加工时为了提高表面光洁度，可采用黏度较小的煤油或7%～10%的乳化液。

切削有色金属和铜合金时，不宜采用含硫的切削液，以免腐蚀工件。切削镁合金时，不能用切削液，以免燃烧起火。必要时，使用压缩空气。

使用切削液还必须注意以下几点：

（1）油状乳化液必须用水稀释（一般加90%～98%的水）后才能使用。

（2）切削液必须浇注在切屑形成区和刀头上。

（3）硬质合金刀具因耐热性好，一般不用切削液，必要时也可采用低浓度的乳化液。但切削液必须从开始连续充分地浇注，如果断续浇注，硬质合金刀片会因骤冷而产生裂纹。

第五节　车床基本操作

车床基本操作的要点包括车削加工的步骤安排、车刀的安装、刻度盘及刻度手柄的应用、试切的方法等。

一、车削加工的步骤安排

车床操作的一般步骤主要包括以下内容。

1. 选择和安装车刀

根据零件的加工表面和材料，将选好的车刀按照前面介绍的方法牢固地装夹在刀架上。

2. 安装工件

根据工件的类型，选择前面介绍的机床附件，采用合理的装夹方法，稳固夹紧工件。

3. 开车对刀

首先启动车床，使刀具与旋转工件的最外点接触，将此作为调整背吃刀量的起点，然后向右退出刀具。

4. 试切加工

对需要试切的工件，进行试切加工。若不需要试切加工，可用横刀架刻度盘直接进给到预定的切削深度。

5. 切削加工

根据零件的要求，合理确定进给次数，进行切削加工，加工完成后进行测量检验，以确保零件的质量。

二、车刀的安装

车刀使用时必须正确装夹，如图3-5-1所示，基本要求如下。

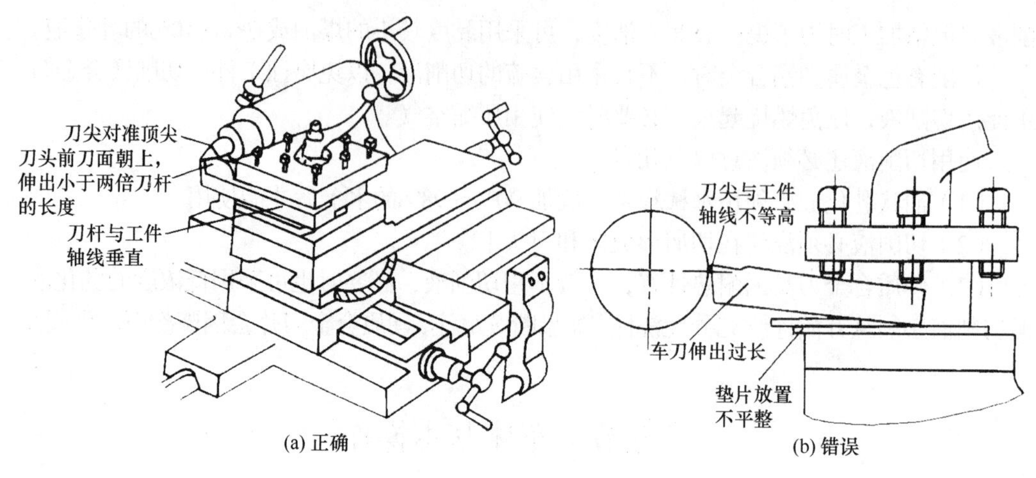

(a) 正确　　(b) 错误

图 3-5-1　车刀的装夹

（1）车刀刀尖应与车床的主轴轴线等高，可根据尾架顶尖的高度来进行调整。

（2）车刀刀杆应与车床轴线垂直，否则将改变主偏角和副偏角的大小。

（3）车刀刀体悬伸长度一般不超过刀柄厚度的两倍，否则刀具刚性下降，车削时容易产生振动。

（4）垫刀片要平整，并与刀架对齐，垫刀片一般使用 2～3 片，太多会降低刀柄与刀架的接触刚度。

（5）交替拧紧，至少压紧两个螺钉。

（6）车刀装夹好后，应检查车刀在工件的加工极限位置时是否会产生运动干涉或碰撞。

三、刻度盘及刻度手柄的应用

中滑板的刻度盘紧固在丝杠轴头上，中滑板和丝杠螺母紧固在一起。当中滑板手柄带着刻度盘转一周时，丝杠也转一周，这时螺母带动中滑板移动一个螺距。因此，中滑板移动的距离可根据刻度盘上的格数来计算：

$$\text{刻度盘每转一格中滑板带动刀架横向移动的距离}=\frac{\text{丝杠螺距}}{\text{刻度盘格数}}(\text{mm})$$

例如，C6132 车床中滑板丝杠螺距为 4 mm，中滑板刻度盘等分为 200 格，故每转一格中滑板移动的距离为 4÷200=0.02(mm)。刻度盘转一格，滑板带着车刀移动 0.02 mm，即径向背吃刀量为 0.02 mm，零件直径减少了 0.04 mm。

小滑板刻度盘主要用于控制零件长度方向的尺寸，其刻度原理及使用方法与中滑板相同。

加工外圆时，车刀向零件中心移动为进刀，远离中心为退刀。而加工内孔时，则与其相反。进刀时，必须慢慢转动刻度盘手柄，使刻线转到所需要的格数。当手柄转过了头或试切后发现直径太小需退刀时，由于丝杠与螺母之间存在间隙，会产生空行程（即刻度盘转动而溜板并未移动），不能将刻度盘直接退回到所需的刻度，此时一定要向相反方向全部退回，以消除空行程，然后再转到所需要的格数。如图 3-5-2（a）所示，要求手柄转至

30 刻度，但摇过头成 40 刻度，此时不能将刻度盘直接退回到 30 刻度。如果直接退回到 30 刻度，则是错误的，如图 3-5-2（b）所示。而应该反转约一周后，再转至 30 刻度，如图 3-5-2（c）所示。

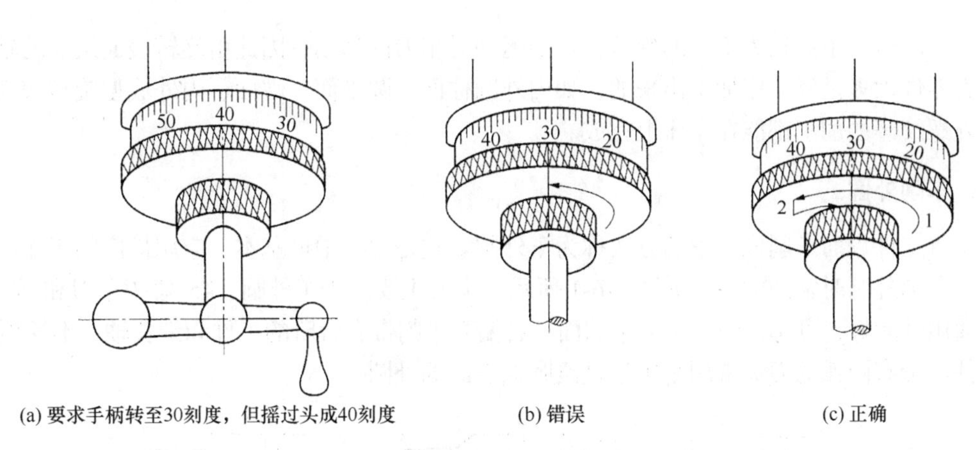

(a) 要求手柄转至30刻度，但摇过头成40刻度　(b) 错误　(c) 正确

图 3-5-2 手柄摇过头后的纠正方法

四、试切的方法

在半精车和精车加工时，为了获得准确的背吃刀量，保证工件的尺寸精度，只靠刻度盘来进刀是不行的。因为刻度盘和丝杠都存在一定的误差，往往不能满足半精车和精车的要求，这就需要采用试切的方法。

试切方法就是将试切—测量—调整—再试切的方法反复进行，使工件尺寸达到要求的加工方法。具体地讲，首先开动车床对刀，使车刀与工件表面有轻微的接触，然后向右退出车刀，增加横向背吃刀量来切削工件，切削 1～3 mm 后退出车刀，进行测量，如果尺寸合格了，就按照这个背吃刀量将整个表面加工完毕；如果尺寸还大，就要按照前面的步骤重新进行试切，直到尺寸合格后才能继续车削，如图 3-5-3 所示。

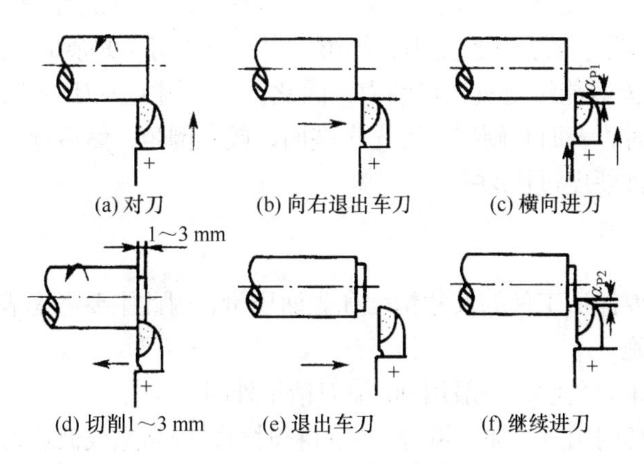

(a) 对刀　(b) 向右退出车刀　(c) 横向进刀

(d) 切削1～3 mm　(e) 退出车刀　(f) 继续进刀

图 3-5-3 试切法对刀步骤

α_{P1}—第一次切深；α_{P2}—第二次切深

第六节　车削加工基本内容

车削时，主运动为工件的旋转，进给运动为车刀的移动，因此由旋转表面组成的轴、盘类零件大多是经车床加工出来的，如内外圆柱面、圆锥面、端面、内外成型旋转表面、内外螺纹等的加工都能在车床上完成。

一、车削外圆

将工件表面车削成圆形的方法称为车外圆。它是生产中最基本、应用最广的工序。

车削外圆时常用的车刀如图 3-6-1 所示，尖刀主要用于车外圆，45°弯头车刀和 90°偏刀通用性较好，可车外圆，又可车端面。右偏刀车削带有台阶的工件和细长轴，不易顶弯工件。带有圆弧的刀尖常用来车带过渡圆弧表面的外圆。

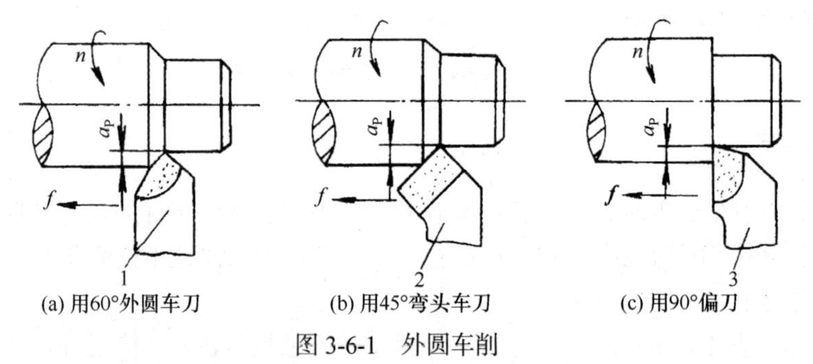

图 3-6-1　外圆车削

1—左刃直头外圆车刀；2—弯头车刀；3—偏刀；n—转速；f—进给方向；a_p—切泻

1. 粗车外圆

选择粗车切削用量时，首先选择尽可能大的背吃刀量，一般应使留给本工序的加工余量一次切除，以减少走刀次数，提高生产效率。当余量太大或工艺系统刚性较差时，则可经两次或更多次走刀去除。若分两次走刀，则第一次走刀所切除的余量应占整个余量的 2/3～3/4。这就要求切削刀具能承受较大切削力，因此，应选用尖头刀和弯头刀。

粗车锻、铸件时，表面有硬层，可先车端面，或先倒角，然后选择大于硬皮厚度的背吃刀量，以免刀尖被硬皮过快磨损。

2. 精车外圆

精车的目的是要保证工件的尺寸精度和表面质量，因此主要考虑表面结构的要求，这就要求采取下列措施。

（1）合理选择车刀角度，一般用 90°偏刀精车外圆。

（2）合理选择切削用量，加工铜等塑性材料时，采用高速或低速切削可以获得较好的加工表面质量。尽可能选用小的进给量和背吃刀量。

（3）合理选择切削液。低速精车钢件时可用乳化液；低速精车铸件时用煤油润滑。用硬质合金车刀进行切削时，一般不需加注切削液，如需加注，必须连续加注。

（4）采用试切法时，由于中拖板的丝杠及其螺母的螺距与刻度盘的刻线均有一定的间隙和制造误差，完全靠刻度盘确定切削深度难以保证精车的尺寸精度，必须采用试切法，即反复进行试切—测量—调整—试切，使工件尺寸达到加工要求。

二、车端面和台阶

对工件端面进行车削的方法称为车端面。车端面应用端面车刀，开动车床使工件旋转，移动床鞍（或小滑板）控制切深，中滑板横向走刀进行车削，如图 3-6-2 所示。

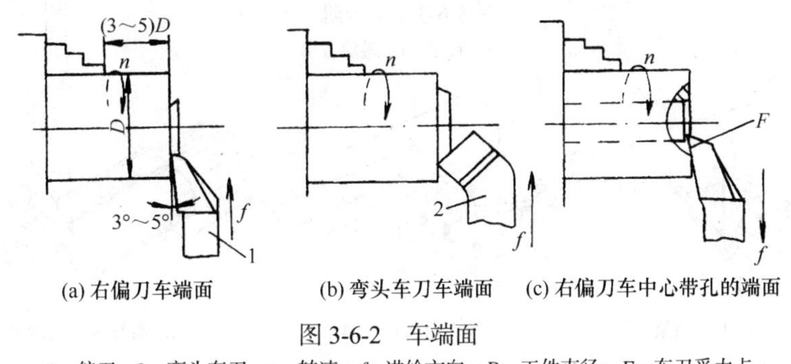

(a) 右偏刀车端面　(b) 弯头车刀车端面　(c) 右偏刀车中心带孔的端面

图 3-6-2　车端面

1—偏刀；2—弯头车刀；n—转速；f—进给方向；D—工件直径；F—车刀受力点

车端面注意要点如下。

（1）刀尖要对准工件中心，以免车出端面，留下小凸台。

（2）由于端面从边缘到中心的直径是变化的，故切削速度也在变化，不易车出较低的表面粗糙度。因此，工件转速可比车外圆时高一些，最后一刀可由中心向外进给。

（3）若端面不平整，应检查车刀和方刀架是否锁紧。为使车刀准确地横向进给而无纵向移动，应将床鞍锁紧在床面上，用小滑板调整切深。

台阶是有一定长度的圆柱面和端面的组合，很多轴、盘、套类零件上有台阶，台阶的高、低由相邻两段圆柱体的直径所决定。高度小于 5 mm 的为低台阶，加工时可由κ_r=90°的偏刀在车外圆时一次车出。高度大于 5 mm 的为高台阶，高台阶在车外圆几次后，用κ_r>90°的偏刀沿径向向外走刀车出，如图 3-6-3 所示。台阶长度的控制与测量方法如图 3-6-4 所示。

三、车槽与切断

1. 车槽

在工件表面上车削出沟槽的方法称为车槽，车槽的形状及加工如图 3-6-5 所示。轴上的外槽和孔的内槽多属于退刀槽或越程槽，其作用是车削螺纹，便于退刀或磨削时砂轮越程，否则无法加工。同时，往轴上或孔内装配其他零件时，便于确定其轴向位置，端面槽的主要作用是减轻质量。有些槽还可以卡上弹簧或装上密封圈等。车槽使用切槽刀，如图 3-6-6 所示，车槽和车端面很相似，如同左、右偏刀并在一起同时车左、右两个端面。

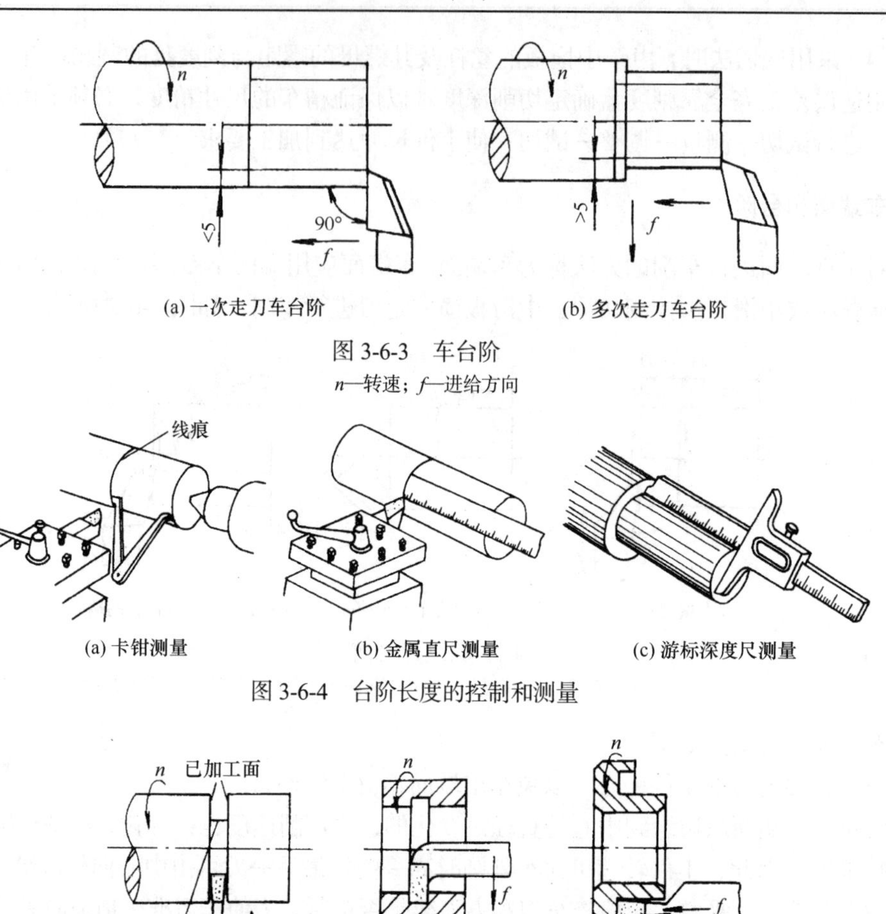

(a) 一次走刀车台阶　　(b) 多次走刀车台阶

图 3-6-3　车台阶

n—转速；f—进给方向

(a) 卡钳测量　　(b) 金属直尺测量　　(c) 游标深度尺测量

图 3-6-4　台阶长度的控制和测量

(a) 车外槽　　(b) 车内槽　　(c) 车端面槽

图 3-6-5　车槽的形状及加工

n—转速；f—进给方向

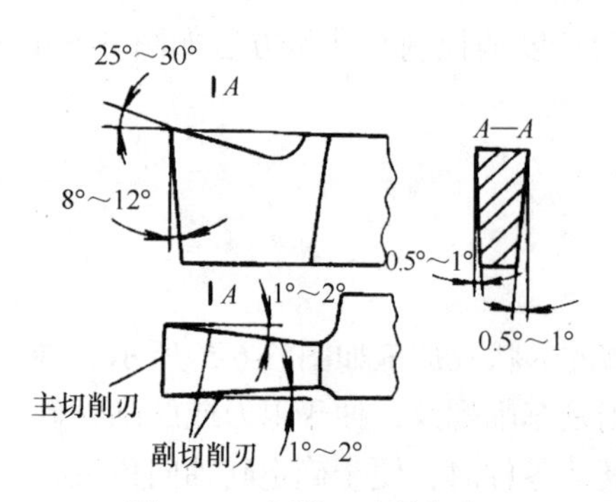

图 3-6-6　切槽刀及其角度

车削宽度为 5 mm 以下的窄槽时，可采用主切削刃尺寸与槽宽相等的切槽刀一次车出；宽度大于 5 mm 时，一般采用分段横向粗车，最后一次横向切削后，再进行纵向精车的方法。当工件上有几个同一类型的槽时，槽宽应一致，以便用同一把刀具切削，提高效率。

2. 切断

切断是将坯料或工件从夹持端上分离下来，主要用于圆棒料按尺寸要求下料或把加工完毕的工件从坯料上切下来，如图 3-6-7 所示，常用的切断方法有直进法和左、右借刀法三种。

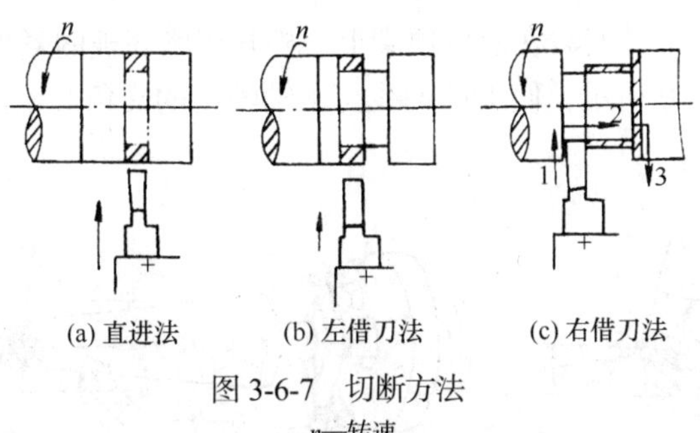

图 3-6-7　切断方法
n—转速

切断要选用切断刀，切断刀的形状与切槽刀相似，只是刀头更加窄长，所以刚性也更差，容易折断，因此切断时应注意以下几点。

（1）切断时，刀尖必须与工件等高，否则切断处将留有凸台，容易损坏刀具。

（2）切断处应靠近卡盘，增加工件刚性，减小切削时的振动。

（3）切断刀伸出不宜过长，以增强刀具刚性。

（4）切断时，切削速度要低，缓慢均匀地手动进给，即将切断时必须放慢进给速度，以免刀头折断。

（5）切断钢件应适当使用切削液，加快切断过程的散热。

四、车圆锥面

在各种机械结构中，广泛存在圆锥体和圆锥孔的配合，如顶尖尾柄与尾座套筒的配合；被支承工件中心孔的配合；锥销与锥孔的配合。圆锥面配合紧密，装拆方便，经多次拆卸后仍能保证有准确的定心作用。车削锥面的方法常用的有宽刀法、小滑板转位法、偏移尾座法。

（1）宽刀法是靠刀具的刃形（角度及长度）横向进给，切出所需圆锥面的方法，如图 3-6-8 所示。此法径向切削力大，易引起振动，适合加工刚性好、锥面长度短的圆锥面。

（2）小滑板转位法如图 3-6-9 所示，松开固定小滑板的螺母，使小滑板随转盘转动半锥角α，然后紧固螺母。车削时，转动小滑板手柄，即可加工出所需圆锥面。这种方法简单，不受锥度大小的限制，但由于受小滑板行程的限制，不能加工较长的圆锥，且表面粗糙度值的大小受操作技术影响，用手动进给，劳动强度大。

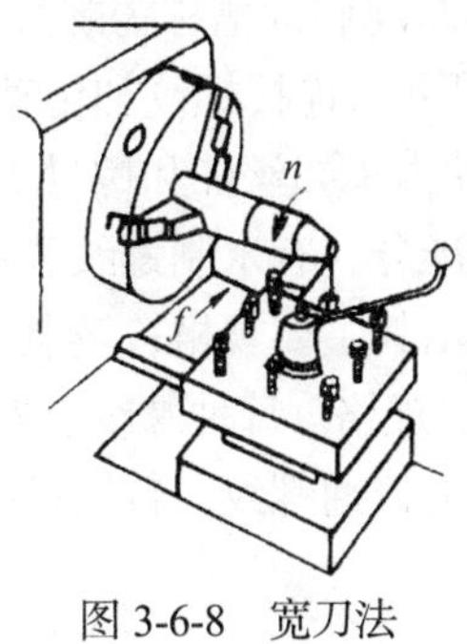

图 3-6-8　宽刀法
n—转速；f—进给方向

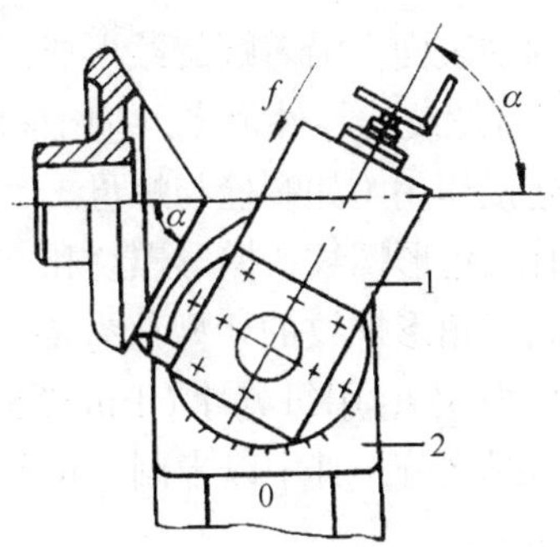

图 3-6-9　小滑板转位法
1—小滑板；2—中滑板；f—进给方向

（3）偏移尾座法将工件安装在前后顶尖上，松开尾座底板的紧固螺母，将其横向移动一个距离 A，如图 3-6-10 所示，使工件轴线与主轴轴线的交角等于锥面的半锥角 α。

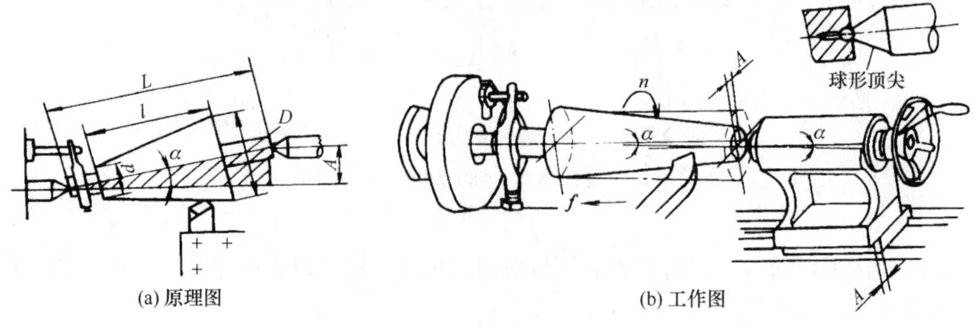

图 3-6-10　偏移尾座法

n—转速

尾座偏移量为

$$A=L\sin\alpha$$

当 α 很小时，

$$A=L\tan\alpha=L(D-d)/2l$$

式中：L——前后顶尖距离，mm；

　　l——圆锥长度，mm；

　　D——锥面大端直径，mm；

　　d——锥面小端直径，mm。

为克服工件轴线偏移后中心孔与顶尖接触不良的状况，宜采用球形头的顶尖。偏移尾座法能切削较长的圆锥面，并能自动走刀，但由于受到尾部偏移量的限制，只能加工小锥角（小于 8°）的圆锥。

五、车螺纹

1. 螺纹的基本要素

在圆柱表面上沿着螺旋线形成的具有相同剖面的连续凸起和沟槽称为螺纹。在各种机械中，带有螺纹的零件很多，应用很广。常用螺纹按用途可分为连接螺纹和传动螺纹两类，前者起连接作用（如螺栓与螺母），后者用于传递运动和动力（如丝杠和螺母）；螺纹按牙型分，有三角形螺纹、梯形螺纹和方牙螺纹等；螺纹按标准分，有米制螺纹和英制螺纹两种。米制三角形螺纹的牙型角为 60°，用螺距或导程来表示其主要规格；英制三角形螺纹的牙型角为 55°，用每英寸（1 in=2.54 cm）牙数作为其主要规格。每种螺纹有左旋、右旋、单线、多线之分，其中以米制三角形螺纹应用最广，又称为普通螺纹。普通螺纹的基本尺寸见图 3-6-11。

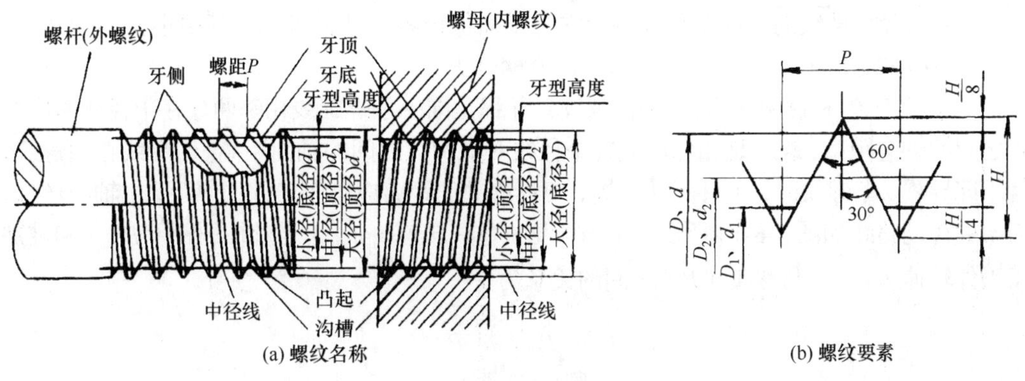

(a) 螺纹名称　　(b) 螺纹要素

图 3-6-11　普通螺纹名称符号和要素

D_2—中径（底径）；d_2—中径（顶径）；P—螺距；D_1—小径（顶径）；d_1—小径（底径）；D—大径（底径）；d—大径（顶径）；H—原始三角形高度

普通螺纹以牙型角、大径、中径、螺距和旋向为基本要素。内、外螺纹只有当这几个参数一致时才能配合好，是螺纹车削时必须控制的部分。车螺纹时，为了获得准确的螺距，必须用丝杠带动刀架进给，使工件每转一周，刀具移动的距离等于工件螺距，经过多次螺纹车刀横向进给，走刀后完成整个加工过程。图 3-6-12 所示是在车床上用螺纹车刀车削螺纹的进给方式示意图。当工件旋转时，车刀沿工件轴线方向做等速移动形成螺旋线，经多次进给后便形成螺纹。下面介绍加工中是如何控制这些要素的。

（1）牙型。为了使车出的螺纹形状准确，必须使车刀刀刃部的形状与螺纹轴向截面形状相吻合，即牙型角等于刀尖角。装刀时，精加工的刀具一般前角为零，前刀面应与工件轴线共面；粗加工时可有一小前角，以利于切削。并且牙型角的角平分线应与工件轴线垂直，一般常用样板对刀校正，如图 3-6-13 所示。

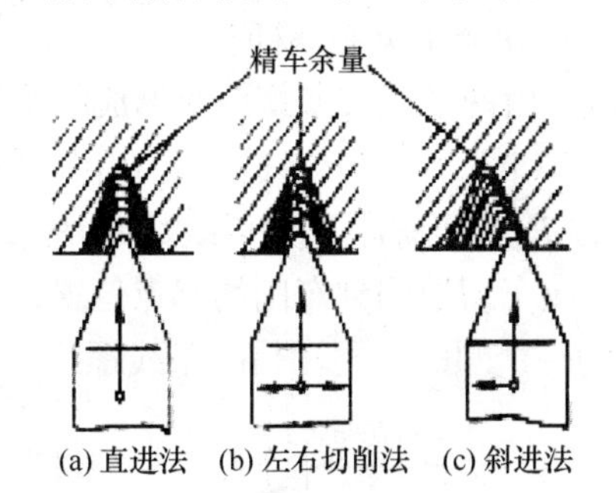

(a) 直进法　(b) 左右切削法　(c) 斜进法

图 3-6-12　车螺纹的进给方式

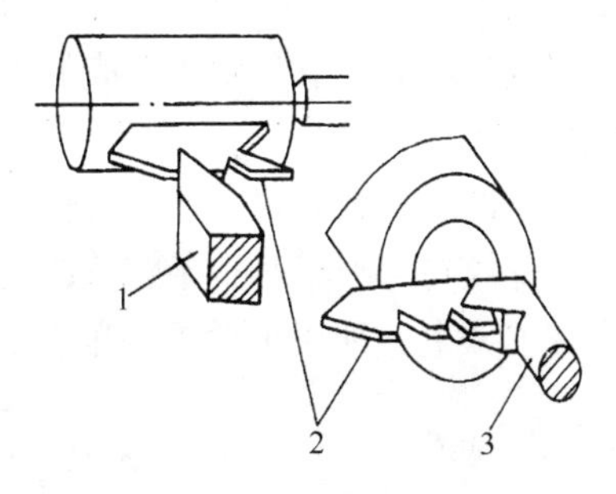

图 3-6-13　用样板对刀校正

1—外螺纹车刀；2—样板；3—内螺纹车刀

螺纹的牙型是经过多次走刀而形成的。如图 3-6-13 所示，进给方式主要有三种：第一种是直进法，即用中滑板垂直进刀，两个切削刃同时进行切削，此法适用于小螺距螺纹或最后精车；第二种是左右切削法（又称借刀法），即除用中滑板垂直进刀外，用小滑板使车刀左、右微量进刀，只有一个刀刃切削，因此车削比较平衡，但操作复杂，适用于塑性材料和大螺距螺纹的粗车；第三种是斜进法，用于粗车，除了中滑板横向进给外，还利用小滑板使车刀向一个方向微量进给。

（2）直径。螺纹的直径是靠控制背吃刀量来保证各尺寸精度的，其中小径 D_1（d_1）= D（d）$-1.082P$，中径 D_2（d_2）=D（d）$-0.6495P$。

（3）导程 P_h 和螺距 P_o 对于圆柱螺纹，导程是同一条螺旋线相邻两牙在中径线对应两点之间的轴向距离；螺距是相邻两牙在中径线对应两点之间的轴向距离。对单线普通螺纹，螺距即导程。车螺纹时，工件每转一周，刀具移动的距离应等于工件的螺距。主轴与丝杠、刀架的传动路线如图 3-6-14 所示。由图可见，丝杠转速（$n_{丝}$）与丝杠螺距（$P_{丝}$）和被加工工件转速（$n_{工}$）与螺距（P）之间的关系为

$$n_{丝}P_{丝}=n_{工}P$$

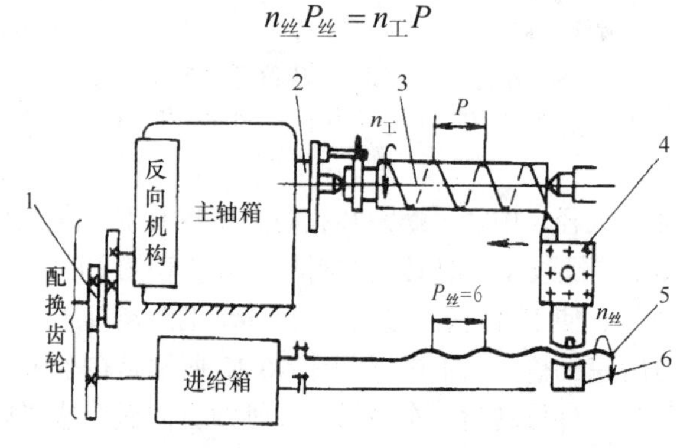

图 3-6-14　车螺纹传动简图

1—挂轮；2—主轴；3—工件；4—车刀；5—丝杠；6—开合螺母

车削前，根据工件的螺距，查机床上的进给量表，然后调整进给箱上的手柄（车标准螺距的螺纹）或更换配换齿轮（车特殊螺距的螺纹），即可改变丝杠转速，从而车出不同螺距的螺纹。在车床上能用米制螺纹传动链车普通螺纹；用英制螺纹传动链车管螺纹和英制螺纹；用模数螺纹传动链车米制蜗杆；用径节螺纹传动链车英制蜗杆。

（4）线数。由一条螺旋线形成的螺纹叫单线螺纹，由两条或多条螺旋线形成的螺纹叫多线螺纹。图 3-6-15（a）所示为单线螺纹，图 3-6-15（b）所示为双线螺纹。由图可知，当多线螺纹的线数为 n 时，导程、螺距的关系为，导程 P_h 等于螺距 P 乘以线数 n（$P_h=Pn$）。加工多线螺纹时，当车好一条螺旋线的螺纹后，将螺纹车刀退回到车削的起点位置，将百分表靠在刀架上，利用小滑板将车刀沿进给方向移动一个螺距，再车另一条线螺纹。

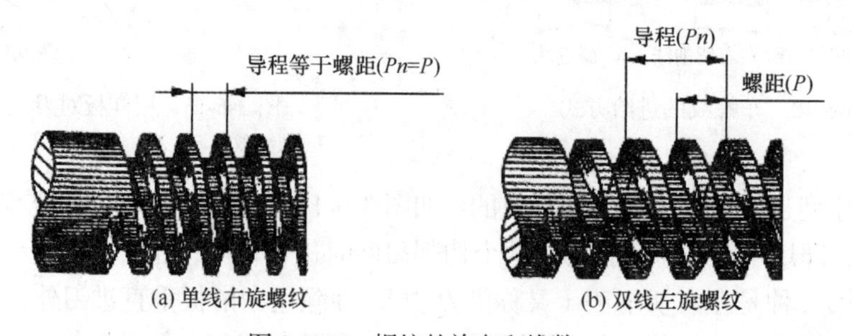

(a) 单线右旋螺纹　　(b) 双线左旋螺纹

图 3-6-15　螺纹的旋向和线数

（5）旋向。图 3-6-15（a）所示为单线右旋螺纹，图 3-6-16（b）所示为双线左旋螺纹。螺纹旋向常用左（右）手定则来判定，即用手的四指弯曲方向表示螺旋线和转动方向，拇

指竖直表示螺旋线沿自身轴线移动的方向，若四指和拇指的方向与右（左）手相合，则称为右（左）旋。螺纹的旋向可用改变螺纹车刀的进给方向来实现，向左进给为右旋，向右进给为左旋。

2. 车螺纹操作步骤

除直径较小的外，内螺纹可用板牙、丝锥等工具在车床上加工（板牙、丝锥请看钳工部分）。这里只介绍普通螺纹的车削加工，加工时要选用车床的最低转速，车螺纹的操作步骤如图 3-6-16 所示。车螺纹时，要选择好切削用量，一般粗车选切削速度 v_c=13～18 m/min，每次背吃刀量为 0.15 mm 左右，计算好吃刀次数，留精车余量 0.2 mm 左右；精车选切削速度 v_c=5～10 m/min，每次背吃刀量为 0.02～0.05 mm。车螺纹时，要不断用切削液冷却、润滑工件。加工一个工件后，要及时清除工具内的切屑。

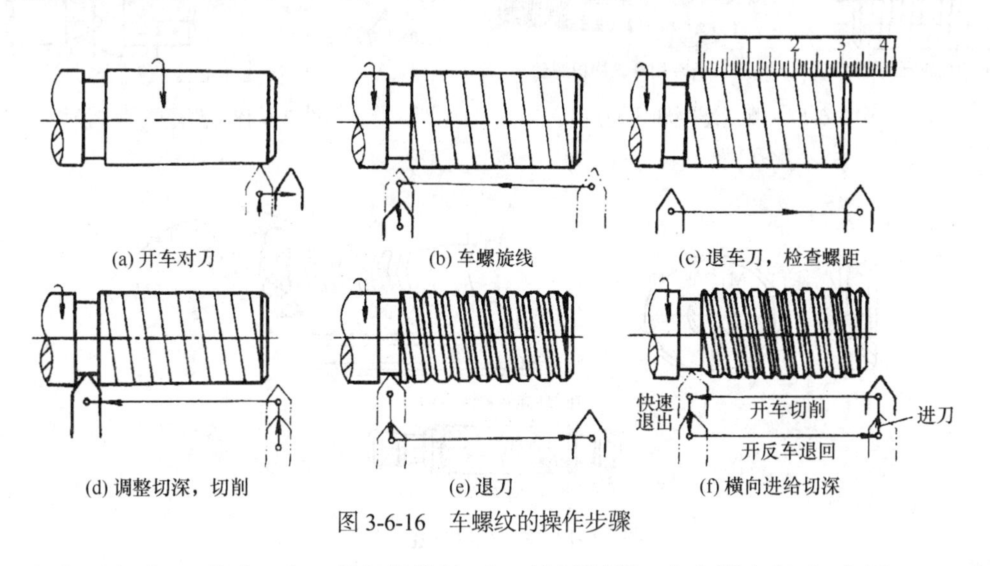

(a) 开车对刀　(b) 车螺旋线　(c) 退车刀，检查螺距
(d) 调整切深，切削　(e) 退刀　(f) 横向进给切深

图 3-6-16 车螺纹的操作步骤

（1）开车对刀，使车刀与工件轻微接触，记下刻度读数，向右退出车刀，如图 3-6-16（a）所示。

（2）合上对开螺母，在工件表面上车出一条螺旋线，横向退出车刀，停车，如图 3-6-16（b）所示。

（3）开反车使车刀退到工件右端，停车，用金属直尺检查螺距是否正确，如图 3-6-16（c）所示。

（4）利用刻度盘调整切深，开车切削，如图 3-6-16（d）所示。

（5）车刀将至行程终了时，应做好退刀停车准备，先快速退出车刀，然后停车，开反车退回刀架，如图 3-6-16（e）所示。

（6）再次横向进给切深，继续切削，其切削过程的路线如图 3-6-16（f）所示。

在车削过程中和退刀时不得脱开传动系统中任何齿轮或对开螺母，以免车刀与螺纹槽对不上而产生“乱扣”，而应采用开反车退刀的方法。但当车床丝杠螺距是工件导程的整数倍时，可抬起开合螺母，手动退刀。注意严禁用手触摸工件，或用棉纱揩擦转动的螺纹。

3. 螺纹的测量

螺纹的测量主要是测量螺距、牙型角和中径。因为螺距是由车床的运动关系来保证的，所以用金属直尺测量即可。牙型角是靠车刀的刀尖角及正确安装来保证的，可用螺纹样板测量，如图 3-6-17 所示。螺纹中径可用螺纹千分尺测量，如图 3-6-18 所示。

成批大量生产时，常用螺纹量规进行综合测量，外螺纹用环规，内螺纹用塞规（各有止、过规一套），如图 3-6-19 所示。

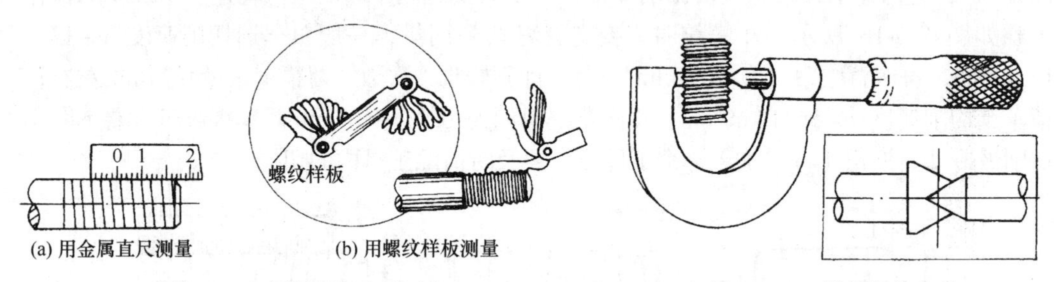

(a) 用金属直尺测量　(b) 用螺纹样板测量

图 3-6-17　测量螺距和牙型角　　图 3-6-18　测量螺纹中径

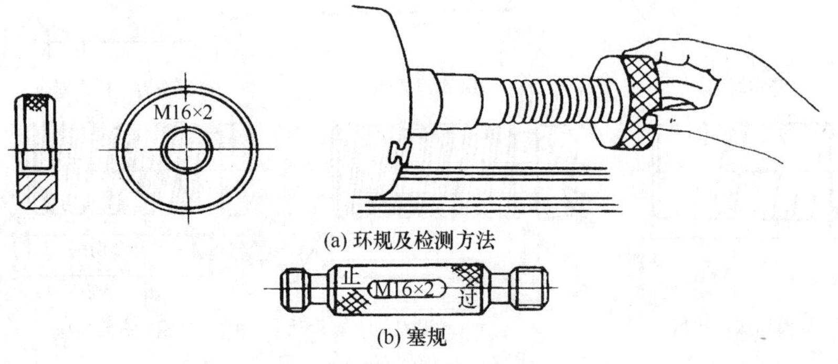

(a) 环规及检测方法

(b) 塞规

图 3-6-19　螺纹量规检测法

六、车成型面

有些零件如手柄、手轮等，为了使用方便、美观、耐用等，它们的表面不是平直的，而是做成母线为曲线的回转表面，这些表面称为成型面。成型面的车削方法主要如下。

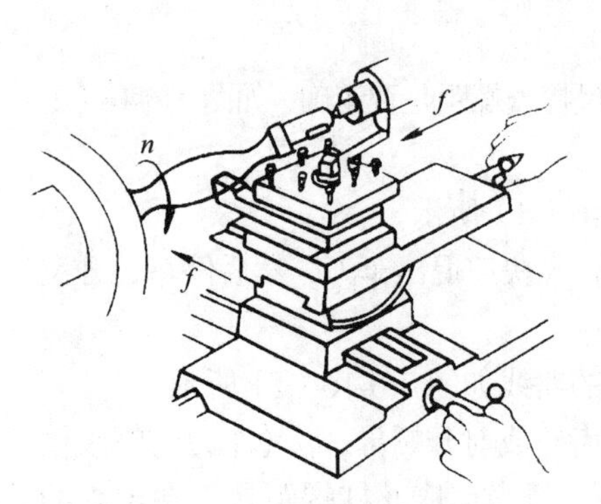

图 3-6-20　双手控制法车成型面

n—转速；f—进给方向

（1）手动法。如图 3-6-20 所示，双手同时操纵中滑板和小滑板纵、横向移动刀架，或一个方向自动进给，另一个方向手动控制，使刀尖运动轨迹与工件成型面母线轨迹一致。车削过程中要经常用成型样板检验，通过反复加工、检验、修正，最后形成要加工的成型表面。手动法加工简单方便，但对操作者技术要求高，而且生产效率低，加工精度低，一般用于单件小批量生产。

（2）成型车刀法和靠模法。成型车刀法和靠模法分别与圆锥面加工中的宽刀法和靠模法类似。只是要分别将主切削刃、靠模制成所需回转成型面的母线形状。

（3）数控法。数控法是将工件轴向剖面的成型母线轨迹编制成数控程序后输入数控车床而加工出成型面的方法。成型面的形状可以很复杂，且质量好，生产效率也高。

七、钻孔

车床上可以用钻头、镗刀、扩孔钻头、铰刀进行钻孔、镗孔、扩孔和铰孔。下面介绍钻孔和镗孔的方法。

在实体材料上用钻头进行孔加工的方法称为钻孔。钻孔的刀具为麻花钻，钻孔的公差等级为 IT10 以下，表面粗糙度 *Ra* 值为 12.5 μm，多用于粗加工孔。

在车床上钻孔如图 3-6-21 所示，将工件装夹在卡盘上，钻头安装在尾架套筒锥孔内。钻孔前先车平端面并车出一个中心孔，或先用中心钻钻中心孔作为引导。钻孔时，摇动尾架手轮使钻头缓慢进给，注意经常退出钻头排屑。钻孔进给不能过猛，以免折断钻头。钻钢料时应加切削液。

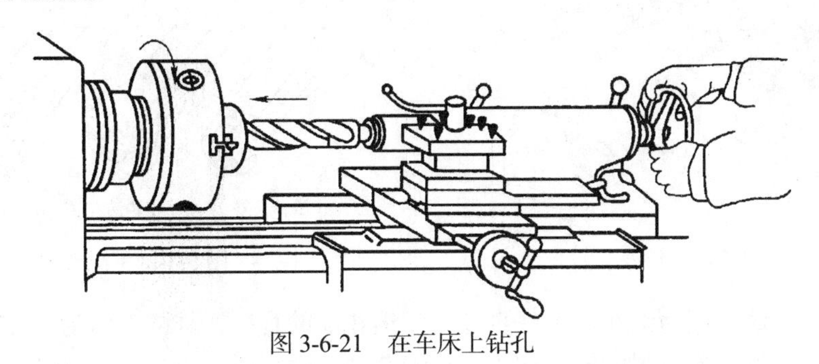

图 3-6-21　在车床上钻孔

八、镗孔

在车床上对工件上的孔进行车削的方法叫镗孔（又叫车孔）。镗孔可以作粗加工，也可以作精加工。镗孔分为镗通孔和镗不通孔，如图 3-6-22 所示。镗通孔基本上与车外圆相同，只是进刀和退刀方向相反。粗镗和精镗内孔时也要进行试切和试测，其方法与车外圆相同。注意通孔镗刀的主偏角为 45°～75°，不通孔镗刀主偏角大于 90°。

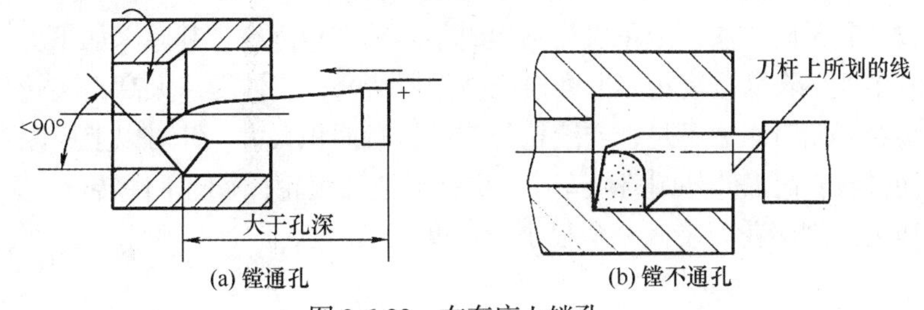

(a) 镗通孔　(b) 镗不通孔

图 3-6-22　在车床上镗孔

九、滚花

一些工具和机器零件的手握部分，为了便于握持，防止打滑，造型美观，常在表面上滚压出各种花纹，如千分尺套管、铰杠扳手等。这些花纹可在车床上用滚花刀滚压而成，如图 3-6-23 所示。

（1）花纹种类。有直纹和网纹两种花纹，每种又有粗纹、中纹和细纹之分。花纹的粗细取决于节距 t（即花纹间距）。t 为 1.6 mm 和 1.2 mm 的是粗纹，t 为 0.8 mm 的是中纹，t 为 0.6 mm 的是细纹。工件直径或宽度大时选粗纹；反之选细纹。

（2）滚花刀。滚花刀由滚轮与刀体组成，滚轮的直径为 20～25 mm。滚花刀有单轮、双轮和六轮三种，如图 3-6-24 所示。单轮滚花刀用于滚直纹；双轮滚花刀有一个左旋滚轮和一个右旋滚轮，用于滚网纹；六轮滚花刀是在同一把刀体上装有三对粗细不等的斜纹轮，使用时根据需要选用合适的节距。

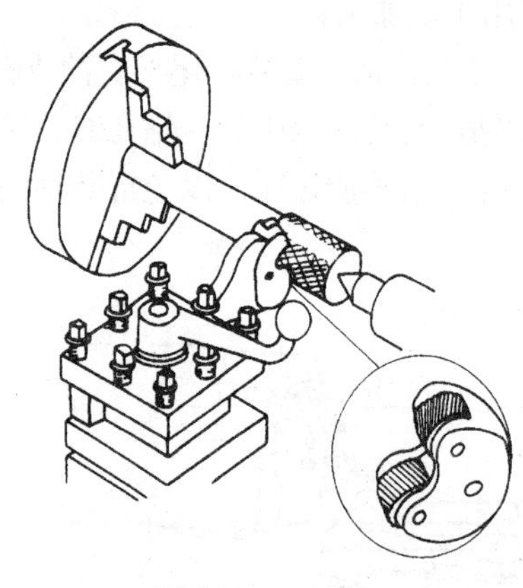

图 3-6-23　滚花

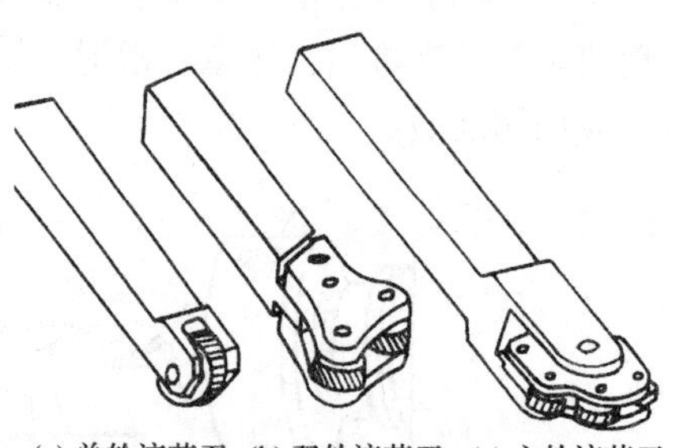

(a) 单轮滚花刀　(b) 双轮滚花刀　(c) 六轮滚花刀

图 3-6-24　滚花刀

（3）滚花方法。因为滚花后工件直径大于滚花前的直径，其增大值为（0.25～0.5）t，所以滚花前需根据工件材料的性质把工件待滚花部分的直径车小（0.25～0.5）t。把滚花刀安装在车床方刀架上，使滚轮圆周表面与工件平行接触（图 3-6-24）。滚花时，工件低速旋转，滚花轮径向挤压后再纵向进给。来回滚压几次，直到花纹凸出高度符合要求。工件表面受滚花刀挤压后产生塑性变形而形成了花纹，因此，滚花时的径向力很大。为了减小开始时的径向压力，可先只让滚轮宽度的一半接触工件表面，或者安装滚花刀时使滚轮圆周表面略倾斜于工件表面，这样比较容易切入。为防止研坏滚花刀和细屑淤塞在滚轮刀齿隙内而影响花纹清晰程度，滚压中应充分加注切削液。

（4）乱纹及其预防方法。滚花操作不当时很容易产生乱纹。其原因如下：工件外径周长不能被滚花节距 t 除尽；滚花刀齿磨损或被细屑堵塞；工件转速太高，滚轮与工件表面产生滑动；滚花开始时压力不足，或滚轮与工件接触面积太大。针对以上原因可相应采取以下措施预防乱纹：把工件外圆略微车小；更换或清洁滚轮；降低工件转速；滚花开始时，可使用较大压力或把滚花刀装偏一个很小的角度。

第四章　钳　　工

实习目的和要求

（1）了解钳工工作在机械制造及维修中的作用。
（2）掌握划线、锯削、锉削、钻孔、攻螺纹和套螺纹的方法及应用。
（3）掌握钳工常用工具、量具的使用方法，独立完成钳工作业。
（4）了解刮削、研磨的方法和应用。
（5）了解钻床的组成、运动和用途，了解扩孔、铰孔及锪孔的方法。
（6）了解机械装配的基本知识，能装拆简单部件。

第一节　概　　述

钳工大多是用手工方法并经常要在虎钳上进行操作的一个工种。钳工是机械制造工作中不可缺少的一个工种，它的工作范围很广，因为任何机械设备的制造和修理，总是要经过装配才能完成的，而装配工作正是钳工的主要任务之一。

1. 钳工的工作范围

钳工工具简单，操作灵活，可以完成目前采用机械设备不能加工或不适于机械加工的某些零件的加工，因此钳工的工作范围很广，工作种类繁多。随着生产的发展，钳工工种已有了明显的专业分工，如普通钳工、划线钳工、模具钳工、装配钳工、修理钳工、工具样板钳工、钣金钳工等。一般来说，钳工的工作范围如下。

（1）加工前的准备工作，如清理毛坯、在工件上划线等。

（2）精密零件的加工，如锉样板，刮削机器和量具的配合表面，以及夹具、模具的精加工等。

（3）零件装配成机器时配合零件的修整，整台机器的组装、试车和调整等。

（4）机器设备的养护、维修等。

2. 钳工工作台和台虎钳

钳工的大多数操作是在钳工工作台上进行的。钳工工作台一般是用木材制成的，也有用铸铁件制成的，要求坚实平稳，台面高度为 800～900 mm，其上装有防护网，如图 4-1-1 所示。

台虎钳是夹持工件的主要工具，其规格用钳口宽度表示，常用的钳口宽度为 100～150 mm，如图 4-1-2 所示。

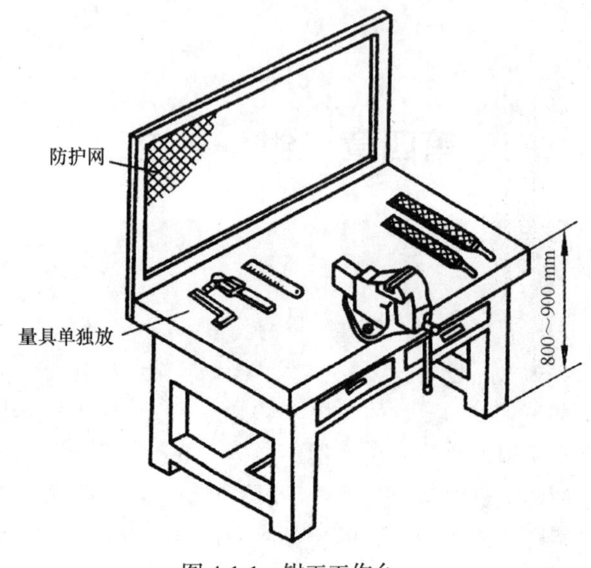

图 4-1-1　钳工工作台

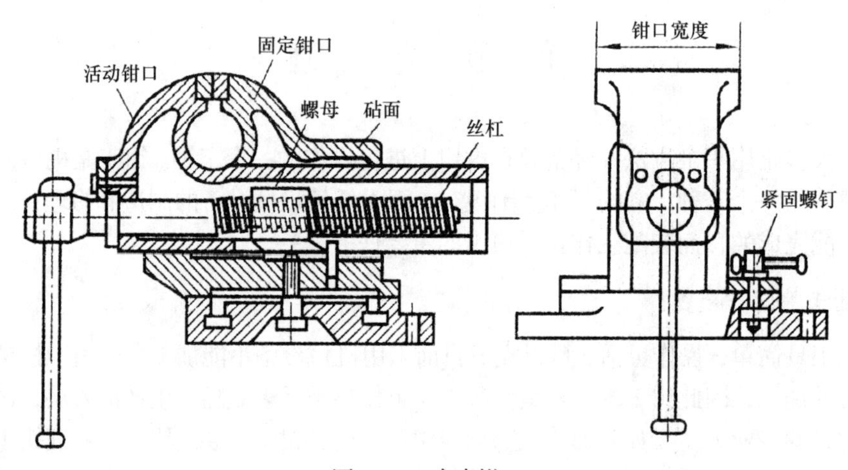

图 4-1-2　台虎钳

使用台虎钳时应注意以下事项。

（1）工件应夹在钳口中部以使钳口受力均匀。

（2）夹紧后的工件应稳固可靠，便于加工，并且不产生变形。

（3）当转动手柄夹紧工件时，手柄上不准用套管接长手柄或用锤敲击手柄，以免损坏台虎钳丝杆或螺母。

（4）不要在活动钳口的光滑表面进行敲击作业，以免降低它与固定钳口的配合性能，锤击应在砧面上进行。

钳工工作场地除了有钳工工作台和台虎钳外，另外还配有划线平台、钻床和砂轮机等。

钳工是目前机械制造和修理工作中不可缺少的重要工种，其基本工艺包括划线、锯削、锉削、錾削、钻孔、扩孔、铰孔、锪孔、攻螺纹、套螺纹和刮削等。钳工的主要特点如下。

（1）钳工工具简单，制造、刃磨方便，材料来源充足，成本低。

（2）钳工大部分是手持工具进行操作，加工灵活、方便，能够加工复杂的形状。

（3）能够加工质量要求较高的零件。

（4）钳工劳动强度大，生产率低，对工人技术水准要求较高。

第二节　划　　线

划线是根据图样要求在工件的毛坯或半成品上划出加工界限的一种操作。

划线的作用：①在毛坯上明确地表示出加工余量、加工位置线，作为加工、安装工件的依据；②通过划线来检查毛坯的形状和尺寸是否符合图样要求，避免不合格的毛坯投入机械加工而造成浪费；③合理分配各加工表面的余量，保证不出或少出废品。

划线分为平面划线和立体划线两类：平面划线是用划线工具将图样按实物大小 1∶1 划到零件上去，一般只要以两根相互垂直的线条为基准，就能把平面上所有形面的相互关系确定下来；立体划线是平面划线的复合运用，划线时要选择三条互相垂直的直线为基准，并要注意找正，如图 4-2-1 所示。

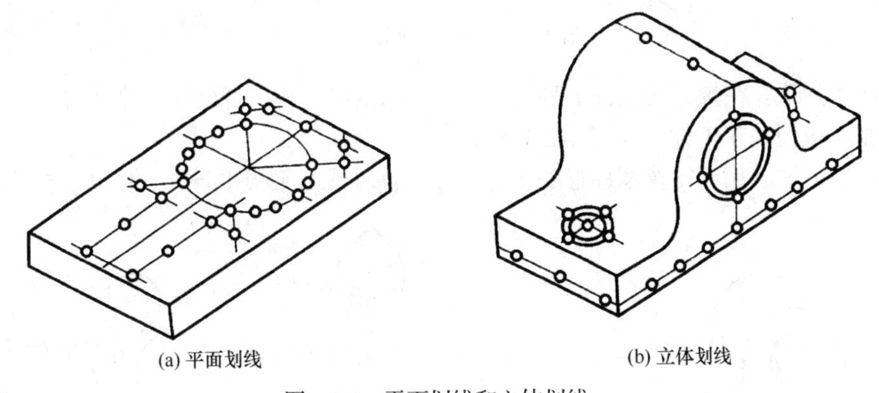

(a) 平面划线　　(b) 立体划线

图 4-2-1　平面划线和立体划线

（一）划线工具

划线工具按用途分为三类：基准工具、支撑工具和直接划线工具。

1. 基准工具

划线平台是划线的主要基准工具，如图 4-2-2 所示。安放划线平台时要平稳牢固，工作平面应保持水平。平面各处均匀使用，以免局部磨凹。不准碰撞划线平台，不准在其表面敲击，要经常保持划线平台清洁。

2. 支撑工具

常用的支撑工具有以下三种。

（1）方箱。用于划线时夹持较小的工件，如图 4-2-3 所示。通过在平台上翻转方箱，即可在工件上划出相互垂直的线来。

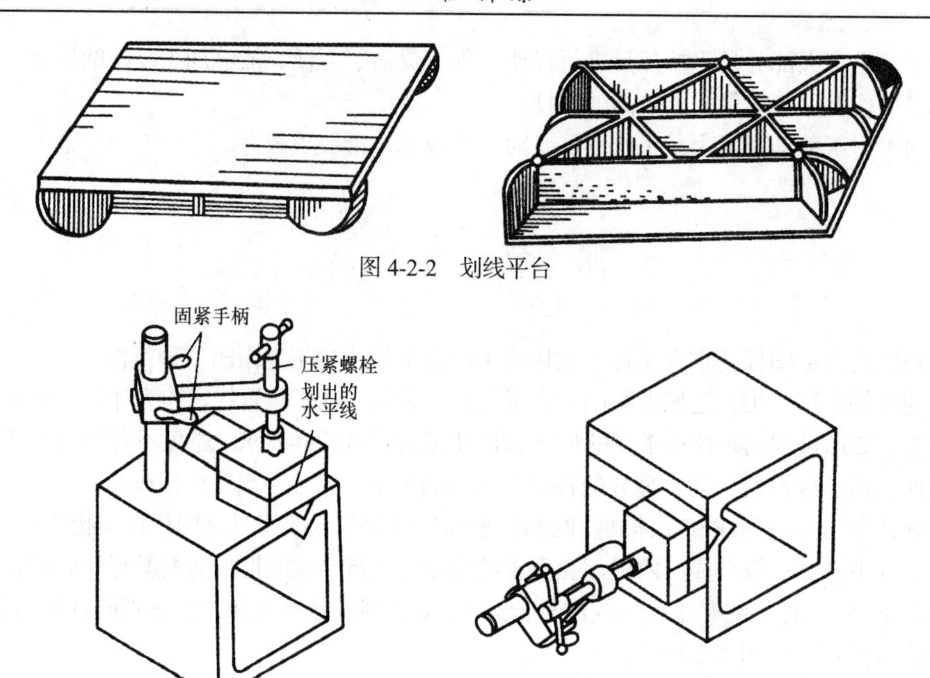

图 4-2-2　划线平台

图 4-2-3　用方箱夹持工件

（2）千斤顶。在较大的工件上划线时，它用来支撑工件，通常用三个千斤顶，其高度可以调整，以便找正工件，如图 4-2-4 所示。

（3）V 形铁。用于支撑圆柱形的工件，使工件轴线与平板平行，如图 4-2-5 所示。

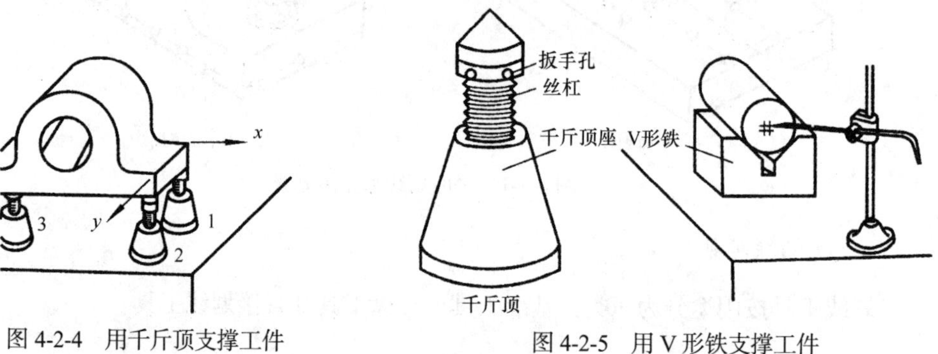

图 4-2-4　用千斤顶支撑工件

1、2 支点连线与 y 方向平行

图 4-2-5　用 V 形铁支撑工件

3. 直接划线工具

（1）划针。它用来在工件上划线，其用法如图 4-2-6 所示。

（2）划规。它是划圆或弧线，等分线段，以及量取尺寸的工具，如图 4-2-7 所示。

（3）划卡。划卡是用来确定工件上孔及轴的中心位置的工具，如图 4-2-8 所示。

（4）划线盘。划线盘是立体划线和校正工件位置时常用的工具，如图 4-2-9 所示。

（5）样冲。样冲是用来在工件的所划加工线条上冲点、作加强界限标志和划圆弧或钻孔定中心的工具。其在所划加工线条上打出样冲眼，以备所划的线模糊后仍能找到原先的位置，如图 4-2-10 所示。

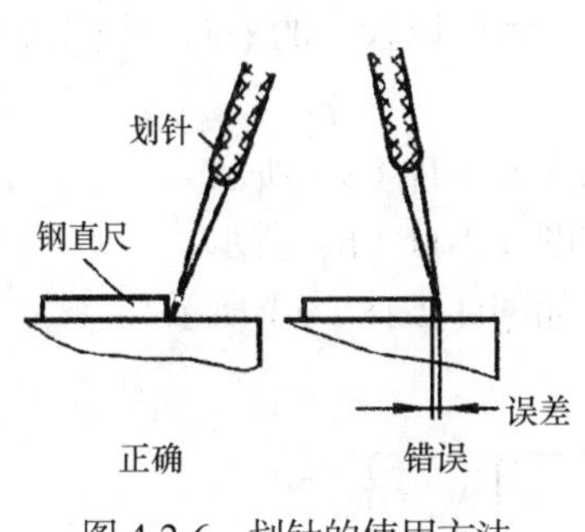

图 4-2-6　划针的使用方法

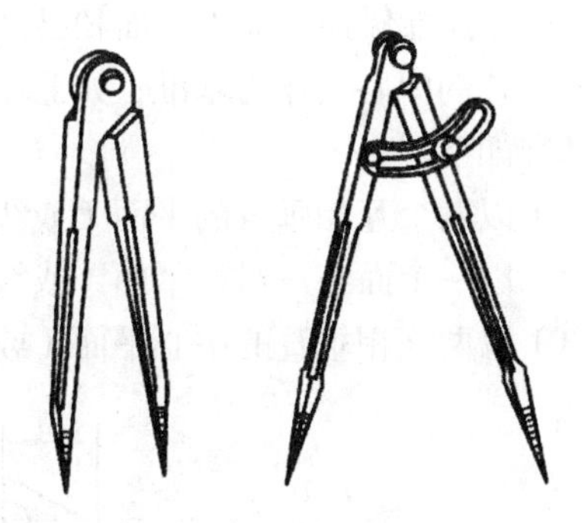

图 4-2-7　划规

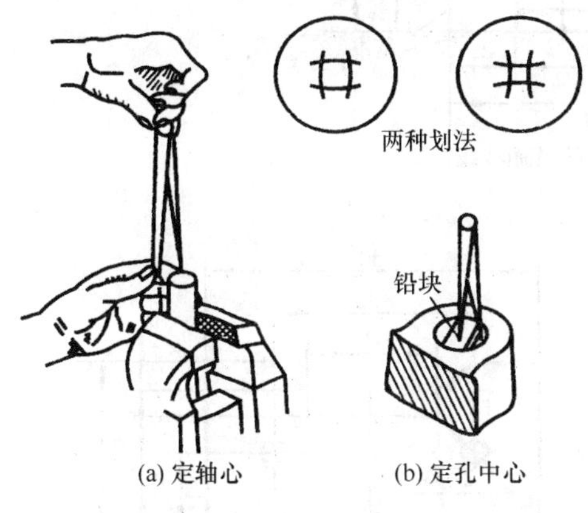

图 4-2-8　划卡及其用法

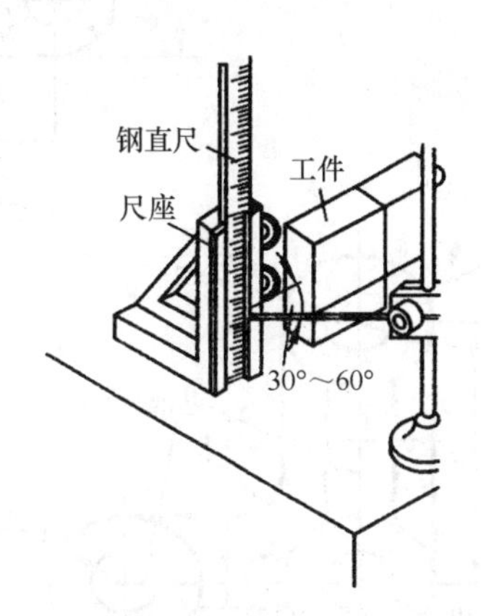

图 4-2-9　用划线盘划线

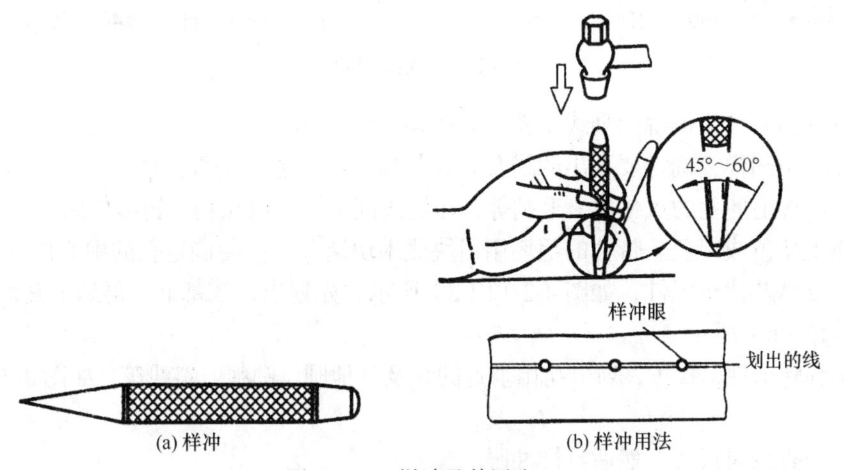

图 4-2-10　样冲及其用法

（二）划线基准

划线时为了正确地划出确定工件的各部分尺寸、几何形状和相对位置的点、线或面，必须选定工件上的某个点、线或面作为划线基准。

划线基准的选择一般遵循以下原则：如工件已有加工表面，则应以已加工表面为划线基准，这样才能保证待加工表面和已加工表面的位置与尺寸精度一致；如工件为毛坯，则应选重要孔的中心线作为基准；如毛坯上没有重要孔，则应以较大的平面为划线基准。划线的基准如下。

（1）以两个互相垂直的平面（或线）为基准，如图 4-2-11（a）所示。

（2）以一个面与一对称平面（或线）为基准，如图 4-2-11（b）所示。

（3）以两互相垂直的中心平面（或线）为基准，如图 4-2-11（c）所示。

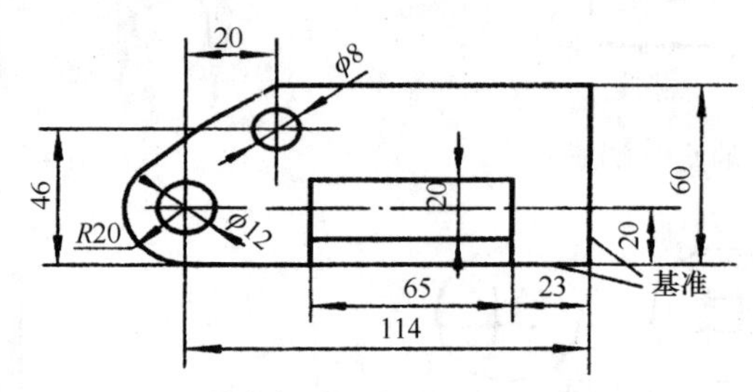

(a) 基准为两相互垂直的平面(或线)

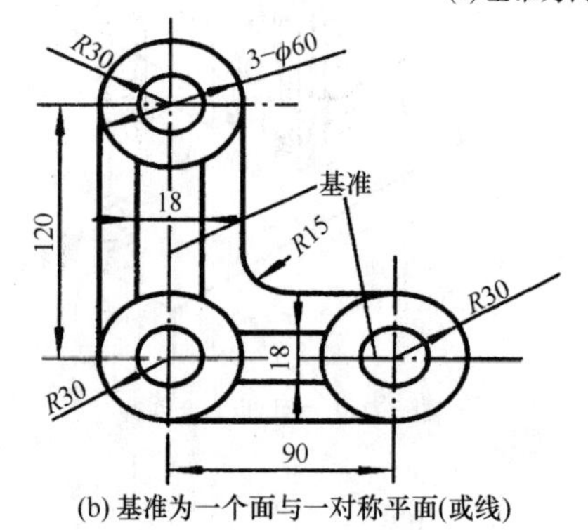

(b) 基准为一个面与一对称平面(或线)

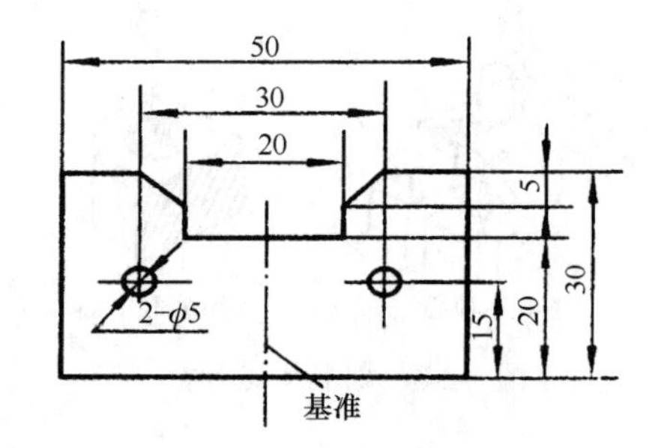

(c) 基准为两互相垂直的中心平面(或线)

图 4-2-11　划线基准

现以立体划线为例说明划线步骤，如图 4-2-12 所示。

（1）分析图样，确定要划出的线及划线基准，检查毛坯是否合格。

（2）清理毛坯上的氧化皮、毛刺等，在划线部位涂一层涂料，铸锻件涂上白浆，已加工表面涂上紫色或绿色。带孔的毛坯用钳块或木块堵孔，以便确定孔的中心位置。

（3）支承及找正工件，如图 4-2-12（a）所示。先划出划线基准，再划出其他水平线，如图 4-2-12（b）所示。

（4）翻转工件，找正，划出互相垂直的线及其他圆、圆弧、斜线等，如图 4-2-12（c）、（d）所示。

（5）检查校对尺寸，然后打样冲眼。

划线操作的注意事项如下。

（1）工件夹持要稳固，以防滑倒或移动。

（2）在一次支承中，应把需要划出的并行线划全，以免再次支承补划，造成误差。

（3）应正确使用划线工具，以免产生误差。

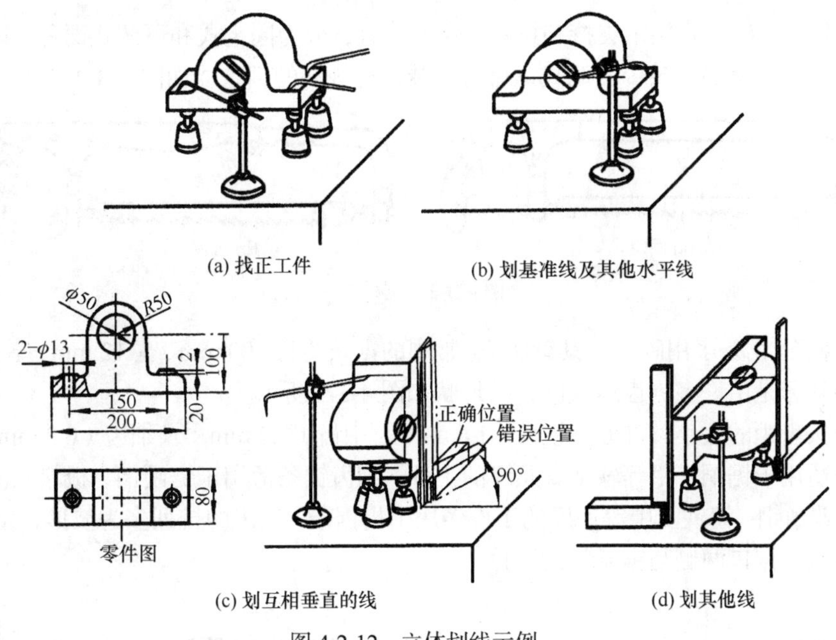

(a) 找正工件　　(b) 划基准线及其他水平线

(c) 划互相垂直的线　　(d) 划其他线

图 4-2-12　立体划线示例

第三节　钳 工 加 工

一、锯削

锯削是用手锯切断金属材料，在工件上切槽的操作。锯削的工件范围：分割各种材料或半成品［图 4-3-1（a）］；锯掉工件上多余部分［图 4-3-1（b）］；在工件上锯槽［图 4-3-1（c）］。

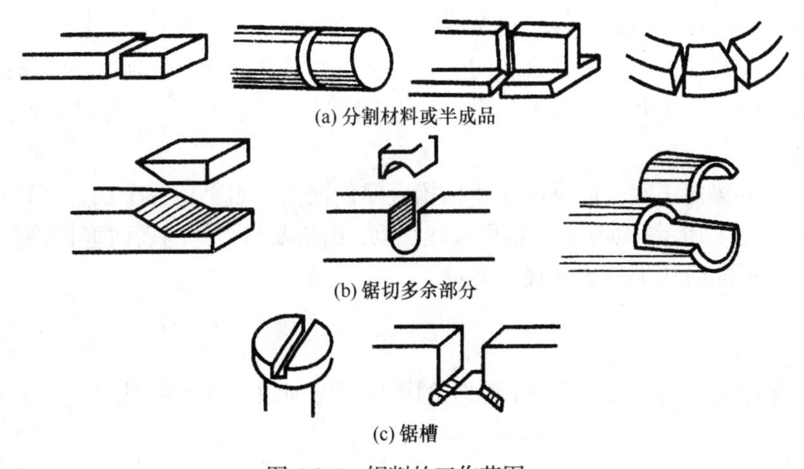

(a) 分割材料或半成品

(b) 锯切多余部分

(c) 锯槽

图 4-3-1　锯削的工作范围

1. 手锯

手锯包括锯弓和锯条两部分。

（1）锯弓。锯弓是用来夹持和拉紧锯条的工具，分为同定式和可调式两种。固定式锯弓只能装一种规格的锯条；可调式锯弓可安装几种规格的锯条，如图 4-3-2 所示。

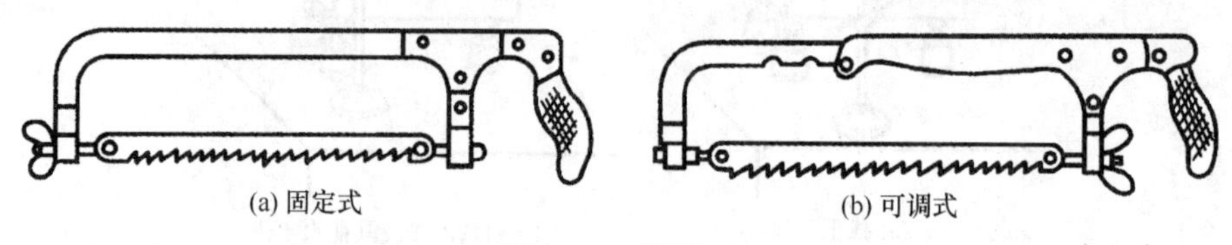

图 4-3-2　锯弓

（2）锯条。锯条多用碳素工具钢制成。常用的锯条约长 300 mm、宽 12 mm、厚 0.8 mm。锯条切削部分是由许多锯齿组成的，其形状如图 4-3-3 所示。

锯齿按齿距的大小，可分为粗齿（1.6 mm）、中齿（1.2 mm）及细齿（0.8 mm）三种。粗齿锯条适用于锯铜、铅等软金属及厚的工件；细齿锯条适用于锯硬钢、板料及薄壁管子等；加工普通钢、铸铁及中等厚度的工件多用中齿锯条。锯齿的排列多为波形，如图 4-3-4 所示，以减少锯口两侧与锯条间的摩擦。

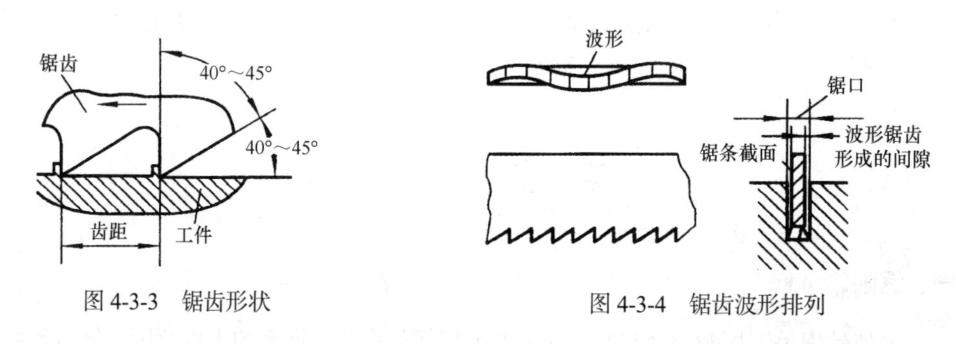

图 4-3-3　锯齿形状　　图 4-3-4　锯齿波形排列

2. 锯削方法及注意事项

（1）锯条的选择应根据工件材料及厚度进行。

（2）锯条安装在锯弓上时锯齿应向前。锯条的松紧要合适，否则锯削时易折断锯条。

（3）工件应尽可能夹在台虎钳左边，以免操作时碰伤左手。工件伸出要短，以防锯削时产生颤动。

（4）起锯姿势要正确，起锯时左手拇指应靠住锯条，右手稳握手柄，起锯角γ要稍小于 15°，如图 4-3-5 所示。锯削时，锯弓直线往复，锯条要与工件的表面垂直，前推时轻压，用力要均匀，返回时从工件表面轻轻滑过。

二、锉削

锉削与錾削都是对工件表面进行加工的操作。锉削的工具是锉刀。

（一）锉刀

锉刀是锉削使用的工具，它由碳素工具钢制成，其锉齿多是在剁锉机上剁出，并经淬火、回火处理，其各部分结构如图 4-3-6 所示。锉刀的锉纹多制成双纹，这样锉削时不仅省力而且不易堵塞锉面。

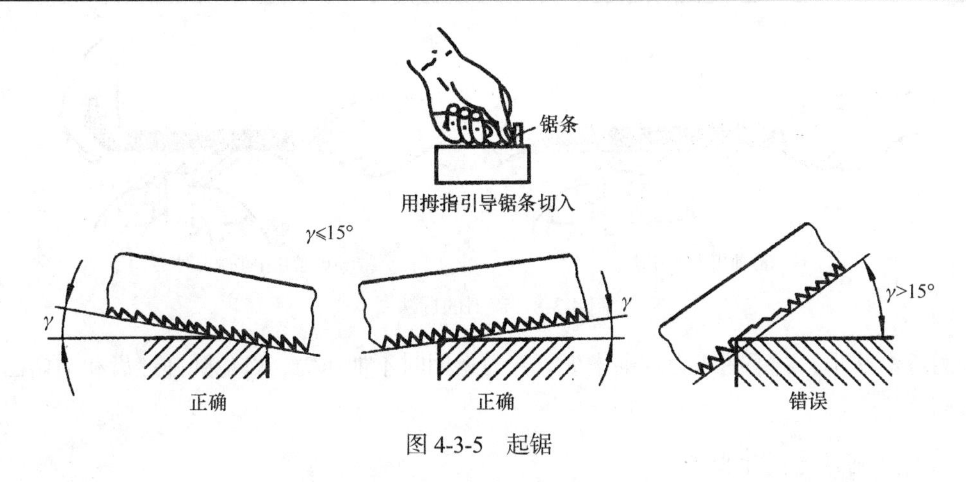

图 4-3-5　起锯

锉刀按形状不同，可分为平锉（又称板锉）、半圆锉、方锉、三角锉、圆锉等，如图 4-3-7 所示。

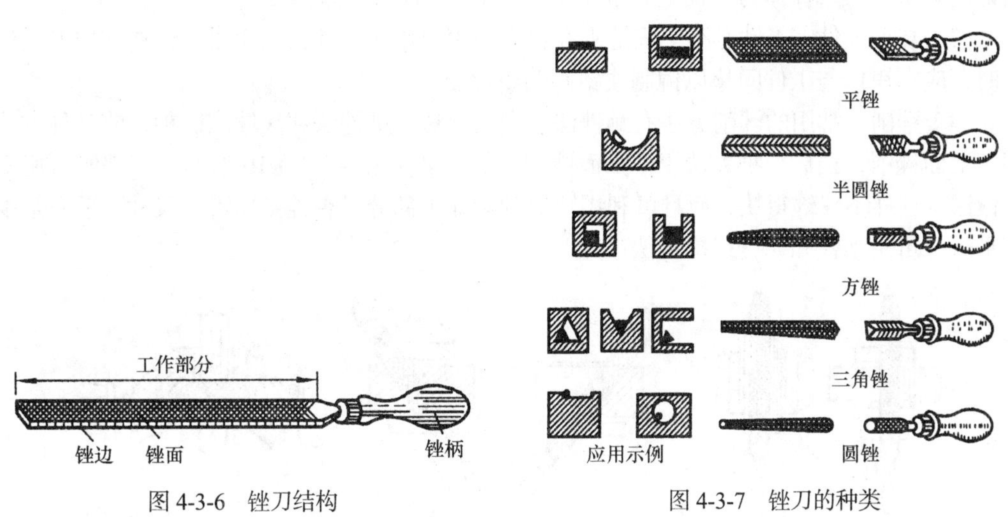

图 4-3-6　锉刀结构　　　　　　　　　　图 4-3-7　锉刀的种类

锉刀按其齿纹的粗细（以每 10 mm 长的锉面上锉齿的齿数划分）又可分为：粗锉刀（4～12 齿），齿间大，不易堵塞，适用于粗加工或锉铜、铝等软金属；细锉刀（13～24 齿），适用于锉钢或铸铁等；光锉刀（30～40 齿），又称油光锉，只适用于最后修光表面。

（二）锉刀的使用及锉平面的方法

1. 锉刀的使用方法

锉削时应正确掌握锉刀的握法及施力的变化。使用大的锉刀时，右手握住锉柄，左手压在锉刀前端，使其保持水平，如图 4-3-8（a）所示；使用中型锉刀时，应用较小的力，可用左手的拇指和食指握住锉刀的前端部，以引导锉刀水平移动，如图 4-3-8（b）所示。

锉削时应始终保持锉刀水平移动，因此要特别注意两手施力的变化。开始推进锉刀时，左手压力大于右手压力；锉刀推到中间位置时，两手的压力相等；再继续推进锉刀，左手

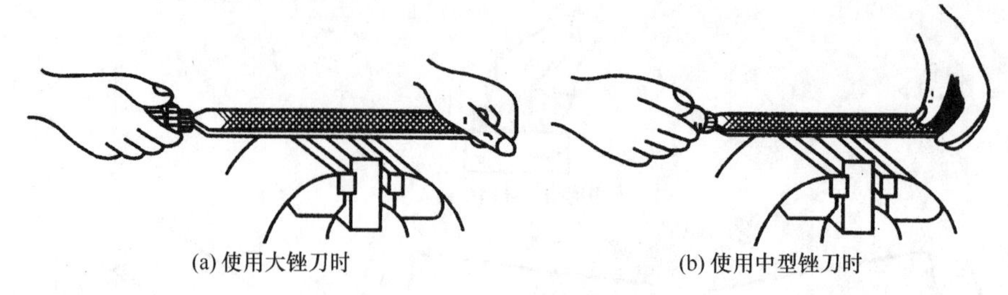

(a) 使用大锉刀时　(b) 使用中型锉刀时

图 4-3-8　锉刀的握法

的压力逐渐减小，右手的压力逐渐增大。锉刀返回时不加压力，以免磨钝锉齿和损伤已加工表面。

2. 锉平面的方法和步骤

（1）选择锉刀。锉削前应根据金属的软硬、加工表面和加工余量的大小、工件的表面粗糙度要求等来选择锉刀，加工余量小于 0.2 mm 时宜用细锉。

（2）装夹工件。工件必须牢固地夹在台虎钳钳口中部，并略高于钳口，夹已加工工作面时，应在钳口与工件间垫以铜制或铅制的垫片。

（3）锉削。常用的锉削方法有顺锉法、交叉锉法、推锉法和滚锉法四种，前三种方法用于平面锉削，最后一种方法用于弧面锉削，如图 4-3-9、图 4-3-10 所示。粗锉时可用交叉锉法，这样不仅锉得快，而且可利用锉痕判断加工部分是否锉到所需的尺寸。平面基本锉平后，可用细锉和光锉以推锉法修光。

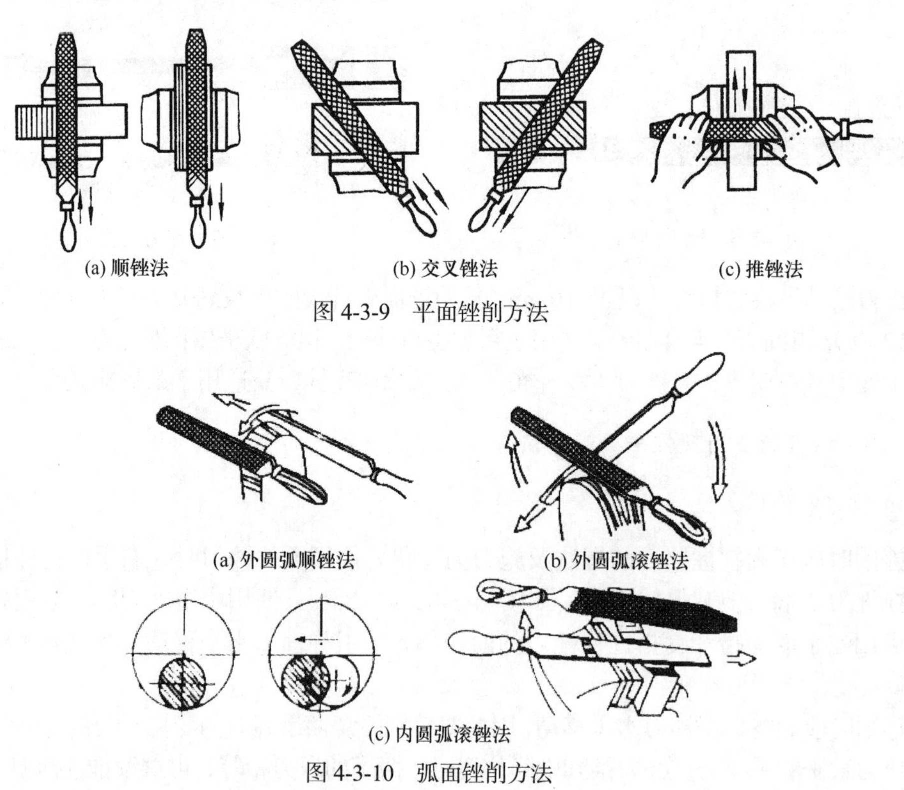

(a) 顺锉法　(b) 交叉锉法　(c) 推锉法

图 4-3-9　平面锉削方法

(a) 外圆弧顺锉法　(b) 外圆弧滚锉法

(c) 内圆弧滚锉法

图 4-3-10　弧面锉削方法

内、外圆弧锉削方法不同，主要有顺锉法 [图 4-3-10（a）]、滚锉法 [图 4-3-10（b）、（c）]。外圆弧采用平锉锉削，内圆弧采用曲率半径小于工件圆弧曲率半径的圆锉或半圆锉锉削。顺锉法是横着圆弧方向锉，可锉成接近圆弧的多棱形（适用于曲面的粗加工）。外圆弧滚锉法是平锉向前锉削时右手下压，左手随着上提，即锉刀一边前推，一边做跷跷板动作，其跷跷板的支点就是被锉削的部分。内圆弧滚锉法是圆弧向前锉削时，拧腕旋转锉刀，并向左或向右滑动。

（4）检验。锉削时，工件的尺寸可用钢直尺和卡钳（或用卡尺）检查。工件的平直和直角可用 90°角尺根据是否能透过光线来检查，如图 4-3-11 所示。

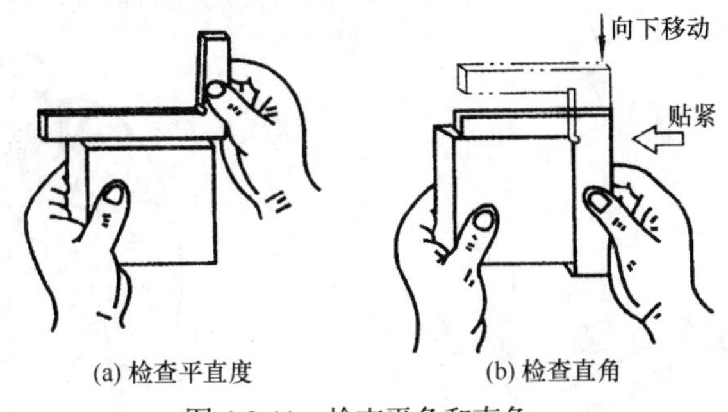

(a) 检查平直度　　(b) 检查直角

图 4-3-11　检查平角和直角

3. 锉削操作时应注意的事项

（1）锉削操作时，锉刀必须装柄使用，以免刺伤手心。
（2）因为台虎钳钳口经淬火处理过，所以不要锉到钳口上，以免磨钝锉刀和损坏钳口。
（3）锉削过程中不要用手抚摸工件表面，以免再锉时打滑。
（4）锉面堵塞后，用钢丝刷顺着锉纹方向刷去切屑。
（5）锉下来的屑末要用毛刷清除，不要用嘴吹，以免屑末进入眼内。
（6）铸件上的硬皮和黏砂应先用砂轮磨去或錾去，然后再锉削。
（7）锉刀放置时不应伸出工作台台面外，以免碰落摔断或砸伤人脚。

三、刮削

刮削是用刮刀从工件已加工表面上刮去一层很薄的金属的操作。刮削均在机械加工以后进行，刮削时刮刀对工件表面既有切削作用，又有压光作用，经刮削的表面留下微浅刀痕，形成存油孔隙，减少摩擦阻力，改善表面质量，也减小表面粗糙度 *Ra* 值，提高工件耐磨性。

刮削是一种精加工的方法，常用于零件上互相配合的重要滑动表面，如机床导轨、滑动轴承等，以使彼此均匀接触。因此，刮削在机械制造和修理工作中占有重要地位，得到了广泛的应用，但是刮削生产效率低，劳动强度大，多用于那些磨削难以加工的地方。

（一）刮刀及其使用方法

常用的刮刀有平面刮刀和三角刮刀等。刮刀一般用碳素工具钢 T10A～T12A 或轴承钢锻成，也有的刮刀头部焊上硬质合金用以刮削硬金属。

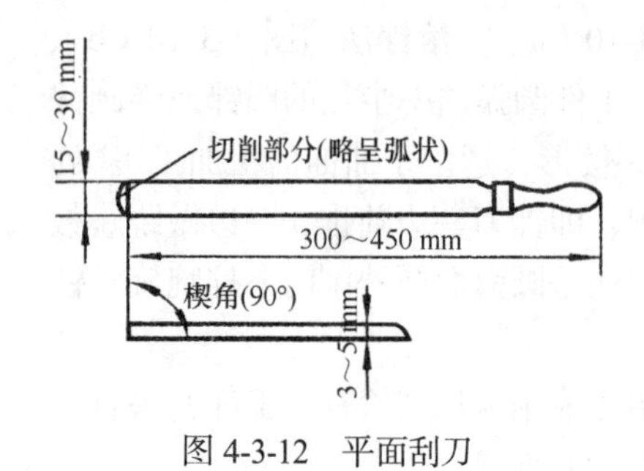

图 4-3-12　平面刮刀

1. 平面刮刀

平面刮刀如图 4-3-12 所示，它是用来刮削平面或刮花的工具。

平面刮刀的使用方法有手刮法与挺刮法两种。如图 4-3-13（a）所示为手刮法，右手握刀柄方向并加压。如图 4-3-13（b）所示为挺刮法，刮削时利用腿部和腹部的力量，使刮刀向前推挤。刮削时，要均匀用力，拿稳刮刀，以免刮刀刃口两侧的棱角将工件刮伤。

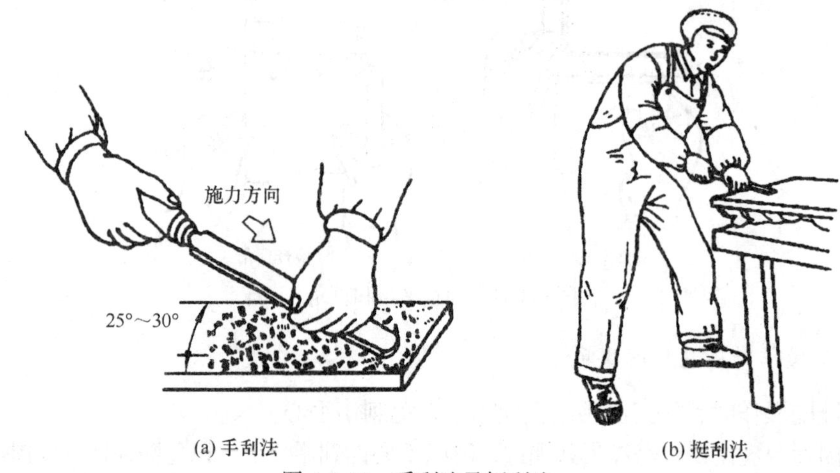

(a) 手刮法　　(b) 挺刮法

图 4-3-13　手刮法及挺刮法

2. 三角刮刀

三角刮刀如图 4-3-14（a）所示，用来刮削要求较高的滑动轴承的轴瓦，以与轴颈良好配合，刮削时的姿势如图 4-3-14（b）所示。

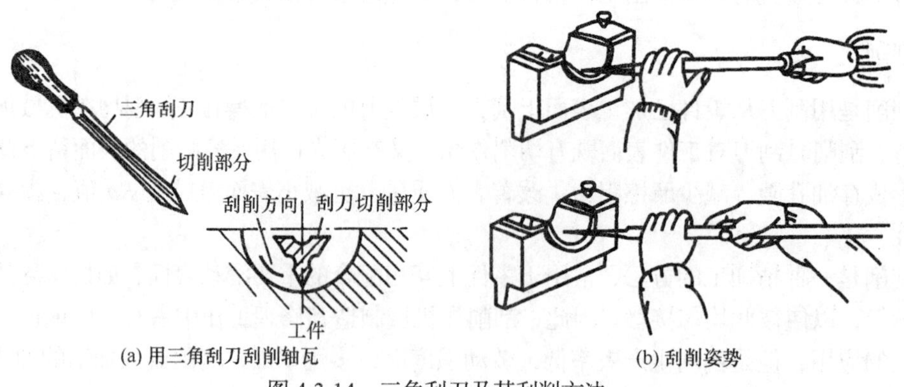

(a) 用三角刮刀刮削轴瓦　　(b) 刮削姿势

图 4-3-14　三角刮刀及其刮削方法

（二）刮削质量的检验方法

刮削后的平面可用平板进行检验。平板由铸铁制成，它必须具有刚度好、不变形、非常平直和光洁的特征。

用平板检查工件的方法为，将刮削后的平面（工件）擦净，并均匀地涂上一层很薄的红丹油（红丹粉与机油的混合剂），然后将涂有红丹油的平面（工件表面）与备好的平板稍加压力配研，如图 4-3-15（a）所示，配研后工件表面上的高点（与平板的贴合点）便因磨去红丹油而显示出亮点来，如图 4-3-15 （b）所示。这种显示亮点的方法称为研点子。

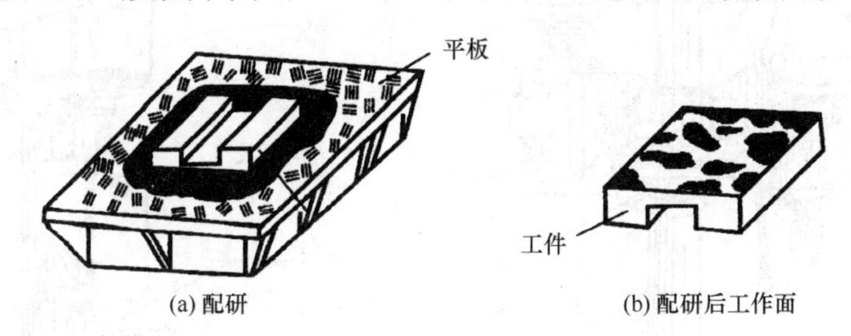

(a) 配研　(b) 配研后工作面

图 4-3-15　研点子

刮削研点的检查以 25 mm × 25 mm 面积内均匀分布的贴合点数来衡量刮削的品质。卧式机床的导轨要求研点子为 8～10 点。

（三）平面刮削步骤

（1）粗刮。若工件表面存有机械加工的刀痕，应先用交叉刮削将表面全部粗刮一次，使表面较为平滑，以免研点子时划伤平板。

刀痕刮除后可研点子，并按显示出的亮点逐点粗刮。当研点子增加到 4 个点时进行细刮。

（2）细刮。细刮时选用较短的刮刀，这种刮刀用力小，刀痕较短（3～5 mm），经过反复刮削后，研点子逐渐增多，直到达到要求为止。

四、钻孔、扩孔、铰孔和锪孔

各种零件上的孔加工，除一部分由车、镗、铣等机床完成外，很大一部分是由钳工利用各种钻床和钻孔工具完成的。钳工加工孔的方法一般是指钻孔、扩孔、铰孔及锪孔。

钳工中的钻孔、扩孔、铰孔、锪孔工作，多在钻床上进行，用钻床加工不方便的场合，经常用手电钻进行钻孔、扩孔，用手铰刀进行铰孔。

（一）钻床

常用的钻床有台式钻床、立式钻床、摇臂钻床三种，手电钻也是常用的钻孔工具。

1. 台式钻床

台式钻床简称台钻，如图 4-3-16 所示，是一种放在工作台上使用的小型钻床，台式钻床重量轻，移动方便，转速较高（最低转速在 400 r/min 以上），主轴的转速可通过改变 V 带在带轮上的位置来调节，主轴的进给是手动的。台式钻床适用于钻小型零件上直径 ≤13 mm 的小孔。

2. 立式钻床

立式钻床简称立钻，如图 4-3-17 所示，其规格用最大钻孔直径表示，常用的有 25 mm、35 mm、40　mm 和 50 mm 等几种。

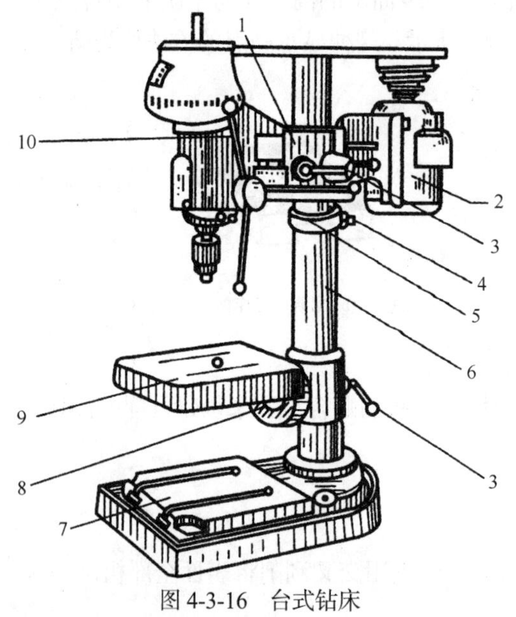

图 4-3-16　台式钻床

1—主轴架；2—电动机；3—锁紧手柄；4—锁紧螺钉；5—定位环；6—立柱；7—机座；8—转盘；9—工作台；10—钻头进给手柄

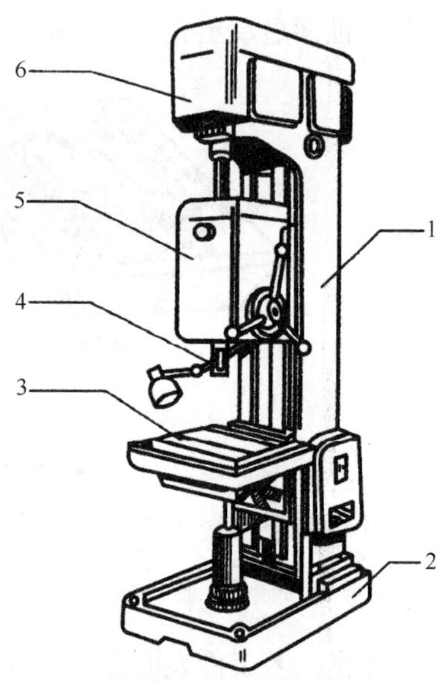

图 4-3-17　立式钻床

1—立柱；2—机座；3—工作台；4—主轴；5—进给箱；6—主轴箱

立式钻床主要由主轴、主轴箱、进给箱、立柱、工作台和机座组成。电动机的运动通过主轴变速箱，使主轴获得所需要的各种转速。主轴变速箱与车床的主轴箱相似，钻小孔时转速较高，钻大孔时转速较低。钻床主轴在主轴套筒内做旋转运动，即主运动；同时通过进给箱中的机构，主轴随主轴套筒按需要的进给量做直线移动，即进给运动。

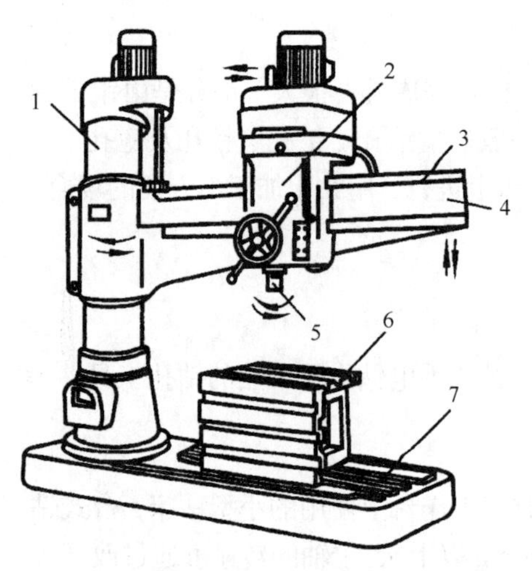

图 4-3-18　摇臂钻床

1—立柱；2—主轴箱；3—摇臂导轨；4—摇臂；5—主轴；6—工作台；7—机座

与台式钻床相比，立式钻床刚性好、功率大，因而允许采用较大的切削用量，生产效率较高，加工精度也较高，主轴的转速和进给量变化范围大，而且钻头可以自动进给，故可以使用不同刀具进行钻孔、扩孔、锪孔、攻螺丝等多种加工。在立式钻床上钻完一个孔后再钻另一个孔时，必须移动工件，使钻头对准另一个孔的中心。由于大工件移动起来不方便，立式钻床适用于单件小批量生产中的中小型工件。

3. 摇臂钻床

摇臂钻床如图 4-3-18 所示。这类钻床结构完善，它有一个能绕立柱旋转的摇臂，摇臂带动主轴箱可沿立柱垂直移动，同时主轴箱还能在摇臂上做横向移动。由于结构上的这些特点，其在操作时能很方便地调整刀具位置，以对准待加工孔的中心，而不需要移动工件来进行加工。此外，主轴转速范围和进给量范围很大。因此，摇臂钻床适用于笨重、大型工件及多孔工件的加工。

4. 手电钻

手电钻如图 4-3-19 所示，主要用于钻直径在 12 mm 以下的孔。其电源有 220 V 和 380 V 两种，手电钻携带方便，操作简单，使用灵活，应用比较广泛。

（二）钻孔

钻孔是用钻头在实体材料上加工孔的方法。在钻床上钻孔时，工件固定不动，钻头一边旋转（主运动 1），一边沿轴向下移动（进给运动 2），如图 4-3-20 所示。钻孔属于粗加工，尺寸公差等级一般为 IT11～IT14，表面粗糙度 Ra 值为 50～12.5 μm。

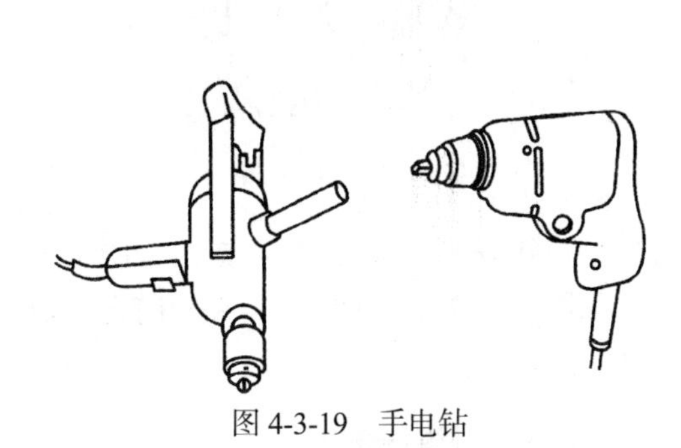

图 4-3-19　手电钻

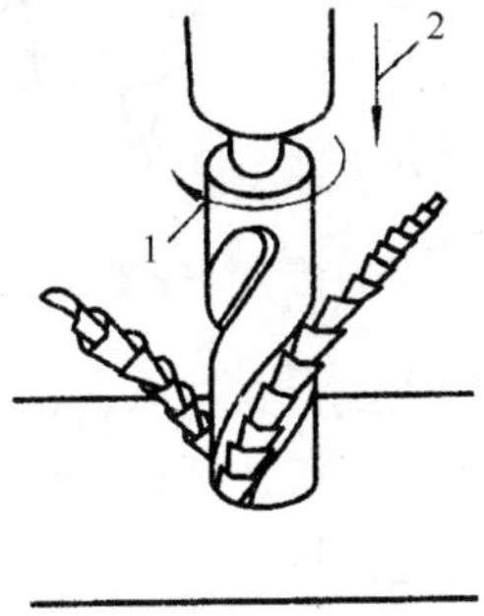

图 4-3-20　钻孔时钻头的运动

1—主运动；2—进给运动

1. 麻花钻头

麻花钻头是钻孔最常用的刀具，其组成部分如图 4-3-21 所示。麻花钻头前端的切削部分，如图 4-3-22 所示，它有两个对称的主切削刃，钻头顶部有横刃，横刃的存在使钻削时轴向力增加。麻花钻头有两条螺旋槽和两条刃带，螺旋槽的作用是形成切削刃并向孔外排屑；刃带的作用是减少钻头与孔壁的摩擦并导向。麻花钻头的结构决定了它的刚性和导向性均比较差。

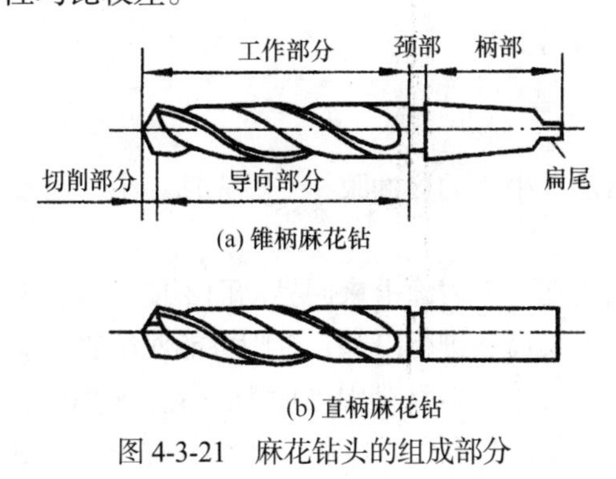

图 4-3-21　麻花钻头的组成部分

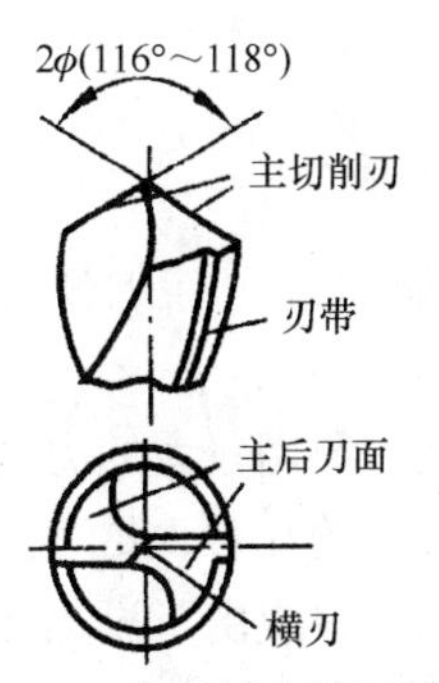

图 4-3-22　麻花钻头的切削部分

ϕ—两主切削刃夹角

2. 钻孔用附件

麻花钻头按柄部形状的不同，有不同的装夹方法。锥柄钻头可以直接装入机床主轴的锥孔内。当钻头的柄部小于机床主轴锥孔时，则需选用合适的过渡套筒，如图 4-3-23 所示。因为过渡套筒要和各种规格的麻花钻头装夹在一起，所以套筒一般需用数只。柱柄钻头通常用钻夹头装夹，如图 4-3-24 所示。旋转固紧扳手，可带动螺纹环转动，因而使三个夹爪自动定心并夹紧。

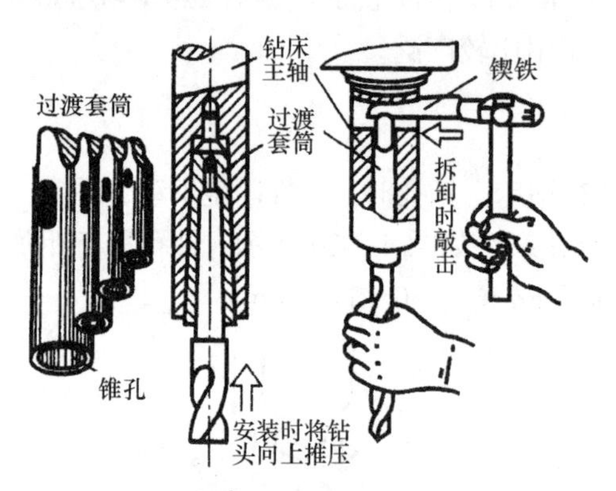

图 4-3-23　用过渡套筒安装与拆卸钻头

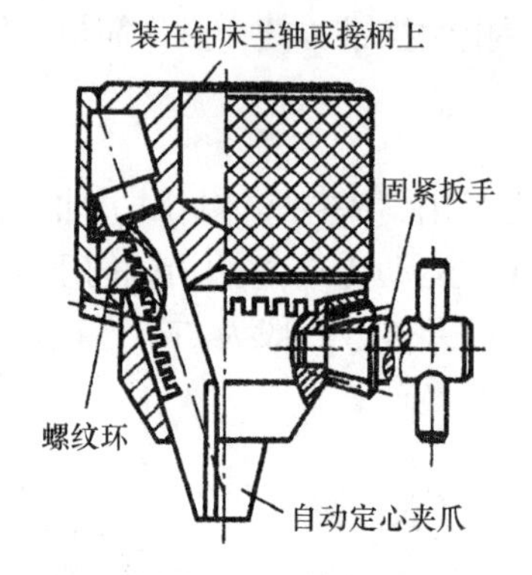

图 4-3-24　钻夹头

在立式钻床或台式钻床上钻孔时，工件通常用平口钳安装，如图 4-3-25（a）所示，较大的工件可用压板、螺钉直接安装在工作台上，如图 4-3-25（b）所示。夹紧前先按划线标志的孔位进行找正，压板应垫平，以免夹紧时工件移动。

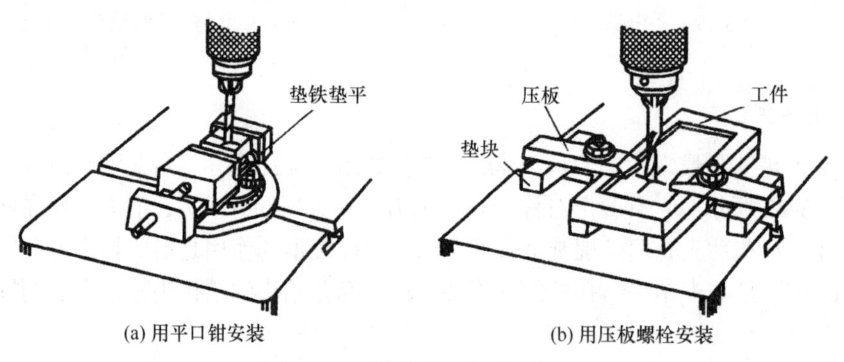

(a) 用平口钳安装　　(b) 用压板螺栓安装

图 4-3-25　钻孔时工件的安装

3. 钻孔方法

按划线钻孔时，一定要使麻花钻头的尖头对准孔中心的样冲眼，一般先钻一小孔用以判断是否对准。

钻孔开始时要用较大的力向下进给，以免钻头在工件表面上来回晃动而不能切入。用麻花钻头钻较深的孔时，要经常退出钻头以便排出切屑和进行冷却，否则可能使切屑堵塞在孔内卡断钻头，或由于过热而增加钻头的磨损。为了降低钻削温度而提高钻头耐用度，钻孔时要加切削液，钻孔临近钻透时，压力应逐渐减小。直径大于 30 mm 的孔，由于有很大的轴向抗力，故很难一次钻出，这时可先钻出一个直径较小的孔（为加工孔径的 0.2～0.4 倍），然后用第二把钻头将孔扩大到所要求的直径。

（三）扩孔

扩孔是用扩孔钻或钻头对已有孔进行孔径扩大的加工方法。扩孔可以适当提高孔的加工精度和减小表面粗糙度 *Ra* 值。扩孔属于半精加工，其加工精度可达 IT10～IT9，表面粗糙度 *Ra* 值可达 6.3～3.2 μm。

扩孔可以校正孔的轴线偏斜，并使其获得较正确的几何形状。扩孔可作为孔加工的最后工序，也可作为铰孔前的准备工序，扩孔加工余量为 0.5～4 mm，小孔取较小值，大孔取较大值。

扩孔钻的形状与麻花钻相似，如图 4-3-26 所示，不同的是，扩孔钻有 3～4 个刃且没有横刃；扩孔钻的钻头粗，刚度较好，由于它的分齿较多且刚性好，故扩孔时导向性较麻花钻好。

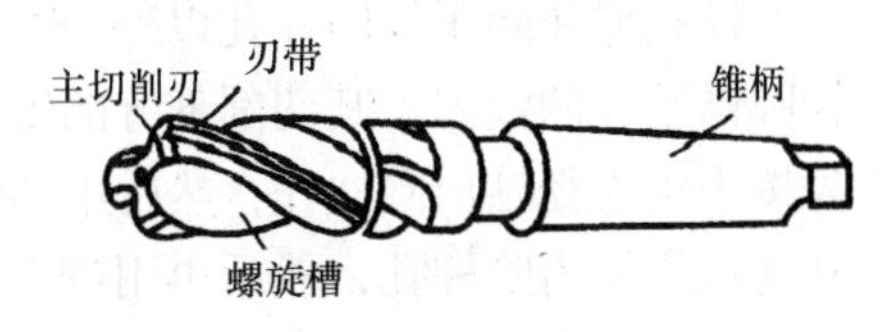

图 4-3-26　扩孔钻

（四）铰孔

铰孔是用铰刀对已有孔进行精加工的方法，其尺寸公差等级可达 IT9～IT8，表面粗糙度 *Ra* 值可达 1.6～0.8 μm。铰刀的结构如图 4-3-27 所示，分为机铰刀和手铰刀两种。铰刀的工作部分包括切削部分和修光部分。机铰刀多为锥柄，装在钻床或车床上进行铰孔。手铰刀的切削部分较长，导向作用较好。手铰孔时，将铰刀沿原孔放正，然后用铰杠转动并轻压进给。如图 4-3-28 所示为可调式铰杠，转动右边手柄即可调节方孔的大小。

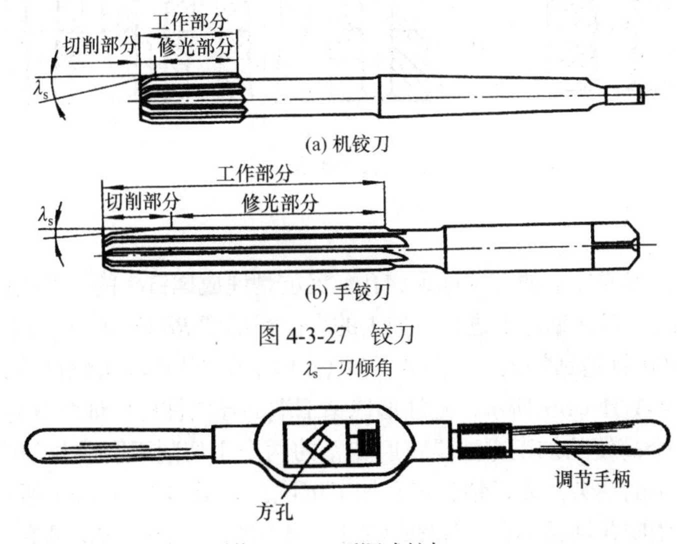

图 4-3-28　可调式铰杠

铰刀的形状类似扩孔钻，不过它有着更多的刃（6～12 个）和较小的顶角，铰刀每个刃上的负荷明显地小于扩孔钻，这些因素都使铰出的槽度大为提高，明显地减小了表面粗糙度 *Ra* 的值。一般铰刀刃倾角 $\lambda_s=0°$，这样可以增加铰削平稳性，提高加工质量。但在铰削韧性大的材料时，可在铰刀切削前端取λ_s=15°～20°的刃倾角［图 4-3-27（a）、（b）］，这样可使切屑向前排出，防止划伤表面。

铰刀的刀刃多做成偶数，并成对地位于通过直径的平面内，目的是便于测量直径的尺寸。机铰时为了获得较小的表面粗糙度，必须想办法避免产生积屑瘤，因此应取较低的切削速度。用高速钢铰刀铰孔时，粗铰速度为 0.067～1.67 m/s，精铰速度为 1.5～5 m/min，进给量可取 0.2～1.2 mm/r（为钻孔时进给量的 3～4 倍）。铰孔时铰刀不可倒转，以免崩刃。另外，铰孔时要选用适当的切削液，以控制铰孔的扩张量，去除切削的黏附，并冷却润滑铰刀。

铰孔操作除了铰圆柱孔以外，还可用圆锥形铰刀铰圆锥销孔，如图 4-3-29 所示是用来铰圆锥销孔的铰刀，其切削部分的锥度为 1∶50，与圆锥销相符。尺寸较小的圆锥孔，可先按小头直径钻出圆柱孔，然后用圆锥铰刀铰削即可。对于直径尺寸和深度较大的孔，铰孔前首先钻出阶梯孔，然后再用铰刀铰孔。铰孔过程中要经常用相配的锥销来检查尺寸，如图 4-3-30 所示。

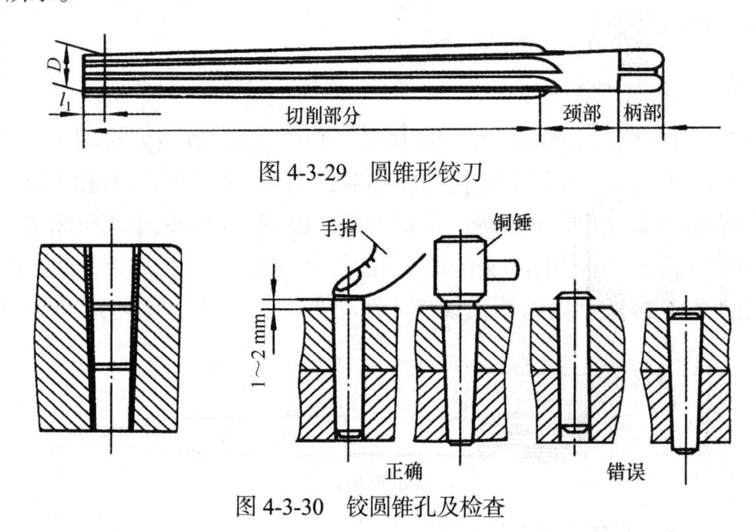

图 4-3-29　圆锥形铰刀

图 4-3-30　铰圆锥孔及检查

（五）锪孔

用锪钻加工锥形或柱形的沉坑称为锪孔。沉坑是埋放螺钉头的，因此锪孔是不可缺少的加工方法，锪孔一般在钻床上进行，加工的表面粗糙度 *Ra* 值为 6.3～3.2 μm。锥形埋头螺钉的沉坑可用 90°锥锪钻加工，如图 4-3-31（a）所示。柱形埋头螺钉的沉坑可用圆柱形锪钻加工，如图 4-3-31（b）所示，圆柱形锪钻下端的导向柱可保证沉坑与小孔的同轴度。柱形沉坑的另一个简便的加工方法是将麻花钻的两个主切削刃磨成与轴线垂直的两个平刃，中部具有很小的钻尖，先以钻尖定心加工沉坑，如图 4-3-31（c）所示，再以沉坑底部的锥坑定位，用麻花钻钻小孔，如图 4-3-31（d）所示，这一方法具有简单、费用较低的优点。

五、螺纹加工

攻螺纹（又称攻丝）、套螺纹（又称套扣）是钳工加工内、外螺纹的操作。

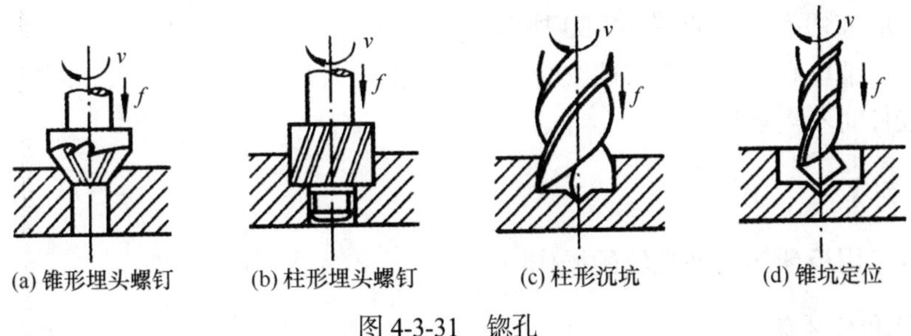

图 4-3-31 锪孔

v—转方向；f—进给方向

（一）攻螺纹

攻螺纹是用丝锥加工内螺纹的操作。

1. 丝锥

丝锥是专门用来攻螺纹的刀具，其结构形状如图 4-3-32 所示。丝锥的前端为切削部分，有锋利的刃，这部分起主要的切削作用；中间为定径部分，起修光螺纹和引导丝锥的作用。

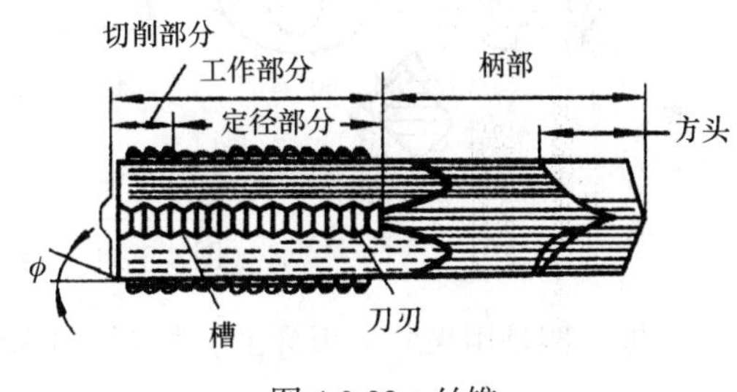

图 4-3-32 丝锥

手用丝锥尺寸为 M3～M20，每种尺寸多为两只一组，称为头锥、二锥。两只丝锥的区别在于其切削部分的不同：头锥切削部分有 5～7 个不完整的牙齿，其斜角ϕ较小；二锥有 1～2 个不完整的牙齿，切削部分的斜角度较大，攻螺纹时，先用头锥，再用二锥。机用丝锥一般只有一只。

2. 攻螺纹的操作

（1）钻螺纹底孔。底孔的直径可以查手册或按下面的经验公式计算：加工钢及塑性材料时，钻孔直径 $D_H=d_T-P$（mm）；加工铸铁及脆性材料时，钻孔直径 $D_H=d_T-1.1P$（mm）。其中，d_T 为螺纹大径（mm），P 为螺距（mm）。

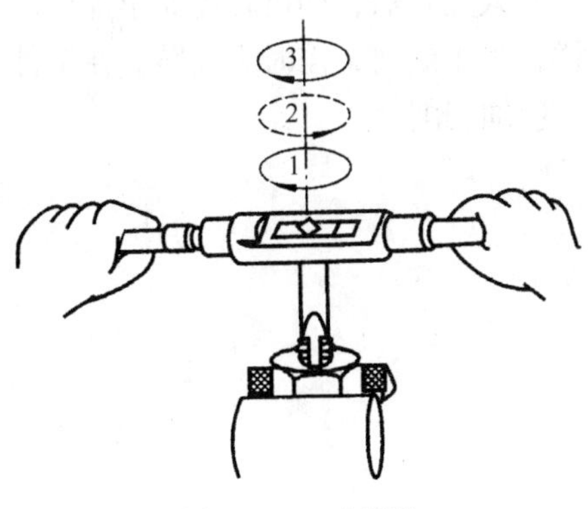

图 4-3-33 攻螺纹

攻盲孔的螺纹时，丝锥不能攻到孔底，所以孔的深度要大于螺纹长度。盲孔深度可按下式计算：盲孔的深度要求的螺纹长度+$0.7d_T$，d_T 为螺纹大径。

（2）用头锥攻螺纹。开始用头锥攻螺纹时，必须先旋入 1～2 圈，检查丝锥是否与孔的端面垂直（可用目测或用 90°角尺在互相垂直的两个方向检查），并及时纠正丝锥，然后继续用铰杠轻压旋入。当丝锥旋入 3～4 圈后，即可只转动不加压，每转 1～2 圈应反转 1/4 圈，以使切屑断落。攻钢料螺纹时，应加切削液，如图 4-3-33 所示。

（3）用二锥攻螺纹。二锥攻螺纹时，先将丝锥放入孔内，用手旋入几圈后再用铰杠转动，旋转铰杠时不需加压。

（二）套螺纹

套螺纹是用板牙切出外螺纹的操作。

1. 板牙和板牙架

板牙有固定式和开缝式（可调节的）两种。图 4-3-34（a）所示为开缝式板牙，其螺纹孔的大小可做微量调节。孔的两端有 60°的锥度部分，起主要的切削作用。

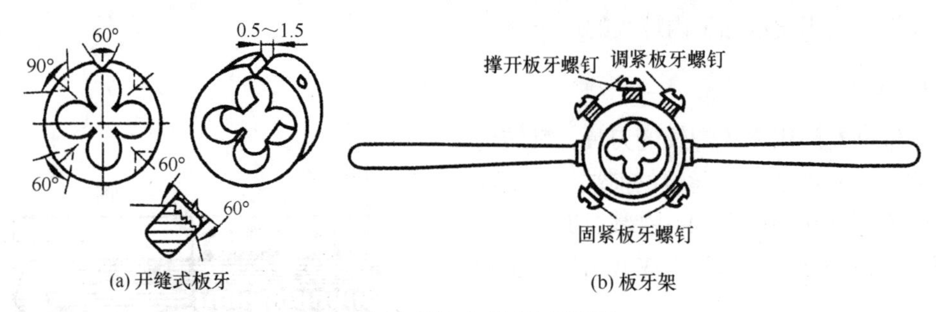

图 4-3-34　开缝式板牙和板牙架

板牙架是用来装夹板牙的，如图 4-3-34（b）所示。

2. 套螺纹的操作方法

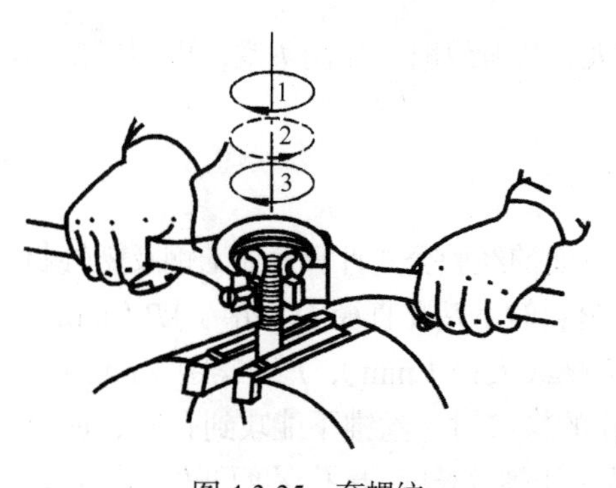

图 4-3-35　套螺纹

套螺纹前应检查圆杆的直径大小，太小则难以套入，且太小套出的螺纹牙齿不完整，在钢材套螺纹时，圆杆直径可用经验公式计算：圆杆直径二螺纹大径 $d_{\mathrm{T}}-$（0.13～0.2）P（螺距），圆杆端部必须有合适的倒角。套螺纹时，板牙端面应与圆杆垂直，如图 4-3-35 所示。开始转动板牙时，要稍加压力。套入几扣后，即可转动而不加压。与攻螺纹一样，为了断屑，需时常反转。在钢件上套螺纹时，应加切削液。

第五章　其他机加工方式

实习目的和要求

（1）了解铣削加工的基本知识。

（2）熟悉万能卧式铣床的主要组成部分的型号、运动及其作用。

（3）了解常用铣床附件（分度头、转台、立铣头）的功用。

（4）了解平面、斜面、沟槽的铣削加工。

（5）了解刨削加工的基本知识，牛头刨床的主要组成部分的型号、运动及作用。

（6）掌握在牛头刨床上加工水平面、垂直面等的操作方法。

（7）了解磨削加工的基本知识。

（8）了解不同类型磨床的加工特点，掌握在不同磨床上进行磨削的基本操作。

第一节　铣　　削

一、铣削加工概述

在铣床上用铣刀对工件进行切削加工的过程称为铣削。铣削可用来加工平面、台阶、斜面、沟槽、成型表面、齿轮和切断等，还可以进行钻孔和镗孔加工。铣削加工的尺寸公差等级一般可达 IT9～IT7，表面粗糙度 *Ra* 为 6.3～1.6 μm。铣刀是旋转使用的多齿刀具。铣削时，每个刀齿间歇地进行切削，刀刃的散热条件好，可以采用较大的切削用量，是一种高生产效率的加工方法。铣削特别适用于加工平面和沟槽。

二、铣削运动和铣削用量

（一）铣削运动

图 5-1-1 所示为铣床上常见的铣削方式。由图可知，无论是哪一种铣削方式，完成铣

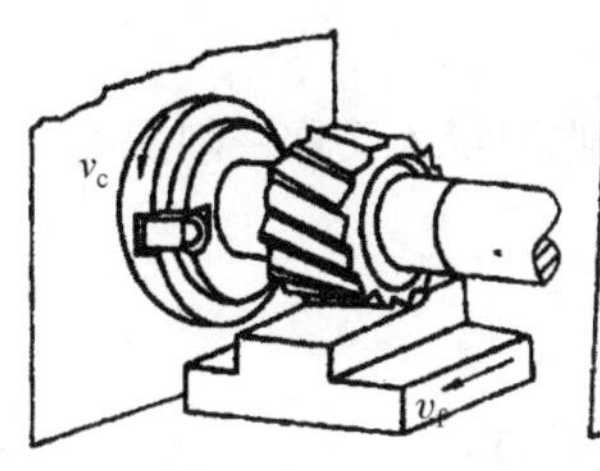

(a) 圆柱形铣刀铣平面

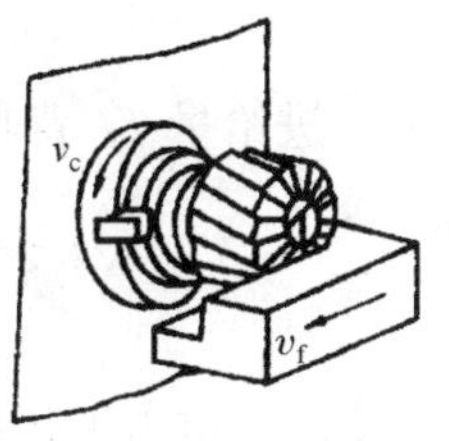

(b) 套式立铣刀铣台阶面

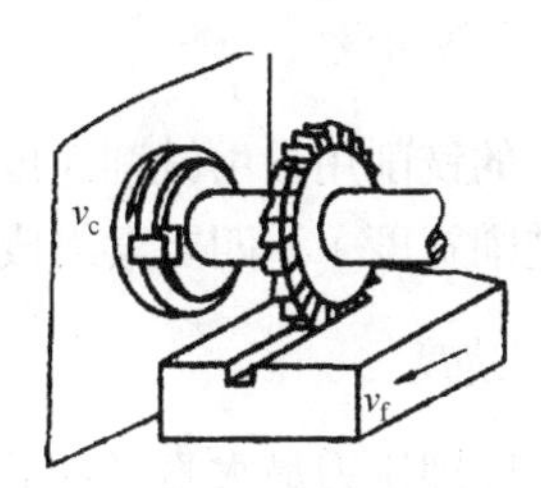

(c) 三面刃铣刀铣直角槽

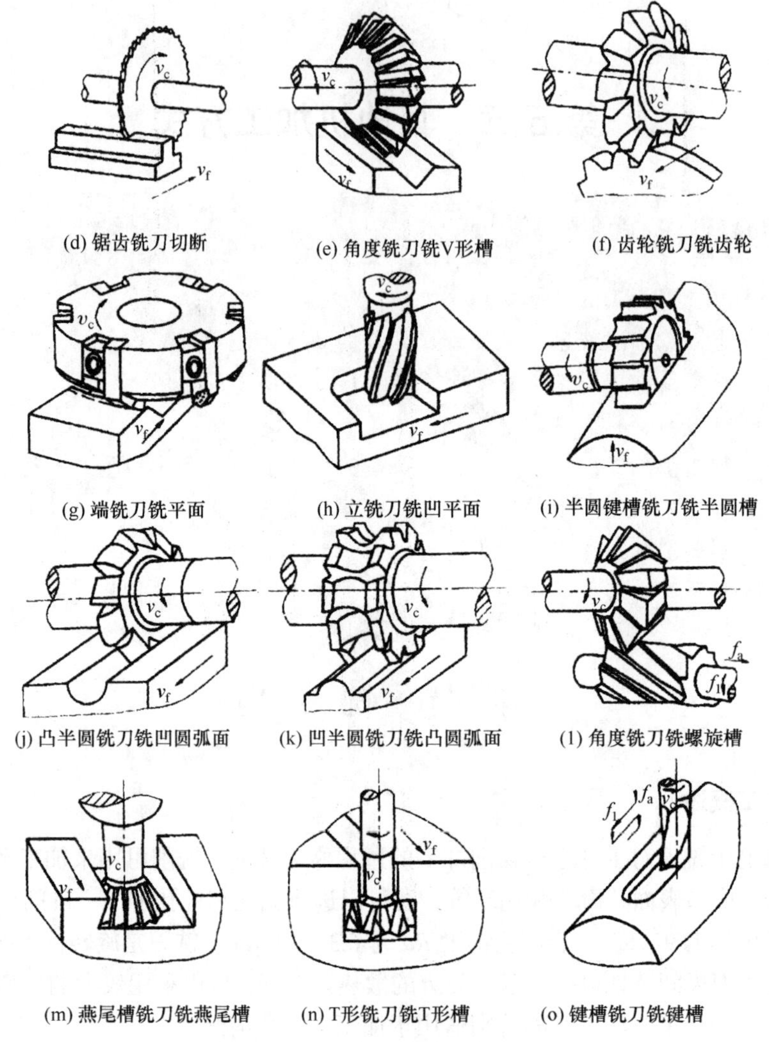

(d) 锯齿铣刀切断　(e) 角度铣刀铣V形槽　(f) 齿轮铣刀铣齿轮

(g) 端铣刀铣平面　(h) 立铣刀铣凹平面　(i) 半圆键槽铣刀铣半圆槽

(j) 凸半圆铣刀铣凹圆弧面　(k) 凹半圆铣刀铣凸圆弧面　(1) 角度铣刀铣螺旋槽

(m) 燕尾槽铣刀铣燕尾槽　(n) T形铣刀铣T形槽　(o) 键槽铣刀铣键槽

图 5-1-1　常见铣削工作

v_c—铣削速度；v_f—进给速度；f_l—水平进给量；f_a—纵向进给量

削过程时必须具有以下运动：①铣刀的高速旋转——主运动；②工件随工作台缓慢的直线移动——进给运动，该进给运动可分为垂直、横向和纵向运动。

（二）铣削用量

铣削时的铣削用量由铣削速度 v_c、进给量 f、背吃刀量（又称铣削深度）a_p 和侧吃刀量（又称铣削宽度）a_e 四要素组成。

1. 铣削速度

铣削速度即铣刀最大直径处的线速度，可由下式计算：

$$v_c=\pi d_0 n/1000\ (\text{m/min})$$

式中：d_0——铣刀直径，mm；

n——铣刀转速，r/min。

2. 进给量

进给量指工件相对铣刀移动的距离，分别用三种方法表示：f、f_z、v_f。

（1）进给量f指铣刀每转动一周，工件与铣刀的相对位移量，单位为mm/r；

（2）每齿进给量f_z指铣刀每转过一个刀齿，工件与铣刀沿进给方向的相对位移量，单位为mm/齿；

（3）进给速度v_f指单位时间内工件与铣刀沿进给方向的相对位移量，单位为mm/min。

通常情况下，铣床加工时的进给量均指进给速度。

三者之间的关系为

$$v_f = f \cdot n = f_z \cdot Z \cdot n$$

式中：Z——铣刀齿数；

n——铣刀转速，r/min。

3. 铣削深度

铣削深度a_p指平行于铣刀轴线方向测量的切削层尺寸。

4. 铣削宽度

铣削宽度a_e指垂直于铣刀轴线并垂直于进给方向度量的切削层尺寸，如图5-1-2所示。

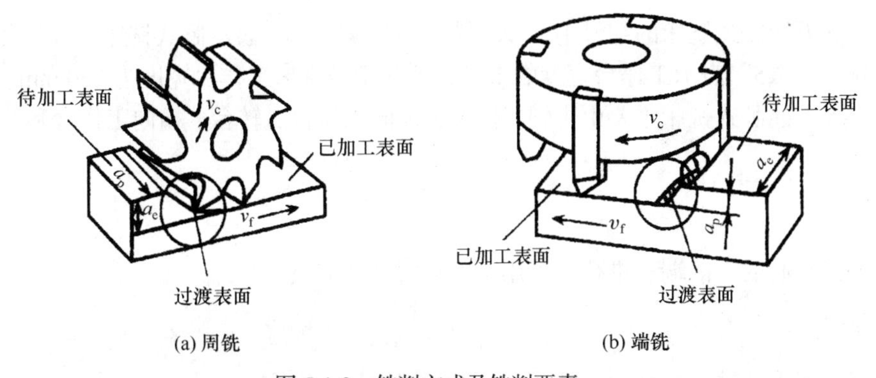

图5-1-2　铣削方式及铣削要素

三、铣床类机床

铣床类机床的工作特点是刀具做旋转运动——主运动，工件做直线移动——进给运动。

根据刀具位置和工作台的结构，铣床类机床一般可分为带刀旋转轴水平布置（卧式）和带刀旋转轴垂直布置（立式）两种形式。

（一）卧式铣床

图5-1-3所示为X6125万能卧式铣床，是一种常见的带刀旋转轴水平布置的铣床。其工作台分为三层，分别为纵向工作台、横向工作台和转台。在纵向工作台上安放工件，它

可沿着横向工作台上的导轨做纵向移动。横向工作台则安装在转台上，可绕轴在水平方向做 ± 45°旋转。轴台位于纵横工作台之间，具有转台的卧式铣床称为卧式万能铣床。

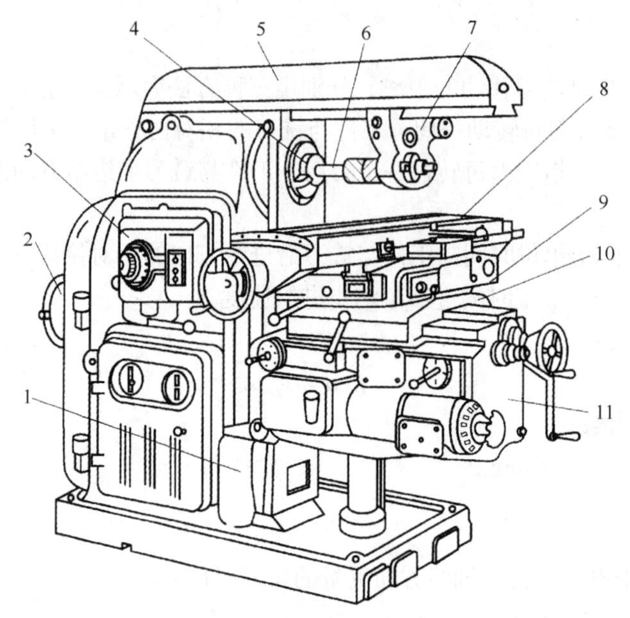

图 5-1-3　X6125 万能卧式铣床

1—床身；2—电动机；3—主轴变速机构；4—主轴；5—横梁；6—刀杆；7—吊架；8—纵向工作台；9—转台；10—横向工作台；11—升降台

X6125 万能卧式铣床的编号中，“X”表示铣床类，“6”表示卧式铣床，“1”表示万能升降台铣床，“25”表示工作台宽度的 1/10，即此型号铣床工作台宽度为 250 mm。

X6125 万能卧式铣床主要由主轴、横梁、纵向工作台、转台、横向工作台和升降台等部分组成。

1. 主轴

主轴是空心的，前端有锥孔，可用来安装刀杆或刀具。

2. 横梁

横梁用于支撑铣刀刀杆伸出的一端，以加强刀杆的刚度。

3. 纵向工作台

纵向工作台可以在转台的导轨上做纵向移动，以带动安装在台面上的工件做纵向进给。

4. 转台

转台可以使纵向工作台在水平面内扳转一个角度（沿顺时针或逆时针扳转的最大角度为 45°）来铣削螺旋槽等。

5. 横向工作台

横向工作台用来带动纵向工作台一起做横向进给。

6. 升降台

升降台可沿床身导轨做垂直移动，用以调整工作台在垂直方向上的位置。

（二）立式铣床

立式升降台铣床简称立式铣床。图 5-1-4 所示为 X5032 立式铣床。

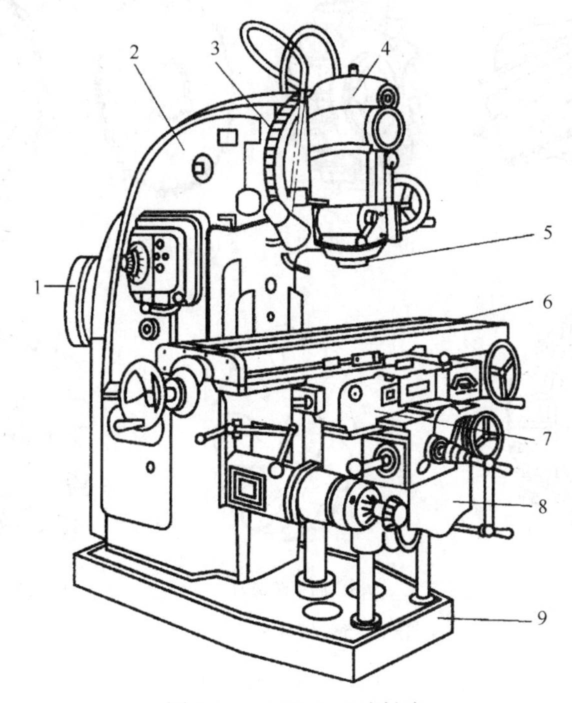

图 5-1-4　X5032 立式铣床

1—电动机；2—床身；3—立铣头旋转刻度盘；4—立铣头；5—主轴；6—纵向工作台；7—横向工作台；8—升降台；9—底座

X5032 立式铣床的编号中，“X”为铣床，“5”为立式铣床，“0”为立式升降台铣床，“32”为工作台面宽度的 1/10，即此型号铣床工作台面宽度为 320 mm。

立式铣床与卧式铣床的主要区别是其主轴与工作台面垂直，铣刀安装在主轴上，由主轴带动做旋转运动，工作台带动零件做纵向、横向、垂直方向移动。

根据加工的需要，可以将铣头（包括主轴）左、右倾斜一定的角度，以便加工斜面等。

立式铣床生产效率比较高，可以利用立铣刀或面铣刀加工平面、台阶、斜面和键槽，还可以加工内外圆弧、T 形槽及凸轮等。

（三）铣刀及其安装

铣刀实质上是由几把单刃刀具组成的多刃刀具，它的刀齿分布在圆柱铣刀的外回转表面或端铣刀的端面上。根据结构的不同，铣刀可以分为带孔铣刀和带柄铣刀。

1. 带孔铣刀

带孔铣刀多用于卧式铣床。常用的带孔铣刀有圆柱铣刀、三面刃铣刀、锯片铣刀、盘状模数铣刀、角度铣刀和半圆弧铣刀等，如图 5-1-5 所示。带孔铣刀常用刀杆安装，如图 5-1-6 所示。安装时，铣刀尽可能靠近主轴或吊架，使铣刀有足够的刚度。安装好铣刀后，在拧紧刀轴压紧螺母之前，必须先装好吊架，以防刀杆弯曲变形。

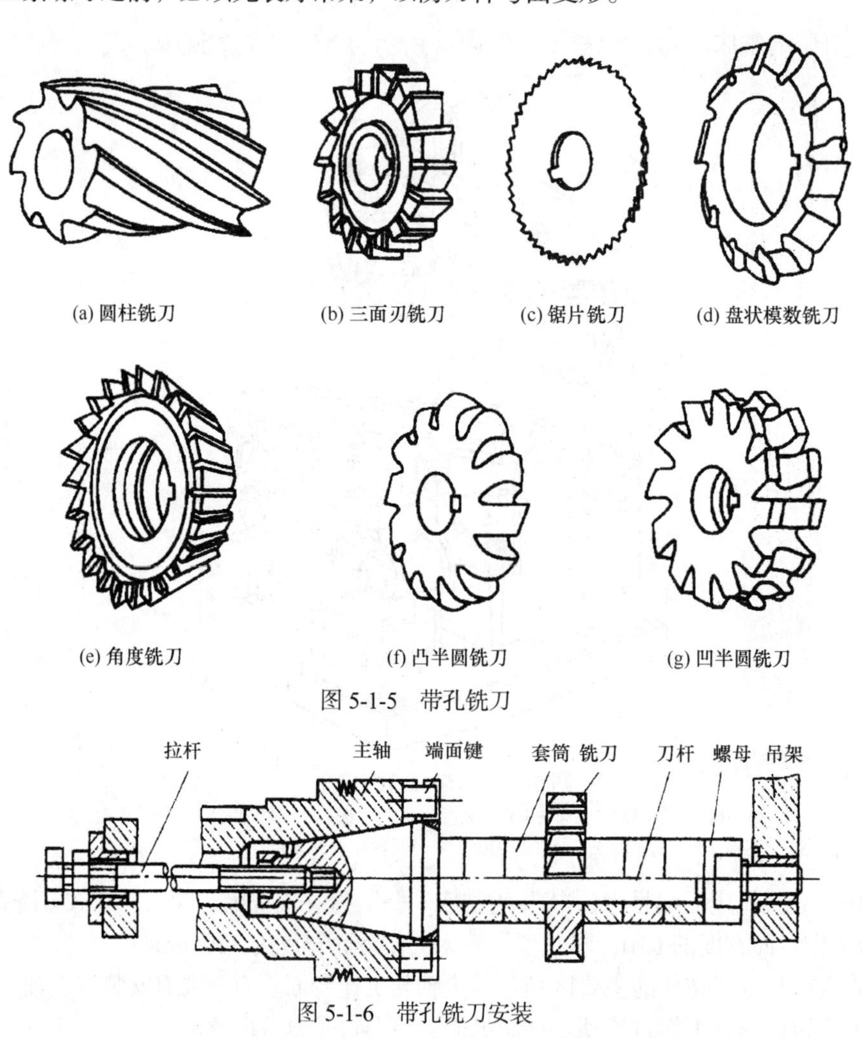

(a) 圆柱铣刀　(b) 三面刃铣刀　(c) 锯片铣刀　(d) 盘状模数铣刀

(e) 角度铣刀　(f) 凸半圆铣刀　(g) 凹半圆铣刀

图 5-1-5　带孔铣刀

图 5-1-6　带孔铣刀安装

2. 带柄铣刀

带柄铣刀多用于立式铣床，有的也可用于卧式铣床。常用的带柄铣刀有端铣刀、立铣刀、键槽铣刀、T 形槽铣刀和燕尾槽铣刀等，如图 5-1-7 所示。

带柄铣刀按照其直径的大小有锥柄和直柄两种。其中，图 5-1-7（a）所示为锥柄铣刀，安装时需先选用合适的过渡锥套，再用拉杆将铣刀及过渡锥套一起拉紧在主轴端部的锥孔内；图 5-1-7（b）所示为直柄铣刀，这类铣刀的直径一般不大，多用弹簧夹头进行安装。

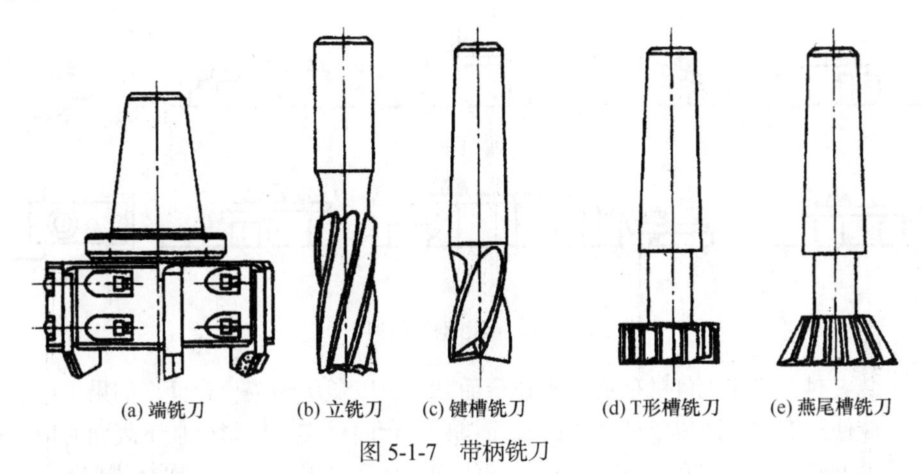

(a) 端铣刀 (b) 立铣刀 (c) 键槽铣刀 (d) T形槽铣刀 (e) 燕尾槽铣刀

图 5-1-7 带柄铣刀

（四）常见铣床附件及其安装

铣床的主要附件有机用平口钳、压板螺栓、回转工作台、万能铣头和万能分度头等。

1. 机用平口钳

机用平口钳是一种通用夹具，也是铣床常用附件之一。

它安装使用方便，应用广泛，用于安装尺寸较小和形状简单的支架、盘套、板块、轴类零件。它有固定钳口和活动钳口，通过丝杠、螺母传动调整钳口间距离，以安装不同宽度的零件。铣削时，将机用平口钳固定在工作台上，再把工件安装在机用平口钳上，应使铣削力方向趋于固定钳口方向。

2. 压板螺栓

对于尺寸较大或形状特殊的零件，可视其具体情况采用不同的装夹工具固定在工作台上，安装时应先进行工件找正，如图 5-1-8 所示。

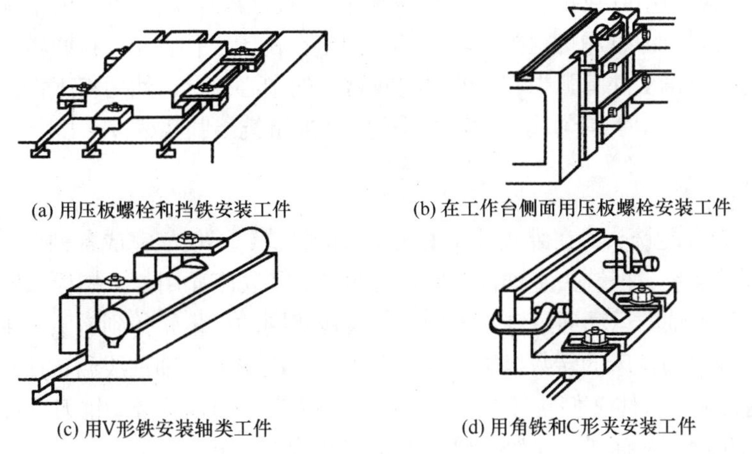

(a) 用压板螺栓和挡铁安装工件 (b) 在工作台侧面用压板螺栓安装工件

(c) 用V形铁安装轴类工件 (d) 用角铁和C形夹安装工件

图 5-1-8 工件安装方法

图 5-1-9 为用压板螺栓在工作台上安装工件的正误比较。

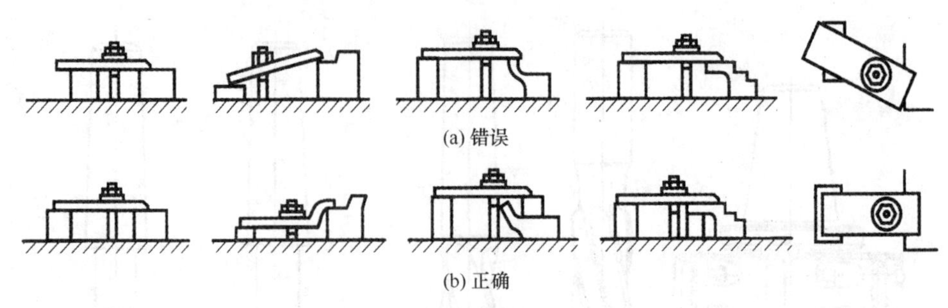

图 5-1-9　压板螺栓的使用

（1）装夹时，应使工件的底面与工作台面贴实，以免压伤工作台面。如果工件底面是毛坯面，应使用铜皮、铁皮等使工件的底面与工作台面贴实。夹紧已加工表面时应在压板和工件表面间垫铜皮，以免压伤工件已加工表面。各压紧螺母应分几次交错拧紧。

（2）工件的夹紧位置和夹紧力要适当。压板不应歪斜和悬伸太长，必须压在垫铁处，压点要靠近切削面，压力大小要适当。

（3）在工件夹紧前后要检查工件的安装位置是否正确，以及夹紧力是否得当，以免产生变形或位置移动。

（4）装夹空心薄壁工件时，应在其空心处用活动支承件支承以增加刚性，防止工件振动或变形。

3. 回转工作台

如图 5-1-10 所示，回转工作台又称转盘或圆工作台，一般用于较大零件的分度工作和非整圆弧面的加工。分度时，在回转工作台上配上三爪自定心卡盘，可以铣削四方、六方等工件。回转工作台有手动和机动两种方式，其内部有蜗杆蜗轮机构。摇动手轮 2，通过蜗杆轴 3 直接带动与转台 4 相连接的蜗轮转动。转台 4 周围有 360°刻度，在手轮 2 上也装有一个刻度环，可用来观察和确定转台位置。拧紧螺钉 1，转台 4 即被固定。转台 4 中央的孔可以装夹心轴，用以找正和确定工件的回转中心，当转台底座 5 上的槽和铣床工作台上的 T 形槽对齐后，即可用螺栓把回转工作台固定在铣床工作台上。在回转工作台上铣圆弧槽时，首先应校正工件圆弧中心，使之与转台 4 的中心重合，然后将工件安装在回转工作台上，铣刀旋转，用手均匀缓慢地转动手轮 2，即可铣出圆弧槽。

4. 万能铣头

图 5-1-11 为万能铣头，在卧式铣床上装上万能铣头，不仅能完成各种立铣的工作，而且可根据铣削的需要，把铣头主轴扳转成任意角度。其底座 4 用四个螺栓固定在铣床的垂直导轨上。铣床主轴的运动通过铣头内的两对齿数相同的锥齿轮传到铣头主轴上，因此铣头主轴的转数级数与铣床的转数级数相同。壳体 3 可绕铣床主轴轴线偏转任意角度，壳体 3 还能相对铣头主轴壳体 2 偏转任意角度。因此，铣头主轴就能带动铣刀 1 在空间偏转成所需要的任意角度，从而扩大了卧式铣床的加工范围。

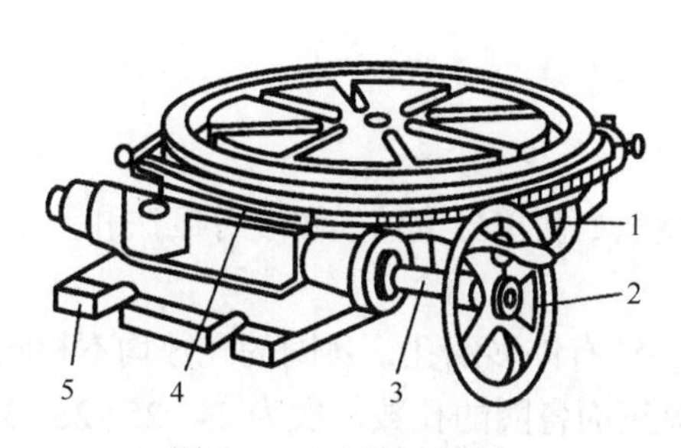

图 5-1-10　回转工作台

1—螺钉；2—手轮；3—蜗杆轴；4—转台；5—底座

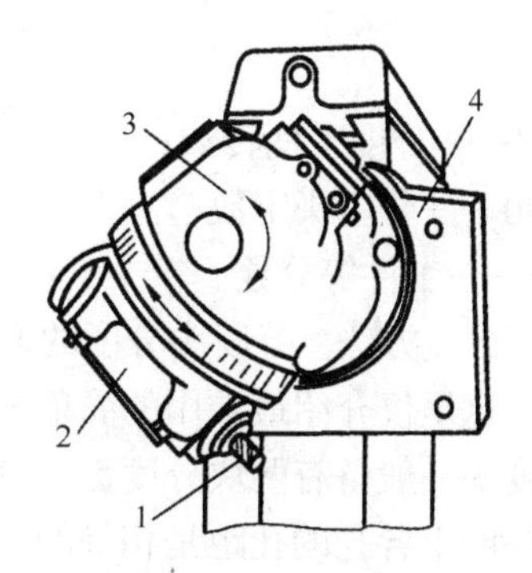

图 5-1-11　万能铣头

1—铣刀；2—铣头主轴壳体；3—壳体；4—底座

5. 万能分度头

分度头主要用来安装需要进行分度的工件，利用分度头可铣削多边形、齿轮、花键、刻线、螺旋面及球面等。在铣完一个面或一个沟槽后，需要将工件转过一定角度，此过程称为“分度”。分度头的种类很多，有简单分度头、万能分度头、光学分度头、自动分度头等，其中用得最多的是万能分度头。

（1）万能分度头的结构。如图 5-1-12 所示，万能分度头的基座 1 上装有回转体 5，分度头主轴 6 可随回转体 5 在垂直平面内转动–6°～90°，主轴前端锥孔用于装顶尖，外部定位锥体用于装三爪自定心卡盘。9°分度时可转动分度手柄 4，通过蜗杆 8 和蜗轮 7 带动分度头主轴旋转进行分度，图 5-1-13 所示为其传动示意图。

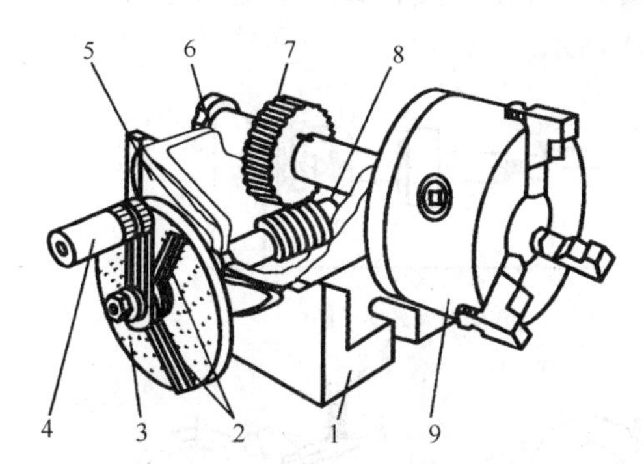

图 5-1-12　万能分度头的外形

1—基座；2—扇形叉；3—分度盘；4—手柄；5—回转体；6—分度头主轴；7—蜗轮；8—蜗杆；9—三爪自定心卡盘

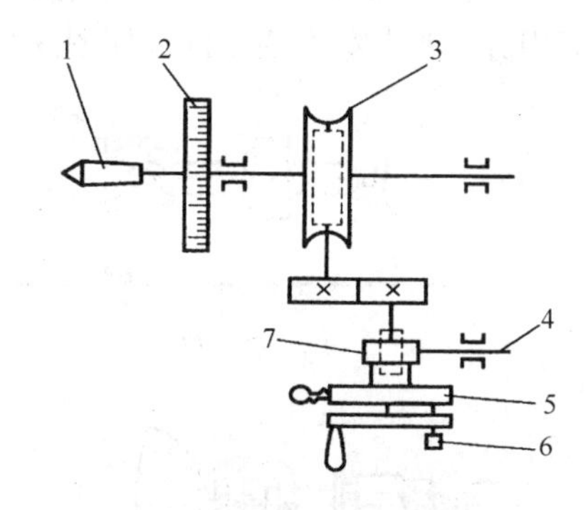

图 5-1-13　分度头的传动示意图

1—主轴；2—刻度环；3—蜗杆蜗轮；4—挂轮轴；5—分度盘；6—定位销；7—螺旋齿轮

分度头中蜗杆和蜗轮的传动比为

$$i = \text{蜗杆的头数} / \text{蜗轮的齿数} = 1/40$$

即当手柄通过一对传动比为 1∶1 的直齿轮带动蜗杆转动一周时，蜗轮只能带动主轴转过 1/40 周。若工件在整个圆周上的分度数目 z 为已知，则每分一个等份就要求分度头主轴转过 $1/z$ 圈。当分度手柄所需转数为 n'圈时，有如下公式：

$$1:40=1/z:n'$$

式中：n'——分度手柄转数；

40——分度头定数；

z——工件等分数。

（2）分度方法。分度头分度的方法有直接分度法、简单分度法、角度分度法和差动分度法等。这里仅介绍最常用的简单分度法。

分度头一般备有两块分度盘。分度盘的两面各钻有许多圈孔，各圈的孔数均不相同，然而同一圈上各孔的孔距是相等的。第一块分度盘正面各圈的孔数依次为24、25、28、30、34、37；反面各圈的孔数依次为38、39、41、42、43。第二块分度盘正面各圈的孔数依次为46、47、49、51、53、54；反面各圈的孔数依次为57、58、59、62、66。

例如，欲铣削一齿数为6的外花键，每铣完一个齿后，分度手柄应转的转数为可选用分度盘上24的孔圈（或孔数是分母3的整数倍的孔圈），则 $n'=\dfrac{40}{z}=\dfrac{40}{6}=6\dfrac{2}{3}(\text{r})$，即先将定位销调整至孔数为24的孔圈上，转过6转后，再转过16个孔距。为了避免手柄转动时发生差错和节省时间，可调整分度盘上的两个扇形叉间的夹角，使之正好等于孔距数，这样依次进行分度时就可准确无误。如果分度手柄不慎转多了孔距数，应将手柄退回1/3圈以上，以消除传动件之间的间隙，再重新转到正确的孔位上。

（3）装夹工件方法。加工时，既可用分度头卡盘（或顶尖、拨盘和卡箍）与尾座顶尖一起安装轴类工件，如图5-1-14（a）～（c）所示；也可将工件套装在心轴上，心轴装夹在分度头主轴锥孔内，并按需要使分度头主轴倾斜一定的角度，如图5-1-14（d）所示；也可只用分度头卡盘安装工件，如图5-1-14（e）所示。

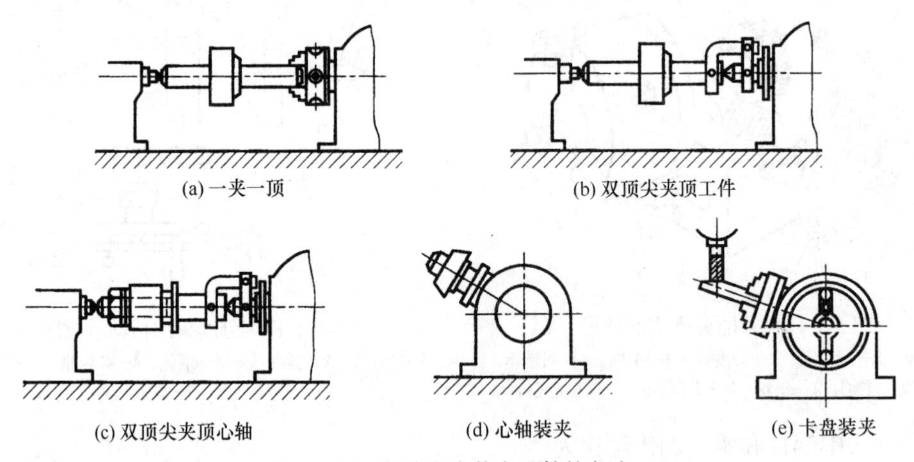

图5-1-14　用分度头装夹工件的方法

6. 用专用夹具安装

专用夹具是根据某一工件的某一工序的具体加工要求而专门设计和制造的夹具。常用的有车床类夹具、铣床类夹具、钻床类夹具等，这些夹具有专门的定位和夹紧装置，工件无须进行找正即可迅速、准确地安装，既提高了生产效率，又可保证加工精度。但设计和制造专用夹具的费用较高，故其主要用于成批大量生产。

四、铣削工艺

铣床的工作范围很广，常见的铣削工作有铣平面、铣斜面、铣沟槽、铣成型面及铣螺旋槽等，如图 5-1-1 所示。

（一）铣平面

1. 用端铣刀铣平面

目前铣削平面的工作多采用镶齿端铣刀在立式铣床或卧式铣床上进行。由于端铣刀铣削时切削厚度变化小，同时进行切削的刀齿较多，切削较平稳。另外，端铣刀的柱面刃承受着主要的切削工作，而端面刃又有刮削作用，因此表面结构值较小。

2. 用圆柱形铣刀铣平面

铣平面的圆柱形铣刀有两种，即直齿铣刀与螺旋齿铣刀，其结构形式又有整体式和镶齿式圆柱形铣刀之分。用螺旋齿铣刀铣削时，同时参加切削的刀齿数较多，每个刀齿工作时都是沿螺旋线方向逐渐地切入和脱离工件表面，切削比较平稳。

铣平面所用刀具及方法较多，如图 5-1-1 所示。

（二）铣斜面

具有斜面结构的工件很常见，铣削斜面的方法也很多，下面介绍常用的几种。

1. 使用倾斜垫铁铣斜面

在零件设计基准的下面垫一块倾斜的垫铁，则铣出的平面就倾斜于设计基准面。

改变倾斜垫铁的角度，即可加工不同角度的斜面，如图 5-1-15 所示。

2. 用万能铣头铣斜面

由于万能铣头能方便地改变刀轴的空间位置，可以转动铣头以使刀具相对工件倾斜一个角度来铣斜面，如图 5-1-16 所示。

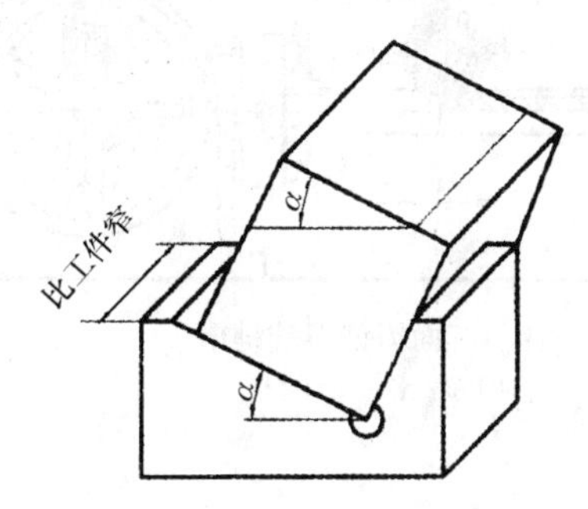

图 5-1-15　安装倾斜垫铁铣斜面

α—倾斜角

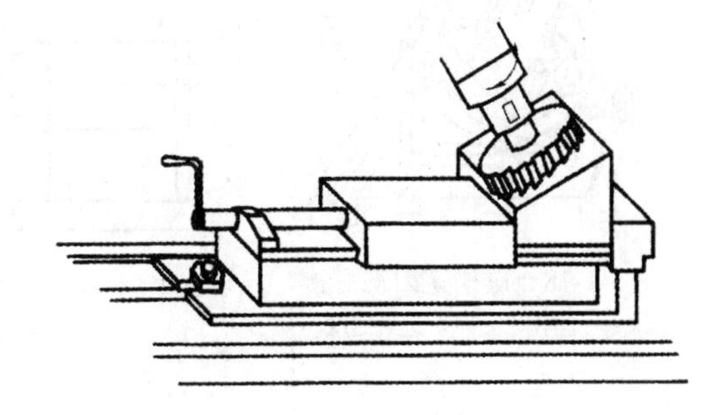

图 5-1-16　用万能铣头改变刀轴位置铣斜面

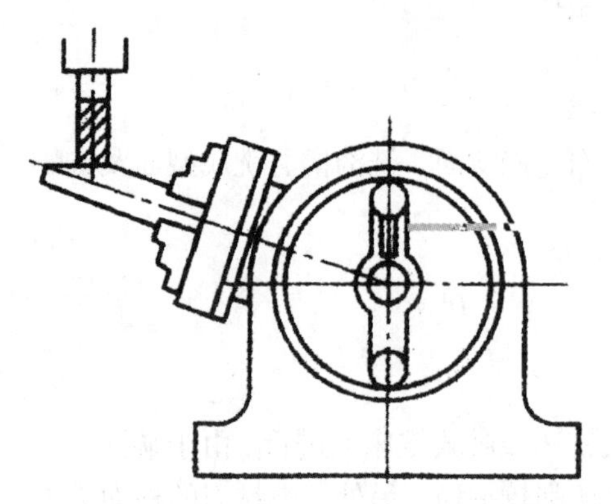

图 5-1-17　利用分度头倾斜安装铣斜面

3. 利用分度头铣斜面

在一些圆柱形和特殊形状的零件上加工斜面时，可利用分度头将工件转到所需位置而铣出斜面，如图 5-1-17 所示。

4. 用角度铣刀铣斜面

较小的斜面可用合适的角度铣刀加工。当加工零件批量较大时，则常采用专用夹具铣斜面（参见图 5-1-1 中的铣燕尾槽斜面、V 形槽斜面）。

（三）铣沟槽

铣床能加工的沟槽种类很多，如直槽、角度槽、V 形槽、T 形槽、燕尾槽和键槽等。这里着重介绍键槽、T 形槽及燕尾槽的加工，其他的见图 5-1-1。

1. 铣键槽

常见的键槽有封闭式和敞开式两种。对于封闭式键槽，单件生产一般在立式铣床上加工，当批量较大时，则常在键槽铣床上加工。在键槽铣床上加工时，利用抱钳（图 5-1-18）把工件卡紧后，再用键槽铣刀一薄层一薄层地铣削，直到符合要求为止。

若用立铣刀加工，由于立铣刀中央无切削刃，不能向下进刀，必须预先在槽的一端钻一个落刀孔，才能用立铣刀铣键槽。

对于敞开式键槽的加工，可在卧式铣床上进行，一般采用三面刃铣刀加工，见图 5-1-19。

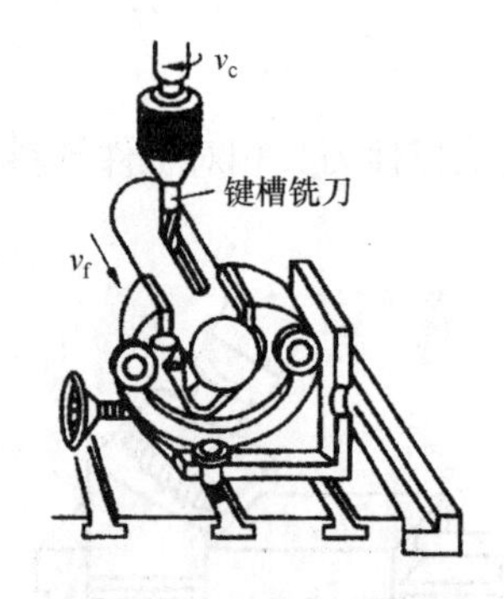

图 5-1-18　键槽铣刀铣键槽
v_c—铣削速度；v_f—进给速度

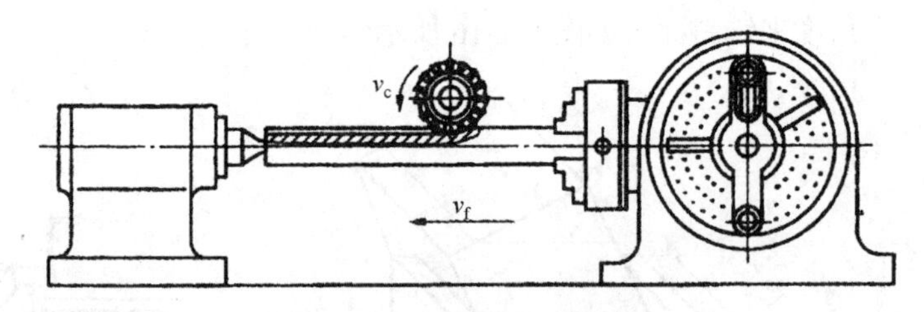

图 5-1-19　三面刃铣刀铣键槽
v_c—铣削速度；v_f—进给速度

2. 铣 T 形槽

T 形槽的应用很多，如铣床和刨床的工作台上用来安放紧固螺栓的槽就是 T 形槽。要加工 T 形槽，首先用钳工划线，其次用立铣刀或三面刃铣刀铣出直角槽，再次在立式铣床

上用T形槽铣刀铣削T形槽，但由于T形槽铣刀工作时排屑困难，切削用量应选得小些，同时应多加冷却液，最后用角度铣刀铣出倒角，如图5-1-20所示。

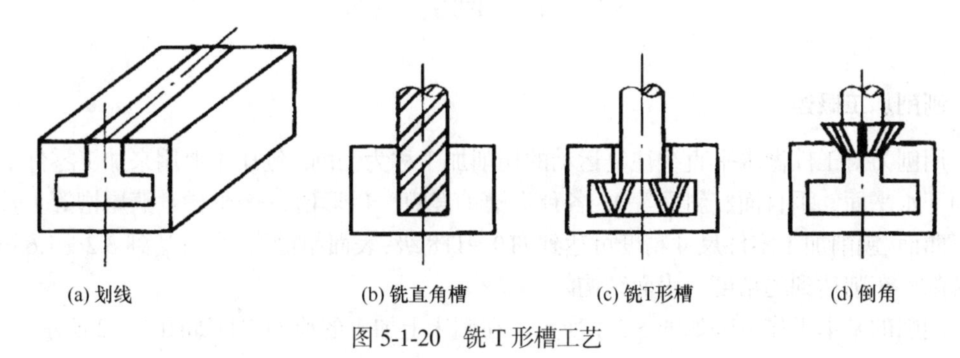

图5-1-20　铣T形槽工艺

3. 铣燕尾槽

燕尾槽在机械上的使用也较多，如车床导轨、牛头刨床导轨等。燕尾槽的铣削和T形槽类似。首先也是钳工划线，然后用立铣刀或三面刃铣刀铣出直角槽，最后用燕尾槽铣刀铣出燕尾槽，铣削时燕尾槽铣刀刚度弱，容易折断，因此切削用量应选得小些，同时应多加冷却液，经常清除切屑，参见图5-1-21。

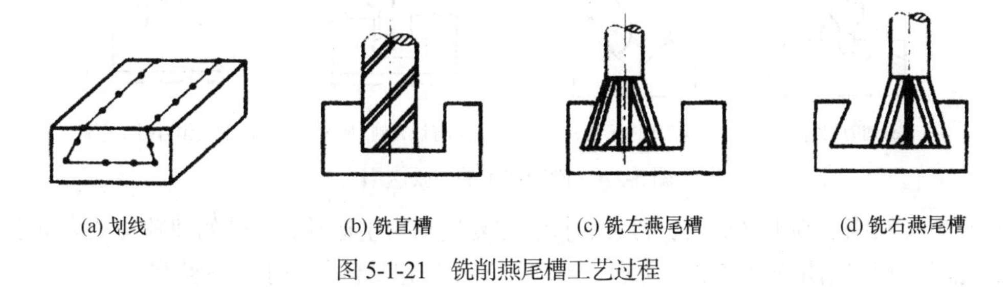

图5-1-21　铣削燕尾槽工艺过程

（四）铣成型面

在铣床上常用成型铣刀加工成型面，图5-1-1中（f）、（j）、（k）为各种成型刀在铣削成型面。此外，数控机床上通过CAD/CAM系统绘制三维零件后也可直接转为数控加工程序进行加工，如现代商业产品成型模具凹模、凸模等。

（五）铣螺旋槽

在铣削加工中常常会遇到铣削斜齿轮、麻花钻、螺旋铣刀的沟槽等，这类工作统称为铣螺旋槽。

铣床上铣螺旋槽与车螺纹的原理基本相同。铣削时，刀具做旋转运动；工件则随工作台做匀速直线移动，同时又被分度头带动做等速旋转运动。要铣削出一定导程的螺旋槽，必须保证当工件纵向进给一个导程时，工件刚好转过一圈。这一点可通过在丝杠和分度头之间配换挂轮来实现。

第二节 刨 削

一、刨削加工概述

用刨刀对工件做水平直线往复运动的切削加工称为刨削。刨床主要用来加工零件上的平面（水平面、垂直面、斜面等）、各种沟槽（直槽、T 形槽、V 形槽、燕尾槽等）及直线形曲面。刨削加工零件尺寸精度可达到 IT9～IT8 级，表面粗糙度 Ra 可达到 3.2～1.6 μm，和铣削、车削达到的精度、表面结构差不多。

刨削的基本工作范围如图 5-2-1 所示，在刨床上加工的典型零件如图 5-2-2 所示。

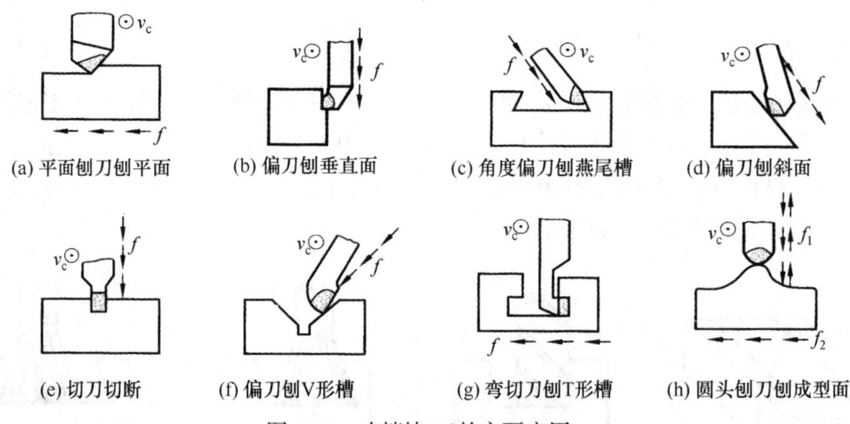

图 5-2-1 刨削加工的主要应用

在牛头刨床上刨水平面时，刀具的直线往复运动为主运动，工件的间歇移动为进给运动，此时的切削用量如图 5-2-3 所示。刨削切削用量包括刨削速度、进给量和背吃刀量。

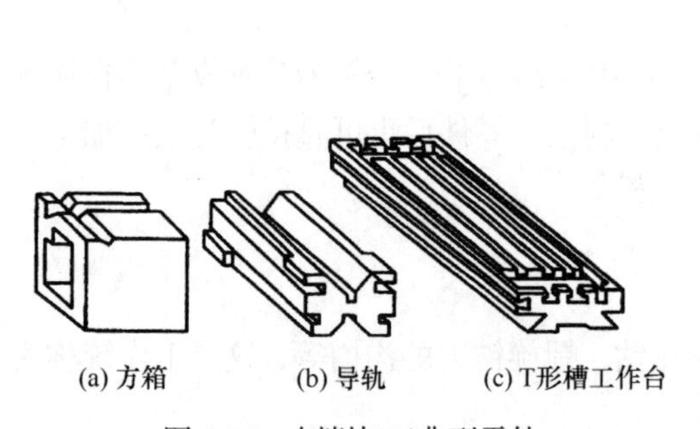

图 5-2-2 刨削加工典型零件

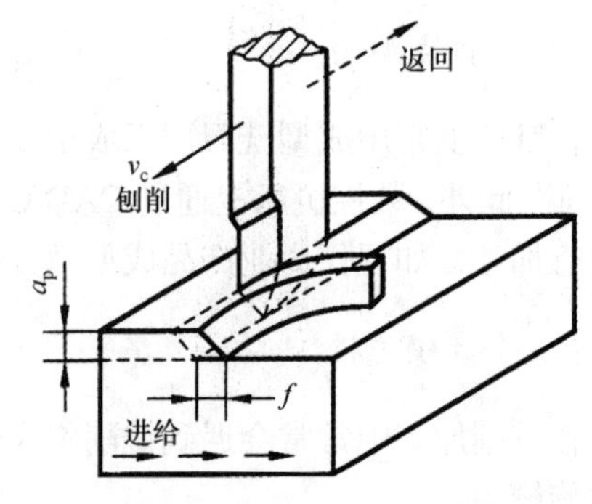

图 5-2-3 牛头刨床的刨削运动和切削用量

刨削速度（v_c）是指主运动的平均速度，单位为 m/s。

进给量 f 是指主运动往复运动一次工件沿进给方向移动的距离，单位为 mm/次。

背吃刀量 a_p 是工件已加工表面和待加工表面之间的垂直距离，单位为 mm。

因为刨削的切削速度低，并且只是单刃切削，返回行程不工作，所以除刨削狭长平面（如床身导轨面）外，生产效率均较低。但由于刨削使用的刀具简单，加工调整方便、灵活，故广泛用于单件生产、修配及狭长平面的加工。

二、牛头刨床

牛头刨床是刨削类机床中应用较广的一种。它适宜刨削长度不超过 1000 mm 的中、小型工件。下面以 B6065（旧编号为 B665）牛头刨床为例进行介绍。

（一）牛头刨床的编号及组成

图 5-2-4 为 B6065 牛头刨床。在编号 B6065 中，“B”表示刨床类，“60”表示牛头刨床，“65”表示刨削工件的最大长度的 1/10，即此型号刨床最大刨削长度为 650 mm。

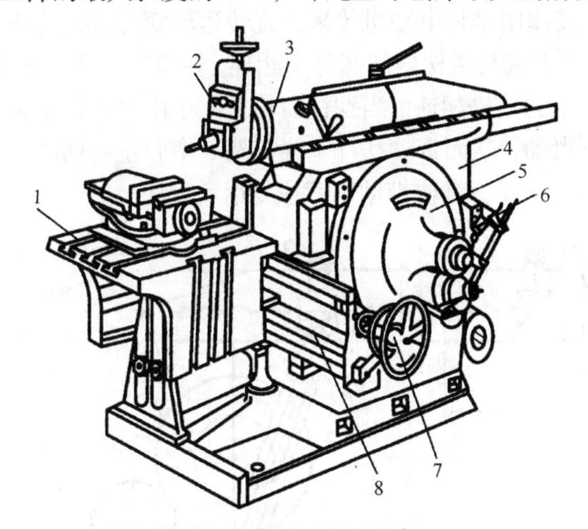

图 5-2-4　B6065 牛头刨床

1—工作台；2—刀架；3—滑枕；4—床身；5—摆杆机构；6—变速机构；7—进给机构；8—横梁

牛头刨床主要由床身、滑枕、刀架、工作台等部分组成。

1. 床身

床身用于支撑和连接刨床的各部件。其顶面导轨供滑枕往复运动用，侧面导轨供工作台升降用。床身的内部装有传动机构。

2. 滑枕

滑枕主要用于带动刨刀做直线往复运动（即主运动），其前端装有刀架。

3. 刀架

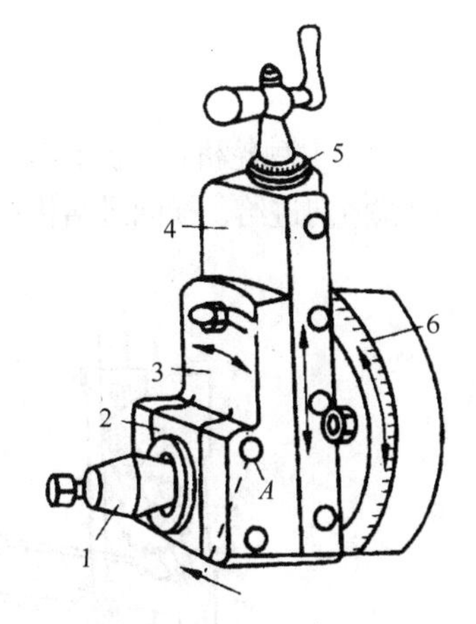

图 5-2-5　刀架

1—刀夹；2—抬刀板；3—刀座；4—滑板；5—刻度环；6—刻度转盘

刀架（图 5-2-5）用于夹持刨刀。摇动刀架手柄时，滑板便可沿转盘上的导轨带动刨刀上下移动。松开转盘上的螺母，将转盘扳转一定角度后，可使刀架斜向进给。滑板上还装有可偏转的刀座（又称刀盒、刀箱）。刀座上装有抬刀板，刨刀随刀夹安装在抬刀板上，在刨刀的返回行程中，刨刀随抬刀板绕 A 轴向上抬起，以减小刨刀与工件的摩擦。

4. 工作台

工作台用于安装工件，它可随横梁做上下调整，并可沿横梁做水平方向移动或做进给运动。

（二）牛头刨床传动系统

B6065 牛头刨床的传动系统主要包括摆杆机构和棘轮机构。

（1）摆杆机构。其作用是将电动机传来的旋转运动变为滑枕的往复直线运动，结构如图 5-2-6 所示。摆杆 7 上端与滑枕内的螺母 2 相连，下端与支架 5 相连。摆杆齿轮 3 上的偏心滑块 6 与摆杆 7 上的导槽相连。当摆杆齿轮 3 由小齿轮 4 带动旋转时，偏心滑块就在摆杆 7 的导槽内上下滑动，从而带动摆杆 7 绕支架 5 中心左右摆动，于是滑枕便做往复直线运动。摆杆齿轮转动一周，滑枕带动刨刀往复运动一次。

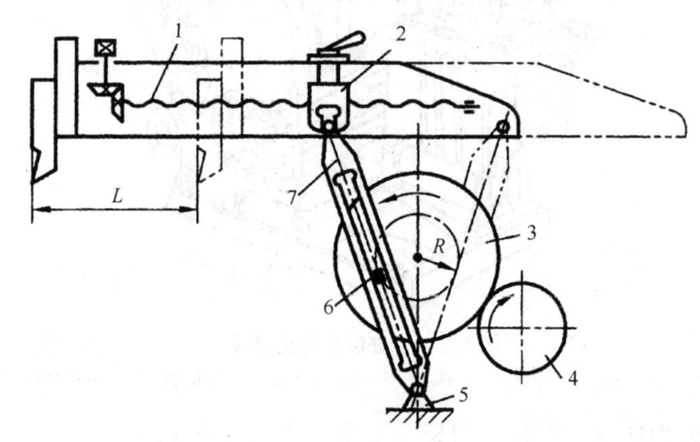

图 5-2-6　摆杆机构

1—丝杠；2—螺母；3—摆杆齿轮；4—小齿轮；5—支架；6—偏心滑块；7—摆杆；L—刨刀往复运动距离；R—滑块运动轨迹圆的半径

（2）棘轮机构。其作用是使工作台在滑枕完成回程与刨刀再次切入工件之前的瞬间，做间歇横向进给，横向进给机构如图 5-2-7（a）所示，棘轮机构的结构如图 5-2-7（b）所示。

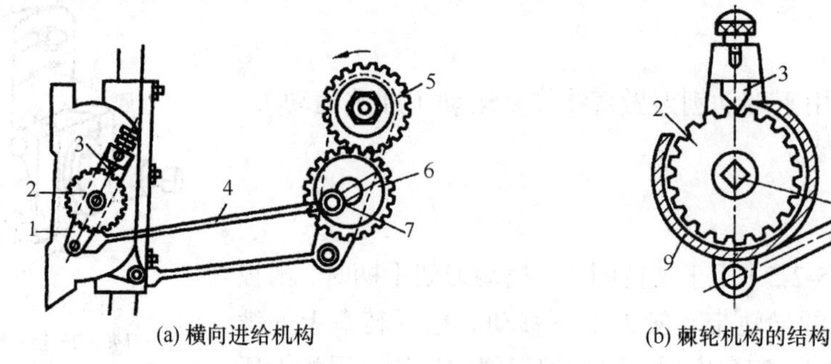

图 5-2-7　牛头刨床横向进给机构

1—棘爪架；2—棘轮；3—棘爪；4—连杆；5, 6—齿轮；7—偏心销；8—横向丝杠；9—棘轮罩

齿轮 5 与摆杆齿轮为一体，摆杆齿轮逆时针旋转时，齿轮 5 带动齿轮 6 转动，使连杆 4 带动棘爪 3 逆时针摆动。棘爪 3 逆时针摆动时，其上的垂直面拨动棘轮 2 转过若干齿，使横向丝杠 8 转过相应的角度，从而实现工作台的横向进给。而当棘轮顺时针摆动时，因为棘爪后面为一斜面，只能从棘轮齿顶滑过，不能拨动棘轮，所以工作台静止不动，这样就实现了工作台的横向间歇进给。

工作台的进给运动既要满足间歇运动的要求，又要与滑枕的工作行程协调一致，即在刨刀返回行程将结束时，工作台连同工件一起横向移动一个进给量。

棘爪架空套在横向丝杠轴上，棘轮用键与横向丝杠轴相连。工作台横向进给量的大小，可通过改变棘轮罩的位置，从而改变棘爪每次拨过棘轮的有效齿数来调整。棘爪拨过棘轮的齿数较多时，进给量大；反之，则小。此外，还可通过改变偏心销 7 的偏心距来调整，偏心距小，棘爪架摆动的角度就小，棘爪拨过的棘轮齿数少，进给量就小；反之，进给量则大。若将棘爪提起后转动 180°可使工作台反向进给。当把棘爪提起后转动 90°时，棘轮便与棘爪脱离接触，此时可手动进给。

（三）工件及刨刀的安装

1. 工件的安装

在刨床上工件的安装方法视零件的形状和尺寸而定。常用的有机用平口钳安装、工作台安装和专用夹具安装等，装夹工件方法与铣削相同。

2. 刨刀的安装

刨刀的几何形状与车刀相似，但刀杆的横截面积比车刀大 1.25～1.5 倍，以承受较大的冲击力。刨刀的前角比车刀稍小，刃倾角取较大的负值，以增加刀头的强度。刨刀的一个显著特点是刨刀的刀头往往做成弯头，目的是当刀具碰到工件表面上的硬点时，刀头不会啃入工件已加工表面或损坏切削刃，因此，弯头刨刀比直头刨刀应用更广泛。

如图 5-2-8 所示，安装刨刀时，将转盘对准零线，以便准确控制背吃刀量，刀头不要伸出太长，以免产生振动和折断。直头刨刀伸出长度一般为刀杆厚度的 1.5～2 倍，弯头刨刀伸出长度可稍长些，以弯曲部分不碰刀座为宜。装刀或卸刀时，应使刀尖离开工件表面，以防损坏刀具或者擦伤工件表面，必须一只手扶住刨刀，另一只手使用扳手，用力方向自上而下，否则容易将抬刀板掀起，碰伤或夹伤手指。

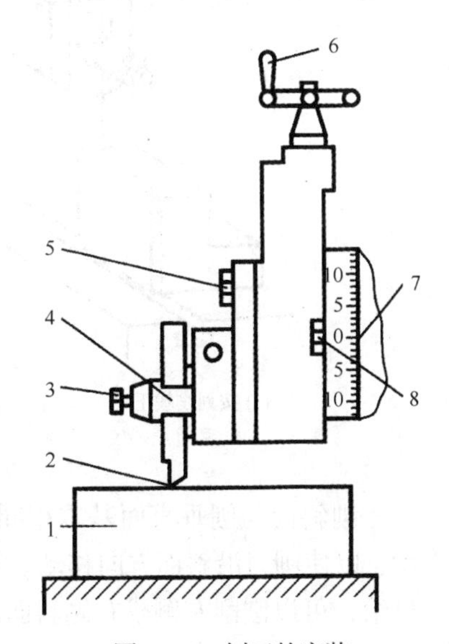

图 5-2-8　刨刀的安装

1—工件；2—刀头伸出要短；3—刀夹螺钉；4—刀夹；5—刀座螺钉；6—刀架进给手柄；7—转盘对准零线；8—转盘螺钉

三、刨削工艺

刨削主要用于加工平面、沟槽和成型面。

（一）刨水平面

刨削水平面的顺序如下：

（1）正确安装刀具和工件。

（2）调整工作台的高度，使刀尖轻微接触工件表面。

（3）调整滑枕的行程长度和起始位置。

（4）根据零件材料、形状、尺寸等要求，合理选择切削用量。

（5）试切。先手动试切，进给 1～1.5 mm 后停车，测量尺寸，根据测得结果调整背吃刀量，再自动进给进行刨削。当零件表面粗糙度 Ra 值低于 6.3 μm 时，应先粗刨，再精刨。精刨时，背吃刀量和进给量应小些，切削速度应适当高些。此外，在刨刀返回行程时，用手掀起刀座上的抬刀板，使刀具离开已加工表面，以保证零件表面质量。

（6）检验。零件刨削完工后，停车检验，尺寸和加工精度合格后即可卸下。

（二）刨垂直面和斜面

刨垂直面的方法如图 5-2-9 所示。此时采用偏刀，并使刀具的伸出长度大于整个刨削面的高度。刀架转盘应对准零线，以使刨刀沿垂直方向移动。刀座必须偏转 10°～15°，以使刨刀在返回行程时离开工件表面，减少刀具的磨损，避免工件已加工表面被划伤。刨垂直面和斜面的加工方法一般在不能或不便于进行水平面刨削时才使用。

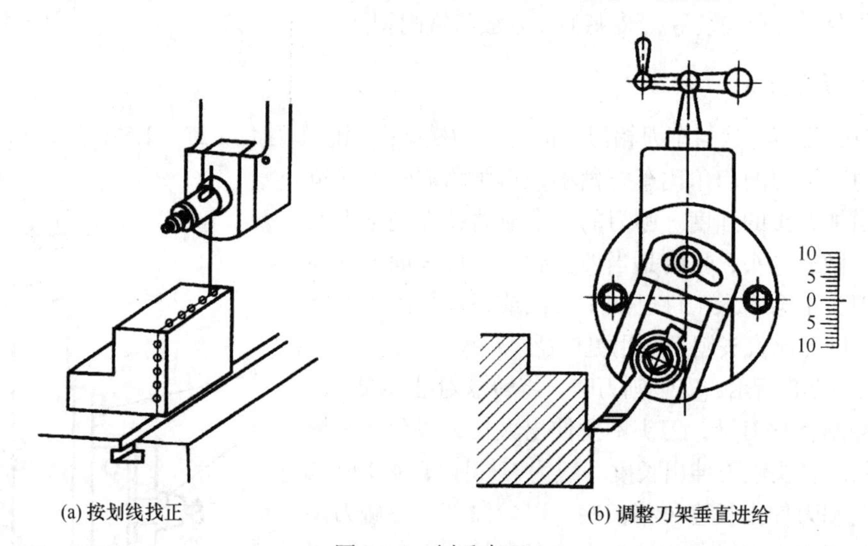

(a) 按划线找正　　(b) 调整刀架垂直进给

图 5-2-9　刨垂直面

刨斜面与刨垂直面基本相同，只是刀架转盘必须按零件所需加工的斜面扳转一定角度，以使刨刀沿斜面方向移动。如图 5-2-10 所示，采用偏刀或样板刀，转动刀架手柄进行进给，可以刨削左侧或右侧斜面。

（三）刨沟槽

（1）刨直槽时用切刀以垂直进给完成，如图 5-2-11 所示。

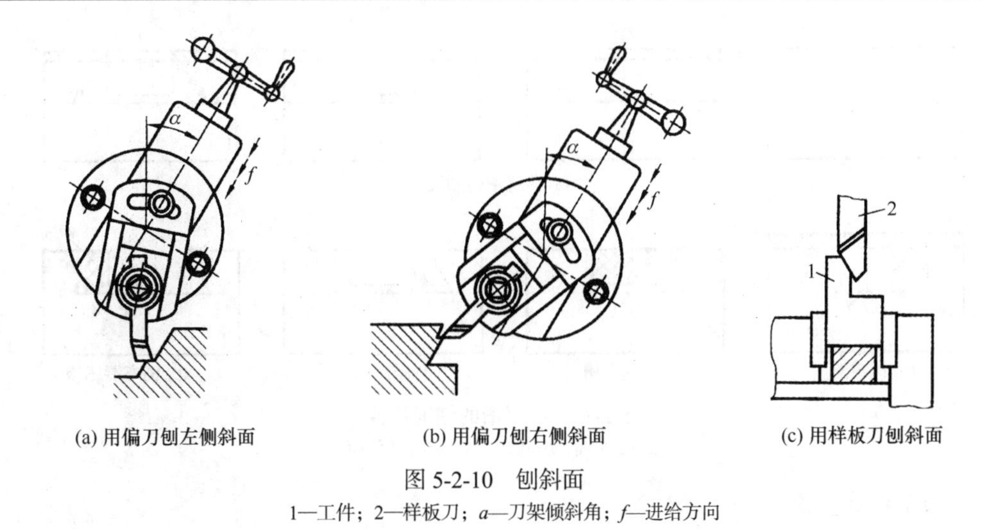

(a) 用偏刀刨左侧斜面　(b) 用偏刀刨右侧斜面　(c) 用样板刀刨斜面

图 5-2-10　刨斜面

1—工件；2—样板刀；a—刀架倾斜角；f—进给方向

（2）刨 T 形槽时，应先在零件端面和上平面划出加工线，如图 5-2-12 所示。

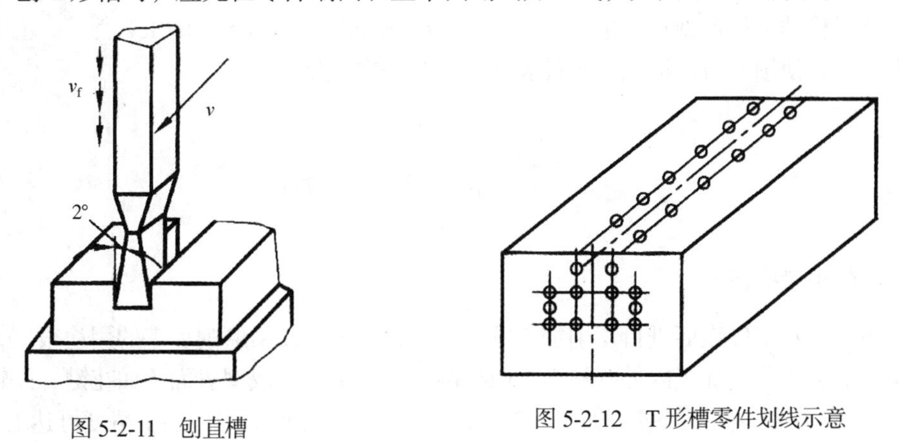

图 5-2-11　刨直槽

图 5-2-12　T 形槽零件划线示意

（3）刨 V 形槽的方法如图 5-2-13（a）所示，首先按刨平面的方法把 V 形槽粗刨出大致形状；其次用切刀刨 V 形槽底的直角槽，如图 5-2-13（b）所示；再次按刨斜面的方法用偏刀刨 V 形槽的两斜面，如图 5-2-13（c）所示；最后用样板刀精刨至图样要求的尺寸精度和表面粗糙度，如图 5-2-13（d）所示。

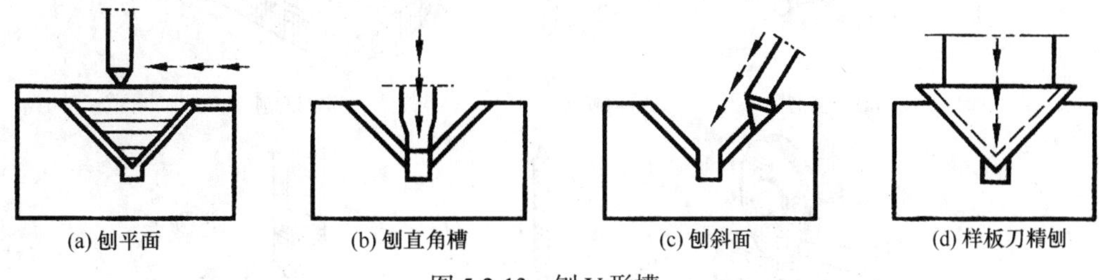
(a) 刨平面　(b) 刨直角槽　(c) 刨斜面　(d) 样板刀精刨

图 5-2-13　刨 V 形槽

（4）刨燕尾槽与刨 T 形槽相似，应先在零件端面和上平面划出加工线，但刨侧面时刀架转盘要扳转一定角度，且需用角度偏刀；如图 5-2-14 所示。

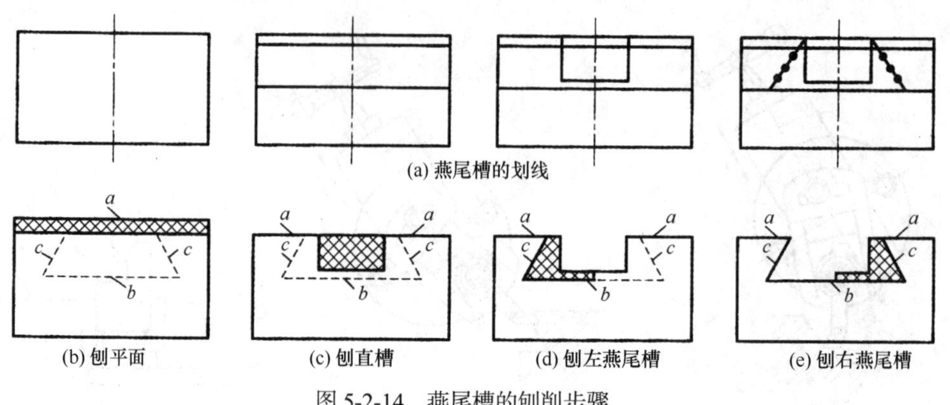

图 5-2-14　燕尾槽的刨削步骤

a—上平面；*b*—槽底；*c*—燕尾槽斜面

（四）刨成型面

在刨床上刨削成型面，通常是先在零件的侧面划线，然后根据划线分别移动刨刀做垂直进给，移动工作台做水平进给，从而加工出成型面，如图 5-1-1（h）所示。也可用成型刨刀加工，使刨刀刃口形状与零件表面一致，一次成型。

第三节　磨　　削

一、磨削加工概述

用砂轮对工件表面进行切削加工的方法称为磨削加工。磨削加工的用途很广，可用不同类型的磨床分别加工内外圆柱面、内外圆锥面、平面、成型表面（如花键、齿轮、螺纹等），以及刃磨各种刀具等，如图 5-3-1 所示。它是零件精加工，加工精度可达 IT6～IT5，加工表面粗糙度 *Ra* 一般为 1.0～0.8 μm。

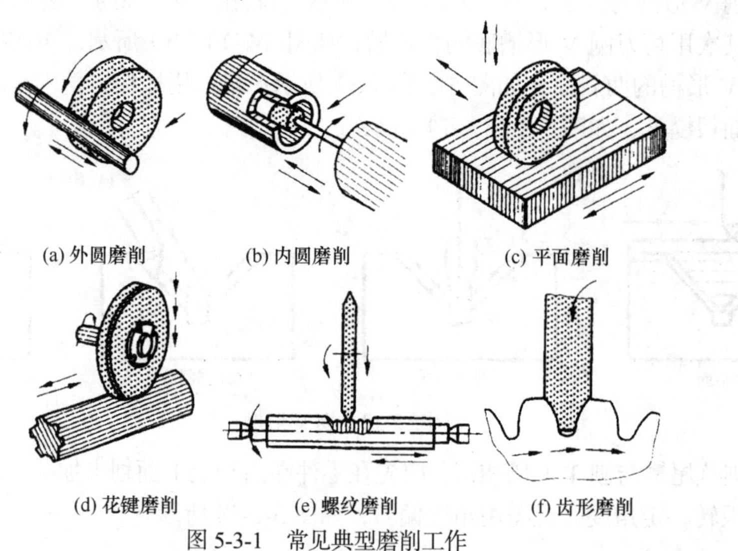

图 5-3-1　常见典型磨削工作

砂轮磨料的硬度很高，除了可以加工一般的金属材料，如碳钢、铸铁外，还可以加工一般刀具难以切削的硬度很高的材料，如淬火钢、硬质合金等。

磨削时砂轮的旋转运动称为主运动，其他都称进给运动，进给运动最多可有三个。

如下四个运动参数为磨削用量四要素。

（1）砂轮圆周线速度 v_s：它表示磨削时主运动的速度，在计算时以 m/s 为单位，即

$$v_s=\pi d_s n_s/(1000\times 60)$$

式中：d_s——砂轮直径，mm；

n_s——砂轮转速，r/min。

（2）工件圆周线速度 v_w：它表示工件圆周进给速度，以 m/s 为单位，即

$$v_w=\pi d_w n_w/(1000\times 60)$$

式中：d_w——工件直径，mm；

n_w——工件转速，r/min。

（3）纵向进给量 f_a：它是工件相对于砂轮沿轴向的移动量，以 mm/r 为单位。

（4）径向进给量 f_r：它是工件相对于砂轮沿径向的移动量，又称磨削深度 a_p，以 mm/双行程为单位。

磨削时可采用砂轮、油石、砂带、砂瓦等磨具进行加工。通常主要用砂轮，砂轮是由许多细小而且极硬的磨粒用结合剂黏结而成的。将砂轮表面放大，可以看到在砂轮表面上杂乱地布满很多尖棱多角的颗粒，即磨粒。这些锋利的磨粒就像刀刃一样，在砂轮的高速旋转下切入工件表面，所以磨削的实质就是一种多刃多刀的高速切削过程。

磨削加工与其他切削加工方法（如车削、铣削、刨削等）比较，具有以下特点。

（1）磨削属多刃、微刃磨削。磨削用的砂轮是由许多细小坚硬的磨粒用结合剂黏结在一起经焙烧而成的疏松多孔体。这些锋利的磨粒就像铣刀的切削刃，在砂轮高速旋转的条件下切入工件表面，故磨削是一种多刃、微刃切削过程。

（2）加工精度高，表面结构值低。磨削加工属于微刃切削，切削厚度极小，每一磨粒切削厚度仅为数微米，故可获得很高的加工精度和很低的表面结构值。

（3）加工范围广。因为磨粒的硬度极高，所以磨削加工不但可以加工如未淬火钢、灰铸铁等软材料，而且可以加工淬火钢、各种切削刀具、硬质合金、陶瓷、玻璃等硬度很高或硬度极高的材料。

（4）砂轮有自锐性。当作用在磨粒上的切削力超过磨粒的极限强度时，磨粒就会被破碎，形成新的锋利棱角进行磨削；当此切削力超过结合剂的黏结强度时，钝化的磨粒就会自行脱落，使砂轮表面露出一层新鲜锋利的磨粒，从而使磨削加工能够继续进行。砂轮的这种自行推陈出新、保持自身锋利的性能称为自锐性。砂轮有自锐性，可使砂轮连续进行加工，这是其他刀具没有的特性。

（5）由于磨削的速度很高，产生大量的切削热，其温度高达 800～1000 ℃。在这样的高温下，会使工件材料的性能改变而影响质量。为了减小摩擦和散热，降低磨削温度，及

时冲走磨屑，以保证工件的表面质量，在磨削时常使用大量的切削液。

二、磨床

磨床的种类很多，常见的有外圆磨床、内圆磨床和平面磨床等。

（一）外圆磨床

外圆磨床分为万能外圆磨床、普通外圆磨床和无心外圆磨床。其中，万能外圆磨床既可以磨削外圆柱面和圆锥面，又可以磨削圆柱孔和圆锥孔；普通外圆磨床可磨削工件的外圆柱面和圆锥面；无心外圆磨床可磨削小型外圆柱面。

以万能外圆磨床与无心外圆磨床为例进行介绍。

1. 万能外圆磨床

图 5-3-2 所示为 M1432A 万能外圆磨床，其中，“M”表示磨床类，“1”表示外圆磨床，“4”表示万能外圆磨床，“32”表示最大磨削直径的 1/10，即此型号磨床最大磨削直径为 320 mm，A 表示在性能和结构上经过一次重大改进。

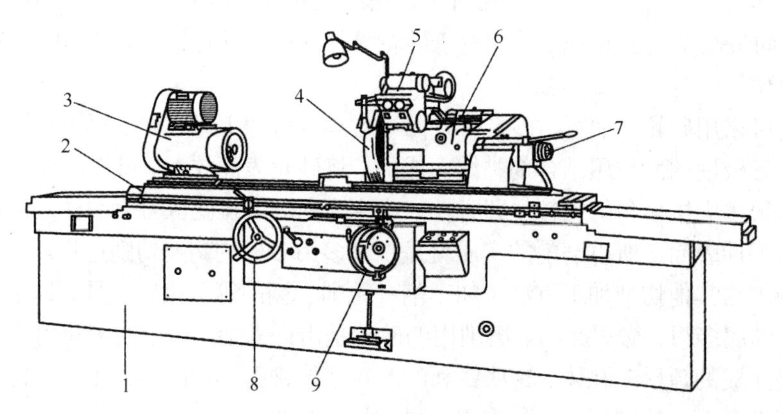

图 5-3-2　M1432A 万能外圆磨床外形

1—床身；2—工作台；3—头架；4—砂轮；5—内圆磨头；6—砂轮架；7—尾座；
8—工作台手动手轮；9—砂轮横向手动手轮

M1432A 万能外圆磨床主要由床身、工作台、头架、尾座、砂轮架和内圆磨头等部分组成，其各部分的主要作用如下。

1）床身

床身用于支撑和连接磨床各个部件。床身内部装有液压系统，上部有纵向和横向两组导轨以安装工作台和砂轮架。床身是一个箱形结构的铸件，床身前部作油池用，电器设备置于床身的右后部，油泵装置装在床身后部的壁上。床身上的纵向导轨供工作台移动用，横向导轨供砂轮架移动用。

2）工作台

工作台主要由上工作台与下工作台组成。下工作台沿床身导轨做纵向往复直线运动，上工作台可相对下工作台转动一定的角度，以便磨削圆锥面。

3）头架

头架安装在上工作台上，头架上有主轴，主轴端部可安装顶尖、拨盘或卡盘，以便装夹工件并带动其旋转。头架内的双速电动机和变速机构可使工件获得不同的转速。头架在水平面内可偏转一定的角度。

4）尾座

尾座也安装在上工作台上，尾座的套筒内装有顶尖，用来支撑细长工件的另一端。尾座在工作台上的位置可根据工件的不同长度调整，当调整到所需的位置时将其紧固。尾座可在工作台上纵向移动，扳动尾座上的手柄时，套筒可伸出或缩进，以便装卸工件。

5）砂轮架

砂轮安装在砂轮架的主轴上，单独电动机通过传送 V 形带带动砂轮高速旋转。砂轮架可在床身后部的导轨上做纵向移动，移动方式有自动周期进给、快速前进和退出、手动三种，前两种是由液压传动实现的。砂轮架还可绕垂直轴旋转某一角度。

6）内圆磨头

内圆磨头用于磨削内圆表面。其主轴可安装内圆磨削砂轮，由另一电动机带动。内圆磨头可绕支架旋转，用时翻下，不用时翻向砂轮架上方。

本机床用于磨削圆柱形和圆锥形的外圆与内孔，也可磨削轴向端面。本机床的加工精度和磨削表面结构稳定地达到了有关外圆磨床的精度标准。本机床的工作台纵向移动方式有液动和手动两种，砂轮架和头架可转动，头架主轴可转动，砂轮架可实现微量进给。液压系统采用了性能良好的齿轮泵。机床误差较小，适用于工具车间、机修车间及中小批量生产的车间。

2. 无心外圆磨床

无心外圆磨床主要用于磨削大批量的细长轴及无中心孔的轴、套、销等零件，生产效率高。图 5-3-3 为无心外圆磨床的外形图。其特点是工件不需顶尖支撑，而是导轮、砂轮和托板支持（因此称为无心磨床）。砂轮担任磨削工作，导轮是用橡胶结合剂做成的，转速较砂轮低。

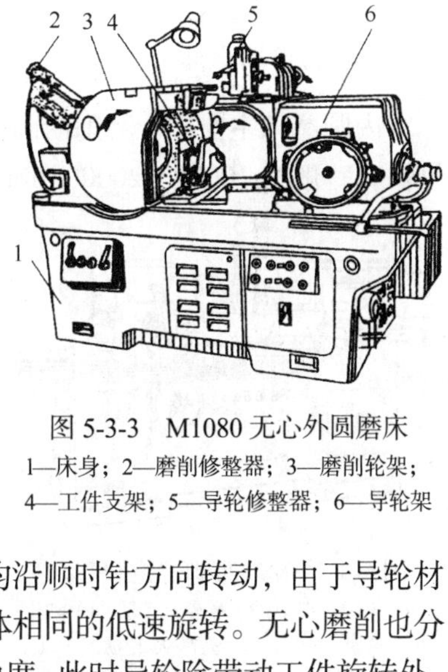

工件在导轮摩擦力的带动下产生旋转运动，同时导轮轴线相对于工件轴线倾斜 1°～4°，这样工件就能获得轴线进给量。在无心磨床上磨削工件时，被磨削的加工面即定位面，因此无心磨削外圆时工件不需要打中心孔，磨削内圆时也不必用夹头安装工件。无心外圆磨削的圆度误差为 0.005～0.01 mm，工件表面粗糙度 *Ra* 值为 0.1～0.25 μm。

图 5-3-3　M1080 无心外圆磨床

1—床身；2—磨削修整器；3—磨削轮架；4—工件支架；5—导轮修整器；6—导轮架

图 5-3-4 所示为无心外圆磨削的工作原理图。工件放在砂轮和导轮之间，由托板支撑。磨削时导轮、砂轮均沿顺时针方向转动，由于导轮材料摩擦系数较大，故工件在摩擦力带动下，以与导轮大体相同的低速旋转。无心磨削也分纵磨和横磨，纵磨时将导轮轴线与工件轴线倾斜一定的角度，此时导轮除带动工件旋转外，

还带动工件进行轴向进给运动。

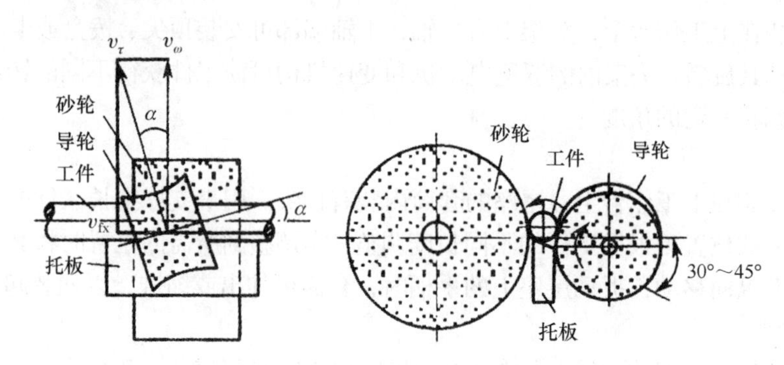

图 5-3-4　无心外圆磨削工作原理

v_τ—导轮的圆周速度；v_ω—工件的圆周速度；v_{fx}—工件的轴向进给速度；α—倾斜角

无心外圆磨削的特点如下。

（1）生产效率高。无心磨削时不必打中心孔或用夹具夹紧工件，生产辅助时间少，故效率大大提高，适合于大批量生产。

（2）工件运动稳定。磨削均匀性不仅与机床传动有关，还与工件形状、导轮和工件支架状态及磨削用量有关。

（3）外圆磨削易实现强力、高速和宽砂轮磨削；内圆磨削则适用于同轴度要求高的薄壁件磨削。

使用时应注意以下几点。

（1）开动机床前，用手检查各种运动后，再按照一定顺序开启各部位开关，使机床空转 10～20 min 后方可磨削。在启动砂轮时，切勿站在砂轮前面，以免砂轮偶然破裂飞出，造成事故。

（2）在行程中不可转换工件的转速，在磨削中不可使机床长期超载，以免损坏零件。

（二）内圆磨床

内圆磨床主要用于磨削内圆柱面、内圆锥面及端面等，其结构特点是砂轮主轴转速特别高，一般达 10000～20000 r/min，以适应磨削速度的要求。

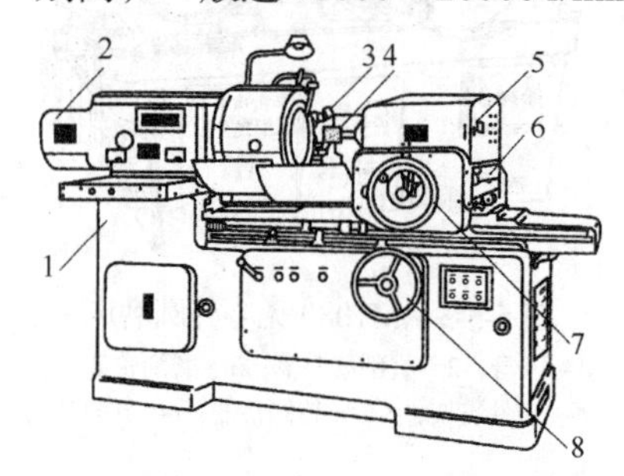

图 5-3-5　M2120 普通内圆磨床

1—床身；2—头架；3—砂轮修整器；4—砂轮；5—砂轮架；6—工作台；7—砂轮横向手动手轮；8—工作台手动手轮

图 5-3-5 为 M2120 普通内圆磨床外形结构图。其中，“M” 表示磨床类，“21” 表示内圆磨床，“20” 表示最大磨削直径为 200 mm。普通内圆磨床主要由床身、工作台、头架、砂轮架和砂轮修整器等部分组成。

内圆磨削时，工件常用三爪自定心卡盘或四爪单动卡盘安装，长工件则用卡盘与中心架配合安装。磨削运动与外圆磨削基本相同，只是砂轮旋转方向与工件旋转方向相反。其磨削方法也分为纵磨法和横磨法，一般纵磨法应用较多。

与外圆磨削相比，内圆磨削的生产效率很低，加工精度和表面质量较差，测量也较困难。一般内圆磨削能达到的尺寸精度为 IT7～IT6，表面粗糙度 *Ra* 值为 0.8～0.2 μm。在磨锥孔时，头架必须在水平面内偏转一个角度。

（三）平面磨床

平面磨床的主轴有立轴和卧轴两种，工作台也分为矩形和圆形两种。图 5-3-6 为 M7120A 型平面磨床的外形图，该型号中，“7”为机床组别代号，表示平面磨床；“1”为机床系列代号，表示卧轴矩台平面磨床；“20”为主参数工作台面宽度的 1/10，即工作台面宽度为 200 mm。平面磨床与其他磨床不同的是工作台上装有电磁吸盘，用于直接吸住工件。

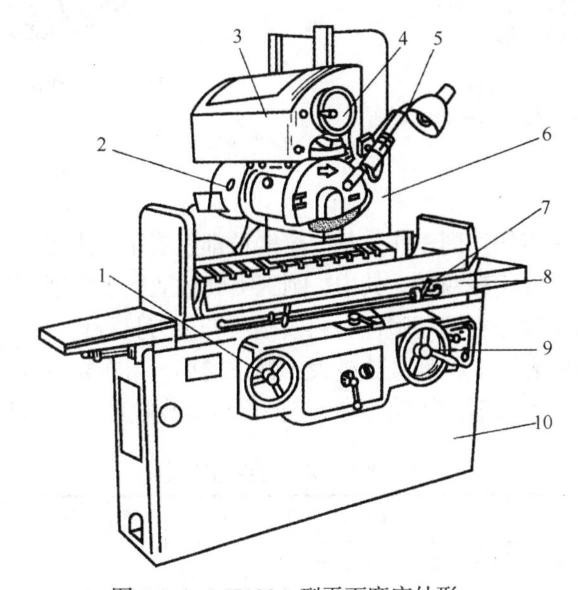

图 5-3-6　M7120A 型平面磨床外形

1—工作台手动手轮；2—磨头；3—滑板；4—砂轮横向手动手轮；5—砂轮修整器；6—立柱；7—形成挡块；8—工作台；9—砂轮升降手动手轮；10—床身

磨头 2 沿滑板 3 的水平导轨可做横向进给运动，这可由液压驱动或砂轮横向手动手轮 4 操纵。滑板 3 可沿立柱 6 的导轨垂直移动，以调整磨头 2 的高低位置及完成垂直进给运动，该运动也可操纵砂轮升降手动手轮 9 实现。砂轮由装在磨头壳体内的电动机直接驱动旋转。

三、砂轮

（一）砂轮的特性

图 5-3-7 所示为砂轮局部放大示意图。它由磨粒、结合剂和气孔组成，也称砂轮三要素。磨粒的种类和大小、结合剂的种类和多少及结合剂强度决定了砂轮的主要性能。

为了方便使用，在砂轮的非工作面上标有砂轮的特性代号，按《固结磨具　一般要求》（GB/T 2484—2018）规定其标志顺序及意义，包括形状、尺寸、磨料、粒度、硬度、组织、结合剂、最高工作线速度。例如，图 5-3-8 所示砂轮端面的代号 P400 × 50 × 203　A　60L　V（35 m/s）表示形状代号为 P（平型），外径为 400 mm，厚度为 50 mm，孔径为 203 mm，磨料为棕刚玉（A），粒度号为 60，硬度等级为中软 2 级（L），结合剂为陶瓷结合剂（V），最高工作线速度为 35 m/s 的砂轮。

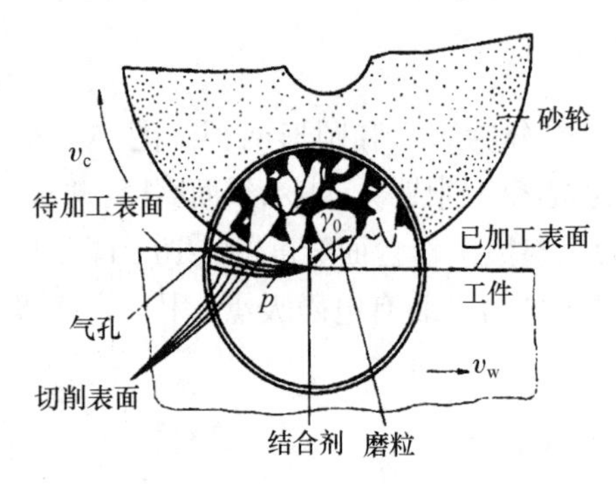

图 5-3-7　砂轮结构

v_c—砂转工作线速度；v_w—工件运动速度

图 5-3-8　砂轮特性代号标注

1. 磨粒

磨粒在磨削过程中担任切削工作，每一个磨粒都相当于一把刀具，以切削工件。常见的结合剂磨粒有刚玉和碳化硅两种。其中，刚玉类磨粒适用于磨削钢料和一般刀具；碳化硅类磨粒适用于磨削铸铁和青铜等脆性材料及硬质合金刀具等。

磨粒的大小用粒度表示，粒度号数越大，颗粒越小。粗颗粒主要用于粗加工，细颗粒主要用于精加工。表 5-3-1 所示为不同粒度号的磨粒的颗粒尺寸范围及适用范围。

表 5-3-1　磨粒粒度的选用

粒度号	颗粒尺寸范围/μm	适用范围	粒度号	颗粒尺寸范围/μm	适用范围
12～36	2000～1600 500～400	粗磨、荒磨、切断钢坯、打磨毛刺	W40～W20	40～28 20～14	精磨、超精磨、螺纹磨、珩磨
46～80	400～315 200～160	粗磨、半精磨、精磨	W14～W10	14～10 10～7	精磨、精细磨、超精磨、镜面磨
100～280	165～125 50～40	精磨、成型磨、刀具刃磨、珩磨	W7～W3.5	7～5 3.5～2.5	超精磨、镜面磨、制作研磨剂等

2. 结合剂

结合剂的作用是将磨粒黏结在一起，使砂轮具有各种形状、尺寸、强度和耐热性等。结合剂有陶瓷结合剂、树脂结合剂、橡胶结合剂和金属结合剂等，其中以陶瓷结合剂最为常见。

3. 硬度

硬度是指砂轮表面上的磨粒在磨削力的作用下脱落的难易程度。磨粒容易脱落的砂轮硬度低；磨粒难脱落的砂轮硬度高。

砂轮的硬度主要根据工件的硬度来选择，砂轮硬度的选用原则如下：工件材料硬，砂轮硬度应选得低一些，以便砂轮磨钝后磨粒及时脱落，露出锋利的新磨粒继续正常磨削；工件材料软，因易于磨削，磨粒不易磨钝，砂轮应选得硬一些。但对有色金属、橡胶、树脂等软材料进行磨削时，由于切屑容易堵塞砂轮，应选用较软砂轮。粗磨时，应选用较软砂轮；而精磨、成型磨削时，应选用硬一些的砂轮，以保持砂轮的必要形状精度。机械加工中常用砂轮硬度等级为 H 至 N 级。

4. 组织

砂轮的组织是指砂轮的磨粒和结合剂的疏密程度，反映了磨粒、结合剂、气孔之间的比例关系。砂轮有三种组织状态，即紧密、中等、疏松；细分成 0～14 号，共 15 级。组织号越小，磨粒所占比例越大，砂轮越紧密；反之，组织号越大，磨粒所占比例越小，砂轮越疏松。硬度低、韧性大的材料选择组织疏松一点的；精磨、成型磨选择组织紧密的；淬火工件、刀具的磨削选择中等组织的。

5. 砂轮的种类

为了适应各种加工条件和不同类型的磨削结构，砂轮分为平形砂轮、单面凹形砂轮、薄片形砂轮、筒形砂轮、碗形砂轮、碟形砂轮和双斜边形砂轮，如图 5-3-9 所示。

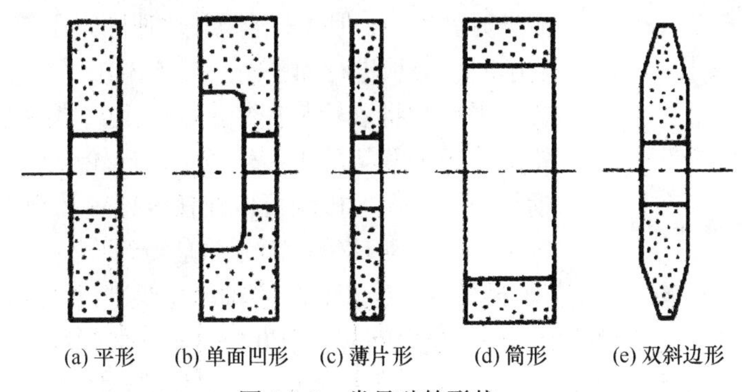

图 5-3-9　常见砂轮形状

（1）平形砂轮：主要用于磨外圆、内圆和平面等。
（2）单面凹形砂轮：主要用于磨削内圆和平面等。
（3）薄片形砂轮：主要用于切断和开槽等。
（4）筒形砂轮：主要用于立轴端面磨。
（5）碗形砂轮：主要用于导轨磨及刃磨刀具。
（6）碟形砂轮：主要用于刃磨刀具前面。
（7）双斜边形砂轮：主要用于磨削齿轮和螺纹等。

（二）砂轮的检查、安装、平衡和修整

1. 砂轮的检查和安装

在磨床上安装砂轮应特别注意。因为砂轮在高速旋转条件下工作，使用前应仔细检查，不允许有裂纹。安装必须牢靠，并应经过静平衡调整，以免损害人身安全和造成质量事故。

砂轮内孔与砂轮轴或法兰盘外圆之间不能过紧，否则磨削时受热膨胀，易将砂轮胀裂；也不能过松，否则砂轮容易发生偏心，失去平衡，以致引起振动。一般配合间隙为0.1～0.8 mm，高速砂轮间隙要小些。用法兰盘装夹砂轮时，两个法兰盘直径应相等，其外径应不小于砂轮外径的 1/3。在法兰盘与砂轮端面间应用厚纸板或耐油橡皮等作衬垫，使压力均匀分布，螺母的拧紧力不能过大，否则砂轮会破裂。注意，紧固螺纹的旋向应与砂轮的旋向相反，即当砂轮逆时针旋转时，用右旋螺纹，这样砂轮在磨削力作用下，将带动螺母越旋越紧。

2. 砂轮的平衡

一般直径大于 125 mm 的砂轮都要进行平衡，使砂轮的重心与其旋转轴线重合。

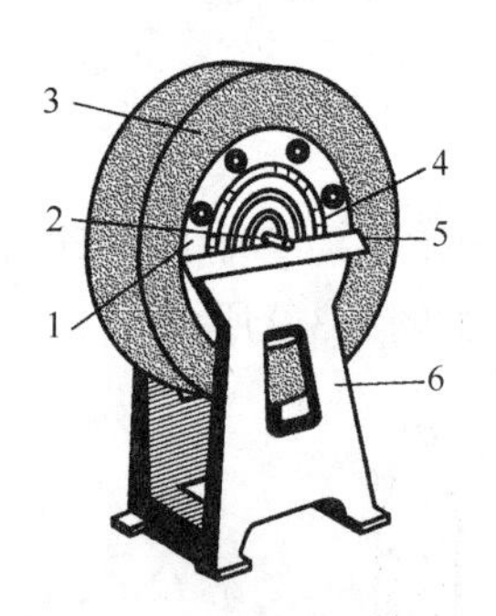

图 5-3-10　砂轮的静平衡
1—砂轮；2—心轴；3—法兰盘；4—平衡块；5—平衡轨道；6—平衡架

不平衡的砂轮在高速旋转时会产生振动，影响加工质量和机床精度，严重时还会造成机床损坏和砂轮碎裂。引起不平衡的原因主要是砂轮各部分密度不均匀、几何形状不对称及安装偏心等。因此，在安装砂轮之前都要进行平衡，砂轮的平衡有静平衡和动平衡两种。一般情况下，只需进行静平衡，但在高速磨削（速度大于 50 m/s）和高强度磨削时，必须进行动平衡。图 5-3-10 所示为砂轮静平衡装置。平衡时将砂轮装在平衡心轴上，然后把装好心轴的砂轮平放到平衡架的平衡轨道上，砂轮会来回摆动，直至摆动停止。平衡的砂轮可以在任意位置都静止不动。如果砂轮不平衡，则其较重部分总是转到下面。这时可移动平衡块的位置使其达到平衡。平衡好的砂轮在安装至机床主轴前先要进行裂纹检查，有裂纹的砂轮绝对禁止使用。安装时砂轮和法兰盘之间应垫上 0.5～1 mm 的弹性垫板。两法兰盘的直径必须相等，其尺寸一般为砂轮直径的一半。砂轮与砂轮轴或台阶法兰盘间应有一定间隙，以免主轴受热膨胀而把砂轮胀裂。

平衡砂轮的方法：在砂轮法兰盘的环形槽内装入几块平衡块，调整平衡块的位置使砂轮重心与它的回转轴线重合。

3. 砂轮的修整

在磨削过程中砂轮的磨粒在摩擦、挤压作用下，其棱角逐渐磨圆变钝，或者在磨韧性材料时，磨屑常常嵌塞在砂轮表面的孔隙中，使砂轮表面堵塞，最后使砂轮丧失切削能力。

这时，砂轮与工件之间会产生打滑现象，并可能引起振动和出现噪声，使磨削效率下降，表面结构值增大。同时，磨削力及磨削热的增加，会引起工件变形，影响磨削精度，严重时还会使磨削表面出现烧伤和细小裂纹。此外，由于砂轮硬度的不均匀及磨粒工作条件的不同，砂轮工作表面磨损不均匀，各部位磨粒脱落多少不等，砂轮会丧失外形精度，影响工件表面的形状精度及表面结构。凡遇到上述情况，砂轮就必须进行修整，砂轮常用金刚石笔进行修整，如图 5-3-11 所示。切去表面上一层磨料，使砂轮表面重新露出光整锋利的磨粒，以恢复砂轮的切削能力与外形精度。

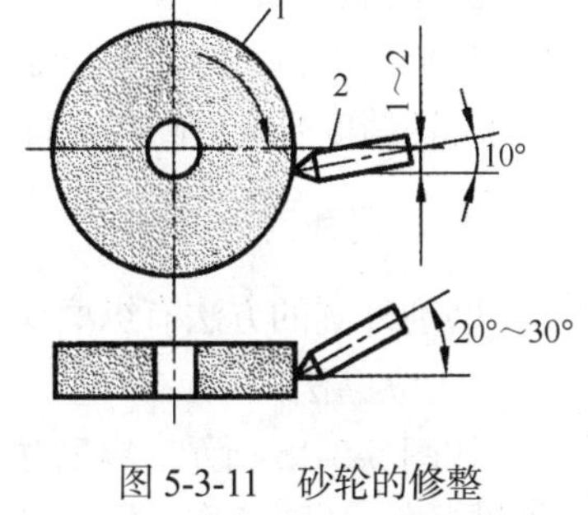

图 5-3-11 砂轮的修整
1—砂轮；2—金刚石笔

四、磨削工件

使用不同的磨削机床，利用磨削工艺可以磨外圆、内圆（也叫内孔）、圆锥面、平面等，用途特别广泛。

（一）磨外圆

1. 工件的安装

外圆磨床上安装工件的方法有顶尖安装、卡盘安装和心轴安装等。

1）顶尖安装

磨削轴类零件的外圆时常用前、后顶尖装夹。其安装方法与车削中顶尖的安装方法基本相同。不同的是磨削所用的顶尖不随工件一起转动（即死顶尖），以免由顶尖转动导致的径向跳动误差。尾顶尖是靠弹簧推力顶紧工件的，这样可以自动控制松紧程度，以免因工件受热伸长而弯曲变形，如图 5-3-12 所示。

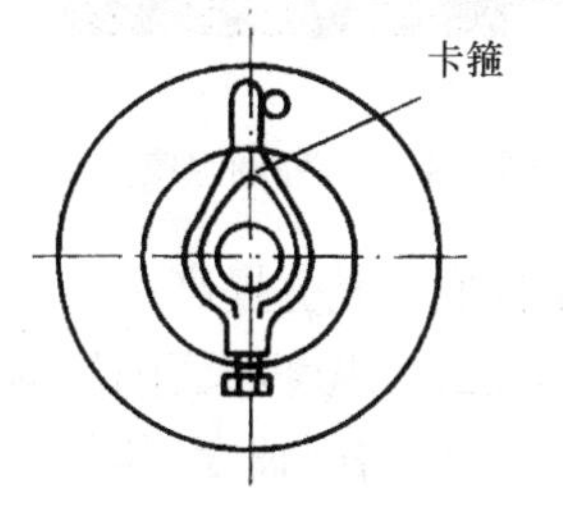

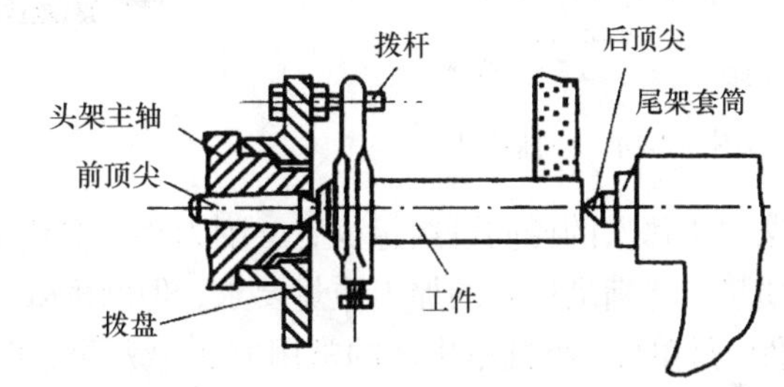

图 5-3-12 顶尖安装

2）卡盘安装

工件较长且只有一端有中心孔时应采用卡盘安装。安装方法与车床的安装方法基本相同，如图 5-3-13 所示。用四爪卡盘安装工件时，要用百分表找正，对于形状不规则的工件还可以采用花盘安装。

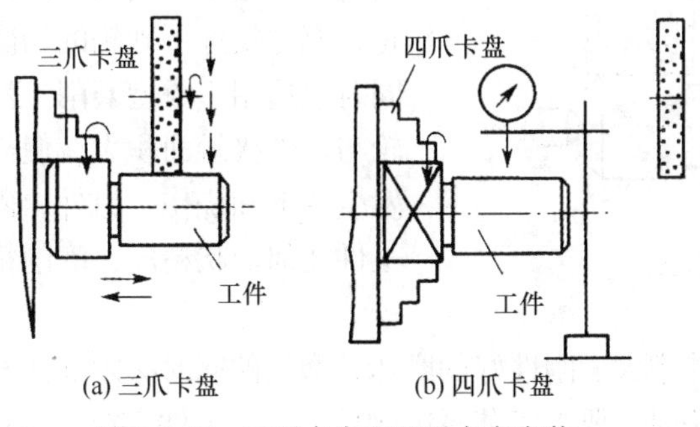

图 5-3-13 三爪卡盘和四爪卡盘安装

3）心轴安装

盘套类空心工件常用心轴安装。心轴的安装与车床的安装方法基本相同，不同的是磨削用的心轴精度要求更高些，且多用锥度（锥度为1/7000～1/5000）心轴，如图5-3-14所示。

2. 磨削外圆的方法

磨削外圆的方法有纵磨法、横磨法、深磨法和混合磨削法等。

1）纵磨法

如图5-3-15所示，纵磨法磨削外圆时，砂轮的高速旋转为主运动，工件做圆周进给运动的同时，还随工作台做纵向往复运动，实现沿工件轴向进给。每单次行程或每往复行程终了时，砂轮做周期性的横向移动，实现沿工件径向的进给，从而逐渐磨去工件径向的全部留磨余量。磨削到尺寸要求后，进行无横向进给的光磨过程，直至火花消失为止。

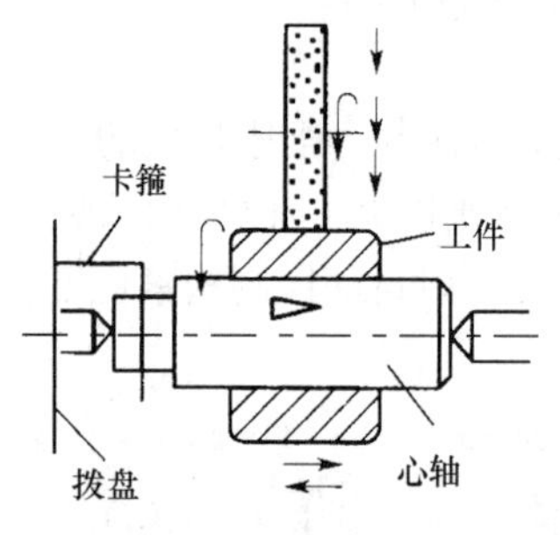

图5-3-14　心轴安装

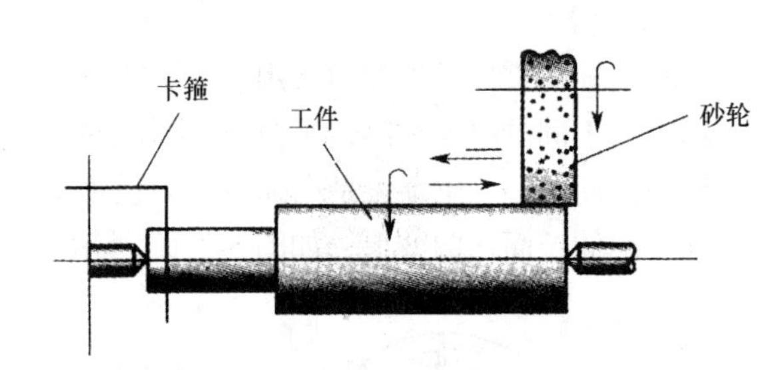

图5-3-15　外圆纵磨法

纵磨法由于每次的径向进给量少，磨削力小，散热条件好，充分提高了工件的磨削精度和表面质量，能满足较高的加工质量要求，但磨削效率较低。纵磨法磨削外圆适合磨削较大的工件，是单件、小批量生产的常用方法。纵磨法可一次性磨削长度不同的各种工件，且加工质量好，但是磨削效率低。因此，纵磨法适用于单件、小批量生产或精磨。

2）横磨法

如图5-3-16所示，采用横磨法磨削外圆时，砂轮宽度比工件的磨削宽度大，工件不需要做纵向（工件轴向）进给运动，砂轮以缓慢的速度连续地或断续地做横向进给运动，实现对工件的径向进给，直至磨削达到尺寸要求。其特点是，充分发挥了砂轮的切削能力，磨削效率高，同时也适用于成型磨削。然而，在磨削过程中砂轮与工件接触面积大，使得磨削力增大，工件易发生变形和烧伤。另外，砂轮形状误差直接影响工件几何形状精度，磨削精度较低，表面结构值较大。

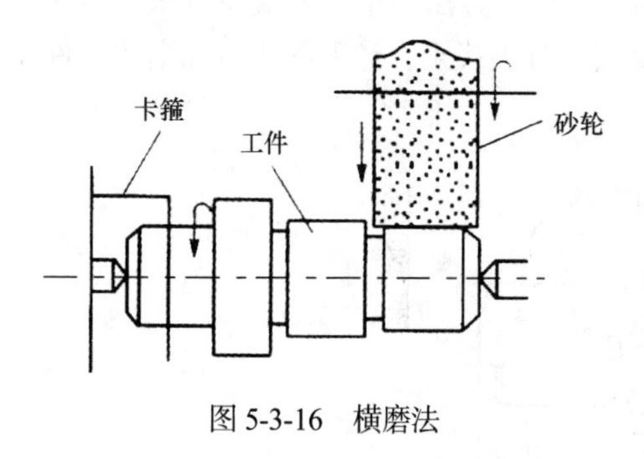

图5-3-16　横磨法

因此，必须使用功率大、刚性好的磨床，磨削的同时必须加注充足的切削液以达到降温的目的。使用横磨法时，要求工艺系统刚性要好，工件宜短不宜长。短阶梯轴轴颈的精磨工序通常采用这种磨削方法。

3）深磨法

如图 5-3-17 所示，将砂轮的一端外缘修成锥形或阶梯形，选择较小的圆周进给速度和纵向进给速度，在工作台一次行程中，将工件的加工余量全部磨除，达到加工要求尺寸。深磨法的生产效率比纵磨法高，加工精度比横磨法高，但修整砂轮较复杂，只适合大批量生产刚性较好的工件，而且被加工面两端应有较大的距离，方便砂轮切入和切出。

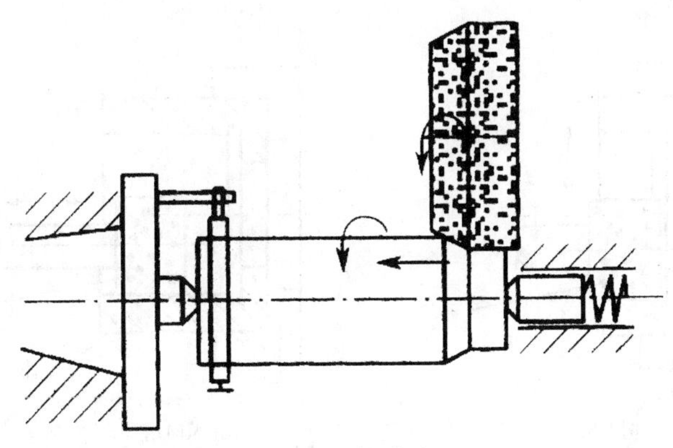

图 5-3-17　深磨法

4）混合磨法

混合磨法也称为分段综合磨法。先采用横磨法对工件外圆表面进行分段磨削，每段都留下 0.01～0.03 mm 的精磨余量，然后用纵磨法进行精磨。这种磨削方法综合了横磨法生产效率高、纵磨法精度高的优点，适合于磨削加工余量较大、刚性较好的工件。

（二）磨内圆

在万能外圆磨床上可以磨削内圆。与磨削外圆相比，因为砂轮受工件孔径限制，直径较小，切削速度大大低于外圆磨削，加上磨削时散热、排屑困难，磨削用量不能选择太高，所以生产效率较低。此外，由于砂轮轴悬伸长度大，刚性较差，故加工精度较低。又因为砂轮直径较小，砂轮的圆周速度较低，加上冷却排屑条件不好，所以表面结构值不易降低。因此，磨削内圆时，为了提高生产效率和加工精度，砂轮和砂轮轴应尽可能选用直径较大的，砂轮轴伸出长度应尽可能缩短。

由于磨内圆具有万能性，不需要成套的刀具，故在小批量及单件生产中应用较多。特别是对于淬硬工件，磨内圆仍是精加工内圆的主要方法。

内圆磨削时的运动与外圆磨削基本相同，但砂轮旋转方向与工件旋转方向相反。

内圆磨削精度可达 IT7～IT6，表面粗糙度 *Ra* 值为 0.8～0.2 μm。高精度内圆磨削尺寸精度可达 0.005 μm 以内，表面粗糙度 *Ra* 值达 0.25～0.1 μm。

磨削内圆时，工件大多数是以外圆和端面为定位基准的。通常采用三爪卡盘、四爪卡盘、花盘及弯板等装夹。其中最常用的是四爪卡盘安装，精度较高。

1. 工件的装夹

在万能外圆磨床上磨削内圆时，短工件用三爪卡盘或四爪卡盘找正外圆装夹，长工件的装夹方法有两种：一种是一端用卡盘夹紧，一端用中心架支撑；另一种是用V形夹具装夹。

2. 磨内孔的方法

磨削内孔一般采用切入磨和纵向磨两种方法，如图5-3-18所示。磨削时，工件和砂轮按相反的方向旋转。

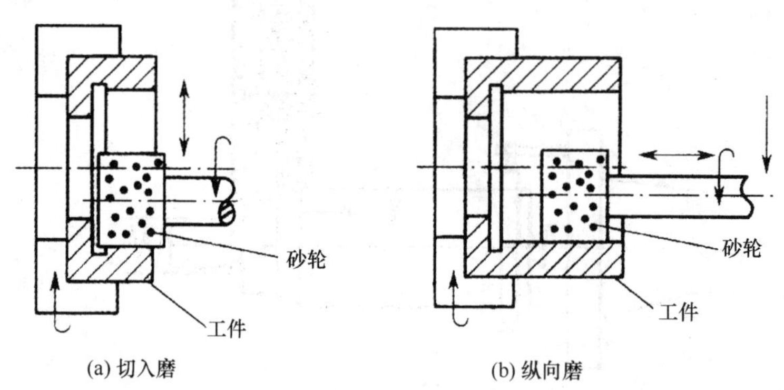

图 5-3-18　磨削内孔

（三）磨削圆锥面

圆锥面有外圆锥面和内圆锥面两种。工件的装夹方法与外圆和内圆的装夹方法相同。

在万能外圆磨床上磨外圆锥面有三种方法，如图5-3-19所示：①转动上层工作台磨外圆锥面，适合磨削锥度小而长度大的工件，见图5-3-19（a）；②转动头架磨外圆锥面，适合磨削锥度大而长度小的工件，见图5-3-19（b）；③转动砂轮架磨外圆锥面，适合磨削长工件上锥度较大的圆锥面，见图5-3-19（c）。

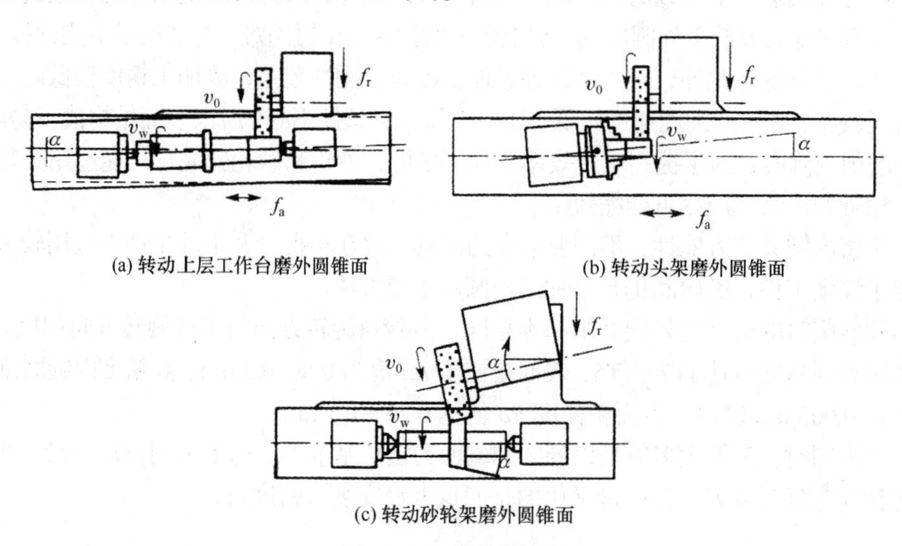

图 5-3-19　磨外圆锥

α—圆锥半角（上层工作台转动偏角）；v_0—砂轮转速；f_r—径向进给；v_w—工件转速；f_a—轴向（水平）运动

在万能外圆磨床上磨削内圆锥面有两种方法：①转动头架磨削内圆锥面，适合磨削锥度较大的内圆锥面；②转动上层工作台磨内圆锥面，适合磨削锥度小的内圆锥面。

（四）磨平面

1. 装夹工件

磁性工件可以直接吸在电磁吸盘上，对于非磁性工件（如有色金属）或不能直接吸在电磁吸盘上的工件，可使用精密平口钳或其他夹具装夹后，再吸在电磁吸盘上。

2. 磨削方法

平面的磨削方式有周磨法［用砂轮的周边磨削，如图 5-3-20（a）和（b）所示］和端磨法［用砂轮的端面磨削，如图 5-3-20（c）和（d）所示］。磨削时的主运动为砂轮的高速旋转，进给运动为工件随工作台做直线往复运动或圆周运动及磨头做间隙运动。平面磨削尺寸精度为 IT6～IT5，两平面平行度误差小于 100∶0.1，表面粗糙度 *Ra* 值为 0.4～0.2 μm，精密磨削时 *Ra* 可达 0.1～0.01 μm。

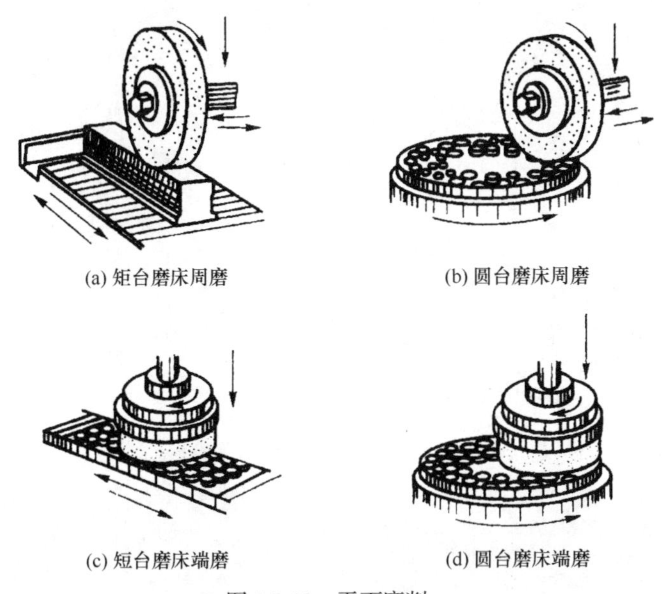

(a) 矩台磨床周磨　(b) 圆台磨床周磨

(c) 短台磨床端磨　(d) 圆台磨床端磨

图 5-3-20　平面磨削

周磨法为用砂轮的圆周面磨削平面的方法，这时需要以下几个运动：①砂轮的高速旋转，即主运动；②工件的纵向往复运动，即纵向进给运动；③砂轮周期性横向移动，即横向进给运动；④砂轮对工件做定期垂直移动，即垂直进给运动。

端磨法为用砂轮的端面磨削平面的方法，这时需要下列运动：①砂轮高速旋转；②工作台圆周进给；③砂轮垂直进给。

周磨法的特点是工件与砂轮的接触面积小，磨削热少，排屑容易，冷却与散热条件好，磨削精度高，表面结构值低，但是生产效率低，多用于单件、小批量生产。

端磨法的特点是工件与砂轮的接触面积大，磨削热多，冷却与散热条件差，磨削精度比周磨法低，生产效率高，多用于大批量生产中磨削要求不太高的平面，且常作为精磨的前一工序。

无论是哪种磨削，具体磨削时也是采用试切法（见第 3 章车削图 3-5-3），即启动机床，启动工作台，摇进给手轮，让砂轮轻微接触工件表面，调整切削深度，磨削工件至规定尺寸。

第六章　特种加工技术

实习目的和要求

（1）了解特种加工的概念。

（2）熟悉几种特种加工技术的原理，了解几种特种加工的特点及应用。

第一节　激 光 加 工

激光技术与原子能、半导体及计算机一起，是 20 世纪的四大发明。激光是一种因受激而产生的高亮度、大能量及方向性、单色性、相干性都很好的加强光。激光自问世以来已在多个领域得到不同的应用。激光加工是利用能量密度极高的激光束照射工件的被加工部位，使其材料瞬间熔化或蒸发，并在冲击波作用下，将熔融物质喷射出去，从而对工件进行穿孔、蚀刻、切割等加工；或者采用较小能量密度，使加工区域材料熔融黏合或改性，对工件进行焊接、热处理等加工。

一、激光加工原理

1. 激光的产生原理

（1）光的能量与频率及光子的关系。按照光的波粒二象性，光既是有一定波长范围的电磁波，不同光的波长（频率）不一样；又是具有一定能量的以光速运动的粒子流，这种粒子就是光子。一束光的强弱既与频率有关，频率越高，能量越大，又与所含的光子数有关，光子越多，能量越大。

（2）光的自发辐射。通常原子是一个中间带正电的原子核，核外有相应数量的电子在一定的轨道上围绕核转动，具有一定的“内能”，轨道半径增大，内能也增大，电子只有在自己相应的轨道上转动才是稳定的，称为基态。当用适当的方法（如用光照射或用高温、高压电场激发原子）传给原子一定的能量时，原子便吸收、增加内能，特别是最外层电子的轨道半径扩大到一定程度，原子被激发到高能级，高能级的原子是很不稳定的，它总是力图回到较低的能级去。在基态时，原子可以长时间地存在，而在激发状态的各种高能级的原子寿命很短（常在 0.01 μs 左右）。但有些原子或离子的高能级或次高能级却有较长的寿命，这种寿命较长的较高级称为亚稳态能级。当原子从高能级跃迁回到低能级或基态时，常常会以光子的形式辐射出光能量。原子从高能态自发地跃迁到低能态而发光的过程称为自发辐射，日光灯、氙气灯等光源都是由于自发辐射而发光。由于自发辐射发生的时间各不一样，辐射出的光子在方向上也是杂乱无章的，频率和波长大小不一。

（3）光的受激辐射。物质的发光，除自发辐射外，还存在一种受激辐射。一束光（假设这束光里只有一个光子）入射到具有大量激发态原子的系统中，当这个光子途经（以光速）某个处于激发态的原子时，若该光束的频率与该原子的高低能级差相对应（符合某种量子学关系），则处在激发能级上的原子，在这束光的刺激下会迁到较低能级，同时放出一个新光子，这个新光子与原来入射的光子有着完全相同的特性。受激辐射之后，这束光里就有了两个有着相同频率、初相位、偏振态、传播方向的光子，这一现象如同将入射光放大。

（4）激光的产生。某些具有亚稳态能级结构的物质，如人工晶体红宝石，基本成分是氧化铝，其中掺有0.05%的氧化铬，铬离子镶嵌在氧化铝的晶体中。当脉冲氙灯照射红宝石时，处于基态的铬离子大量受激，转为高能级的激发态，由于激发态寿命短，又很快跳到寿命较长的亚稳态。如果照射光足够强，就能够在3/1000 s时间内，把多数原子转为亚稳态。假定这块红宝石具有圆柱形状，部分原子开始自发辐射后，必有一部分光子的辐射方向是与中心轴平行的，其他不平行的光子从红宝石的侧面射出，对激光的产生没有多大影响；平行的光子在沿红宝石中心轴方向运动时，将引起路径上处于高能级原子的受激辐射，产生同向、同频的新光子。新光子与原光子一起激励其他原子，辐射出更多特性相同的光子。光子数由1到2，由2到4，…，以光速按指数规律增长，就会在圆柱的端部发出一股频率、相位、传播方向、偏振方向都完全一致的光，这就是激光。理论上，若这个红宝石足够长，则不管初始自发辐射有多弱，最终总可以被放大到一定强度。实际上，是在其两端各放一块反射镜，使光在红宝石内来回反射多次，不断放大。由此可见，激光仅在最初极短的时间内依赖于自发辐射，此后的过程完全由受激辐射决定。

2. 激光能量高的原因

用透镜将太阳光聚集，能引燃纸张木材，却无法进行材料加工。这一方面是由于地面上太阳光的能量密度不高，另一方面是因为太阳光不是单色光，而是红、橙、黄、绿、青、蓝、紫等多种波长的多色光，聚集后焦点并不在同一平面内，不能做到能量的高密度汇集。激光的几个特性使激光具有很高的能量密度。

（1）亮度高。激光出众的亮度来源于光能在空间和时间上的集中。如果将分散在180°立体角范围内的光能全部压缩到0.18°立体角范围内发射，则在不必增加总发射功率的情况下，发光体在单位立体角内的发射功率就可提高100×10^4倍。如果把1s时间内所发出的光压缩在亚毫秒数量级的时间内发射，形成短脉冲，那么在总功率不变的情况下，瞬时脉冲功率又可以提高几个数量级，从而大大提高了激光的亮度。据研究，激光的亮度要比氙灯高370×10^8倍，比太阳表面的亮度也要高二百多亿倍。

（2）单色性好。在光学领域中，“单色”是指光的波长（或者频率）为一个确定的数值，实际上严格的单色光是不存在的。单色性好的光是指光谱的谱线宽很小的光。在激光之前，单色性最好的光源是氪灯，激光出现后，其单色性比氪灯提高了上万倍。

（3）方向性好。光束的方向性是用光束的发散角来表征的。普通光源因为各个发光中心是独立发光，而且具有不同的方向，所以发射的光束是很发散的。激光的各个发光中心是互相关联地定向发射，所以可以把激光束压缩在很小的立体角内。据研究，激光就算是射到月球上，光束扩散的截面直径也不到 1 km，假设最好的探照灯也能射到月球，其光束扩散的直径将达十万千米。

受激产生的激光已具有很高的能量，其单色性与方向性的特性更有助于其通过光学系统聚焦成一个极小的光斑（直径仅几到几十微米），从而获得极高的能量密度和极高的温度（1000 ℃以上）。在此高温下，任何坚硬的材料都将瞬时被熔化和气化。

3. 激光加工材料的过程

激光加工是把激光作为热源，对材料进行热加工，其加工过程大体如下：激光束照射材料，材料吸收光能；光能转变为热能，使材料加热；通过气化和熔融溅出，材料去除或破坏等。

（1）加工金属。在多个脉冲激光的作用下，首先是一个脉冲被材料表面吸收，由于材料表层的温度梯度很陡，表面上先产生熔化区域，接着产生气化区域，当下一个脉冲来临时，光能量在熔融状材料的一定厚度内被吸收，此时较里层材料就能达到比表面气化温度更高的温度，使材料内部气化压力加大，促使材料外喷，把熔融状的材料也一起喷了出来。所以在一般情况下，材料是以蒸汽和熔融状两种形式被去除的。功率密度更高而脉宽很窄时，就会在局部区域产生过热现象，从而引起爆炸性的气化，此时材料完全以气化的形式被去除而几乎不出现熔融状态。

（2）加工非金属。一般非金属材料的反射率比金属低得多，因而进入非金属材料内部的激光能量就比金属多。若是加工有机材料，如有机玻璃，因其具有较低的熔点或软化点，激光照射部分材料迅速变成了气体状态。例如，硬塑料和木材、皮革等天然材料，在激光加工中会形成高分子沉积和加工位置边缘碳化。对于无机非金属材料，如陶瓷、玻璃等，在激光的照射下几乎能吸收激光的全部光能，但由于其导热性很差，加热区很窄，会沿加工路线产生很高的热应力，从而产生无法控制的破碎和裂缝。由此，材料的热膨胀系数也是衡量激光对其加工可行性的一个重要因素。

有些激光加工工艺，如激光焊接，要求加热温度有一定的限制，但要达到较大的熔化深度，此时应该使用较小的功率密度和较长的作用时间。如果参数选择合适，可使材料达到最大熔化深度。为此，在利用激光脉冲进行焊接时，就要增加激光脉冲宽度，同时减小脉冲峰值功率。在利用连续激光器焊接时，为了熔透尽可能厚的材料，一般将激光功率密度人为地减小，使光点聚集于工件表面之外，并选择很小的进给速度。

二、激光加工的工艺特点及应用

1. 激光加工的工艺特点

（1）激光加工的功率密度高达 10^8～10^{10} W/cm^2，几乎可以加工任何材料。耐热合金、陶瓷、石英、金刚石等硬脆材料都能加工。

（2）激光光斑大小可以聚焦到微米级，输出功率可以调节，因此可用于精密微细加工。

（3）加工所用工具是激光束，是非接触加工，没有明显的机械力，没有工具损耗问题，加工速度快（激光切割的速度与线切割的速度相比要快很多），热影响区小，加工过程中工件可以运动，容易实现加工过程自动化。

（4）激光加工不需任何模具制造，可立即根据计算机输出的图样进行加工，既可缩短工艺流程，又不受加工数量的限制，对于小批量生产，激光加工更加便宜。

（5）可通过透明体进行加工，如对真空管内部进行焊接加工等，在大气、真空及各种气氛中进行加工，制约条件少，且不造成化学污染。

（6）激光加工采用计算机编程，可以把不同形状的产品进行材料的套裁，最大限度地提高材料的利用率，大大降低了企业材料成本。

2. 激光加工的应用

1）激光打孔

激光打孔的直径可以小到 0.01 mm 以下，深径比可达 50∶1，几乎可在任何材料上打微型小孔。激光打孔主要应用在航空航天、汽车制造、电子仪表、化工等行业。但是，激光钻出的孔是圆锥形的，而不是机械钻孔的圆柱形，这在有些地方是很不方便的。

2）激光切割

激光就像是人们曾幻想追求的“削铁如泥”的“宝剑”。激光切割技术广泛应用于金属和非金属材料的加工中，可大大减少加工时间，降低加工成本，提高工件质量。与传统的板材加工方法相比，激光切割具有高的切割质量（切口宽度窄、热影响区小、切口光洁）、高的切割速度、高的柔性（可随意切割任意形状）、广泛的材料适应性等优点。

3）激光微调

集成电路、传感器中的电阻是一层电阻薄膜，制造误差达 15%～20%，只有对之进行修正，才能提高那些高精度器件的成品率。激光微调就是利用激光照射电阻膜表面，将一部分电阻膜气化去除，可以精确地调整已经制成的电阻膜片的阻值。激光微调精度高、速度快，适用于大规模生产。利用类似原理可以修复有缺陷的集成电路的掩模，修补集成电路内存以提高成品率，还可以对陀螺进行精确的动平衡调节。

4）激光焊接

激光焊接不同于激光打孔，不需要那么高的能量密度使工件材料气化，而只要将工件的加工区“烧熔”黏合即可。与其他焊接技术相比，激光焊接的优点如下。

（1）激光焊接速度快、深度大、变形小。不仅有利于提高生产效率，而且被焊材料不易氧化，热影响区极小，适合于对热很敏感的晶体管组件的焊接。

（2）激光焊接设备装置简单，没有焊渣，在空气及某种气体环境中均能施焊，并能通过玻璃或对光束透明的材料进行焊接，激光束易实现光束按时间与空间的分光，能进行多光束同时加工及多任务位加工，很适合微型焊接。

（3）可焊接难熔材料如钛、石英等，不仅能焊接同种材料，而且可以焊接不同材料，甚至还可焊接金属与非金属，当然，不是所有的异种材料都能很好地焊接。

5）激光存储

激光可以将光束聚焦到微米级，可以在一个很小的区域内做出可辨识的标记，由此激光加工可应用在数据存储方面。将影像与声音之类的模拟信号转换为数字信号，经过一系列的信息处理，形成编码，送至激光调制器，使产生的激光束可按编码的变化时断时续，激光射到一张旋转着的表面镀有一层极薄金属膜的玻璃圆盘上，形成一连串凹坑，在玻璃圆盘旋转的同时，激光束也相应地沿着玻璃圆盘半径方向缓慢地由内向外移动，在玻璃圆盘上形成一条极细密的螺旋轨迹。由于凹坑的长度与间隔是按编码形成的，可以用激光读出头识别出来，经一系列信息处理还原为原影像与声音。激光存储技术已与现代生活密不可分。

6）激光表面强化

加温能使金属固体内部原子聚集状态发生改变或易于发生改变，在不同的冷却速度或外来物质的作用下，重新变为固体的金属会保留下新生成的状态，同样的金属因原子聚集状态的不同，其性能有所不同。激光高能、可控的特点使之很适合于对工件表面进行这种加温与冷却处理。因此，激光表面强化技术是激光加工技术中的一个重要方面。

（1）激光表面相变硬化（激光表面淬火）。激光表面淬火是以激光为热源的表面热处理方法，其硬化机制如下：当采用激光扫描零件表面时，激光能量被零件表面吸收后迅速达到极高的温度（升温速度可达 10^3～10^6 ℃/s），此时工件内部仍处于冷态；随着激光束离开零件表面，由于热传导作用，表面能量迅速向内部传递，表层以极高的冷却速度（可达 10^6 ℃/s）冷却，故可进行自身淬火，实现工件表面相变硬化。采用激光淬火加热速度快，淬火变形小，工艺周期短，生产效率高，工艺过程易实现自控和联机操作；淬硬组织细化，硬度比常规淬火提高 10%～15%，耐磨性和耐腐蚀性均有较大提高；可对复杂零件和局部位置进行淬火，如盲孔、小孔、小槽或薄壁零件等；激光可实现自身淬火，不需要处理介质，污染小，且处理后不需后续工序。对汽车发动机进行气孔、缸孔表面淬火，可使缸体耐磨性提高 3 倍以上，延长发动机大修里程，使之达到 15×10^4 km 以上。游标卡尺测量面改为激光淬火之后，不仅解决变形开裂问题，废品率低，而且简化了工序，缩短了生产周期，降低了成本。

（2）激光表面合金化。激光表面合金化，即当激光束扫描添加了金属或合金粉末的工件表面时，工件表面和添加元素同时熔化；而当激光束撤出后，熔池很快凝固，而形成一种类似急冷金属的晶体组织，获得具有某种特殊性能的新的合金层。激光表面合金化所需的激光功率密度（约 10^5 W/cm^2）比激光相变硬化所需的高得多，激光表面合金化的深度可为 0.01～2 mm，由激光功率密度和工件移动速度决定。激光表面合金化层与基体之间为冶金结合，具有很强的结合力。最大特点是仅在熔化区和很小的影响区内发生成分、组织和性能的变化，对基体的热效应可减少到最低限度，引起的变形也极小。既可满足表面的使用需要，又不牺牲结构的整体特性。利用激光表面合金化工艺可在一些表面性能差、价格便宜的基体金属表面制出耐磨、耐腐蚀、耐高温的表面合金，用于取代昂贵的整体合金，节约贵重金属材料和战略材料，使廉价合金获得更广泛的应用，从而大幅度降低成本。

（3）激光表面熔覆。激光表面熔覆也称激光表面包覆，是利用一定功率密度的激光束照射（扫描）被覆金属表层上的外加纯金属或合金，使之完全熔化，而基材金属表层微熔，冷凝后在基材表面形成一个低稀释度的包覆层，从而使基材强化的工艺。激光表面熔覆的熔化主要发生在外加的纯金属或合金中，基材表层微熔的目的是使之与外加金属实现冶金结合，以增强包覆层与基材的结合力，并防止基材元素与包覆元素相互扩散而改变包覆层的成分和性能。激光表面熔覆与合金化类似，可根据要求在表面性能差的低成本钢上制成耐磨、耐腐蚀、耐热、耐冲击等各种高性能表面，来代替昂贵的整体高级合金，以节约贵重金属材料。

（4）激光熔凝（激光重熔）。激光熔凝是将材料表面层用激光快速加热至熔化状态，不增加任何元素，然后自冷快速凝固，获得较为细化均质的组织（特殊非晶层——金属玻璃）和所需性能的表面改性技术。非晶是一种与晶态相反的亚稳态组织，具有类似于液态的结构，金属非晶态比晶态有着高得多的硬度、耐磨性及耐腐蚀性。实现非晶化必须满足急热骤冷条件，因此采用的激光束的功率密度一般保持在 10^7～10^9 W/cm^2。激光束辐射到工件表面使激光辐射区的金属表面产生 1～10 μm 薄的熔化层，并与基体间形成极高的温度梯度。而后，熔化层以高达 10^6 ℃/s 的速度冷却，使液态金属来不及形核结晶，从而形成了类似玻璃状的非晶态。激光熔凝利用高密度激光束，以极快的速度扫描，在金属表面形成薄层熔体，同时冷基体与熔体间有很大的温度梯度，使熔层的冷却速度超过形成非晶的临界值，而在表面获得非晶层。利用激光非晶化技术，可以使廉价的金属表面非晶化，以获得良好的表面性能。与其他制造金属玻璃的方法相比，激光熔凝的优点是高效、易控和冷速范围宽等。通过激光熔凝，可以在普通廉价的金属材料表面形成非晶层，既可大大提高制品的性能和寿命，又可节约大量贵重金属。

（5）激光冲击硬化。金属表面若经反复冲击敲打，也会使原子聚集状态发生改变，从而使材料表面产生应变硬化。激光具有在材料中产生高应力场的能力，激光产生的应力波使金属或合金产生高爆炸性，或者快速冲击平面产生变形，类似传统的喷丸强化工艺。

当激光脉冲功率足够高时，短时间内金属表面要发生气化、膨胀、爆炸，产生的冲击波对金属表面形成很大压力，材料表面形成塑变位错等，能明显提高材料硬度、屈服强度和抗疲劳性能。由于激光冲击处理的柔性强，可处理工件的圆角、拐角等应力集中部位。激光冲击应力波的持续时间极短（微秒），特别是能有效地处理成品零件上具有应力集中的局部区域，可有效地提高铝合金、碳钢、铁基、镍基合金、不锈钢和铸铁等金属材料的硬度和疲劳寿命，如提高成品零件上拐角、孔、槽等局部区域的疲劳寿命。

我国在光电子技术方面与发达国家几乎同时起步。特别在激光科研领域，我国并不落后，可以说，国外已有的激光技术，我国也都研究开发过，但由于其他领域发展的滞后，激光技术在我国还没有发挥出应有的作用。

第二节　电火花加工

人们很早就发现在插头或电器开关的触点开、闭时，往往产生火花，把接触表面烧毛，腐蚀成粗糙不平的凹坑面并逐渐损坏。长期以来电腐蚀一直被认为是一种有害的物理现象，人们不断地研究电腐蚀的原因并设法减轻和避免它。但任何事物都有两面性，一个领域的“害”，可能是另一个领域的“利”。只要弄清原委，善加利用，可以化害为利。1943 年，苏联学者拉扎连科夫妇在研究这一现象时，闪现灵感：既然电火花的瞬时高温可以使局部金属熔化而蚀除掉，如果有意利用这一现象会怎么样？能不能让工具和工件之间不断产生脉冲性的火花放电，靠放电处局部、瞬时产生的高温把金属蚀除下来？从而发明了电火花加工方法，用铜丝在淬火钢上加工出小孔，这次用软的工具加工硬的金属的成功，首次摆脱了传统的切削方法，开创了直接利用电能和热能去除金属的先例，从而获得“以柔克刚”的效果。

电火花加工是用可控的电腐蚀，达到零件的尺寸、形状及表面质量的一种加工方法。

一、电火花加工原理

电火花加工的原理是在绝缘的液体介质中将工件和工具分别接正、负电极，使用时由自动进给调节装置使两电极接近，并在两极之间施加脉冲电压，当两电极接近或电压升高达到一定程度时，介质被击穿。伴随击穿过程，发生高压放电，两电极间的电阻急剧变小，在放电的微细通道中瞬时集中大量的热能，温度可高达 10000 ℃以上，压力也急剧变化，击穿点表面局部微量的金属材料立刻熔化、气化，并爆炸式地飞溅，瞬时高温使工具和工件表面都蚀除掉一小部分金属，各自在表面上留下一个微小的凹坑痕迹。虽然每个脉冲放电蚀除的金属量极少，但因每秒有成千上万次脉冲放电作用，就能蚀除较多的金属，具有一定的生产率。这样连续不断地放电，一边蚀除工件金属，一边使工具电极不断地向工件进给，最后便加工出与工具电极形状相对应的形状来。只要改变工具电极的形状，就可加工出所需要的零件。当然，整个加工表面将由无数个小凹坑所组成，如图 6-2-1 所示。

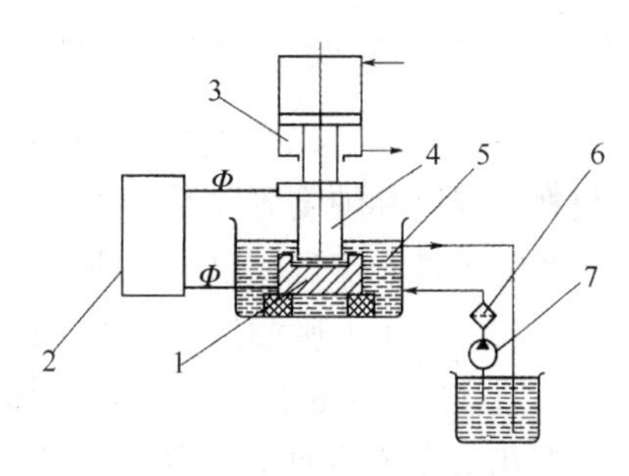

图 6-2-1　电火花加工示意图

1—工件（+）；2—脉冲电源；3—自动进给调节装置；4—工具；5—工作液；6—过滤器；7—工作液泵；Φ—电源接头

单独一次电腐蚀现象是不能完成加工的，要将工件加工成需要的形状，就要不断地发生电腐蚀现象。要不断地发生电腐蚀现象就要有不断的高压放电，因此利用电火花加工要考虑以下问题。

（1）间隙。电火花加工工具和工件之间要保持一定的放电间隙。如果间隙过大，极间电压不能击穿极间介质；如果间隙过小，很容易形成短路，同样不能产生电火花放电。这一间隙通常为几到几百微米。保持间隙是用自动进给调节装置实现的。

（2）电源。电火花加工时火花信道必须在极短的时间后及时熄灭，才可保持火花放电的“冷极”特性（即通道能量转换的热能来不及传至电极纵深），使通道能量作用于极小范围。如果击穿后像持续电弧那样放电，放电所产生的热量就传导到其余部分，只能使表面烧伤而无法用作尺寸加工，因此要求电压周期升高。电压周期升高可采用脉冲电压来实现。

电腐蚀产生的过程中，阳极（指电源正极）和阴极（指电源负极）的蚀除速度是不一样的，这种现象称为“极效应”。为了减少工具电极的损耗，提高加工精度和生产效率，总希望极效应越显著越好，即工件蚀除越快越好，而工具蚀除越慢越好。若采用交流脉冲电源，工件与工具的极性不断改变，会使总的极效应等于零。因此，电火花加工的电源应选择直流脉冲电源。

（3）工作液。电火花加工中的高压放电源于介质被击穿，击穿后又要能迅速复原，因此电火花加工是在有一定绝缘性能的液体介质中进行的，较高的绝缘强度（10^3～10^7 Ω · cm）有利于产生脉冲性的火花放电。同时，液体介质还能把电火花表面加工过程中产生的小金属屑、碳黑等电蚀产物从放电间隙中悬浮排除出去，并且对电极和工件表面有较好的冷却作用。常用的工作液是黏度较低、闪点较高、性能稳定的介质，如煤油、去离子水和乳化液等。

（4）工具。电火花加工中工具电极也有损耗，为保证加工精度，希望工具损耗小于工件金属的蚀除量，甚至接近于无损耗。极效应通常与脉冲宽度、电极材料及单个脉冲能量等因素有关。为此，工具电极常用导电性良好、熔点较高、易加工的耐电蚀材料，如铜、石墨、铜钨合金和钼等。

二、电火花加工的工艺特点及应用

1. 电火花加工的工艺特点

（1）可以“以柔克刚”。由于电火花加工直接利用电能和热能去除金属材料，与工件材料的强度和硬度等关系不大，工具电极材料无须比工件材料硬；可以用软的工具电极加工硬的工件，实现“以柔克刚”。

（2）属于不接触加工。由于加工中工具电极和工件不直接接触，没有机械加工的切削力，适宜加工低刚度工件及微细加工。不产生毛刺和刀痕沟纹等缺陷；对于各种复杂形状的型孔及立体曲面型腔的一次成型，可不必考虑加工面积太大引起的切削力过大等问题。

（3）适合加工难切削的金属材料和导电材料。主要加工导电的材料，在一定条件下也可以加工半导体和非导体材料。可以加工任何高强度、高硬度、高韧性、高脆性及高纯度的导电材料。

（4）可以加工形状复杂的表面。由于可以简单地将工具电极的形状复制到工件上，特别适用于复杂表面形状工件的加工，如复杂型腔模具加工等。特别是数控技术的采用，使得用简单的电极加工复杂形状零件成为现实，能加工普通切削加工方法难以切削的材料和复杂形状工件。

（5）可以加工特殊要求的零件。可以加工薄壁、弹性、低刚度、微细小孔、异形小孔、深小孔等有特殊要求的零件，也可以在模具上加工细小文字。

（6）电火花加工的其他工艺特点。电火花加工的脉冲参数可依据需要调节，可在同一台机床上进行粗加工、半精加工和精加工；电火花加工后的表面呈现的凹坑，有利于储油和降低噪声；因直接使用电能加工，便于实现自动化；放电过程有部分能量消耗在工具电极上，导致电极损耗，影响成型精度，最小角部半径有限制；加工后表面产生变质层，在工件表面形成重铸层（厚度为 1～100 μm）和受热影响层（厚度为 25～125 μm），影响表面质量，在某些应用中必须进一步去除；工作液的净化和加工中产生的烟雾污染处理比较麻烦。

2. 电火花加工的应用

（1）电火花成型加工。该方法是通过工具电极相对于工件做进给运动，将工件电极的形状和尺寸复制在工件上，从而加工出所需要的零件。它包括电火花型腔加工和穿孔加工两种。

（2）电火花线切割。该方法是将轴向移动的细金属丝作工具电极，按预定的轨迹进行脉冲放电切割。按金属丝电极移动的速度大小分为低速走丝线切割和高速走丝线切割。低速走丝线切割机电极丝以铜线为工具电极，一般以低于 0.2 m/s 的速度做单向运动，在铜线与被加工物材料之间施加 60～300V 的脉冲电压，并保持 5～50 μm 间隙，间隙中充满去离子水（接近蒸馏水）等绝缘介质，使电极与被加工物之间发生火花放电，并彼此消耗、腐蚀，在工件表面上电蚀出无数的小坑，通过数控部分的监测和管控，伺服机构执行，使这种放电现象均匀一致，从而加工物被加工成为合乎尺寸要求及形状精度的产品。目前精度可达 0.001 mm 级，表面质量也接近磨削水平，但不宜加工大厚度工件。

线切割时，电极丝不断移动，放电后不再使用。采用无电阻防电解电源，一般均带有自动穿丝和恒张力装置。由于机床结构精密，技术含量高，机床价格高，使用成本也高。

我国多采用高速走丝线切割机，是我国独创的机种，由于电极丝是往复使用，也叫往复走丝电火花线切割机。高速走丝时，金属丝电极是直径为 0.02～0.3 mm 的高强度钼丝，走丝速度为 8～10 m/s。由于往复走丝电火花线切割机床不能对电极丝实施恒张力控制，故电极丝抖动大，在加工过程中易断丝（有研究表明，线切割放电时工件与电极丝存在着"疏松接触"情况，即工件有顶弯电极丝现象，放电可能发生在两者之间的某种绝缘薄膜介质中，也可能是放电时产生的爆炸力将电极丝顶弯，真实情况有待研究）。往复走丝会造成电极丝损耗，加工精度和表面质量降低。

目前电火花线切割广泛用于加工各种冲裁模（冲孔和落料用）、样板及各种形状复杂的型孔、型面和窄缝等。

（3）电火花磨削和镗磨。电火花磨削可在穿孔、成型机床上附加一套磨头来实现，使工具电极做旋转运动，如工件也附加一旋转运动，则磨得的孔可更圆。电火花镗磨与磨削的不同之处是只有工件做旋转运动，电极工具没有转动运动，而是做往复运动和进给运动。

（4）电火花同步共轭回转加工。电火花同步共轭回转加工是用电火花加工内螺纹的一种方法，加工时，已按精度加工好形状的电极穿过工件原有孔（按螺纹内径制作），保持两者轴线平行，然后使电极和工件以相同的方向和转速旋转，同时工件向工具电极径向切入进给，根据螺距，电极还可轴向移动相应距离以保证工件的螺纹加工精度，如图 6-2-2 所示。

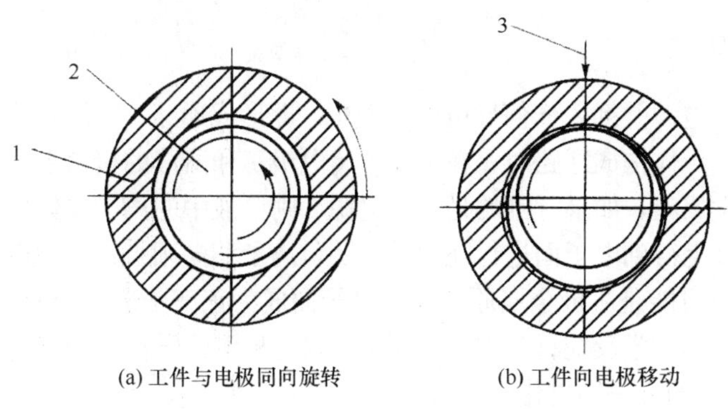

(a) 工件与电极同向旋转　　(b) 工件向电极移动

图 6-2-2　电火花加工内螺纹示意图

1—工件；2—电极；3—进给方向

（5）非金属电火花加工。例如，加工聚晶金刚石，聚晶金刚石硬度仅稍次于天然金刚石。天然金刚石几乎不导电，聚晶金刚石是将人造金刚石微粉用铜、铁粉等导电材料作黏结剂，搅拌、混合后加压烧结而成，因此有一定的导电性能而能用电火花进行加工。至于是靠放电时的高温将导电的黏结剂熔化、气化蚀除掉，而使金刚石微粒失去支撑自行脱落，还是高温使金刚石瞬间蒸化就有待进一步研究了。

（6）电火花表面强化。电火花表面强化是将较硬的材料（如硬质合金）作电极，对较软的材料（如45钢）进行强化。其电源是直流电源或交流电源，靠振动棒的作用，使电极与工件间的放电间隙频繁变化，不断产生火花放电，来进行对金属表面的强化。其过程是电极在振动棒的带动下向工件运动，当电极与工件接近到某一距离时，间隙中的空气被击穿，产生火花放电，使电极和工件材料局部熔化，但当电极继续接近工件并与工件接触时，在接触点处流过短路电流，使该处继续加热，并以适当压力压向工件，熔化了的材料相互粘接、扩散，形成熔渗层。电极在振动作用下离开工件，工件的热容量比电极大，靠近工件的熔化层首先急剧冷凝，从而使工具电极的材料粘接、覆盖在工件上，如图6-2-3所示。

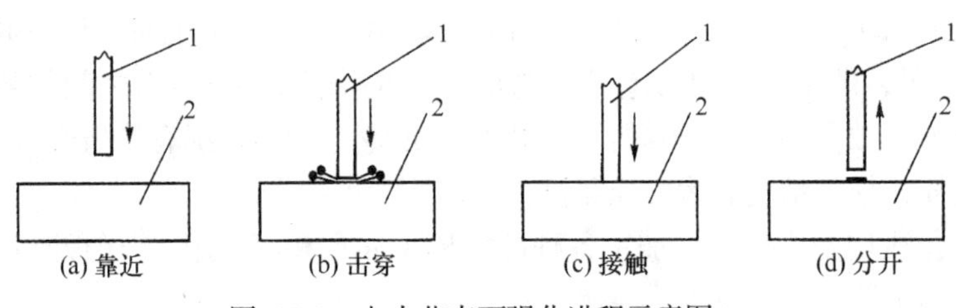

图 6-2-3　电火花表面强化进程示意图

1—电极；2—工件

第三节　电 解 加 工

电解加工是电化学加工的一种，是利用金属在电解液中的“电化学阳极溶解”现象，来将工件加工成型的一种工艺方法。

一、电解加工原理

两金属片接上电源并插入任何导电的溶液中，即形成通路，导线和溶液是两类性质不同的导体。当两类导体构成通路时，在金属片（电极）和溶液的接口上，必定有交换电子的反应，即电化学反应。如果所接的是直流电源，则溶液中的离子将做定向移动，正离子移向阴极，在阴极上得到电子而进行还原反应。负离子移向阳极，在阳极表面失掉电子而进行氧化反应（也可能是阳极金属原子失掉电子而成为正离子进入溶液）。在阳、阴电极表面发生得失电子的化学反应称为电化学反应，以这种电化学作用为基础对金属进行加工（包括电解和镀覆）的方法即电化学加工。

如果阳极用铁板制成，那么在阳极表面，铁原子在外电源的作用下被夺走电子，成为铁的正离子而进入电解液。铁的正离子在电解液中又变为氢氧化亚铁等，氢氧化亚铁在水溶液中溶解度极小，于是便沉淀下来，它又不断地与电解液及空气中的氧反应而成为黄褐色的氢氧化铁，总之，在电解过程中，阳极铁不断溶解腐蚀，最后变成氢氧化铁沉淀，阴极材料并不腐蚀损耗，只是氢气不断从阴极上析出，水逐渐消耗，这种现象就是金属的阳极溶解。

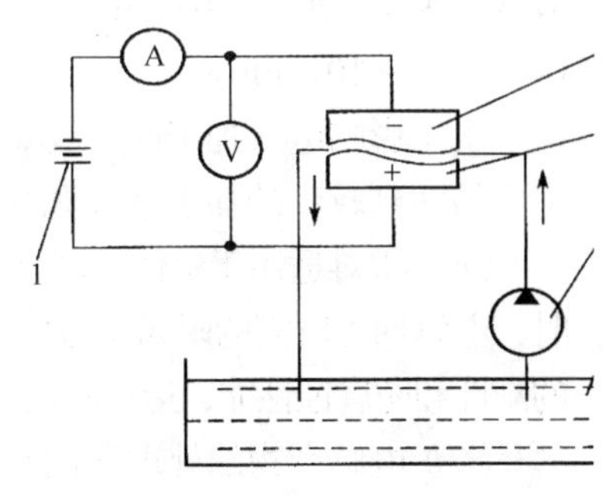

图 6-3-1　电解加工示意图
1—直流电源；2—工具阴极；3—工件阳极；4—电解液泵；5—电解液

如图 6-3-1 所示，电解加工时工件接直流电源的正极，为阳极。按所需形状制成的工具接直流电源的负极，为阴极。具有一定压力（0.5～2 MPa）的电解液从两极间隙（0.1～1 nm）中高速（5～50 m/s）流过。当工具阴极向工件进给并保持一定间隙时，即产生电化学反应，在相对于阴极的工件表面上，金属材料按对应于工具阴极型面的形状不断地被溶解到电解液中，电解产物被高速电解液流带走，于是在工件的相应表面上就加工出与阴极型面相对应的形状。直流电源应具有稳定而可调的电压（6～24 V）和高的电流容量（有的高达 4×10^4 A）。

二、电解加工的工艺特点及应用

1. 电解加工的工艺特点

（1）加工范围广。电解加工几乎可以加工所有的导电材料，并且不受材料的强度、硬度、韧性等机械、物理性能的限制，加工后材料的金相组织基本上不发生变化。它常用于加工硬质合金、高温合金、淬火钢、不锈钢和钛合金等高硬度、高强度和高韧性的难加工金属材料，可加工叶片、花键孔、炮管膛线、锻模等各种复杂的三维型面。

（2）加工生产效率高。电解加工能以简单的直线进给运动一次加工出复杂的型腔、型面和型孔，加工速度可以和电流密度成比例地增加，因此生产效率较高，为电火花加工的5～10 倍。在某些情况下，比切削加工的生产效率还高，且加工生产效率不直接受加工精度和表面粗糙度的限制，一般适用于大批量零件的加工。

（3）无切削力和切削热。电解加工中无切削力和切削热的作用，不产生由此引起的变形和残余应力、加工硬化、毛刺、飞边、刀痕等，加工后工件上没有热应力与机械应力。

不影响工件现有属性，不会产生微观裂缝，不产生氧化层，工件无须后序加工。因此，适用于易变形、薄壁或热敏性材料零件的加工。

（4）工具电极不损耗。电解加工过程中因为工具阴极材料本身不参与电极反应，其表面仅产生析氢反应，而不发生溶解反应，同时工具材料又是抗腐蚀性良好的不锈钢或黄铜等，所以阴极工具在理论上不会耗损，可长期使用。只有在产生火花、短路等异常现象时才会导致阴极损伤。

（5）加工质量尚可但精度不太高。通常电解加工可达到的表面粗糙度 Ra 值为 1.25～0.2 μm 和 ± 0.1 mm 左右的平均加工精度。其中，型孔或套料加工精度为 ± 0.05～ ± 0.03 mm；模

锻型腔为 ± 0.20～ ± 0.05 mm；透平叶片型面为 0.25～0.18 mm。电解微细加工钢材的精度可达（70 ± 10）μm。

由于影响电解加工间隙稳定性的参数很多，且规律难以掌握，控制比较困难，电解加工不易达到较高的加工精度和加工稳定性，且难以加工尖角和窄缝。

（6）很难适用于单件生产。由于阴极和夹具的设计、制造及修正较麻烦，周期较长，同时，电解加工所需的附属设备较多，占地面积较大，投资较高，耗电量大，且机床需要足够的刚性和防腐蚀性能，造价较高，其批量越小，单件附加成本越高，不适用于单件生产。

（7）电解产物的处理和回收困难。电解液对设备、工具有腐蚀作用，需对设备采取防护措施，对电解产物也需妥善处理，否则将污染环境。

2. 电解加工的应用

电解加工主要用于成批生产时，对难加工材料和复杂型面、型腔、异形孔和薄壁零件的加工。

（1）深孔扩孔加工。深孔扩孔加工按阴极的运动形式，可分为固定式和移动式两种。

固定式是用长于工件且满足精度要求的圆棒作阴极，伸入待加工的工件原有孔。用一套夹具来保持工件和阴极同心，并起导电和引进电解液的作用。操作简单，生产效率高，所需功率较大。移动式是将工件固定在机床上，阴极在机床带动下在工件内孔做轴向移动。阴极长度可较短，制造容易，加工工件长度不受电源功率限制，但需要有效长度大于工件长度的机床。

（2）型孔加工。型孔的电解加工一般采用端面进给法，为了避免锥度，阴极侧面必须绝缘。绝缘层要粘接得牢固可靠，因为电解加工过程中电解液有较大的冲刷力，易把绝缘层冲坏。绝缘层的厚度，工作部分为 0.15～0.20 mm，非工作部分可为 0.3～0.5 mm。

（3）型腔加工。型腔多用电火花加工，因电火花加工精度比电解加工易于控制。但由于生产效率较低，在精度要求不太高的煤矿机械、拖拉机等制造厂也采用电解加工。在型腔的复杂表面加工时，电解液流场不易均匀，在流速、流量不足的局部地区电蚀量将偏小且很容易产生短路，因此要在阴极的对应处加开增液孔或增液缝，阴极的设计、制作和修复都不太容易。

（4）套料加工。有些片状零件，轮廓复杂，又有一定厚度，传统方法难以加工，即便采用电火花线切割，也觉生产效率太低。可用紫铜片等做成对应形状，为阴极，用锡焊固定在相应的阴极体上，组成一个套料工具，可以类似冲压方式进行加工。

（5）叶片加工。叶片型面形状比较复杂，精度要求较高，采用机械加工困难较大。而采用电解加工，则不受叶片材料硬度和韧性的限制，在一次行程中就可加工出复杂的叶身型面，生产效率高，表面粗糙度值小。

（6）电解抛光。电解抛光可以说是电解加工的鼻祖，是最早利用金属在电解液中的电化学阳极溶解对工件表面进行处理的，它只处理表面，不用于工件形状和尺寸的加工。电解抛光时工件与工具之间的加工间隙较大，有利于表面的均匀溶解；电流密度也比较小；电解液一般不流动，必要时加以搅拌即可。因此，电解抛光所需的设备比较简单。

此外，电解加工还有电解倒棱去毛刺、电解刻字等应用。

第四节　超声波加工

超声波加工也称为超声加工，是利用以超声频做小振幅振动的工具，带动工作液中的悬浮磨粒对工件表面进行撞击抛磨，使其局部材料被蚀除而成粉末，以进行穿孔、切割和研磨等，或利用超声波振动使工件相互结合的加工方法。

电火花加工和电解加工都不易加工不导电的非金属材料，然而超声波加工不仅能加工硬质合金、淬火钢等脆硬金属材料，而且更适合于加工玻璃、陶瓷、半导体锗和硅片等不导电的非金属脆硬材料，同时还可以用于清洗、焊接和探伤等。

人耳对声音的听觉范围为16～16000 Hz。频率低于16 Hz的振动波称为次声波，频率超过16000 Hz的振动波称为超声波。加工用的超声波频率为16000～25000 Hz。超声波和声波一样，可以在气体、液体和固体介质中传播。可对其传播方向上的障碍物施加压力（声压），因此，可用这个压力的大小来表示超声波的强度。传播的波动能量越强，压力也越大。由于超声波频率高，能传递很强的能量，传播时反射、折射、共振及损耗等现象更显著。

一、超声波加工原理

如图6-4-1所示，超声波发生器将工频交流电能转变为有一定功率输出的超声频电振荡，然后通过换能器将此超声频电振荡转变为超声频机械振动，由于其振幅很小，一般为0.005～0.01 mm，需再通过一个上粗下细的变幅杆，使振幅增大到0.1～0.15 mm。固定在变幅杆端头的工具即受迫振动，并迫使工作液中的悬浮磨粒以很大的速度，不断地撞击、抛磨被加工表面，把加工区域的材料粉碎成很细的微粒后打击下来。虽然每次打击下来的材料很少，但因为每秒打击的次数多达16000次以上，所以仍有一定的加工效率。与此同时，工作液受工具端面超声振动作用而产生的高频、交变的液压正负冲击波和空化作用，

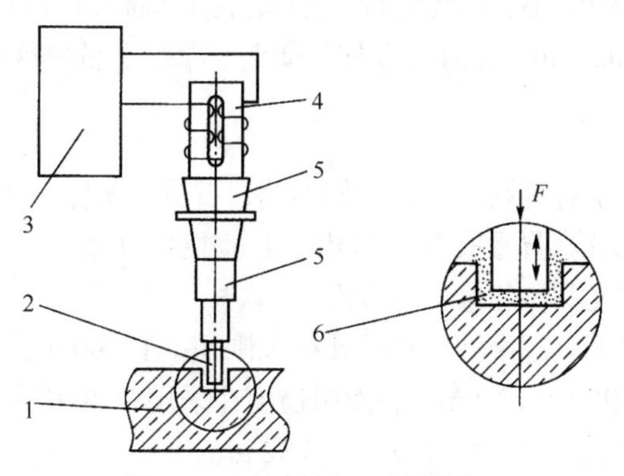

图6-4-1　超声波加工原理图

1—工件；2—工具；3—超声波发生器；4—换能器；5—变幅杆；6—磨料悬浮液；F—受迫振动力

促使工作液钻入被加工表面的材料的微裂缝处，加剧了机械破坏作用。空化作用是指当工具端面以很大的加速度离开工件表面时，加工间隙内形成负压和局部真空，在工作液体内形成很多微空腔，当工具端面以很大的加速度接近工件表面时，空泡闭合，引起极强的液压冲击波，可以强化加工过程。此外，正负交变的液压冲击也使悬浮工作液在加工间隙中强迫循环，使变钝了的磨粒及时得到更新。

由此可见，超声波加工是磨粒在超声振动作用下的机械撞击和抛磨作用及超声空化作用的综合结果，其中磨粒的撞击作用是主要的。既然超声波加工是基于局部撞击作用，那么就不难理解，越是脆硬的材料，受撞击作用遭受的破坏越大，越易超声波加工。相反，脆性和硬度不大的韧性材料，由于它的缓冲作用而难以加工。

根据这个道理，人们可以合理选择工具材料，使之既能撞击磨粒，又不致使自身受到很大破坏，如用 45 钢作工具即可满足上述要求。

二、超声波加工的工艺特点及应用

因为超声波加工是靠极小的磨料作用，所以加工精度较高，一般可达 0.02 mm，表面粗糙度 *Ra* 值可达 1.25～0.1 μm。

被加工表面无残余应力、组织改变及烧伤等现象；在加工过程中不需要工具旋转，因此易于加工各种复杂形状的型孔、型腔及成型表面；超声波加工机床的结构比较简单，操作维修方便，工具可用较软的材料（如黄铜、45 钢、20 钢等）制造。

1. 超声波加工的工艺特点

（1）适合于加工各种硬脆材料，特别是不导电的非金属材料，如玻璃、陶瓷（氧化铝、氮化硅等）、石英、锗、硅、石墨、玛瑙、宝石、金刚石等。对于导电的硬质金属材料如淬火钢、硬质合金等，也能进行加工，但加工生产效率较低。

（2）工具可用较软的材料做成较复杂的形状，故不需要使工具和工件做比较复杂的相对运动，因此超声波加工机床的结构比较简单，操作、维修方便。

（3）由于去除加工材料是靠极小磨料瞬时局部的撞击作用，故工件表面的宏观切削力很小，切削应力、切削热很小，不会引起变形及烧伤，表面粗糙度也较好，*Ra* 值可达 1～0.1 μm，加工精度可达 0.01～0.02 mm，而且可以加工薄壁、窄缝、低刚度零件。

2. 超声波加工的应用

超声波加工主要用于各种硬脆材料，如玻璃、石英、陶瓷、硅、锗、铁氧体、宝石和玉器等的打孔（包括圆孔、异形孔和弯曲孔等）、切割、开槽、套料、雕刻、成批小型零件去毛刺、模具表面抛光和砂轮修整等方面。

（1）型孔、型腔加工。超声波打孔的孔径范围是 0.1～90 mm，加工深度可达 100 mm 以上，孔的精度可达 0.05～0.02 mm。表面粗糙度在采用 W40 碳化硼磨料加工玻璃时可达 1.25～0.63 μm，加工硬质合金时可达 0.63～0.32 μm。

超声波加工用于型孔、型腔加工的生产效率比电火花加工、电解加工等低，工具磨损大，但其加工精度和表面粗糙度都比它们好。即使是电火花加工后的一些淬火钢、硬质合金冲模、拉丝模、塑料模具，最后还常用超声抛磨、光整加工。

（2）切割加工。用普通机械加工切割脆硬的半导体材料是很困难的，采用超声波切割则较为有效。可将多个薄钢片或磷青铜片按一定距离平行焊接在一个变幅杆的端部，一次可以切割多片材料，如切割单晶硅片。

（3）超声波清洗。超声波在清洗液（汽油、煤油、酒精、丙酮或水等）中传播时，液体分子往复高频热运动产生正负交变的冲击波。当声强达到一定数值时，液体中急剧生长微小空化气泡并瞬时强烈闭合，产生的微冲击波使被清洗物表面的污物遭到破坏，并从被清洗表面脱落下来。即使是被清洗物上的窄缝、细小深孔、弯孔中的污物，也很容易被清洗干净。虽然每个微气泡的作用并不大，但每秒有上亿个空化气泡在作用，就具有很好的清洗效果。因此，超声波被广泛用于对喷油嘴、喷丝板、微型轴承、仪表齿轮、手表机芯、印制电路板、集成电路微电子器件的清洗。

（4）焊接加工。超声波焊接是利用超声频振动作用，去除工件表面的氧化膜，显露出新的本体表面，在两个被焊工件表面分子的高速振动撞击下，摩擦发热并亲和粘接在一起。它不仅可以焊接尼龙、塑料及表面易生成氧化膜的铝制品等，而且可以在陶瓷等非金属表面挂锡、挂银、涂覆熔化的金属薄层。

此外，利用超声波的定向发射、反射等特性，还可将其用于测距和探伤等。

第五节 快速原型制造

随着全球市场一体化的形成，制造业的竞争更趋激烈，产品开发的速度和能力已成为制造市场竞争的实力基础。同时，制造业为满足日益变化的个性化市场需求，又要求制造技术有较强的灵活性，能够以小批量甚至单件生产而不增加产品的成本。因此，产品的开发速度和制造技术的柔性就变得十分关键。在此社会背景下，快速原型制造（rapid prototyping manufacturing，RPM）技术于20世纪80年代在美国问世，它可以快速将设计思想物化为具有一定结构和功能的三维实体，并且可低成本制作产品原型和零件，这大大满足了竞争日益激烈的市场对新产品快速开发和快速制造的要求。

快速原型制造技术，也称快速成型制造技术，又称立体打印技术，是直接根据产品CAD的三维实体模型数据，经计算机数据处理后，将三维实体数据模型转化为许多平面模型的叠加，然后直接通过计算机控制制造这一系列的平面模型并加以联结，形成复杂的三维实体零件。这样，产品的研制周期可以显著缩短，研制费用也可以节省。

一、快速原型工作原理

零件的快速成型制造过程根据具体使用的方法不同而有所差别，但其基本原理都是相同的。下面以激光快速成型为例来说明快速原型制造的原理。首先在计算机制图系统上设计出三维的虚拟零件模型，然后在计算机上对该虚拟零件进行水平切片分层离散化，薄片越薄，零件制作精度就越高，面制作时间就越长，因此，分层厚度应根据零件的技术要求和加工设备分辨能力等因素统合考虑。分层后对切片进行网格化处理并生成相应文件。数据传输到快速原型制作设备（3D 打印机），该设备形似一个大箱子，内含工作平台、进料机构、抚平机构、激光照射装置及其他进给机构。制造时先在工作平台上铺满一层物料（如液态光敏树脂），激光束由数控的激光照射装置按照每一层薄片的轮廓线和内部网格线进行扫描（激光束的强度、频率等依物料特性而定），使工作平台上的物料有选择地被固化（光致聚合），得到零件第一层的实体平面切片形状。固化过程从工作平台上的第一层表面物料开始，此层固化后，工作平台沿铅垂方向下降一段距离，进料并抚平，让新的一层物料覆盖在已固化层上面，然后再驱动激光束扫描，进行第二层固化。激光束在固化第二层的同时，也使其与第一层粘连在一起。接着，工作平台再沿铅垂方向下降一段距离，进料抚平……如此重复工作，直到所有的分层切片都被加工出来，然后，通过强紫光光源的照射，使扫描所得的塑胶零件充分固化，从而得到所需零件的实体。另外，没有被激光束照到的物料还可继续用于下一次的制造。

二、快速原型的工艺特点及应用

1. 快速原型的工艺特点

（1）能由产品的三维计算机模型直接制成实体零件，而不必设计、制造模具，因而制造周期大大缩短（由几个月或几周缩短为十几小时甚至几小时）。

（2）能制造任意复杂形状的三维实体零件而无须机械加工。

（3）能借电铸、电弧喷涂技术进一步由塑胶件制成金属模具，或者能将快速获得的塑胶件当作易熔铸模（如同失蜡铸造）或木模，进一步浇铸金属铸件或制造砂型。

（4）能根据 CAE 的结果制成三维实体，作为试验模型，评判仿真分析的正确性。

（5）由于是堆叠制造，改变了原有要考虑工艺槽、被包容件如何放入包容件等的零件设计思路。

（6）精度不如传统加工。数据模型分层处理时不可避免地有一些数据会丢失，另外分层制造必然产生台阶误差，堆积成型的相变和凝固过程产生的内应力也会引起翘曲变形，这从根本上决定了快速原型技术的精度极限。

2. 快速原型技术在加工上的应用

快速原型技术因其神奇的“无中生有”的特点而使世人的惊艳，在利益的趋动下有好事者将其描述成无所不能的制造神器。然而理想很丰满，现实很骨感。只有便于堆叠的物料才好使用快速原型技术，而不同产品所需材料各有不同，快速原型技术远没有达到人们想象中的按个按钮，要什么有什么的境界。快速原型技术可以应用在新产品开发中，也可以应用在产品功能试验上，虽然已能直接制造一些要求不高的物品，但快速原型技术在加工上更多的是用在模具制造中。

（1）制作硅橡胶模。当制造硅橡胶零件件数较少（批量在 20～50 件）时，用快速成型件作母模，可以快速、容易而廉价地小批量生产各种塑料零件和石蜡模型，成型件具有较好精度，在航空航天、体育用品、玩具和装饰设备等领域应用广泛。

（2）金属喷涂制模法。当模具要求的寿命在 3000 件以下时，可将熔化金属充分雾化后以一定的速度喷射到快速成型件的表面，形成模具型腔表面，充填背衬复合材料，制作锌铝合金软模具。该工艺方法简单，周期短，型腔表面及其精细花纹一次同时形成。

（3）制作钢模。当模具要求的寿命在 3000 件以上时，可将快速成型塑料零件当作易熔铸模或木模，进一步浇铸金属铸件或制造砂型，从而缩短制模周期。在产品研制阶段，对于缩短研制周期和节约昂贵的制模费用是非常有益的。

也可将获得的塑料件作为试验模型，评价有限元分析等计算的正确性，为设计性能优越的产品提供可靠的基础。

第六节　3D 打印加工

一、3D 打印原理

3D 打印，也称为增材制造，之前被称为快速原型设计的方法，就是这种技术发展的产物。增材制造被美国材料与试验协会（American Society of Testing and Materials，ASTM）定义为“一种利用三维模型数据通过连接材料获得实体的工艺，通常为逐层叠加，是与去除材料的制造方法截然不同的工艺”。这种新兴技术，在公开的文献中被通俗地称作正以其将数字化数据变为实物的能力改变着制造业。它具有能制造复杂形状和结构的独特能力，使其对如汽车行业中发动机等原型的生产，珠宝和航空业中熔模铸造模具等的生产具有无可比拟的价值。随着该技术变得越发成熟，增材制造正转向零部件的直接生产。近年来，增材制造的创造性引起了公众的兴趣，特别是媒体对其新颖性和一些具有争议的应用报道，如打印枪支和打印食物等，更加引起了社会的广泛关注。

尽管增材制造系统发展中使用了不同的技术，但它们的基本原理都相同，介绍如下。

（1）先用计算机辅助设计与计算机辅助制造（computer aided design and computer aided manufacturing，CAD-CAM）软件建模，设计出零件的模型，构建的实体模型必须为一个明确定义了的封闭容积的闭合曲面。这意味着这些数据必须详细描述模型内、外及边界。如果构建的是一个实体模型，则这一要求显得多余，因为有效的实体模型将自动生成封闭容积。这一要求确保了模型所有水平截面都是闭合曲线。这一点对增材制造十分关键。

（2）构建了实体或曲面模型之后，要转化为由 3D Systems 公司开发的一种称为 STL（STereo Lithography）的文件格式。STL 文件格式是利用最简单的多边形和三角形逼近模型表面。曲度大的表面需采用大量三角形逼近，这就意味着弯曲部件的 STL 文件可能非常大。而某些增材制造设备也能接受 IGES（initial graphics exchange specification）文件格式，以满足特定的要求。

（3）计算机程序分析定义制作模型的 STL 文件，然后将模型分层为截面切片，这些截面将通过打印设备把液体或粉末材料固化，被系统地重现，然后层层结合，形成 3D 模型。也可以通过其他技术将这些薄层切片，固态片层通过胶黏剂结合在一起，形成 3D 模型。其他类似的方法也可用于构建模型。

一般而言，增材制造系统可以概括为四个基本部分。图 6-6-1 中增材制造的图轮描述了增材制造的四个关键方面。它们是输入、方法、材料、应用。

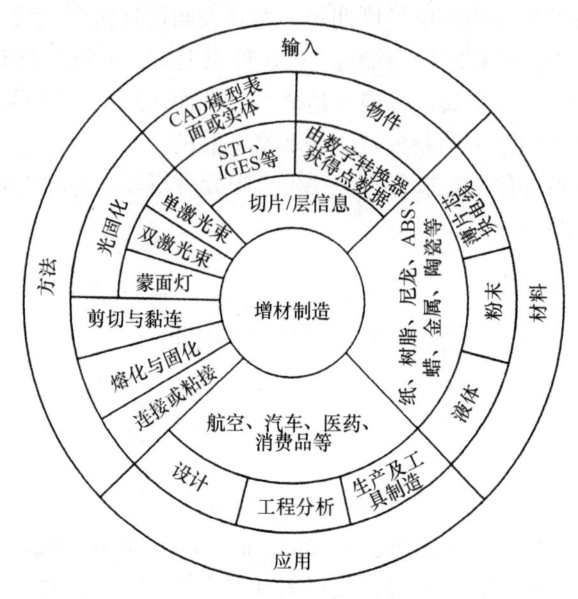

图 6-6-1　增材制造的主要四个方面

ABS—丙烯腈（A）、丁二烯（B）、苯乙烯（S）三种单苯的三元共聚物

1. 输入

输入指用数字化信息描述 3D 实体，即数字化模型。由两种方式获得：一种是计算机设计模型，另一种是物理实体或零件的扫描模型。计算机设计模型可由 CAD 系统建立，计算机设计模型可以是平面模型，也可以是立体模型。从物理实体扫描获得的 3D 数据模型就不是那么直观了。它要求通过一种称为逆向工程的方法获得数据。在逆向工程中，广泛使用的设备，如坐标测量仪（CMM）或激光数字化扫描仪，通过扫描格式捕捉实体模型的数据点，然后在 CAD 系统中进行重建。

2. 方法

当前有超过 40 家增材制造系统的大型供应商，每家供应商使用的方法大致可以归为以下几类：光固化类；剪切与粘连类；熔化与固化类；连接或粘接类等。而光固化类又可进一步划分为单激光束类、双激光束类和蒙面灯类等。

3. 材料

原材料有以下几种形态：固态、液态或粉末。固态材料有多种形式，如颗粒、线材或层压片状。当前应用的材料包括纸、聚合物、蜡、树脂、金属和陶瓷。

4. 应用

大多数增材制造系统制造的零件在实际使用前都需要经过抛光或修整处理。应用方面可分为：①设计；②工程分析；③生产及工具制造等。众多行业都受益于增材制造，这些行业包括但不限于航空、汽车、医药、消费品等。

二、3D打印应用

1. 增材制造系统的分类

现在市场中众多的增材制造系统有很多种分类方法，其中较好的一种方法是以原材料的形态来划分增材制造系统，这些材料可以用于制作原型或制造零件。所有的增材制造系统按使用材料形态的方式可以简单地分为：①液态材料；②固态材料；③粉末材料。

2. 液态基材的增材制造系统

大部分液态基材的增材制造系统都使用液态光固化树脂，这种有机树脂在光（通常是紫外线）照射下可固化。经过光固化后，树脂表面形成一层硬化的薄层。在完成一层固化后，在升降系统控制下工作台降低一定距离，以涂覆并形成下一层树脂。这个过程一直持续到整个部件完成。然后排干树脂，将固化的部分从液槽中取出，再对其做进一步处理。这种技术在不同制造商中有很多变种，这取决于使用光或激光的种类、扫描或曝光方法、液体树脂的类型、高度升降方法及所用的光学系统等。另一种方法是将液滴光聚合物通过打印头喷到托盘上，类似于喷墨打印机，再用紫外线将其固化。同样地，这类技术也有很多变种，取决于树脂种类、曝光、升降方式等。

立体光刻：立体光刻技术为生产商提供了价格合理的制作方法，使产品推向市场的时间缩短，开发费用降低，对设计有更多的掌控，产品设计不断得到改进。应用范围包括：①概念产生，包装及产品展示模型。②设计、分析、验证及样品功能测试。③模具生产工具的组件及小批量产品。④熔模铸造、砂模铸造及铸模。⑤工装卡具及用于工具设计、生产的工具（其生产过程见图6-6-2）。

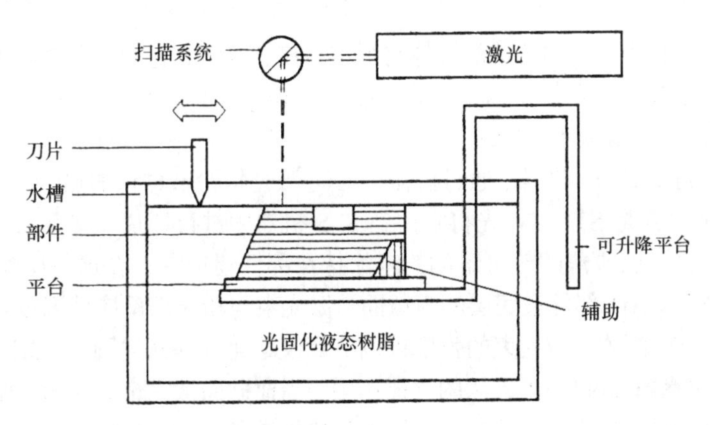

图6-6-2　立体光刻过程图解

3. 固态基材的增材制造系统

固态基材的增材制造系统与液态基材光固化系统有很大的不同。固态基材的增材制造方法有熔融沉积成型（fused deposition modeling，FDM）方法、分层实体制造（laminated object manufacturing，LOM）方法、超声固化（ultrasonic curing，UC）方法等，本书重点以 FDM 方法为例进行介绍。

FDM 方法：FDM 方法的原理基于表面化学、热能量和逐层制造技术。它可以生产可靠、耐用的零件，挤压熔融热塑料，使它们沉积时凝固。基于 FDM 方法的 3D 打印机通过加热塑料材料至半液体状态，再根据计算机制订的路径将其挤压，逐层制造零件。FDM 方法通常使用两种材料执行打印任务，即建模材料，包括完成的部件，以及辅助支撑材料，作为完成部件的支撑。丝状材料从 3D 打印机的材料仓运送至打印头，打印头沿着 x 轴、y 轴移动，将材料堆积完成一层，然后底座沿着 z 轴下移，开始建造下一层。3D 打印机建造完毕后，用户需将辅助支撑材料去除，打印件便可以使用了，如图 6-6-3 所示。

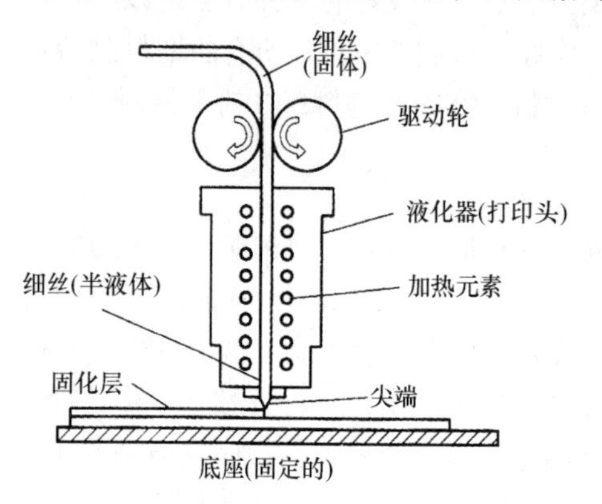

图 6-6-3　FDM 方法过程示意图

FDM 方法可以应用于以下领域。

（1）模型、原型用于概念化及展示：FDM 3D 打印机可以制造模型、原型，用于新产品设计、测试，制造低产量成品。

（2）教育用途：教育工作者可以利用 FDM 方法提升科学、工程、设计及艺术的研究和学习。

（3）定制 3D 模型：业余爱好者和企业家可用 FDM 3D 打印机将制造扩展至家中——制造礼品、新奇的物品、个性化设备及发明等。

4. 粉末基材的增材制造系统

粉末基材增材制造是一种特殊的固体材料增材制造系统，它们主要将粉末作为原型制造的基本介质，有选区激光烧结（selective laser sintering，SLS）方法、彩色喷墨打印方法、气溶胶喷射方法、电子束熔化方法等。

SLS 方法：利用 CAD 数据，通过机器中 CO_2 激光将粉末材料加热，逐层建造 3D 物体。CAD 数据的格式是 STL，首先将它传到 SLS 机器中进行切片，接下来，是这样开始并运行的。首先将一层薄薄的热可熔的粉末涂抹在部件建造室；在这一层粉末上用 CO_2 激光选择性地描绘 CAD 部件最底层的横截面。激光束与粉末的反应使温度达到熔点，因此熔化粉末颗粒形成固体。激光束的强度被调节到仅熔化部件几何图形划定的区域。周围的粉末保持松散的粉末，起到了天然的支撑作用。当横截面被完全绘制时，滚轴机将新一层粉末涂抹到前一层上，这一过程为下一层的扫描做准备。重复前面的步骤，每一层都与上一层融合。每层粉末依次被堆积，重复过程直至打印完毕，如图 6-6-4 所示。

SLS 方法的应用非常广泛，具体如下。

（1）概念模型：以物理模型的形式来检查设计概念、形式和风格。

（2）功能性原型：部件可以承受少量的功能测试或安装，并在生产线上运行。

（3）快速铸造图案：快速铸造出图案，再通过常规的熔模铸造，浇铸所选金属。这些比蜡图形建造方法快，并非常适用于有薄壁和精致细节的设计。

（4）快速工具：为小而短的产品线直接制造模具、工具，快速原型。

（5）航空管道：SLS 方法建造的管道系统部件都有很高的精度和强度，增材制造的产品已经用于许多不同的机型。

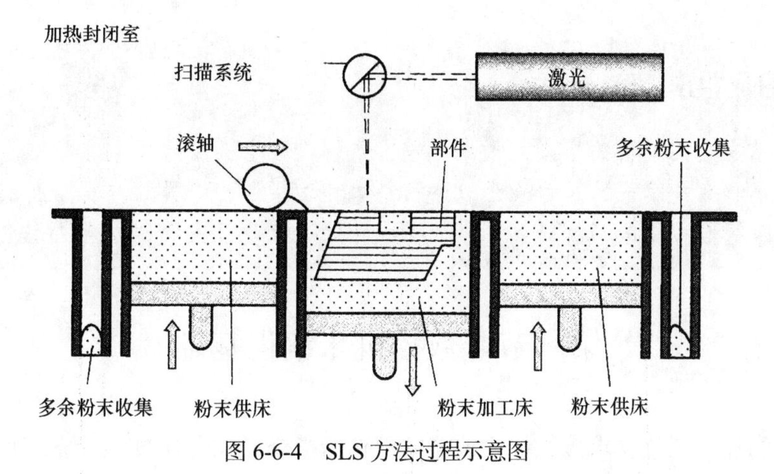

图 6-6-4　SLS 方法过程示意图

第七章　数控加工技术

实习目的和要求

（1）掌握数控编程的格式、指令代码，了解机床坐标系组成。
（2）了解有关编程的尺寸表示方法、基本移动指令、刀具的补偿指令。
（3）掌握数控车床、铣床、铣削加工中心的编程及机床操作方法。

第一节　数控机床编程基础

将工件的加工工艺要求以数控系统能够识别的指令形式告知数控系统，使数控机床产生相应的加工运动。这种数控系统能够识别的指令称为程序，制作程序的过程称为编程。编程的方法有手工编程和自动编程两种。手工编程是指编制加工程序的全过程，即图样分析、工艺处理、坐标计算、编制程序单、输入程序直至程序的校验等全部工作都通过人工完成。

一、数控编程的格式

数控加工程序由若干程序段组成，程序段由若干程序字组成。程序字是编程的基本单元，由地址和数字组成。数控程序遵循一定的格式，用数控系统能够识别的指令代码编写。

数控编程中，程序号、程序结束标记、程序段是数控程序都必须具备的三要素，按一定的格式编写在程序中。

1. 程序号

程序号位于程序的开头，是工件加工程序的代号或识别标记，不同程序号代表不同的工件加工程序。程序号必须单独占一程序段。

程序号：O□□□□，由字母 O 后加几位数字组成。有些系统如 SIEMENS802S 系统将两个或多个字母作为程序号。字母后也可加数字，如 ABC. MPF、ABC12. MPF。

2. 程序结束标记

程序结束标记用 M 代码（辅助功能代码）表示，必须写在程序的最后，单独占用一个程序段，代表一个加工程序的结束。程序结束标记 M02 或 M30，代表工件加工主程序结束。M99（或 M17）也可用作程序结束标记，但它们代表的是子程序的结束。

3. 程序段的格式

数控程序的主要组成部分是程序段，由N及后缀的数字（称为顺序号或程序段号）开头，以程序段结束标记CR（或LF）结束；实际使用中用符号“;”作为结束标记。

完整程序如下：

```
O8018;
N10 G90 G01 X100 Y100 F123 S500 M03;
...;
N180M30;
```

4. 主程序、子程序

数控程序分为主程序与子程序两种，主程序是工件加工程序的主体部分，是一个完整的工件加工程序。主程序和被加工工件及加工要求一一对应，不同的工件或不同的加工要求，都有唯一的主程序。

为了简化编程，有时将一个程序或多个程序中的重复动作，编写为单独的程序，并通过程序调用的形式来执行这些程序，这样的程序称为子程序。

子程序的调用格式：M98 P□□□□。

作用：调用子程序O□□□□一次，如N80 M98 P8101为调用子程序O8101一次。

子程序格式：

```
O8101;  子程序号
...:
M99;    子程序结束
```

子程序结束后，自动返回主程序，执行下一程序段的程序内容。

二、数控系统的指令代码类型

数控系统常用指令代码有准备功能G代码、辅助功能M代码、进给功能F代码、主轴功能S代码、刀具功能T代码，这些指令代码又分为模态代码和非模态代码，同类代码分组及开机默认代码等。

1. 准备功能G代码

G代码是使机床或数控系统建立起某种加工方式的指令，G代码由地址码G后跟两位数字组成，G00～G99共100种。G代码分为模态代码（又称续效代码）和非模态代码（又称非续效代码）两类。

模态代码表示该代码在一个程序段被使用后就一直有效，直到出现同组代码中的其他任一G代码时才失效。同一组的G代码在同一程序段中不能同时出现，同时出现时只有最后一个G代码生效。

2. 辅助功能M代码

M代码由地址码M后跟两位数字组成，M00～M99共100种，大多数为模态代码。

M 代码是控制机床辅助动作的指令，如主轴正反转、停止等。常用辅助功能 M 代码指令见表 7-1-1。

表 7-1-1 常用辅助功能 M 代码指令

代码	功能	代码	功能
M00	程序暂停	M17	子程序结束标记（SIEMENS 系统用）
M01	程序选择暂停	M19	主轴定向准停
M02	程序结束标记	M30	程序结束、系统复位
M03	主轴正转	M41	主轴变速挡 1（低速）
M04	主轴反转	M42	主轴变速挡 2（次低速）
M05	主轴停止	M43	主轴变速挡 3（中速）
M06	自动换刀	M44	主轴变速挡 4（次高速）
M07	内冷却开	M45	主轴变速挡 5（高速）
M08	外冷却开	M98	子程序调用
M09	冷却关	M99	子程序结束标记

M 代码也进行分组，如 M03、M04、M05 为一组；M00、M01 为一组；M07、M08、M09 属同一组。程序段结束标记 M02、M30，子程序调用指令 M98，子程序结束标记 M99 等指令，应占有单独的程序段进行编程。

3. 进给功能 F 代码

F 代码是进给速度功能代码。它是模态代码，用于指定进给速度，单位一般为 mm/min，当进给速度与主轴转速有关时（如车螺纹等），单位为 mm/r。进给速度的指定方法有 F1 位数法、F2 位数法、直接指令法等。

在 F1 位数法、F2 位数法中，F 后缀的数字不代表编程的进给速度，必须通过查表确定进给速度值，目前很少使用这两种指令方式。

在直接指令法中，F 后缀的数字直接代表了编程的进给速度值。可以实现任意进给速度的选择，并且指令值和进给速度值直接对应，目前绝大多数数控系统都是用该方法。

与进给方式有关的准备功能 G 代码：

G94 指令，每分进给率，单位 mm/min。

G95 指令，每转进给率，单位 mm/r。

G94、G95 均为模态代码。

或者 G98 指令，每分进给率，单位 mm/min。

G99 指令，每转进给率，单位 mm/r。

G98、G99 均为模态代码（G98、G99 为车床用 FANUC 系统 G 代码 A 体系）。

4. 主轴功能S代码

在数控机床上，把控制主轴转速的功能称为主轴功能，即S代码。用地址S及后缀的数字来指令，单位为r/min。主轴转速的指定方法有S1位数法、S2位数法、直接指令法等。其作用与F功能相同，目前，绝大多数数控系统都使用直接指令法，S代码是模态代码，S后缀数字不能为负值。

5. 刀具功能T代码

在数控机床上，把指定或选择刀具的功能称为刀具功能，即T代码。用地址T及后缀的数字来指令。刀具功能的指定方法有T2位数法、T4位数法等。采用T2位数法，通常只能用来指定刀具；采用T4位数法，可以同时指定刀具和选择刀具补偿。绝大多数数控铣床、加工中心都采用T2位数法，刀具补偿号由其他代码（如D或H代码）进行选择。大多数数控车床采用T4位数法，既指定刀具号又指定刀具补偿号。

三、机床坐标系与工件坐标系

数控机床的加工和程序编制，一般按照建立坐标系、选择尺寸单位和编程方式、确定刀具与切削参数、确定刀具运动轨迹等步骤进行。以上步骤必须根据数控系统的指令代码进行编程。

（一）机床坐标系的建立与选择指令

1. 坐标系的规定

国家标准规定，数控机床的坐标系，采用右手定则的直角坐标系（笛卡儿坐标系），如图7-1-1所示。图中坐标的方向为刀具相对于工件的运动方向，即假设工件不动，刀具相对工件运动的情况。当以刀具为参照物，工件（或工作台）运动时，建立在工件（或工作台）上的坐标轴方向与图示方向相反。

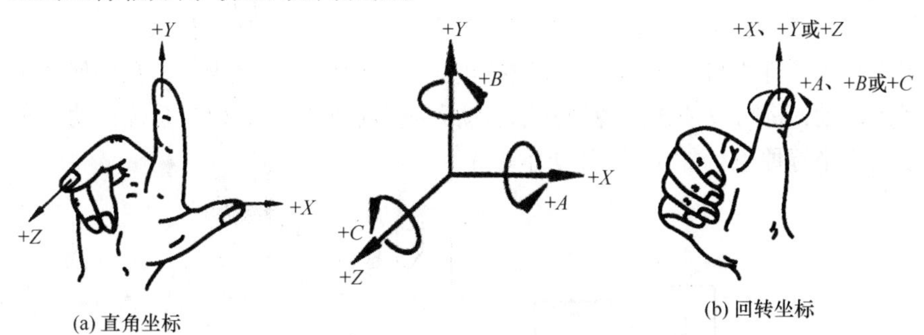

图7-1-1 右手直角坐标系

2. 坐标轴及方向规定

规定与机床主轴轴线平行的坐标轴为Z轴，刀具远离工件的方向为Z轴的正方向。当机床有几根主轴（如龙门式铣床）或没有主轴（如刨床）时，则选择垂直于工件装夹表面的轴为Z轴，如图7-1-2、图7-1-3所示。

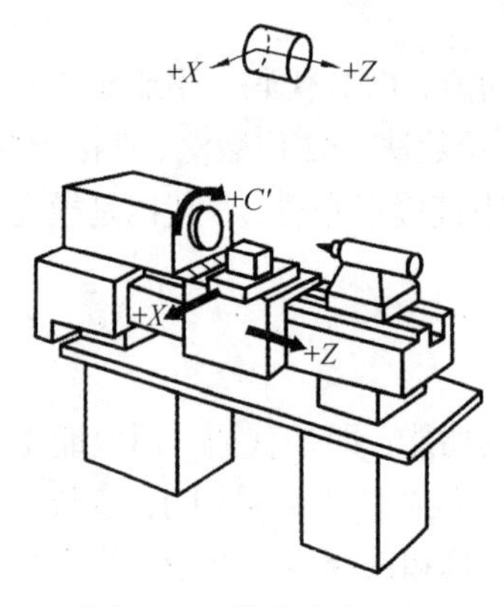

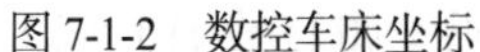
图 7-1-2　数控车床坐标

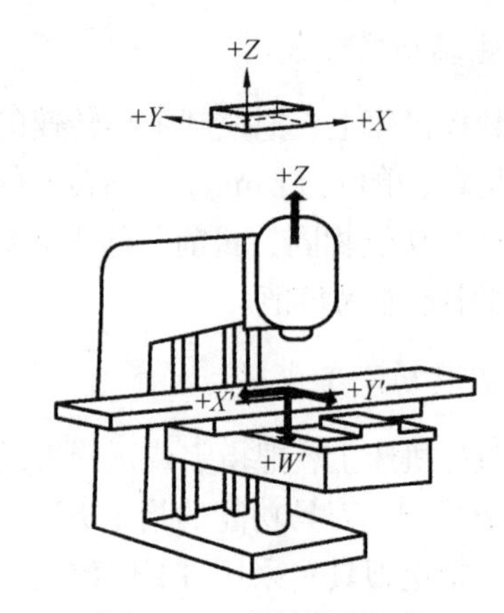

图 7-1-3　数控铣床坐标

X 轴：*X* 轴是刀具在定位平面的主要运动轴，它垂直于 *Z* 轴，平行于工件装夹表面。对于数控车床、磨床等工件旋转类机床，工件的径向为 *X* 轴，刀具远离工件的方向为 *X* 轴正向。

Y 轴：在 *Z*、*X* 轴确定后，通过右手定则确定。

回转轴：绕 *X* 轴回转的坐标轴为 *A*；绕 *Y* 轴回转的坐标轴为 *B*；绕 *Z* 轴回转的坐标轴为 *C*；方向采用右手螺旋定则［图 7-1-1（b）］。

附加坐标轴：平行于 *X* 轴的坐标轴为 *U*；平行于 *Y* 轴的坐标轴为 *V*；平行于 *Z* 轴的坐标轴为 *W*；其方向与 *X*、*Y*、*Z* 轴相同。

3. 机床坐标系原点的建立

机床坐标系原点（又称机床零点）的位置是由机床生产厂家设定的，机床进行回参考点（又称回零）运动，是建立机床坐标系原点（采用增量测量系统的机床需回零运动，绝对测量系统不需回零运动）的唯一方法。

数控机床开机后，第一个任务就是回参考点操作，建立机床坐标系。

参考点是为了建立机床坐标系，在数控机床上专门设置的基准点。在任何情况下，通过回参考点运动，都可以使机床各坐标轴运动到参考点并定位，数控系统自动以参考点为基准建立机床坐标原点，如图 7-1-4 所示。

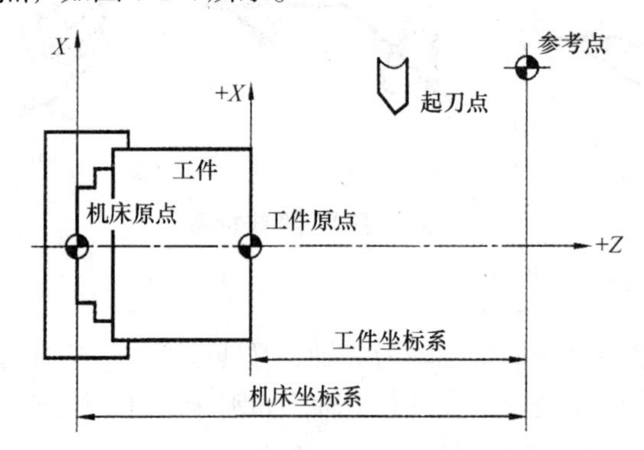

图 7-1-4　机床坐标系、工件坐标系、参考点

4. 自动回参考点及相关指令

数控机床回参考点，一般可通过手动回参考点操作进行，也可以通过指令使机床自动返回参考点，两者作用相同。

G27 指令格式：G27 X x Y y Z z;

G27 指令是对定位点进行参考点检测。其中，x、y、z 指定的是刀具终点坐标值。执行动作是，刀具快速向终点坐标运动并进行定位，定位完成后，对该点进行参考点检测。

G28 指令格式：G28 X x_1 Y y_1 Z z_1;

G28 为返回参考点 G 代码，其中，x_1、y_1、z_1 指定的是自动回参考点过程中，刀具需要经过中间点坐标定位，然后再到参考点定位。指定中间点的目的是规定回参考点运动最后阶段刀具的运动轨迹，防止产生撞刀。执行 G28 指令将自动撤销刀具补偿。

G29 指令格式：G29 X x_2 Y y_2 Z z_2;

G29（从参考点返回）与 G28 指令相对应。x_2、y_2、z_2 指定的是刀具终点坐标值，执行 G29 指令要进行二次定位，其动作是刀具首先从参考点快速向 G28 指定的中间点（x_1、y_1、z_1）运动并进行定位，定位完成后，再从中间点快速向终点（x_2、y_2、z_2）运动并定位。G29 指令只能在执行 G28 指令之后使用。

G27、G28、G29 是非模态代码，均为单段有效指令。

5. 机床坐标系的选择（G53）

指令格式：G53 X x Y y Z z;

通过回参考点建立机床坐标系，可以用 G53 进行选用，如上执行 G53 指令可将刀具移动到机床坐标系的（x、y、z）点上。

G53 指令为非模态代码，只是单段有效，且必须在机床进行了回参考点操作后才能使用。

（二）工件坐标系的建立与选择指令

机床坐标系的建立保证了刀具在机床上的正确运动，为了简化编程，应使坐标系与零件图的尺寸基准相一致，因此不能直接使用机床坐标系。工件坐标系就是针对某一工件，根据零件图建立的坐标系。

为了明确工件坐标系和机床坐标系的相互关系，保证加工程序能正确执行，必须建立工件坐标系。建立工件坐标系的方法：大多通过手动操作各坐标轴到某一特定基准位置进行定位，通过面板操作进行，通过输入不同的零点偏置数据，设定 G54～G59 六个不同的工件坐标系，直接建立工件坐标系。

零点偏置值就是工件坐标系原点在机床坐标系中的位置值，修改零点偏置值即可改变工件坐标系原点位置。零点偏置值一经输入，只要不对其进行修改、删除操作，工件坐标系就可以永久存在，其偏置值被系统记忆。

四、尺寸的米制、英制选择与小数点输入

1. 米制、英制选择

在数控机床上，为方便编程，通常具备米制、英制选择与转换功能。根据不同的代码体系，可以使用G70/G71或G20/G21指令进行选择。

G70（或G20）指令，选择英制尺寸，最小单位为0.001in[①]。

G71（或G21）指令，选择米制尺寸，最小单位为0.0001 mm。

米制、英制选择指令对旋转轴无效，旋转轴单位总是度（deg）。

米制、英制选择指令将影响进给速度、刀具补偿、工件坐标系零点偏置值等相关尺寸单位。因此，这一指令应编辑在程序的起始程序段中，并且同一程序中不可以进行转换。

2. 小数点输入

大部分数控机床上小数点输入法具有特殊作用，它可以改变坐标尺寸、进给速度和时间单位。

通常小数点输入方式：不带小数点的值是以数控机床最小设定单位元为输入单位，如最小输入单位为 0.001 mm（0.0001in，0.001deg）的数控机床，输入 X10 代表 0.01 mm（0.001in，0.01deg）。带小数点的值则以基本单位制单位（米制为 mm，英制为 in，回转轴为 deg）为输入单位，如输入 X10. 代表 10 mm（10in，10deg）。

计算机小数点输入方式：不带小数点的值是以基本单位制单位（米制为 mm，英制为 in，回转轴为 deg）为输入单位，即 X10. 或 X10 都代表 10 mm（10in,10deg）。小数点输入方式可以通过机床参数进行设定和选择。编程过程中，带小数点和不带小数点的值在程序中可以混用。

为编辑方便，本章全部程序均采用计算机小数点输入方式进行编写。

五、绝对、增量式编程

数控机床刀具移动量的指定方法有绝对式编程、增量式编程两种。根据不同的代码体系，编程的方法不同。

在用指令编程时，用G90、G91进行选择，G90为绝对式编程，G91为增量式编程。绝对式编程是通过坐标值指定位置的编程方法，以坐标原点为基准给出绝对位置值，用G90指令。增量式编程是直接指定刀具移动量的编程方法，它是以刀具现在的位置为基准，给出相对移动的位置值，用G91指令。

G90、G91是同组模态代码，可相互取消，在编程过程中可以根据需要随时转换。

在可变地址格式编程时（数控车床常用），通过改变 X、Z 地址进行编程为绝对式编程。采用地址 U、W 时为增量式编程。两者在编程中可以混用。

---

① 1in=2.54cm。

六、基本移动指令

1. 快速定位

指令格式：G00 X x Y y Z z;

执行 G00 指令，刀具按照数控系统参数设定的快进速度移动到终点（x、y、z），快速定位。G00 为模态代码。G00 运动速度不能用 F 代码编程，只决定于机床参数的设置。

运动开始阶段和接近终点的过程，各坐标轴能自动进行加、减速。

在绝对式编程中，x、y、z 代表刀具运动的终点坐标；

在增量式编程中，x、y、z 代表 *X*、*Y*、*Z* 坐标轴移动的距离。

执行 G00 指令刀具的移动轨迹有两种方式（移动轨迹的方式由数控系统或机床参数的设置决定）：直线型定位，移动轨迹是连接起点和终点的直线。移动中，移动距离最远的坐标轴按快进速度运动，其余坐标轴按移动距离的大小相应减小速度，保证各坐标轴同时到达终点。非直线型定位，移动轨迹是一条各坐标轴都快速运动而形成的折线。

2. 直线插补

指令格式：G01 X x Y y Z z F f;

G01 为模态代码，进给速度通过 F 代码编程，F 代码也为模态代码，运动速度为机床各坐标轴的合成速度。刀具移动轨迹为连接起点与终点的直线，运动开始阶段与接近终点的过程，各坐标轴都能自动进行加、减速。移动过程中可以进行切削加工。

在绝对式编程中，x、y、z 代表刀具运动的终点坐标值；

在增量式编程中，x、y、z 代表 *X*、*Y*、*Z* 坐标轴移动的距离。

3. 加工平面的选择

数控加工中，根据工件坐标系选择加工表面。加工表面指令有 G17、G18、G19。

G17 为 *XOY* 平面；G18 为 *XOZ* 平面；G19 为 *YOZ* 平面。

在数控铣床等三坐标机床中，G17 为系统默认平面，编程时可以省略 G17 指令；在数控车床编程中，G18 为系统默认平面，编程时可以省略 G18 指令。

4. 圆弧插补

G02 为顺时针圆弧插补指令；G03 为逆时针圆弧插补指令。G02、G03 均为模态代码。

指令格式 I：

G17 G02 X x Y y I i J j F f;（XOY 平面圆弧插补）

G18 G02 X x Z z I i K k F f;（XOZ 平面圆弧插补）

G19 G02 Y y Z z J j K k F f;（YOZ 平面圆弧插补）

指令格式 II：

G17 G02 X x Y y R r F f;（XOY 平面圆弧插补）

G18 G02 X x Z z R r F f;（XOZ 平面圆弧插补）

G19 G02 Y y Z z R r F f;（YOZ 平面圆弧插补）

在采用了 SIEMENS802S 数控系统的车床中，格式 II 的书写为

G17 G02 X x Y y CR=r F f;（XOY 平面圆弧插补）
G18 G02 X x Z z CR=r F f;（XOZ 平面圆弧插补）
G19 G02 Y y Z z CR=r F f;（YOZ 平面圆弧插补）
其中，x、y、z 为圆弧终点（x、y、z）的坐标值。

格式 I 中 i、j、k 用于指定圆弧插补圆心，无论是绝对式编程还是增量式编程，其必须是圆心相对于圆弧起点的增量距离，可能是正值，也可能是负值。

格式 II 中，用 r 指定圆弧半径，为了区分不同的圆弧，规定对于小于等于 180°的圆弧，r 为正值；大于 180°的圆弧，r 为负值；加工整圆（360°）时，采用格式 I 方式编程。

5. 程序暂停

指令格式：G04 X x;

G04 指令可以使程序进入暂停状态，即机床进给运动暂停，其余工作状态（如主轴）保持不变。G04 为非模态代码，只在单程序段有效。暂停时间通过编程设定。指令格式中的 x 在 G04 指令中，指定的是暂停时间，单位可以是 s 或 ms。在计算机小数点方式输入 G04X6，代表暂停 6s。在通常小数点方式输入 G04 X6，代表暂停 6ms。

G04 指令的应用：沉孔加_I、钻中心孔、车退刀槽，可以保证孔底和槽底表面光整。

七、刀具补偿指令

（一）刀具半径补偿指令

刀具半径补偿就是根据刀具半径和编程工件轮廓，数控系统自动计算刀具中心点移动轨迹的功能。采用刀具半径补偿功能的目的，是简化编程过程中坐标数值计算的工作量。编程时，只按编程零件轮廓编程，即按刀具中心轨迹编程。但实际加工中存在着铣刀半径或车刀刀尖圆角半径，必须根据不同的进给方向使刀具中心沿编程轮廓偏置一个半径，才能使实际加工轮廓和编程轨迹相一致。刀具半径值通过操作面板事先输入数控系统的刀具偏置值内存中，编程时通过指定刀具半径补偿号选择。

1. 指定刀具半径补偿的方法

编程时指定刀具补偿号（D 代码），选择刀具偏置值内存，这一方法适用于所有数控镗、铣与加工中心；编程时通过刀具 T 代码指令的附加位（如 T0102 中的 02）选择，不需要再选择刀具偏置值内存，此方法适用于数控车床。

2. 刀具快速移动时进行刀具半径补偿的格式

G00 G4l X□□□□Y□□□□ □□）;（数控车床不需要 D 代码）
或 G00 G42 X□□□□Y□□□□D□□）;
在切削进给时进行刀具半径补偿的格式：
（01 G41 X□□□□Y□□□□D□□）;
或 G01 G42 X□□□□Y□□□□D□□）;
G4l、G42 用于选择刀具半径补偿的方向。G41 指令——刀具半径左补偿，即沿刀具移动方向，刀具在工件左侧。G42 指令——刀具半径右补偿，即沿刀具移动方向，刀具在工件右侧。G41、G42 均为模态代码，一经输入，指令持续有效。G40 指令——刀具半径补偿取消，用 G40 指令可以取消刀具半径补偿指令 G41、G42，如图 7-1-5、图 7-1-6 所示。

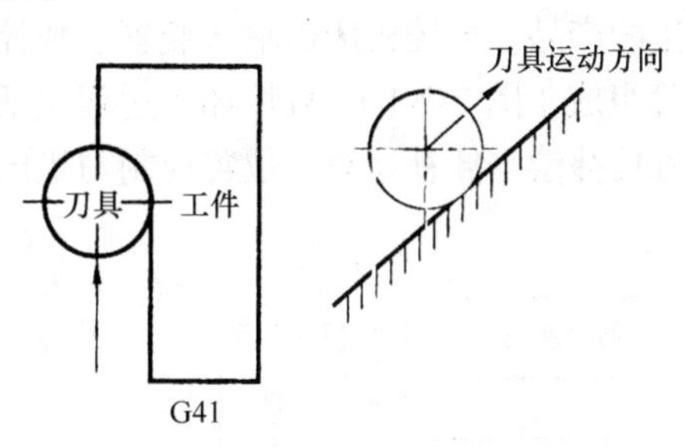

图 7-1-5 刀具半径左补偿刀具运动方向

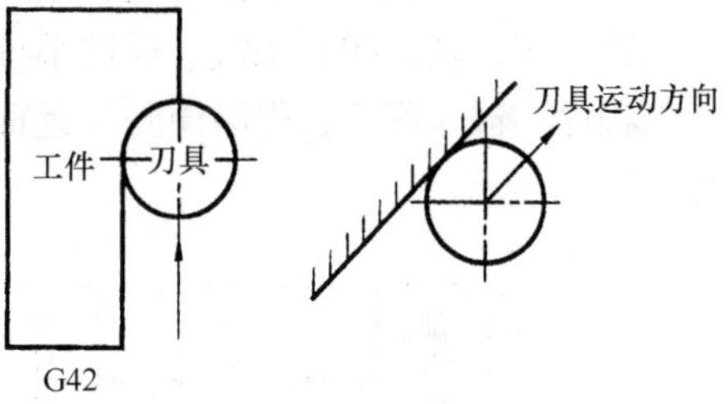

刀具运动方向
工件
刀具
G42

图 7-1-6 刀具半径右补偿刀具运动方向

3. 刀具半径补偿指令使用注意事项

采用刀具半径补偿可以简化编程，但刀具半径补偿使用不当会引起刀具干涉、过切、碰撞。

（1）在刀具半径补偿前，应用 G17、G18、G19 指令正确选择刀具半径补偿平面。

（2）在刀具半径补偿生效期间，不允许存在两段以上的非补偿平面内移动的程序。

（3）刀具半径补偿建立、取消程序段中，只能与基本移动指令中的 G00 或 G01 同时编程，当编入其他基本移动指令时，数控系统将产生报警。

（4）为防止在刀具半径建立、取消过程中产生过切现象，补偿建立、取消程序段的起始位置、终点位置最好与补偿方向在同一侧。

（二）刀具长度补偿指令

数控车床的刀尖补偿，在输入刀具偏置值，选择刀具偏置内存号后，即能生效；数控铣床的刀具长度补偿需应用 G43、G44、G49 指令进行。

在数控铣床上，刀具长度补偿是用来补偿实际刀具长度的功能，当实际刀具长度与编程长度不一致时，通过刀具长度补偿功能可以自动补偿长度差值，确保 Z 方向的刀尖位置与编程位置相一致。

刀具偏置值是刀具的实际长度与编程时设置的刀具长度（通常定为“0”）之差。刀具偏置值通过操作面板事先输入数控系统的刀具偏置值存储器中，编程时，在执行刀具长度补偿（G43、G44）时，指定刀具偏置值存储器号（H 代码，如 H01），执行长度补偿指令，系统可以自动将刀具偏置值存储器中的值与程序中要求的 Z 轴移动距离进行加或减处理，以确保 Z 方向的刀尖位置与编程位置相一致。

刀具长度补偿指令格式：G43 Z□□□□H□□；G44 Z□□□□H□□；

G43 是选择 Z 方向移动距离与刀具偏置值相加；G44 是选择 Z 方向移动距离与刀具偏置值相减。G43、G44 都是模态代码，G49 是取消刀具长度补偿的指令。

第二节　数控机床加工

数控机床是集机、电、液、气、光高度一体化的产品。数控机床由输入装置、数控系统、伺服系统、辅助控制系统、反馈系统及机床等组成（图 7-2-1）。数控加工过程包括编写加工程序、输入程序、程序译码与运算处理、刀具补偿与插补运算、位置控制与机床加工等。

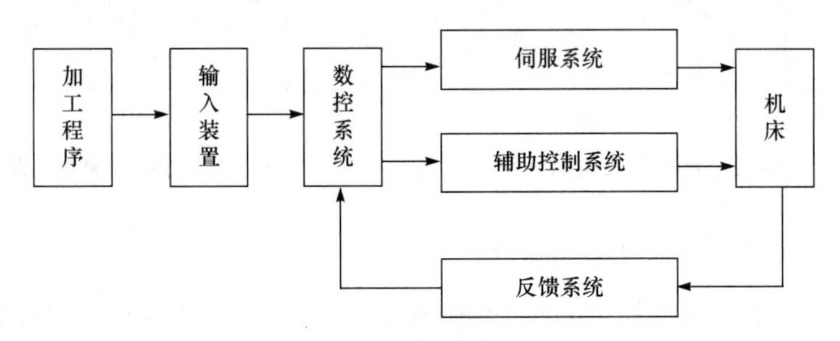

图 7-2-1　数控机床组成

一、数控车床加工

数控车床主要用于轴类和盘、套类回转体工件的加工。数控车床加工精度高，具有直线和圆弧插补功能，加工过程中能够自动变速，其加工范围比普通机床更宽。数控车床能通过数控程序的控制自动完成内外圆柱面、圆锥面、圆弧面、螺纹、切槽、钻孔、扩孔、铰孔和各种回转曲面等的切削加工。与普通车床相比，数控车床更适宜加工精度要求高、表面轮廓复杂或带一些特殊类型螺纹的工件。

数控车床主轴箱结构简单，刚度高，由伺服电机拖动，能实现主轴无级变速。主轴部件传递功率大，刚度高，抗振性好，热变形小。进给机构由滚珠丝杠螺母副传动，传动链短，间隙小，传动精度高，灵敏度好，由两台电动机分别驱动，实现 X、Z 坐标轴方向的移动。刀架在转位电机驱动下，可以实现数控程序指定刀具的自动换刀动作。常用卧式数控车床的结构布局有平床身-平滑板、平床身-斜滑板、斜床身-平滑板、斜床身-斜滑板、直立床身-直立滑板等形式。

数控车床采用的数控系统种类较多，下面分别介绍 SIEMENS802S 系统、FANUC Oi 系统的数控车床加工。

（一）SIEMENS802S 系统数控车床加工

1. 准备功能指令

SIEMENS802S 系统的 G 代码功能见表 7-2-1。

表 7-2-1 常用 SIEMENS802S 系统的 G 代码指令

代码	功能	说明	编程格式
G00	快速移动	01 组：运动指令（插补方式），模态有效	G00 X···Z···
G01*	直线插补		G01 X···Z···F···
G02	顺时针圆弧插补		G02 X···Z···I···K···F··· ；圆心和终点 G02 X···Z···CR=···F··· ；半径和终点
G03	逆时针圆弧插补		G03；其他同 G02
G33	恒螺距螺纹切削		G33 Z···K···SF=···；圆柱螺纹 G33 X···I···SF=···；横向螺纹 G33 Z···X···K···SF=···；锥螺纹，Z 方向位移大于 X 方向位移 G33 X···Z···K···SF=···；锥螺纹，X 方向位移大于 Z 方向位移
G04	暂停时间	02 组：非模态代码	G04 F···（暂停时间）或 G04 S···（暂停转数）
G74	回参考点		G74 X···Z···;
G75	回固定点		G75 X···Z···;
G158	可编程的偏置	03 组：写存储器，非模态代码	G158 X···Z···;
G25	主轴转速下限		G25 S···;
G26	主轴转速上限		G26 S···;
G27	加工中心孔时用	06 组：平面选择，模态有效	
G18*	*XOZ* 平面		
G40*	刀尖半径补偿取消	07 组：刀尖半径补偿，模态有效	
G41	刀尖半径左补偿		
G42	刀尖半径右补偿		
G500*	取消可设定零点偏置	08 组：设定零点偏置，模态有效	
G54	第一可设定零点偏置		
G55	第二可设定零点偏置	08 组：设定零点偏置，模态有效	
G56	第三可设定零点偏置		
G57	第四可设定零点偏置		
G53	按程序段方式取消可设定零点偏置	09 组：取消可设定零点偏置，非模态代码	
G60*	准确定位	10 组：定位性能，模态有效	
G64	连续路径方式		
G09	准确定位，单程序段有效	11 组：程序段方式、准停段方式有效	
G70	英制尺寸	13 组：英制、米制尺寸，模态有效	
G71	米制尺寸		
G90	绝对尺寸	14 组：绝对、相对尺寸，模态有效	
G91	相对尺寸		

续表

代码	功能	说明	编程格式
G94	进给率 F，mm/min	15 组：进给率、主轴进给率、模态有效	
G95*	主轴进给率 F，mm/r		
G96	恒定切削速度（F，mm/r；S，m/min）		G96 …LIMS=…F…;
G97	取消恒定切削速度		
G22	半径尺寸编程	29 组：数据尺寸（半径、直径），模态有效	
G23*	直径尺寸编程		

注：带*的功能在程序启动时生效（即开机默认代码）。

数控车床有直径编程、半径编程两种方式，一般常采用直径编程方式，编程中绝对、相对尺寸转换时，相对尺寸一般采用变地址 U、W 方式实现。绝对和相对尺寸在程序中可以混用。

（1）可编程的零点偏置：G158。

指令格式：G158 X…Z…;

如果工件在不同的位置有重复出现的形状或结构；或者选用了新的参考，在这样的情况下就需要使用可编程的零点偏置。由此就产生一个当前工件坐标系，新输入的尺寸均是在该坐标系中的数据尺寸。

G158 指令要求单独占一个程序段；用 G158 可以对所有坐标轴零点进行偏移；必须再编入一个 G158 指令（后边不跟坐标轴名称），才能取消先前的可编程零点偏置；G158 X…始终作为半径数据尺寸处理。例如：

```
N10…;
N20 G158 X3 Z5 0
N30 L10;
…:
N70 G158;
```

（2）恒螺距螺纹切削：G33。

指令格式：G33 Z…K…;

该格式为圆柱螺纹编程格式，其中，K 为螺距，单位为 mm/r。

G33 指令可以加工恒螺距螺纹的类型：圆柱螺纹、圆锥螺纹、外螺纹和内螺纹、单头螺纹和多头螺纹、多段连续螺纹。螺纹左旋或右旋由主轴转向指令 M03 或 M04 实现。

在多头螺纹加工中，要使用起始点偏移指令 SF=…（绝对位置），如加工双头螺纹，起始点偏移 180°，螺纹长度（包括导入空刀量、退出空刀量）为 100 mm，螺距为 4 mm，右旋螺纹，圆柱表面已经加工过，其程序为

```
AB. MPF:
N10 G54 G00 G90 X50 Z0 M03 S500;
N20 G33 Z=100 K4 SF=0:
```

```
N30 G00 X54;
N40 Z0;
N50 X50;
N60 G33 Z-100 K4 SF=180;
N70 G00 X54:
…:
N130 M30:
```

（3）固定循环指令。在SIEMENS802S系统数控车床编程时，为简化编程数控系统，厂家将一些复杂、重复的机床动作编写为LCYC…标准固定循环指令，方便操作者编程，要求在调用固定循环指令之前 G23（直径编程）指令必须有效。常用标准循环指令见表7-2-2。

表7-2-2　SIEMENS802S系统数控车床标准循环指令

代码	功能	说明	编程格式
LCYC…	调用标准循环	用一个独立的程序段调用标准循环，传送参数必须已经赋值	
LCYC82	钻削，沉孔加工	R101：退回平面（绝对） R102：安全间隙 R103：参考平面（绝对） R104：最终钻削深度（绝对） R105：到达钻削深度停留时间	N10 R101=…R102=…… N20 LCYC82；自身程序段
LCYC83	深孔钻削	R101：退回平面（绝对） R102：安全间隙 R103：参考平面（绝对） R104：最终钻削深度（绝对） R105：到达钻削深度停留时间 R107：钻削进给率 R108：第一钻深进给率 R109：起始、排屑停留时间 R110：第一钻削深度（绝对） R111：递减量 R127：加工方式，断屑=0，退刀排屑=1	N10 R101=…R102=…… N20 LCYC83；自身程序段
LCYC93	切槽（凹槽循环）	R100：横向轴起始点 R101：纵向轴起始点 R105：加工方式（1, 2, …, 8） R106：精加工余量 R107：切削宽度 R108：进刀深度 R114：切槽宽度 R116：螺纹啮合角 R117：槽口倒角 R118：槽底倒角 R119：槽底停留时间	N10 R101=…R102=…… N20 LCYC93；自身程序段

续表

代码	功能	说明	编程格式
LCYC94	凹凸切削(E型和F型)(退刀槽切削循环)	R100：横向轴起始点 R101：纵向轴轮廓起始点 R105：形状E=55，形状F=56 R107：刀尖位置（1, 2, 3, 4）	N10 R101=…R102=…… N20 LCYC94；自身程序段
LCYC95	切削加工	R105：加工方式（1, 2, …, 12） R106：精加工余量 R108：进刀深度	N10 R101=…R102=……
LCYC95	切削加工	R109：粗切削时进刀角度 R110：粗切削时退刀量 R111：粗切削时进给率 R112：精加工时进给率	N20 LCYC95；自身程序段
LCYC97	车螺纹（螺纹切削循环）	R100：起始处螺纹直径 R101：纵向坐标轴起始点 R102：终点处螺纹直径 R103：纵向坐标轴螺纹终点 R104：螺距 R105：加工方式（1和2） R106：精加工余量 R109：导入空刀量 R110：退出空刀量 R111：螺纹深度 R112：起始点偏移量 R113：粗切削刀数 R114：螺纹线数	N10 R101=…R102=…… N20 LCYC97；自身程序段

2. SIEMENS802S 系统数控车床加工实例

加工如图 7-2-2 所示的工件，毛坯为ϕ85 mm 的棒料，从右端向左端切削，粗加工每次背吃刀量为 1.0 mm，粗加工进给量为 1.2 mm/r，精加工进给量为 0.2 mm/r。

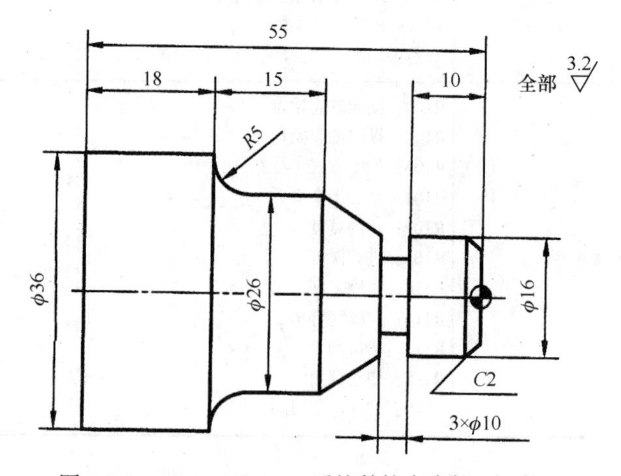

图 7-2-2　SIEMENS802S 系统数控车床加工工件

数控车床加工过程分析：工件原点设在工件右端，换刀点设在工件右上方（120，100）。加工路线是由右至左，即 *R*15 mm 圆弧（最右端为 *R*15 mm 圆弧）—ϕ30 mm 圆柱面—ϕ50 mm 圆柱面—ϕ80 mm 圆柱面（以上路线粗、精加工相同，采用主子程序加工）—*R*50 mm 圆弧—切断工件。刀具选择为外圆加工 T0101，割刀为 T0202。

数控程序如下。

程序	说明
ZHU. MPF;	主程序号
N10 G54 G90 G00 X120 Z100;	刀具移动到换刀点
N20 S500 M03;	主轴正转，恒线速度 500m/min
N30 M06 T0101;	换刀 T0101
N40 G01 Z5 X90 F100 M08;	刀具接近工件，冷却液开
N50 CNAME="ZI"	调用子程序 ZI. SPF，工件轮廓粗、精加工循环
R105=9 R106=0.2 R108: 1.0	R105 加工方式 9 为纵向、外部，综合加工
R109=0 R110=2.0 R111=1.2	
R112=0.2	
LCYC95;	
N60 G01 X100 F120;	退刀
N70 Z10:	
N80 X30 F50;	
N90 Z-15;	
N100 G02 X30 Z55 CR=50;	加工 *R*50 mm 圆弧
N110 G01 X100 F100. :	
N120 X120 Z100;	移动到换刀点
N130 M06 T0202:	换割刀 T0202
N140 X82 Z-100:	
N150 X42 F1.5;	
N160 X82 F100;	
N170 G00 X100. ;	
N180 Z-95:	
N190 X0 F1.5:	切断工件
N200 G00 X100;	
N210 X120 Z100	刀具运动到换刀点
N220 M09 M05;	冷却液关、主轴停转
N230 M30;	程序结束
子程序	
ZI. SPF;	子程序号
N10 G01 Z0:	车至工件原点

```
N20 G02 X30 Z-15 CR=15;        车R15 mm圆弧
N30 Z-55;                      车φ30 mm圆柱面至Z-55
N40 X50:                       退刀
N50 Z-80:                      车φ50 mm圆柱面至Z-80
N60 X80:                       退刀
N70 Z-102:                     车φ80 mm圆柱面至Z-102
N80 X85;                       退刀
N90 M17                        子程序结束
```

（二）FANUC Oi 系统数控车床加工

1. 准备功能指令

准备功能指令见表 7-2-3。

表 7-2-3 常用 FANUC Oi 系统数控车床 G 指令

代码	功能	说明	代码	功能	说明
G00	快速定位	01 组	G50	设定坐标系或限制主轴最高转速	00 组
G01	直线插补		G54	选择工件坐标系 1	04 组
G02	顺时针圆弧插补		G55	选择工件坐标系 2	
G03	逆时针圆弧插补		G56	选择工件坐标系 3	
G04	程序暂停	00 组	G57	选择工件坐标系 4	
G10	通过程序输入数据		G58	选择工件坐标系 5	
G11	取消用程序输入数据		G59	选择工件坐标系 6	
G20	英制尺寸输入	06 组	G65	调用宏程序	00 组
G21	米制尺寸输入		G66	模态调用宏程序	12 组
G27	返回参考点的校验	00 组	G67	取消模态调用宏程序	
G28	自动返回参考点		G96	线速度恒定限制生效	02 组
G29	从参考点返回		G97	线速度恒定限制撤销	
G31	跳步功能		G98	每分进给	05 组
G32	螺纹加工功能	01 组	G99	每转进给	
G40	刀尖半径补偿取消	07 组	G70	精车固定循环	00 组
G41	刀尖半径左补偿		G71	粗车外圆固定循环	
G72	精车端面固定循环	00 组	G90	内、外圆车削循环	01 组
G73	同定形状粗车固定循环		G92	螺纹切削循环	
G74	中心孔加工固定循环		G94	端面车削循环	
G75	精车固定循环				
G76	复合型螺纹切削循环				

2. 螺纹车削指令

螺纹切削进给速度（mm/r）指令格式：G32/G76/G92 F_;
其中，F_为指定螺纹的螺距。

3. 单一固定循环指令

利用单一固定循环可以将一系列连续的动作，如切入—切削—退刀—返回，用一个循环指令完成。

指令格式：G90/G94 X(U)_Z(W)_F_;

4. 复合循环

运用复合循环 G 代码，只需指定精车加工路线和粗车加工的背吃刀量，系统就会自动计算出粗加工路线和加工次数，因此可大大简化编程。

（1）粗车外圆固定循环指令：G71。

指令格式：

G71 U(△d) R(e);

G71 P(ns) Q(nf) U(△u) W(△w) F(f) S(s) T(t);

其中：△d——背吃刀量；

e——退刀量；

ns——精加工轮廓程序段中的开始程序段号；

nf—— 精加工轮廓程序段中的结束程序段号；

△u ——*X* 轴方向精加工余量；

△w——*Z* 轴方向精加工余量；

f、s、t——F、S、T 指令值。

当给出图 7-2-3 所示加工形状路线 *A*—*A'*—*B* 及背吃刀量时，就会进行平行于 *Z* 轴的多次切削，最后再按留有精加工余量Δ*u*/2 和Δ*w* 之后的精加工形状加工，适合于需多次走刀切削的工件轮廓粗加工。

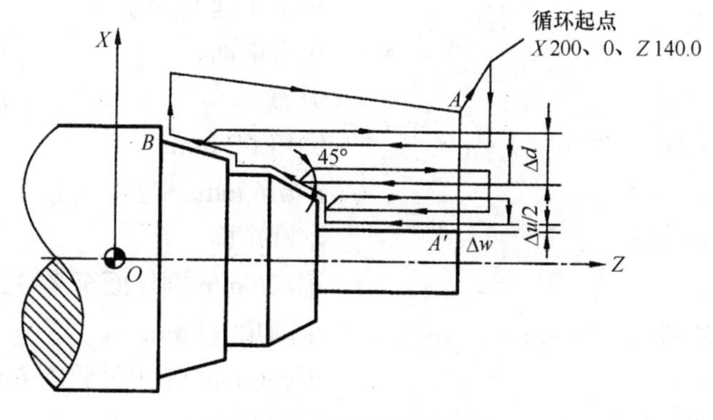

图 7-2-3 外圆粗加工循环

注意：在使用 G71 进行粗加工循环时，只有含在 G71 程序段中的 F、S、T 功能有效，而包含在 ns—nf 精加工程序段中的 F、S、T 指令对粗车循环无效。

零件轮廓必须在 X 轴、Z 轴方向都是单调增大或单调减小。

（2）精车固定循环指令：G70。

指令格式：G70 P（ns） Q（nf）;

其中：ns——精加工轮廓程序段中的开始程序段号；

nf——精加工轮廓程序段中的结束程序段号。

5. FANUC Oi—M 系统数控车床的编程实例

加工如图 7-2-2 所示的工件，毛坯为ϕ45 mm 的棒料，从右端至左端轴向走刀切削，粗加工每次背吃刀量为 1.5 mm，粗加工进给量为 0.12 mm/r，精加工进给量为 0.05 mm/r，精加工余量为 0.4 mm。

数控车床加工过程分析如下。

（1）设工件原点和换刀点。工件原点设在工件的右端面，如图 7-2-3 所示，换刀点（即刀具起点）设在工件的右上方（120，100）点处。

（2）确定刀具加工工艺路线。先从右至左车削外轮廓面。粗加工外圆采用外圆车刀 T0101，精加工外圆采用外圆车刀 T0202，加工退刀槽与切断工件采用割刀 T0303。

其路线为车倒角 C2 mm—车ϕ16 mm 圆柱面—车圆锥面—车ϕ26 mm 圆柱面—倒 R5 mm 圆角—车ϕ36 mm 圆柱面，最后用割刀车 3 mm 宽退刀槽。

（3）数控编程。使用 G71、G70 粗精加工固定循环指令编写数控程序如下。

程序	说明
O8001:	程序号
N10 G50 X120 Z100 S100 M03;	设工件换刀，主轴正转
N20 M06 T010l;	换粗车外圆车刀 T01
N30 G00 X46 Z10:	刀具快速移至粗车循环点
N40 G71 U1.5 Rl;	调用粗加工固定循环指令 G71
N50 G71 P60 Q140 U0.4 W0.2 F0.12:	设定粗加工固定循环参数
N60 G01 X4 6 ZO F0.05:	精加工起始程序段
N70 X0:	车右端面
N80 X12;	退刀
N90 X16 Z-2:	倒角 C2 mm
N100 Z-13;	车ϕ16 mm 圆柱面至 Z-13
N110 X26 Z-22;	车圆锥面
N120 Z-32:	车ϕ26 mm 圆柱面至 Z-32
N130 G02 X36 Z-37R5:	车圆角 R5 mm
N140 Z-60:	车ϕ36 mm 圆柱面至 Z-60
N150 G00 X120 Z100:	回到换刀点
N160 M06 T0202:	换外圆精车刀 T02
N170 G00 X46 Z10;	移动到精加工起始点

```
N180 G70 P60 Q140;          调用精车固定循环指令 G70
N190 G00 X120 Z100:         回到换刀点
N200 M06 T0303;             换割刀 T03
N210 G00 X18 Z-13:          刀具定位
N220 G01 X10 F0.2;          车退刀槽
N230 G00 X40;               退刀
N240 Z-58:                  移动工件切断点至 Z-58
N250 G01 X0 F0.2:           切断工件
N260 G00 X120 Z100:         回到换刀点
N270 M05;                   主轴停
N280 M30;                   程序结束
```

二、数控铣床加工

数控铣床在机械加工中占有重要的地位，是一种使用较广泛的数控机床，具有一般功能和特殊功能。一般功能是指数控铣床具有的点位控制功能、连续轮廓控制功能、刀具自动补偿功能、镜像加工功能、固定循环功能等。特殊功能是指数控铣床增加特殊装置或附件后，分别具有靠模加工功能、自动变换工作台功能、自适应功能、数据采集功能等。数控铣床能通过数控程序的控制，自动完成铣削、镗削、钻孔、扩孔、铰孔、攻螺纹等多工序加工，能够高精度、高效地完成平面内具有各种复杂曲线的凸轮、样板、弧形槽及各种形状复杂的曲面模具的自动加工。数控铣床主要还是用来铣削加工，其更适宜加工平面类、曲面类、变斜角类工件。

数控铣床在结构上比普通铣床复杂。与数控车床等相比，数控铣床能实现多坐标联动，控制刀具按数控程序规定的平面或空间轨迹运动，实现复杂轮廓的工件连续加工。数控铣床主轴部件具有自动紧刀、松刀装置，能快速完成刀具装卸，主轴部件刚度高，能传递较大扭矩，带动刀具旋转。多坐标数控铣床还具有回转、分度及绕 X、Y 或 Z 轴做一定角度摆动的功能，增加了数控铣床的加工范围。

数控铣床采用的数控系统种类较多，下面介绍 BEIJING FANUC Oi—MC 数控系统的数控铣床加工。

（一）准备功能

BEIJING FANUC Oi—MC 数控系统常用数控铣床 G 代码及功能见表 7-2-4。

表 7-2-4　常用数控铣床 G 代码功能表

代码	功能	说明	代码	功能	说明
G00	快速点定位	01 组	G54	工件坐标系 1	14 组
G01	直线插补		G55	工件坐标系 2	
G02	顺时针圆弧（螺旋线）插补		G56	工件坐标系 3	
G03	逆时针圆弧（螺旋线）插补		G57	工件坐标系 4	

续表

代码	功能	说明	代码	功能	说明
G04	程序暂停		G58	工件坐标系 5	
G15	取消极坐标编程		G59	工件坐标系 6	
G16	极坐标编程		G65	调用宏程序	
G17	选择 *XOY* 平面		G66	模态调用宏程序	12 组
G18	选择 *XOZ* 平面		G67	取消模态调用宏程序	
G19	选择 *YOZ* 平面		G68	图形旋转生效	16 组
G20	英制尺寸输入	06 组	G69	图形旋转撤销	
G21	米制尺寸输入		G73	钻深孔循环	
G27	返回参考点的校验		G74	左旋攻螺纹循环	
G28	自动返回参考点	00 组	G76	精镗循环	
G29	从参考点返回		G80	固定循环注销	
G40	刀尖半径补偿取消		G81	钻孔循环（点钻循环）	
G41	刀尖半径左补偿	07 组	G82	钻孔循环（镗阶梯孔循环）	
G42	刀尖半径右补偿		G83	钻深孔循环	09 组
G43	正向长度补偿		G84	攻螺纹循环	
G44	负向长度补偿	08 组	G85	镗孔循环	
G49	取消长度补偿		G86	钻孔循环	
G50	比例缩放撤销	01 组	G87	反镗孔循环	
G51	比例缩放生效		G88	镗孔循环	
G53	机床坐标系	00 组	G89	镗孔循环	
G90	绝对尺寸	03 组	G98	在固定循环中返回初始平面	
G91	增量尺寸				00 组
G92	坐标系设定	00 组	G99	返回到 *R* 点（在固定循环中）	
G94	每分进给	05 组			
G95	每转进给				

（二）孔加工固定循环指令

固定循环通常是用含有 G 功能的一个程序段完成用多个程序段指令才能完成的加工动作，使程序得以简化。其常用参数的含义见表 7-2-5。

表 7-2-5　固定循环常用参数的含义

指定内容	地址	说明
孔加工方式	G	
孔位置数据	X、Y	指定孔中心在 *XOY* 平面上的位置，定位方式与 G00 相同
孔加工数据	Z	孔底部位置（最终孔深），可以用增量或绝对尺寸编程
	R	孔切削加工开始位置（*R* 点），可以用增量或绝对尺寸编程

续表

指定内容	地址	说明
孔加工数据	Q	指定 G73、G83 深孔加工每次切入量或者 G76、G87 中偏移量
	P	指定在孔底部的暂停时间
	F	指定切削进给速度

1. 固定循环的动作

如图 7-2-4 所示，固定循环常由六个动作顺序组成。

（1）*XOY* 平面快速定位。

（2）*Z* 方向快速进给到 *R* 点。

（3）*Z* 轴切削进给，进行孔加工。

（4）孔底的动作。

（5）*Z* 轴退刀。

（6）*Z* 轴快速回起始位置。

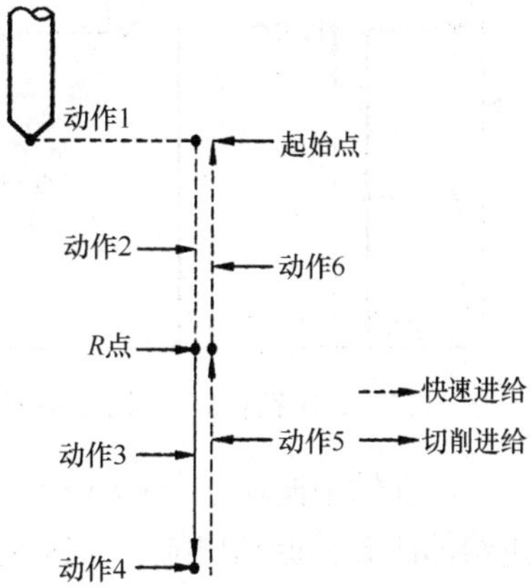

图 7-2-4　孔加工固定循环

2. 孔加工固定循环编程格式

指令格式：G90/G91　G99/G98　G□□　X_Y_Z_R_Q_P_F_K_；

G99、G98 为返回点平面指令，G99 指令返回到 *R* 点平面，G98 指令返回到初始点平面，如图 7-2-5 所示。

G90、G91 用绝对值或增量值指定孔的位置，刀具以快速进给方式到达（*X*，*Y*）点。

Z 为孔加工轴方向切削进给最终位置坐标值，在采用 G90 绝对值指令时，*Z* 值为孔底坐标值；在采用 G91 增量值指令时，*Z* 值规定为 *R* 点平面到孔底的增量距离，如图 7-2-6 所示。

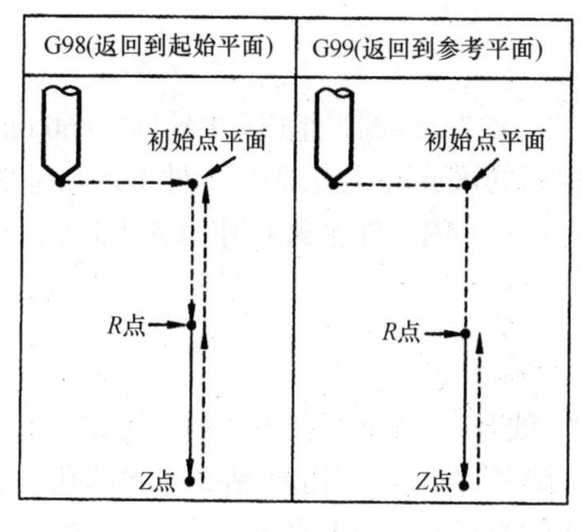

图 7-2-5　返回初始平面和参考平面

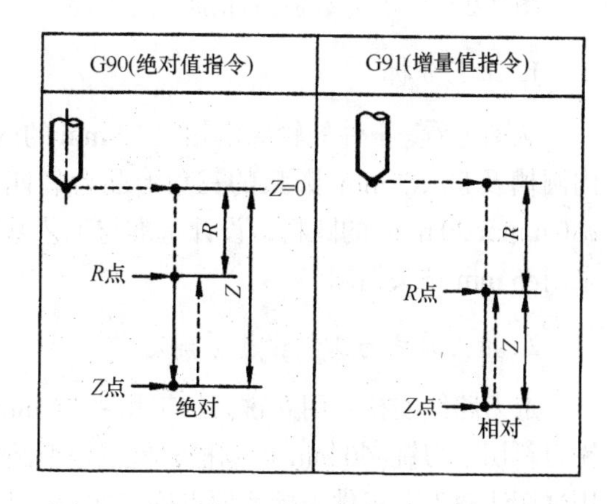

图 7-2-6　固定循环的绝对值指令和增量值指令

（1）点钻循环指令：G81。

指令格式：`G81 X_Y_Z_R_F;`

如图 7-2-7 所示。

（2）深孔钻削循环指令：G83。

指令格式：`G83 X_Y_Z_R_Q_F;`

如图 7-2-8 所示。

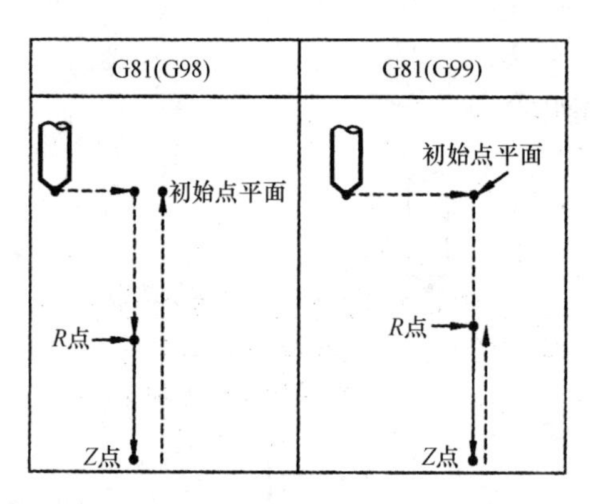

图 7-2-7 G81 钻孔加工固定循环动作示意图

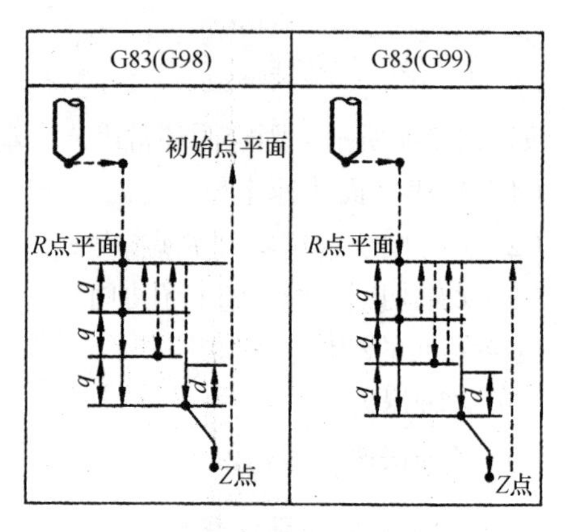

图 7-2-8 深孔钻削循环

深孔钻削循环指令 G83（也称啄式钻孔循环），*Z* 轴方向为分级、间歇进给，每次分级进给都使 *Z* 轴退到切削加工起始点（参考平面）位置，使深孔加工排屑性能更好。

Q 为每次的切入量，当第二次以后切入时，先快速进给上次加工到达的底部位置处，然后变为切削进给。钻削到要求孔深度的最后一次进刀量是进刀若干个 *Q* 之后的剩余量，它小于或等于 *Q*。*Q* 用增量值指令，必须是正值，即使指令了负值，符号也无效。*d* 用系统参数设定，不必单独指令。

（三）数控铣床的加工实例

图 7-2-9 所示为数控铣床加工的工件。

1. 工艺分析

从图上看，工件外轮廓由相距 72 mm 的两直线与 ϕ77 mm 圆弧组成，内轮廓由 ϕ60 mm 内圆槽及带 *R*3 mm 圆弧的三角形凸台和四个均布的 ϕ6 mm 孔组成。工件毛坯尺寸为 ϕ80 mm × 20 mm 的圆料，设计基准与工艺基准为圆心。内、外轮廓采用立铣刀加工，孔采用 ϕ6 mm 钻头钻削。

2. 走刀路线与工件坐标系确定

走刀路线安排：用立铣刀加工相距 72 mm 的直线与 ϕ77 mm 圆弧组成的外轮廓，用立铣刀斜切下刀铣 ϕ60 mm 内圆槽，铣三角形凸台，铣多余金属，用钻头钻 ϕ6 mm 的孔。采用试切法对刀，工件坐标系原点确定在圆心上，*Z* 轴原点在工件上表面，设置工件坐标系 G54。

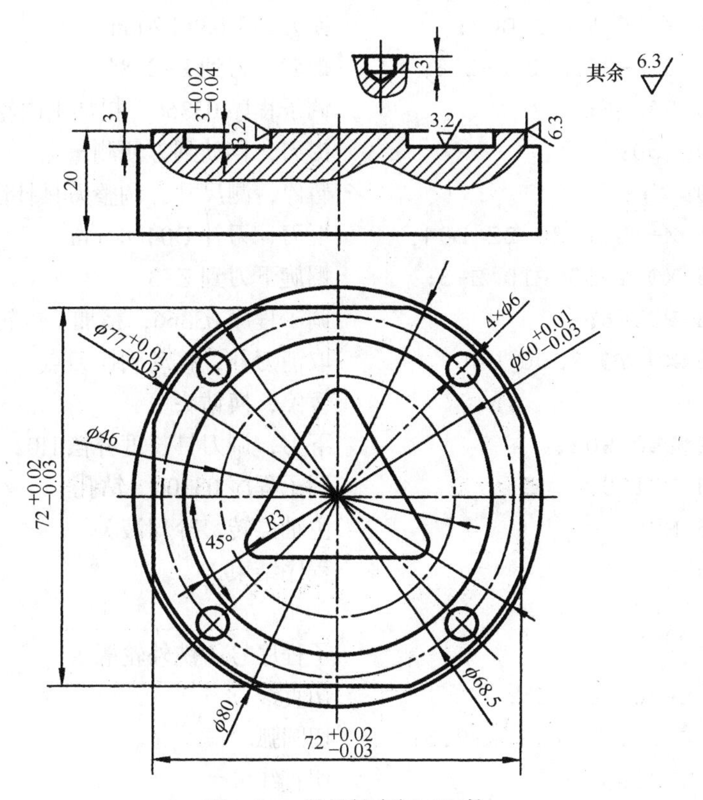

图 7-2-9　数控铣床加工工件

编写数控程序如下。

程序	说明
O3010;	主程序号
N10 G54 G90 G40 G00 X-40 Y-40 Z20 M03 S600;	调用工件坐标系，主轴转动
N20 Z5 M08;	快速下刀至工件表面上 5 mm
N30 G41 G01 Z-36 Y-20 Z-2. 8 D01 H01 F100:	刀具补偿 D01=4.2 mm，H01
N40 M98 P3666;	调用子程序 03666，粗加工外轮廓
N50 G00 Z50;	提刀
N60 G40 G00 X-40 Y-40;	取消刀补，移动到方便测量点
N70 M00;	暂停，测尺寸，调整刀具补偿值
N80 Z5;	下刀到 Z5
N90 G41 G01 X-36 Y-20 Z-3 D02;	螺旋下刀到 Z-3，刀补 D02=4 mm
N100 M98 P3666;	调子程序 03666，精加工外轮廓
N110 G00 Z5;	提刀 Z5
N120 G01 X0 Y0;	移动到坐标原点

```
N130 G01 X-10 Y-20 D03;          换刀补 D03=4.2 mm
N140 G03 X0 Y-30 R10 Z-2.8;      螺旋下刀到 Z-2. 8
N150 M98 P3366;                  调子程序 03366，粗加工内轮廓
N160 G00 Z50:                    提刀，移动到方便测量点
N170 M00:                        暂停，测尺寸，调整刀具补偿值
N180 G01 X-10 Y-20 Z2 D04:       下刀，刀补 D04=4 mm
N190 G03 XO Y-30 R10 Z-3;        螺旋下刀到 Z-3
N200 M98 P3366;                  调子程序 03366，精加工内轮廓
N210 G00 X0 YO Z200 G40:         取消刀补，移动到换刀点
N220 M00;                        暂停，换钻头
N230 GoO Z50 H02;                下刀，调刀具长度补偿 H02
N240 M98 P3100:                  调子程序 03100，钻孔
N250 M05 M09;                    主轴停转，冷却液关
N260 M30:                        程序结束
子程序一
O3666;                           子程序号（铣外轮廓）
N10 G01 X-36 Y13.65;             切直线
N20 G02 X-13.65 Y36 R38.5;       切圆弧
N30 G01 X13.65 Y36;              切直线
N40 G02 X36 Y13.65 R38.5:        切圆弧
N50 G01 X36 Y-13.65;             切直线
N60 G02 X13.65 Y-36 R38.5:       切圆弧
N70 G01 X-13.65 Y-36;            切圆弧，切出工件
N80 G02 X-38.5 Y0 R 38.5:        返回加工坐标系原点
N90 M99:                         子程序结束
子程序二
O3366;                           子程序号（铣内轮廓及三角形）
N10 G03 X0 Y-30 I0 J30;          切内圆φ60 mm
N20 G03 X0 Y-11.5 R9.5;          圆弧切出，切到三角形底线中点
N30 GOl X-14.72 Y-11.5;          切到三角形底线左端
N40 G02 X-17.32 Y-7 R3;          切三角形左端圆角
N50 G01 X-2.6 Y18.5;             切三角形左斜线
N60 G02 X2.6 Y18.5 R3;           切三角形上端圆角
N70 G01 X17.32 Y-7;              切三角形右斜线
N80 G02 X14.72 Y-11.5 R3;        切三角形右端圆角
N90 G01 X0 Y-11.5;               切到三角形底线中点
N100 G03 X0 Y-24.5 R6.5;         走半圆，切出三角形
```

```
N110 G01 X7.79 Y -24.5;            切出右下方多余金属
N120 G03 X25.11 Y5.5 R20;          切出右圆角处多余金属
N130 G01 X17.32Y19;                切出右上方多余金属
N140 G03 X-17.32 Y19 R20;          切出上方圆角处多余金属
N150 G01 X-25.11 Y5.5;             切出左上方多余金属
N160 G03 X-7.79 Y-24.5 R20;        切出右圆角处多余金属
N170 G01 X2 Y-24.5;                切出左下方多余金属
N180 M99;                          子程序结束
子程序三
O3100;                             子程序号（钻φ6 mm孔）
N10 G81 G99 X24.218 Y24.218 F20;   钻右上方孔
N20 X-24.218 Y24.218;              钻左上方孔
N30 X-24.218 Y-24.218;             钻左下方孔
N40 G98 X24.218 Y-24.218;          钻右下方孔
N50 G80 X0 Y0 Z250;                取消钻孔固定循环
N60 M99;                           子程序结束
```

三、数控铣削加工中心加工

加工中心是一种装备有刀库，并能自动更换刀具，对工件进行多工序加工的数控机床。加工中心是典型的集高新技术于一体的机械加工设备，已经成为现代数控机床发展的主流方向。应用加工中心加工工件可减少工件装夹、测量和机床调整时间，具有较好的加工一致性、较高的生产效率、较好的质量稳定性。加工中心适宜加工形状复杂、加工工序内容多、精度要求高的工件，以及在普通加工中需采用多台机床和多种刀具、夹具，并经多次装夹和调整的工件。铣削加工中心在工件一次装夹后，可按数控程序连续对工件自动进行铣削、镗削、钻孔、扩孔、铰孔、攻螺纹等多工序的加工。加工中心最适宜加工箱体类、复杂曲面类、外形不规则类、模具及多孔的盘、套、板类工件。

加工中心是在数控机床基础上增加了自动换刀装置和刀库，可实现自动换刀。一般加工中心带有自动分度回转工作台或主轴箱，可自动改变角度，使工件一次装夹后，按数控程序完成多个平面或多个角度的多工序加工。带有交换工作台的加工中心，工件在加工位置工作台上加工的同时，可在装卸位置工作台上装卸工件，生产效率高。

（一）数控铣削加工中心编程特点

由于装备了自动换刀装置和刀库，可实现自动换刀，编程中可以使用 M06 指令换刀，采用主、子程序编程，编程中安排 M00 暂停指令进行工件粗、精加工尺寸测量，便于实时调整刀具补偿值，保证加工精度。

（二）宏程序编程

用户宏程序是 FANUC Oi 系统及相似产品中的特殊编程功能。用户宏程序的实质与子程序相似，也是把一组实现某种特殊功能的指令，以子程序的形式事先存储在系统存储器中，通过宏程序调用指令 G65 或 M98 执行这一功能。

普通加工程序直接用数值指定 G 代码和移动距离，如 G01 和 X100. 0。宏程序最大的特点就是用变量#进行编程，并且可以用这些指令对变量进行赋值、运算等处理。

1. 变量#

计算机允许使用变量名，用户宏程序不行。变量用变量符号（#）和后面的变量号指定。例如，#1，表达式可以用于指定变量号。此时，表达式必须封闭在括号中，如# [# 1+# 2—12]。

变量根据变量号可以分成四种类型。

（1）空变量。#0，该变量总是空，没有值能赋给该变量。

（2）局部变量。#1～#33，局部变量只能用在宏程序中存储数据，如运算结果。当断电时，局部变量被初始化为空，调用宏程序时，自变量对局部变量赋值。

（3）公共变量。#100～#199、#500～#999，公共变量在不同的宏程序中的意义相同。当断电时，变量#100～#199 初始化为空。变量#500～#999 的数据保存，即使断电也不丢失。

（4）系统变量。#1000，系统变量用于读和写计算机数控（computerized numberical control，CNC）运行时各种数据的变化，如刀具的当前位置和补偿值。

当在程序中定义变量值时，小数点可以省略。例如，当定义为#1=123 时，变量#1 的实际值是 123.000。

当用表达式指定变量时，要把表达式放在括号中。例如，GOIX[#1+#2] F#3；被引用变量的值根据地址的最小设定单位自动地舍入。

说明：程序号、顺序号和任选程序段跳转号不能使用变量。变量使用的错误用法如 O#1；/#2G00X100. 0；N#3Y200. 0。

2. 变量#的运算

宏程序常用的运算表达式见表 7-2-6，运算可以在变量中执行，运算符右边的表达式可包含常量和由函数或运算符组成的变量。表达式中的变量#j 和#k 可以用常数赋值，左边的表达式也可以用表达式赋值。

表 7-2-6 宏程序的运算表达式

功能	运算表达式	备注
赋值	# i=# j	
加法	# i=# j +# k	
减法	# i=# j –# k	
乘法	# i=# j *# k	
除法	# i=# j / # k	
正弦	# i=SIN [# j]	角度以度数指定，90°30；表示 90.5°
反正弦	# i=ASIN [# j]	
余弦	# i=COS [# j]	
反余弦	# i=ACOS [# j]	

续表

功能	运算表达式	备注
正切	# i=TAN [# j]	角度以度数指定，90°30；表示 90.5°
反正切	# i=ATAN [# j]	
平方根	# i=SQRT[# j]	
绝对值	# i=ABS[# j]	
舍入	# i=ROUND[# j]	
自然对数	# i=LN[# j]	
指数对数	# i=EXP[# j]	

3. 宏程序语句和 NC 语句

宏程序语句包括：包含算术或逻辑运算的程序段；包含控制语句的程序段；包含宏程序调用指令的程序段。在宏程序语句中，有三种转移与循环操作语句。

（1）无条件转移（GOTO 语句）：转移到标有顺序号 n 的程序段，可用表达式指定顺序号，如 GOTOn。

（2）条件转移（IF 语句）表达式：IF[＜条件表达式＞]GOTOn，如果条件表达式满足，转移到标顺序号 n 的程序段，如果指定条件表达式不满足，执行下一个程序段；IF[＜条件表达式＞]THEN，如果条件表达式满足，执行预先决定的宏程序语句，只执行一个程序语句。

条件表达式必须包括运算符，运算符插在两个变量中间或变量和常数中间，并且用（[，]）封闭，表达式可以替代变量，常用运算符见表 7-2-7。

表 7-2-7　常用运算符

运算符	含义
EQ	等于（=）
NE	不等于（≠）
GT	大于（＞）
GE	大于等于（≥）
LT	小于（＜）
LE	小于等于（≤）

（3）循环（WHILE 语句）：在 WHILE 后指定一个条件表达式，当条件满足时，执行从 DO 到 END 之间的程序，否则，执行 END 后面的程序。

4. 宏程序编程实例

用宏程序加工长轴为 96 mm，短轴为 72 mm，高度为 5 mm 的椭圆柱体的程序如下。

```
O9832;
N10 G54 G90 S1500 M03 0
N20 G00 X4 8 Y-12 Z1 G41 D01;
N30 G01 Z-5 F150;
```

```
N40 G02X36 YO R12;
N50 #101=0;
N60 WHILE [#101 LE 360] D01;
N70 #102=36 *COS[#101]
N80 #103=48 *SIN[#101];
N90 #101=#101+0.1;（角度变化量）
N100 G01 X#102 Y#103
N110 END1;
N120 G02 X48Y12 R12;
N130 G00 X100 Y100 Z200 G40;
N140 M05;
N150 M30;
```

（三）数控铣削加工中心的加工实例

用数控铣削加工中心加工如图 7-2-10 所示工件。

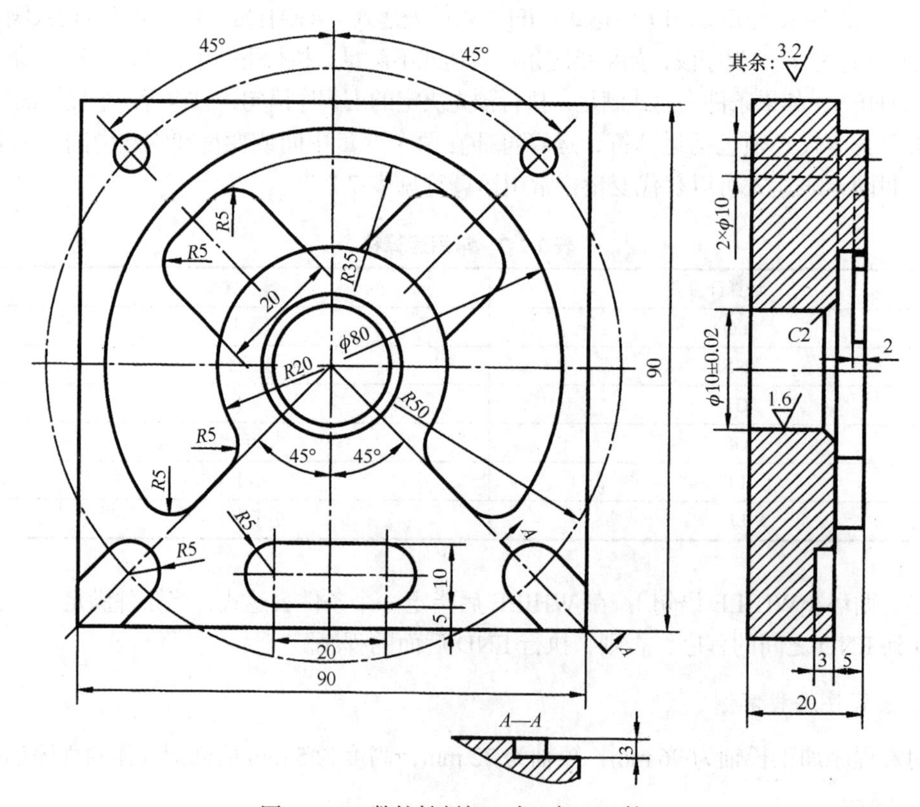

图 7-2-10　数控铣削加工中心加工工件

1. 工艺分析

工件毛坯尺寸为 90 mm × 90 mm，其图形由 5 mm 高的圆环形凸台、两个 2 mm 深的凹台、两个ϕ10 mm 通孔、一个需倒角的ϕ20 mm 通孔和三个键槽组成。需要进行铣削、钻削、倒角、铰孔等多道工序。

2. 工序顺序与工件坐标系确定

工件的加工顺序为用ϕ20 mm 立铣刀铣削加工圆环凸台，用ϕ9.8 mm 钻头钻削三个孔，用ϕ20 mm 扩孔钻扩孔，用ϕ8 mm 立铣刀铣凹台（用宏程序），用ϕ10 mm 键槽铣刀铣三个键槽。

工件坐标系的原点选在工件上表面中心位置，设为坐标系 G54。

编写工件数控程序如下。

程序	说明
`O6001;`	主程序号
`N10 G54 G90 G40 H06 T01 H01;`	工件坐标系，换ϕ20 mm 立铣刀，H01
`N20 M03 S500 G00 X80 Y-80 Z-4.8;`	快速下刀到 $Z=-4.8$ mm，主轴正转
`N30 G01 G41 Y-27 D01 F200;`	左刀补 D01=10.2 mm
`N40 H98 P6101;`	调用子程序 06101，粗加工环形凸台
`N50 G00 Z50;`	提刀
`N60 G40 G00 X-80 Y-80;`	取消刀补，移动到方便测量点
`N70 M00;`	暂停，测尺寸，调整刀具补偿值
`N80 Z5;`	下刀到 Z5
`N90 G01 G41 Y-27 Z-5 D02;`	下刀到 Z–5，刀补 D02=10 mm
`N100 H98 P6101;`	调子程序 06101，精加工环形凸台
`N110 G00 Z200;`	提刀
`N120 N06 T02 G43 H02;`	换ϕ9.8 mm 钻头 T02，H02
`N130 G00 XO YO Z30 S500;`	快速下刀，移动到孔中心坐标
`N140 H98 P6201;`	调子程序 06201，钻三个孔
`N150 N06 T03 G43 H03;`	换ϕ20 mm 钻头 T03，H03
`N160 G00 Z30;`	下刀
`N170 H98 P6301;`	测量工件，调整刀具半径补偿值
`N180 H06 T04 G43 H04;`	换ϕ8 mm 立铣刀
`N190 G00 XO YO Z-1.8;`	下刀
`N200 G01 G41 X12.73 YO D03F150;`	建立刀补 D03=4. 0ram
`N210 M98 P6401;`	调子程序 06401，粗加工两个凹台
`N220 H00;`	测量工件，调整刀具半径补偿值
`N230 G00 XO YO Z-1.8;`	下刀
`N240 G01 G41 X12.73 YO D04F150;`	建立刀补 D04=4.0 mm
`N250 N98 P6301;`	调子程序 06301，精加工两个凹台
`N260 H06 T05 I-t05;`	换ϕ8 mm 键槽铣刀，H05
`N270 G00 X0 Y0 Z-2;`	下刀

```
N280 H98 P6501;                    调用倒角子程序 06501
N290 H06 T06;                      换φ10 mm 键槽铣刀
N300 M98 P6601;                    调用 06601 子程序，铣三个键槽
N310 H06 T07:                      换铰刀
N320 98 P6701:                     调用子程序 06701
N330 M30                           程序结束
子程序一
O6101;                             子程序号（铣圆环凸台）
N10 X-41;                          铣下方直线，去除多余金属
N20 Y23.5;                         铣左方直线，去除多余金属
N30 X-23.5 Y41;                    铣左上方直线，去除多余金属
N40 X23.5;                         铣上方直线，去除多余金属
N50 X41 Y23.5;                     铣右方直线，去除多余金属
N60 Y-41;                          铣凸台斜线
N80 G02 X16.68 Y-11.03 R5;         铣角
N90 G03 X-16.68 Y-11.03 R-20:      铣凸台内圆
N100 G02 X-17.32 Y-17.32 R5:       铣圆角
N110 G01 X-24.49 Y-24.49;          铣凸台斜线
N120 G02 X-32.03 Y-23.95 R5:       铣圆角
N130 X32.03 Y-23.95 R-40:          铣凸台外圆
N140 X24.49 Y-24.49 R5;            铣圆角
N150 G01 X10 Y-10;                 铣出凸台
N160 Z50;                          提刀
N170 G00 G40 X0 Y0;                回原点，取消半径补偿
N180 M99;                          子程序结束
子程序二
O6201;                             子程序号（钻三个φ10 mm 孔）
NI0 G99 G73 X0 Y0 Z-24 R10 Q4F 60;    钻中圆孔
N20 X35.36 Y35.36;                 钻右上方圆孔
N30 X-35.36;                       钻左上方圆孔
N40 G80 G00 Z30;                   取消钻孔循环
N50 M99;                           子程序结束
子程序三
O6301;                             子程序号（钻φ20 mm 孔）
N10 G81 Z-25 F20;                  钻φ20 mm 孔
N20 G80 Z50 F400;                  取消钻孔循环
N30 M99;                           子程序结束
```

子程序四

```
O6401;                                  子程序号（铣两个凹台）
N10 X27.39 Y14.66;                      铣右凹台右侧直面
N20 G03 X27.83 Y21.23 R5:               铣圆角
N30 X21.23 Y27.83 R35;                  铣凹台大圆角
N40 X14.66 Y27.39 R5;                   铣圆角
N50 G01 X0 Y12.73;                      铣右凹台左侧直面
N60 X-14.66 Y27.39:                     铣左凹台右侧直面
N70 G03 X-21.23 Y27.83R5;               铣圆角
N80 X-27.83 Y21.23 R35;                 铣凹台大圆角
N90 X-27.39 Y14.66 R5;                  铣左凹台左侧直面
N100 G01 X-12.73 Y0:                    铣出凹台
N110 G01 G40 X0;                        取消刀补
N120 X18 Y18;                           铣右凹台中间多余金属
N130 X0 Y0:                             退刀
N140 X-18 Y18;                          铣左凹台中间多余金属
N150 X0 Y0;                             退刀
N160 Z100;                              提刀
N170 M99;                               子程序结束
```

子程序五

```
O6501;                                  子程序号（铣φ20 mm 孔的 C2 mm 倒角）
N10 #101=10;                            中心孔半径
N20 #102=2;                             倒角 Z 向深度
N30 #103=45:                            倒角线与垂直线夹角
N40 #104: 0;                            深度循环变量
N50 #105=4;                             刀具半径
N60 #108=0.1;                           每次高度递增 0.1
N70 #107=#101-1}105;                    第一层切到工件时刀具中心与孔中心的距离
N80 WHILE [#104 LE#102] D01;
N90#106=#104*TAN[#103];                 倒角 X 向偏移量
N100G01X[#107+#106-#105]Y=1}-105F400;   每层初始切入点 X、Y 坐标
N110 G01Z [-#102+#104];                 每层初始切入点 Z 坐标
N120 G03X[#107+#106]YOR#105:            1/4 圆弧切入
N130 G03I-[#107+#106];                  每层整圆加工
N140G03X[#107+#106-#105]Y#105R#105;     1/4 圆弧切出
N150#104=#104+#108;                     循环变量递增
N160 END1;
```

```
N170 G00 Z50;                          提刀
N180 M99;                              子程序结束
```

子程序六

```
O6601;                                 子程序号（铣键槽）
N10 G40 G43 H06 G00 X60 Y-60 Z50;      下刀点
N20 G01 Z-8 F50;                       下刀
N30 G01 X35.36 Y-35.36;                铣右键槽
N40 Z5;                                提刀
N50 G00 X10 Y-35;                      中间键槽下刀点
N60 G01 Z-8;                           下刀
N70 X-10:                              铣槽
N80 Z5;                                提刀
N90 G00 X-35.36 Y-35.36;               左键槽下刀点
N100 G01 Z-8;                          下刀
N110 X-60 Y-60;                        铣槽
N120 G00 Z50;                          提刀
N130 G00 X0 Y0;                        回原点
N140 M99:                              子程序结束
```

子程序七

```
O6701;                                 子程序号（铰两个φ10 mm孔）
N10 G40G43H07G00X35.36Y35.36250;       下刀点
N20 G99 G81 Z-22 R5 F50;               铰右孔
N30 X-35.36;                           铰左孔
N40 G80 G00 Z50;                       取消固定循环
N60 M99;                               子程序结束
```

第八章　互换性与技术测量基础及装配

实习目的和要求

（1）了解互换性与测量基础知识。
（2）了解装配的概念，典型零件的装配方法。
（3）了解拆装工艺流程、要求、质量。

第一节　互换性与测量基础

一、互换性基础

（一）互换性的意义和作用

互换性是指同一规格的零、部件可以相互替换的性能。

在机械制造中，每一个符合图纸要求的零、部件在装配前，不需要挑选、修配和调整，装配后即可以满足设计的使用要求。具有这样特性的零、部件，就称具有互换性。在日常生活中，有大量的现象涉及互换性。例如，电灯泡坏了，买一只安上就行；机器掉了一个螺丝，按同样规格买一个装上就行；机器零件磨损了，换上一个新的零件便能满足使用要求等。

互换性通常包括几何参数和材料性能（如硬度、强度等）的互换性，本书仅讨论几何参数包括尺寸、几何形状（微观、宏观）及相互位置的互换性。

（二）互换性的种类

在不同的场合，零、部件互换的形式和程度是不同的。根据互换的程度，互换性可分为完全互换和不完全互换两类。

1. 完全互换

完全互换简称为互换性。它以零、部件装配或更换时不需要挑选或修配为条件。例如，对一批孔、轴装配后，要求间隙或过盈控制在某一范围内，据此要求，设计、规定了孔和轴的尺寸允许变动范围，孔、轴加工后只要符合设计的规定，则它们不需要挑选或修配就能达到完全互换的目的。但是有的机器产品使用要求很高，即精度很高，如按完全互换性进行生产，就要求零、部件的制造精度很高，给加工带来困难，加工很不经济，有时甚至无法加工，此时在生产中往往采用不完全互换组织生产，即零、部件加工按经济精度组织生产，装配时通过一定的工艺措施来保证产品的精度要求。

2. 不完全互换

不完全互换也称为有限互换。在零、部件装配时允许有附加的挑选、修配或者调整。不完全互换可采用分组互换、调整和修配等方法来实现。

（三）互换性生产在机械制造中的作用

互换性在产品设计、制造、使用和维修等方面有着极其重要的作用。

1. 在设计方面

零、部件具有互换性，就可以最大限度地利用标准件、通用件和标准部件，这样就可以简化制图，减少计算工作，缩短设计周期，并便于采用计算机进行辅助设计。对开发系列产品，改善产品性能都有重大作用。

2. 在制造加工方面

互换性能促使高效率生产，便于组织生产协作，进行专业化生产。采用高效率的生产设备，有利于实现加工过程和装配过程机械化、自动化，从而提高劳动生产率，保证产品质量，降低生产成本。

3. 在使用和维修方面

零、部件具有互换性可以及时更换那些已经磨损或损坏了的零、部件，可以减少机器的维修时间和费用，保证机器正常运转，从而提高机器的寿命和使用价值，做到了物尽其用。

（四）公差与配合的基本术语

在《产品几何技术规范（GPS）极限与配合 第1部分：公差、偏差和配合的基础》（GB/T 1800.1—2009）中，对公差与配合的基本术语的定义如下。

1. 孔和轴

1）孔

孔通常指工件的圆柱形内表面，也包括非圆柱形内表面（由两平行平面或切面形成的包容面）。孔的尺寸用$D_{孔}$表示。

2）轴

轴主要指圆柱形外表面，也包括非圆柱形外表面（由两平行平面或切面形成的被包容面）。轴的尺寸用$d_{轴}$表示。

从加工方面看，孔是越做越大，轴是越做越小；从装配关系看，孔是包容面，轴是被包容面；从广泛含义方面看，孔、轴不仅表示通常理解的概念，即圆柱的内、外表面，而且表示其他几何形状的内、外表面中由单一尺寸确定的部分。由单一尺寸确定的两平行表面相对，其间没有材料，形成包容状态的，称为孔；由单一尺寸确定的两平行表面相对，其外没有材料，形成被包容面的，称为轴。如果两表面同向，既不能形成包容状态，也不能形成被包容状态，既不是内表面，又不是外表面，应是长度，则可用尺寸 L 表示。

如图 8-1-1 所示，（a）是孔，（b）是轴。图 8-1-2（a）、（b）所示，各表面上由 D_1、D_2、D_3 和 D_4 各单一尺寸所确定的部分，称为孔；各外表面上，由 d_1、d_2、d_3 和 d_4 各单一尺寸所确定的部分，称为轴。L_1、L_2 和 L_3 为长度尺寸。

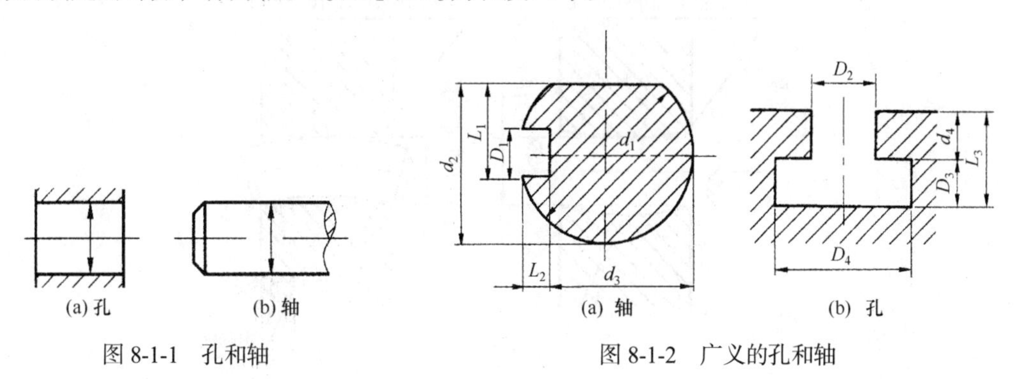

图 8-1-1　孔和轴　　图 8-1-2　广义的孔和轴

2. 尺寸

1）尺寸概念

以特定单位表示线性尺寸值的数值，称为尺寸。例如，直径、半径、长度、宽度、高度、深度等都是尺寸。又如，在图样上标注的轴的直径ϕ50 mm，轴长度为 300 mm，两圆中心距为 60 mm 等，mm 就是特定单位。在图样上通常都以 mm 为单位，标注时将长度单位 mm 省略。

2）基本尺寸

基本尺寸是应用上、下极限偏差由它可算出极限尺寸的尺寸。基本尺寸通常由设计者给定，是通过计算（强度、刚度、运动和工艺）和经验而确定的。一般要符合标准尺寸系列，以减少定值刀具、量具的种类。基本尺寸是计算其他尺寸的依据。用 D 和 d 分别表示孔和轴的基本尺寸。

3）实际尺寸

通过测量获得的某一孔、轴的尺寸为实际尺寸。孔和轴的实际尺寸分别用 Da、da 表示。由于存在测量误差，实际尺寸并非被测量的真值。例如，测量得到轴的尺寸为ϕ18.987 mm，测量误差在 ± 0.0011 nm 以内，实测尺寸的真值将在ϕ18.986～18.988 mm，真值是客观存在的，但不确定，即实际尺寸的随机性。因此，只能以测得的尺寸为实际尺寸。但因为工件存在形位误差，所以不同部位的实际尺寸不完全相同。

4）作用尺寸

工件存在形状误差，各处的实际尺寸不同，造成尺寸的“不定性”，影响孔、轴配合的实际状态。实际配合起作用的尺寸，称作用尺寸。作用尺寸是根据孔、轴的实际状态定义的理想参数，所以不同零件作用尺寸是不同的，但某一实际孔、轴的作用尺寸是唯一的。

（1）孔的作用尺寸：孔的作用尺寸是在配合面的全长上，与实际孔内接的最大理想轴的尺寸，用 Dm 表示。

（2）轴的作用尺寸：轴的作用尺寸是在配合面的全长上，与实际轴外接的最小理想孔的尺寸，用 dm 表示。

如图 8-1-3 所示，弯曲孔的作用尺寸小于该孔的实际尺寸，弯曲轴的作用尺寸大于该轴的实际尺寸。

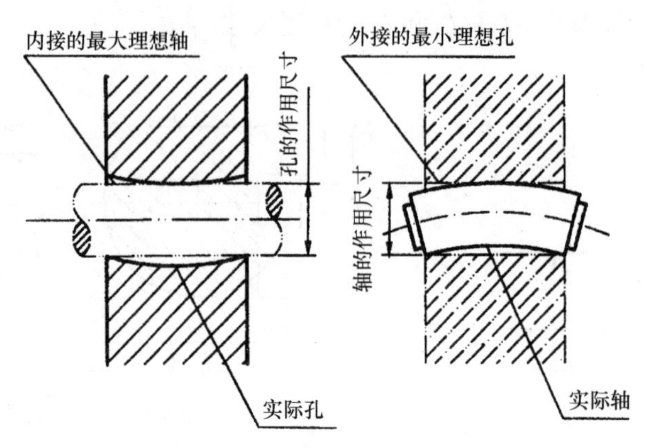

图 8-1-3　孔或轴的作用尺寸

如果工件没有形状误差，其作用尺寸和实际尺寸相同。因此，为了保证配合要求，应对实际尺寸和作用尺寸均加以限制。

5）极限尺寸

极限尺寸是一个孔或轴允许的尺寸的两个极端，也就是允许尺寸变动的两个界限值。实际尺寸应位于其中，也可达到极限尺寸。其中较大的一个极限尺寸称为上极限尺寸，较小的一个极限尺寸称为下极限尺寸。孔和轴的上、下极限尺寸分别为 D_{max}、d_{max} 和 D_{min}、d_{min}。极限尺寸是用来限制实际尺寸和作用尺寸的。

3. 偏差与公差

1）尺寸偏差

某一尺寸（极限尺寸、实际尺寸等）减去基本尺寸所得代数差称为尺寸偏差，简称偏差。

（1）上极限偏差：上极限尺寸减去其基本尺寸所得的代数差称上极限偏差。孔的上极限偏差用 ES 表示，轴的上极限偏差用 es 表示。

（2）下极限偏差：下极限尺寸减去其基本尺寸所得的代数差称下极限偏差。孔的下极限偏差用 EI 表示，轴的下极限偏差用 ei 表示。

2）尺寸公差

尺寸公差简称公差，是允许尺寸变动量。公差是用来限制误差的，工件的误差在公差范围内即合格。

孔公差用 TH 表示，轴公差用 Ts 表示。其值等于上极限尺寸与下极限尺寸之代数差的绝对值，也等于上极限偏差与下极限偏差之代数差的绝对值，用公式表示为

$$TH=|D_{max}-D_{min}|=|ES-EI|$$

$$Ts=|d_{max}-d_{min}|=|es-ei|$$

公差与偏差的比较：

（1）偏差可以为正值、负值或零，而公差则一定是正值；

（2）极限偏差用于限制实际偏差，而公差用于限制误差；

（3）对单个零件只能测出尺寸实际偏差，而对数量足够的一批零件，才能确定尺寸误差；

（4）偏差取决于加工机床的调整（如车削时进刀的位置），不反映加工的难易程度，而公差表示制造精度，反映加工的难易程度；

（5）极限偏差主要反映公差带位置，影响配合松紧程度，而公差代表公差带大小，影响配合精度。

【例 8-1-1】　已知孔 D_{max}=30.02 mm，D_{min}=30 mm，D=30 mm，轴 d_{max}=29.98 mm，d_{min}= 29.967 mm，d=30 mm，求孔与轴的极限偏差与公差。

解　孔的上极限偏差：

$$ES=D_{max}-D=30.02-30=+0.02\ (mm)$$

孔的下极限偏差：

$$EI=D_{min}-D=30-30=0$$

轴的上极限偏差：

$$es=d_{max}-d=29.98-30=-0.02\ (mm)$$

轴的下极限偏差：

$$ei=d_{min}-d=29.967-30=-0.033\ (mm)$$

孔公差：

$$TH=\left|D_{max}-D_{min}\right|=\left|30.02-30\right|=0.02\ (mm)$$

轴公差：

$$Ts=\left|d_{max}-d_{min}\right|=\left|29.98-29.967\right|=0.013\ (mm)$$

3）零线与公差带图

（1）公差带图：由于公差及偏差的数值与尺寸数值相比，差别极大，不便用同一比例表示，故采用公差与配合图解，简称公差带图，如图 8-1-4 所示。

（2）零线：在公差带图中，用来确定偏差的一条基准直线为零线。

在公差带图中，零线表示基本尺寸，其单位是 mm，偏差及公差的单位是 μm，孔、轴公差带的相互位置及大小应按协调比例给出。

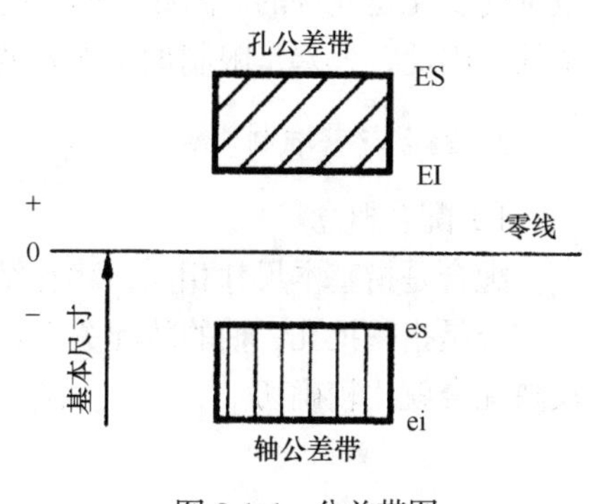

图 8-1-4　公差带图

（3）尺寸公差带：在公差带图中，由代表上、下极限偏差的两条直线所限定的一个区域，称尺寸公差带，如图 8-1-4 所示。公差带有两个基本参数，即公差带大小与公差带位置。公差带大小由标准公差确定，公差带位置由基本偏差确定。《产品几何技术规范（GPS）极限与配合 第 1 部分：公差、偏差和配合的基础》（GB/T 1800.1—2009）将标准公差和基本偏差进行了标准化。

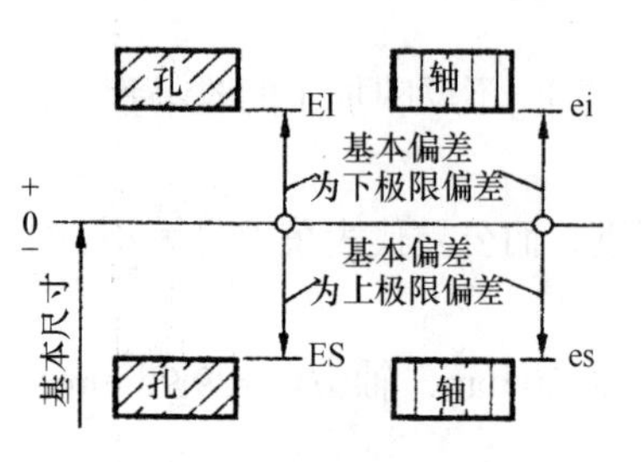

图 8-1-5 基本偏差示意图

（4）基本偏差：基本偏差用来确定公差带相对于零线位置的上极限偏差或下极限偏差，一般为靠近零线的那个偏差。当公差带位于零线上方时，其基本偏差为下极限偏差；当公差带位于零线下方时，基本偏差为上极限偏差，如图 8-1-5 所示；当公差带对称于零线时，基本偏差为上极限偏差或下极限偏差。

4. 加工误差与公差的关系

零件在加工过程中，受工艺系统误差的影响，加工后零件的几何参数与理想值不相符合，其差别称为加工误差。其包括以下几个方面。

1）尺寸误差

尺寸误差是工件加工后的实际尺寸和理想尺寸之差。

2）几何形状误差

几何形状误差包括宏观几何形状误差、表面微观几何形状特性及表面波度误差。

（1）宏观几何形状误差：即通常所指的形状误差，一般由机床、刀具、工件所组成的工艺系统的误差所造成。

（2）表面微观几何形状特性：通常称为表面粗糙度。它是指加工后，刀具在工件表面上留下波峰和波长都很小的波形。

（3）表面波度误差：介于宏观几何形状误差与微观几何形状误差之间的几何形状误差，叫表面波度误差，一般由加工过程中的振动引起，具有明显的周期性。

3）位置误差

工件加工后，各要素之间的实际相互位置与理想位置的差值称位置误差。

加工误差是不可避免的，但零件在使用中也不是绝对不允许有误差的。其误差在一定范围内变化是允许的。因此，加工后的零件的误差只要不超过零件的加工公差，零件是合格的。因此，公差是限制加工误差的。

5. 配合与基准制

1）配合概念

配合是指基本尺寸相同，相互结合的孔和轴公差带之间的关系，如图 8-1-6 所示。因为配合是指一批孔、轴的装配关系，而不是指单个孔和轴的配合关系，所以用公差带关系反映配合就比较确切。

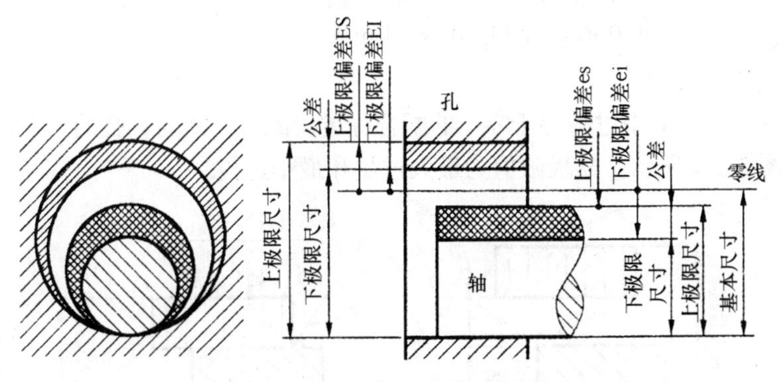

图 8-1-6　公差与配合的示意图

2）间隙或过盈

孔的尺寸减去相配合的轴的尺寸所得的代数差为间隙或过盈。差值为正时，称为间隙，用 X 表示；差值为负时，称为过盈，用 Y 表示。

3）配合种类

第一，间隙配合。

孔与轴相配合时，具有间隙（包括最小间隙等于零）的配合称间隙配合。此时，孔的公差带在轴的公差带之上，如图 8-1-7 所示。其极限值为最大间隙和最小间隙。

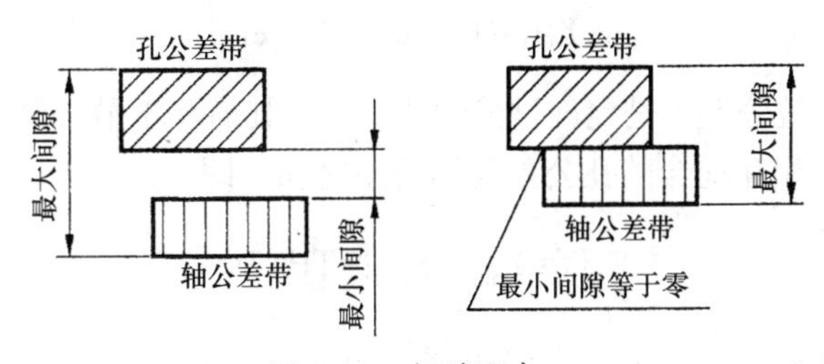

图 8-1-7　间隙配合

孔的上极限尺寸减去轴的下极限尺寸所得代数差，称为最大间隙，用 X_{max} 表示，即

$$X_{max}=D_{max}-d_{min}=ES-ei$$

孔的下极限尺寸减去轴的上极限尺寸所得代数差，称为最小间隙，用 X_{min} 表示，即

$$X_{min}=D_{min}-d_{max}=EI-es$$

配合公差（即间隙公差）是允许间隙的变动量，其值等于最大间隙与最小间隙之代数差的绝对值，也等于相互配合的孔公差与轴公差之和。配合公差用 Tf 表示，即

$$Tf=\left|X_{max}-X_{min}\right|=TH+Ts$$

【例 8-1-2】　孔 $\phi30_{0}^{+0.025}$ mm，轴 $\phi30_{-0.041}^{-0.025}$ mm，求 X_{max}、X_{min} 及 Tf。

解　$X_{max}=D_{max}-d_{min}=ES-ei=0.025-(-0.041)=0.066$（mm）

$X_{min}=D_{min}-d_{max}=EI-es=0-(-0.025)=0.025$（mm）

$Tf=|X_{max}-X_{min}|=|0.066-0.025|=0.041$（mm）

第二，过盈配合。

具有过盈（包括最小过盈等于零）的配合称过盈配合。此时，孔的公差带在轴的公差带之下，如图 8-1-8 所示。其极限值为最大过盈和最小过盈。

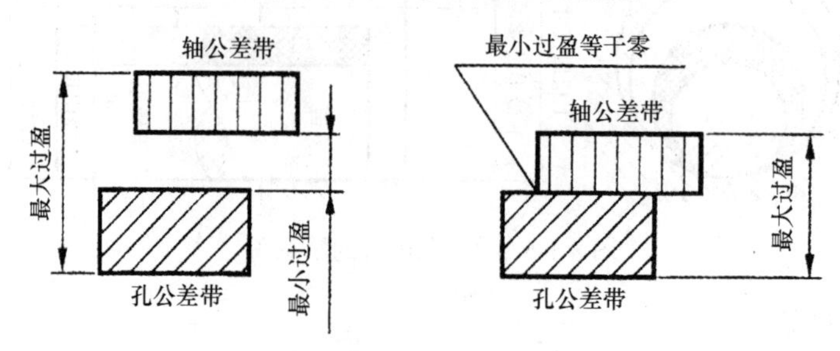

图 8-1-8　过盈配合

孔的下极限尺寸与轴的上极限尺寸之差，称为最大过盈，用 Y_{max} 表示，即

$$Y_{max}=D_{min}-d_{max}=EI-es$$

孔的上极限尺寸与轴的下极限尺寸之差，称为最小过盈，用 Y_{min} 表示，即

$$Y_{min}=D_{max}-d_{min}=ES-ei$$

配合公差（即过盈公差）是允许过盈的变动量，其值等于最小过盈与最大过盈之代数差的绝对值，也等于相互配合的孔公差与轴公差之和，即

$$Tf=|Y_{min}-Y_{max}|=TH+Ts$$

【例 8-1-3】　孔 $\phi30_{0}^{+0.025}$ mm，轴 $\phi30_{+0.0341}^{+0.050}$ mm，求 Y_{max}、Y_{min} 及 Tf。

解　$Y_{max}=D_{min}-d_{max}=EI-es=0-0.050=-0.050$（mm）

$Y_{min}=D_{max}-d_{min}=ES-ei=+0.025-0.034=-0.009$（mm）

$Tf=|Y_{min}-Y_{max}|=|-0.009-(-0.050)|=0.041$（mm）

第三，过渡配合。

可能具有间隙或过盈的配合称为过渡配合。此时，孔的公差带与轴的公差带交叠。其极限值为最大间隙和最大过盈，如图 8-1-9 所示，即

$$Y_{max}=D_{min}-d_{max}=EI-es$$

$$X_{max}=D_{max}-d_{min}=ES-ei$$

配合公差等于最大间隙与最大过盈之代数差的绝对值，也等于相互配合的孔公差与轴公差之和，即

$$Tf=|X_{max}-Y_{max}|=TH+Ts$$

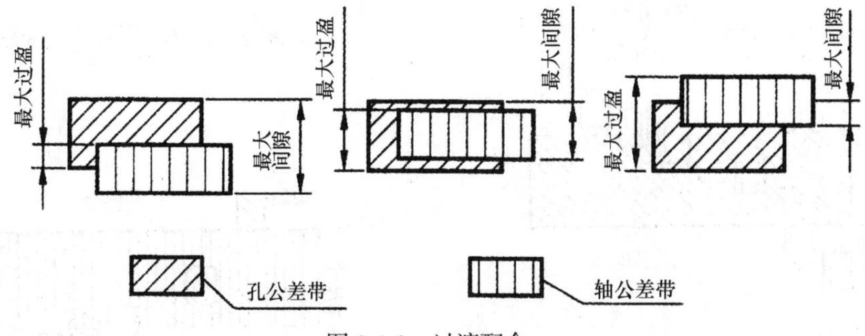

图 8-1-9　过渡配合

【例 8-1-4】　孔 $\phi30_{0}^{+0.025}$ mm，轴 $\phi30_{+0.002}^{+0.018}$ mm，求 Y_{max}、X_{max} 及 Tf。

解　$Y_{max}=D_{min}-d_{max}=EI-es=0-0.018=-0.018$（mm）

$X_{max}=D_{max}-d_{min}=ES-ei=0.025-0.002=0.023$（mm）

$Tf=\left|X_{max}-Y_{max}\right|=\left|0.023-(-0.018)\right|=0.041$（mm）

【例 8-1-5】　画出例 8-1-2～例 8-1-4 的公差配合图。

解　结果如图 8-1-10 所示。

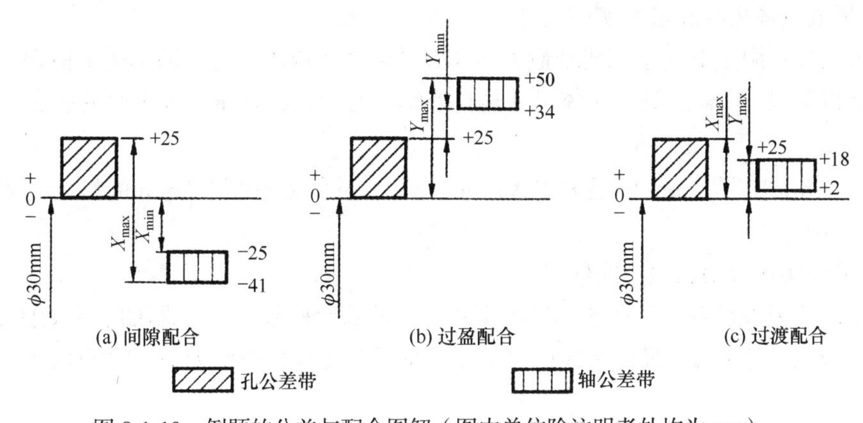

图 8-1-10　例题的公差与配合图解（图中单位除注明者外均为 μm）

4）基准制

基准制是同一极限制的孔和轴组成配合的一种制度。

《产品几何技术规范（GPS）　极限与配合　第 1 部分：公差、偏差和配合的基础》（GB/T 1800.1—2009）对配合规定了两种配合制，即基孔制配合和基轴制配合。

（1）基孔制配合：是基本偏差为一定的孔的公差带，与不同基本偏差的轴的公差带形成各种配合的一种制度。基孔制配合的孔为基准孔，其代号为 H。标准规定的基准孔的基本偏差（下极限偏差）为零，如图 8-1-11（a）所示。

（2）基轴制配合：是基本偏差为一定的轴的公差带，与不同基本偏差的孔的公差带形成各种配合的一种制度。基轴制配合的轴为基准轴，其代号为 h。标准规定的基准轴的基本偏差（上极限偏差）为零，如图 8-1-11b（b）所示。

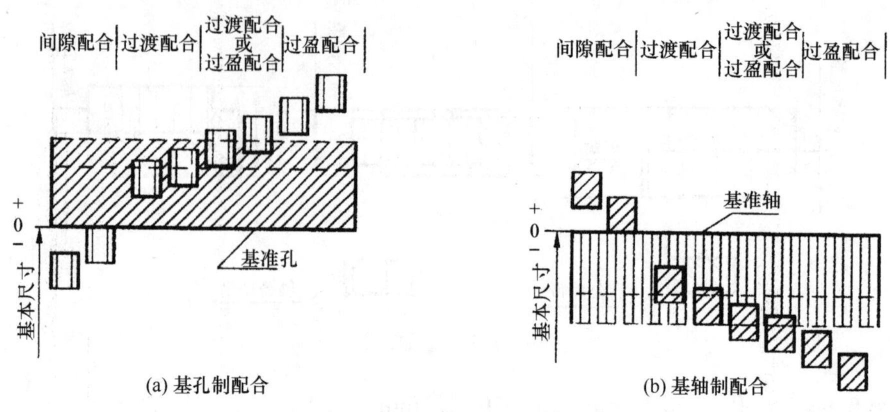

图 8-1-11　基孔制配合和基轴制配合

6. 极限尺寸判断原则——泰勒原则

在孔和轴配合时，除尺寸的大小外，工件实际上还存在形状误差，因此，工件不仅存在实际尺寸，还有作用尺寸。为了正确地判断工件尺寸的合格性，以及工件孔、轴的配合特性，规定了极限尺寸判断原则。下面介绍与此有关的几个术语。

1）最大实体极限和最大实体尺寸

最大实体极限是对应于孔或轴最大实体尺寸的那个极限尺寸，即轴的上极限尺寸 d_{max} 和孔的下极限尺寸 D_{min}；最大实体尺寸是孔或轴具有允许材料量为最多时的状态下的极限尺寸。

例如，孔 $\phi30_{0}^{+0.025}$ mm 的最大实体尺寸为 $\phi30$ mm，轴 $\phi30_{-0.041}^{-0.025}$ mm 的最大实体尺寸为 $\phi29.975$ mm。

2）最小实体极限和最小实体尺寸

最小实体极限是对应于孔或轴最小实体尺寸的那个极限尺寸，即轴的下极限尺寸 d_{min} 和孔的上极限尺寸 D_{max}；最小实体尺寸是孔或轴具有允许材料量为最少时的状态下的极限尺寸。

例如，孔 $\phi30_{0}^{+0.025}$ mm 的最小实体尺寸为 $\phi30.025$ mm，轴 $\phi30_{-0.041}^{-0.025}$ mm 的最小实体尺寸为 $\phi29.959$ mm。

按加工过程特征，最大实体尺寸即合格工件的起始尺寸，最小实体尺寸即合格工件的终止尺寸。

按使用极限量规的检验特征，最大实体尺寸即通极限，最小实体尺寸即止极限，它们分别由通规与止规控制。

3）极限尺寸判断原则

（1）孔或轴的作用尺寸不允许超过最大实体尺寸。对于孔，其作用尺寸应不小于下极限尺寸；对于轴，则应不大于上极限尺寸。

（2）在任何位置上的实际尺寸不允许超过最小实体尺寸。对于孔，其实际尺寸应不大于上极限尺寸；对于轴，则应不小于下极限尺寸。

综上所述，最大实体尺寸主要是用来限制作用尺寸的，而最小实体尺寸则主要是用来限制实际尺寸的。作用尺寸和实际尺寸均应限制在最大、最小实体尺寸以内。

考虑到作用尺寸与局部尺寸的关系，孔、轴的尺寸合格条件可以用公式表示如下。

孔的合格条件：

$$\mathrm{Da} \leqslant D_{\max}, \qquad \mathrm{Da} \geqslant D_{\min}$$

轴的合格条件：

$$\mathrm{da} \geqslant d_{\min}, \qquad \mathrm{da} \leqslant d_{\max}$$

二、技术测量基础

（一）概述

在生产中，按标准化对机械产品各零、部件的几何量分别规定了合理的公差，若不采取适当的检测措施，实现零、部件的互换性是不能得到保证的。也就是说，一个零件按给定的公差加工后，能否满足要求，实现互换性，只有通过检测才能知道。本部分主要介绍有关测量技术方面的基本知识。

（二）技术测量的概念

测量就是将被测的量与具有计量单位的标准量进行比较，从而确定被测量的量值的操作过程，即

$$L' = qE \tag{8-1-1}$$

式中：L'——被测量；

q——被测量与标准量的比值；

E——标准量。

一个完整的测量过程应包括四个方面：被测对象、计量单位、测量方法（含测量器具）和测量精度。

1. 被测对象

被测对象主要指机械几何量，包括长度、角度、表面粗糙度、形位误差及更复杂的螺纹、齿轮零件中的几何参数。

2. 计量单位

为了保证测量的准确度，首先需要建立一个统一而可靠的测量单位基准。

1984 年，国务院发布了《国务院关于在我国统一实行法定计量单位的命令》，在采用国际单位制的基础上，规定我国的计量单位一律采用《中华人民共和国法定计量单位》，其中规定米（m）为长度的基本单位。机械制造中常用的长度单位为毫米（mm），1 mm=10^{-3} m；精密测量时，多用微米（μm）为单位，1 μm=10^{-3} mm=10^{-6} m；超精密测量时，则用纳米（nm）为单位，1 nm=10^{-3} μm。

在国际单位制中，长度的基本单位是米，那么，多长才算 1 m 呢？不同的时代对米的定义也不一样，最新的关于米的定义是 1983 年 10 月在第十七届国际计量大会上通过的，即“米是光在真空中 1/299792458 s 的时间间隔内所经过的路程的长度”。因为光在真空中传播速度为 c=299792458 m/s，采用光的行程作为长度基准，不仅可以保证测量单位稳定、可靠和统一，而且使用方便。

3. 测量方法

测量方法是指测量时所采用的测量原理、测量条件和测量器具的总和。测量方法的分类将在第三部分介绍。

4. 测量精度

测量精度是指测得值与其真值的符合程度。在测量过程中不可避免地存在或大或小的测量误差，因此，不知道测量精度的测量结果是没有意义的。对每一测量过程的测量结果都应给出一定的测量精度。

（三）长度量值的传递系统

光波波长作为长度基准虽然准确可靠，但不能直接用于实际生产中的尺寸测量。为了保证机械制造中长度测量量值的统一，必须建立从长度基准到生产中使用的各种测量器具，直至工件的量值传递系统。量值传递是通过对比、校准、检定和测量，将国家计量基准复现的单位量值，经计量标准、工作计量器具逐级传递到被测对象的全部过程中去。它包括技术和组织管理工作在内。长度量值传递系统基本情况如图 8-1-12 所示。

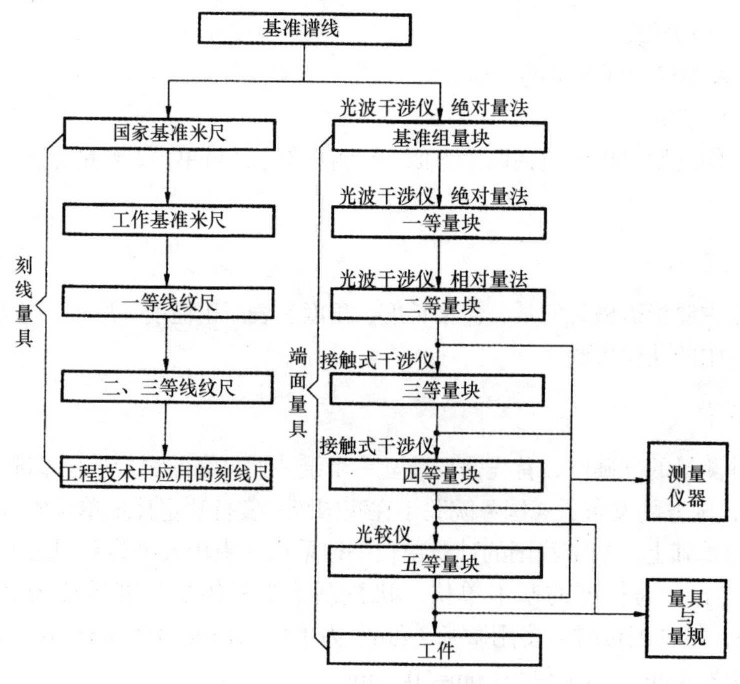

图 8-1-12　长度量值传递系统

从图 8-1-12 可知，从光波长度基准到生产中实际测量之间的尺寸传递媒介分两个系统向下传递，一个是标准线纹尺（刻线量具）传递，另一个是标准量块（端面量具）传递。其中尤以标准量块传递的应用更广。

（四）量块的基本知识

1. 量块的作用

量块又称块规，用途很广，除了作为长度基准的传递媒介外，还可以有以下作用。

（1）生产中被用来检定和校准测量工具或量仪。

（2）相对测量时用来调整量具或量仪的零位。

（3）有时量块还可直接用于精密测量、精密划线和精密机床的调整。

2. 量块的构成

量块通常做成矩形截面的方块，如图 8-1-13 所示。所用材料一般为铬锰钢等特殊合金钢或其他线膨胀系数小、性质稳定、耐磨、不易变形的材料。

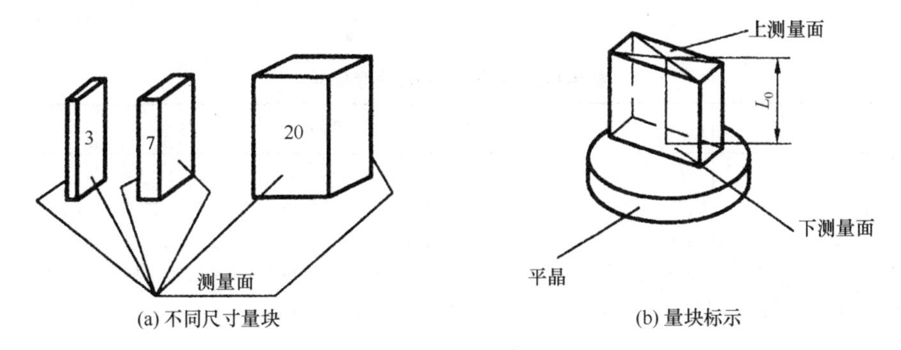

图 8-1-13　量块

量块上有两个平行的测量面和四个非测量面。测量面极为光滑、平整，其表面粗糙度为 Ra=0.008～0.012 μm。两个测量面之间具有精确尺寸，如图 8-1-13 所示。

量块上测量面中心到与下测量面研合的平晶表面的垂直距离为 L_0，称为量块的中心长度，此长度为量块的工作尺寸，如图 8-1-13（b）所示。量块上所刻数字表示这一量块的名义尺寸。

3. 量块的精度

国家标准《几何量技术规范（GPS）长度标准 量块》（GB/T 6093—2001）按量块制造精度规定了五个等级，即 00、0、1、2、（3），其中 00 级精度最高，（3）级精度最低。另外，还规定了一个校准级，即 K 级。在使用时，它具有与 00 级相当的精度。

在使用量块时，磨损等原因使实际尺寸发生变化，需要定期地检定出全套量块的实际尺寸，再按检定的实际尺寸来使用量块，这样比按名义尺寸使用量块的准确度高，所以标准中又规定了量块按其检定精度分为六个等，即 1、2、3、4、5、6，其中 1 等精度最高，6 等精度最低。

各级量块的长度极限偏差和量块长度变动量允许值见表 8-1-1。各等量块的长度极限偏差和长度变动量允许值见表 8-1-2。

表 8-1-1　各级量块的精度指标（摘自 GB/T 6093—2001）

标称长度/mm	00 级		0 级		1 级		2 级		3 级		校准级 K	
	1）	2）	1）	2）	1）	2）	1）	2）	1）	2）	1）	2）
	μm											
<～10	0.06	0.05	0.12	0.10	0.20	0.16	0.45	0.30	1.0	0.50	0.20	0.05
10～25	0.07	0.05	0.14	0.10	0.30	0.16	0.60	0.30	1.2	0.50	0.30	0.05
25～50	0.10	0.06	0.20	0.10	0.40	0.18	0.80	0.30	1.6	0.55	0.40	0.06
50～75	0.12	0.06	0.25	0.12	0.50	0.18	1.00	0.35	2.0	0.55	0.50	0.05
75～100	0.14	0.07	0.30	0.12	0.60	0.20	1.20	0.35	2.5	0.60	0.60	0.07
>100	0.20	0.08	0.40	0.14	0.80	0.20	1.60	0.40	3.0	0.65	0.80	0.08

注：1）量块的长度极限偏差（±）；2）量块长度变动量允许值。

表 8-1-2　各等量块的精度指标

标称长度/mm	00 级		0 级		1 级		2 级		3 级		校准级 K	
	1）	2）	1）	2）	1）	2）	1）	2）	1）	2）	1）	2）
	μm											
<～10	0.06	0.10	0.07	0.10	0.10	0.20	0.20	0.20	0.5	0.4	1.0	0.4
10～18	0.06	0.10	0.08	0.10	0.15	0.20	0.25	0.20	0.6	0.4	1.0	0.4
18～35	0.06	0.10	0.09	0.10	0.15	0.20	0.30	0.20	0.6	0.4	1.0	0.4
35～50	0.07	0.12	0.10	0.12	0.20	0.25	0.35	0.25	0.7	0.5	1.5	0.5
50～80	0.08	0.12	0.12	0.12	0.25	0.25	0.45	0.25	0.8	0.5	1.5	0.5

注：1）量块的长度极限偏差（±）；2）量块长度变动量允许值。

量块按级使用时，以标记在量块上的名义尺寸为工作尺寸。该尺寸包含了量块实际制造误差。按等使用时，则以量块检定后给出的实测中心长度为工作尺寸。该尺寸不包含量块的制造误差，但包含了量块检定时的测量误差。一般来说，检定时的测量误差要比量块的制造误差小得多。因此，在精密测量时，通常按等使用量块。

4. 量块的选用

量块都是成套生产的，根据《几何量技术规范（GPS）长度标准　量块》（GB/T 6093—2001）规定，一套量块有 91 块、83 块、46 块和 38 块等几种规格。表 8-1-3 为 91 块一套量块的组成。在使用量块时可以在一定的尺寸范围内用不同尺寸量块组成所需要的各种尺寸。

表 8-1-3　91 块一套量块的组成

尺寸范围/μm	间隔/mm	小计/块
1.01～1.49	0.01	49
1.5～1.9	0.1	5
2.0～9.5	0.5	16
10～100	10	10
1.001～1.009	0.001	9
1	—	1
0.5	—	1

在选用量块组合时，所选量块块数越多，则累积误差越大，为了减少量块组合的累积误差，根据所需尺寸应选用最少的量块组合，一般情况下不超过 5 块。在选择量块时，根据所需尺寸的最后一位数选择第一块量块；根据倒数第二位数选择第二块量块；依此类推。例如，为了得到 38.935 mm 的量块组合，从 91 块量块中选取量块的过程如下。

量块组合尺寸：38.935 mm。

选第一块：1.005 mm。

剩余尺寸：37.930 mm。

选第二块：1.43 mm。

剩余尺寸：36.50 mm。

选第三块：6.5 mm。

剩余尺寸：30.0 mm。

选第四块：30 mm。

三、测量器具和测量方法

（一）测量器具的分类

测量器具可按其工作原理、结构特点及用途等分为以下四类。

1. 标准测量器具

标准测量器具是指测量时体现标准量的测量器具。这种量具通常只有某一固定尺寸，常用来校对和调整其他测量器具，或作为标准量与被测工件进行比较，如量块、直角尺、各种曲线样板和标准量规等。

2. 通用测量器具

通用测量器具是指通用性大，可测量某一范围内的任一尺寸（或其他几何量），并能获得具体读数值的测量器具。按其结构又可分为以下几种。

（1）固定刻线量具：指具有一定刻线，在一定范围内能直接读出被测量数值的量具，如钢皮尺、卷尺等。

（2）游标量具：指直接移动测头实现几何量测量的量具。这类量具有游标卡尺、深度游标卡尺、高度游标卡尺及游标量角器等。

（3）微动螺旋副式量仪：指用螺旋方式移动测头来实现几何量测量的量具，如外径千分尺、内径千分尺、深度千分尺等。

（4）机械式量仪：指用机械方法来实现被测量的变换和放大，以实现几何量测量的量具，如百分表、千分表、杠杆百分表、杠杆千分表、杠杆齿轮比较仪、扭簧比较仪等。

（5）光学式量仪：指用光学原理来实现被测量的变换和放大，以实现几何量测量的量具，如光学计、测长仪、投影仪、干涉仪等。

（6）气功式量仪：指以压缩空气为介质，将被测量转换为气动系统状态（流量或压力）的变化，以实现几何量测量的量具，如水柱式气动量仪、浮标式气动量仪等。

（7）电动式量仪：指将被测量变换成电量，然后通过对电量的测量来实现几何量测量的量具，如电感式量仪、电容式量仪、电接触式量仪、电动轮廓仪等。

（8）光电式量仪：指利用光学方法放大或瞄准，通过光电组件再转换为电量进行检测，以实现几何量测量的量具，如光电显微镜、激光干涉仪等。

3. 专用测量器具

专用测量器具是指专门用来测量某种特定参数的测量器具，如圆度仪、渐开线检查仪、丝杠检查仪、极限量规等。

4. 检验夹具

检验夹具是指量具、量仪和定位组件等组合的一种专用的检验工具。当配合各种比较仪时，能用来检验更多、更复杂的参数。

（二）测量器具的基本度量指标

度量指标是选择和使用测量器具、研究和判断测量方法正确性的依据，是表征测量器具的性能和功能的指标。如图 8-1-14 所示基本度量指标主要有以下几项。

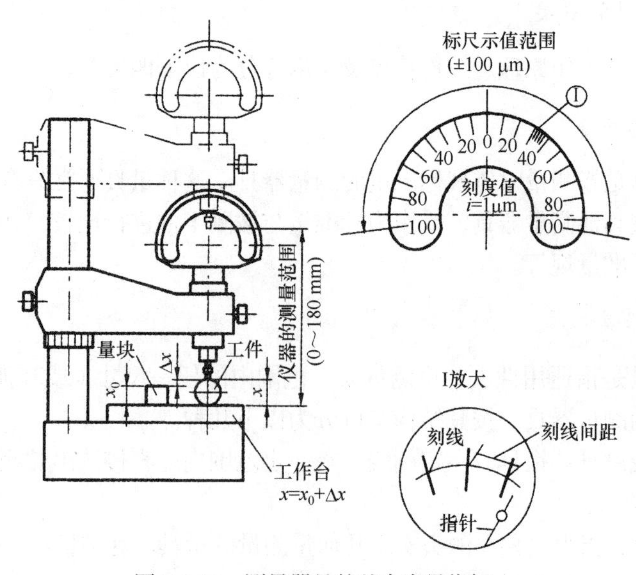

图 8-1-14 测量器具的基本度量指标

1. 刻线间距

刻线间距为测量器具标尺上两相邻刻线中心线间的距离。为了适于人眼观察和读数，刻线间距一般为 0.75～2.5 mm。

2. 刻度值 i

测量器具标尺上每一刻线间距所代表的量值为刻度值（分度值）。一般长度量仪中的刻度值有 0.1 mm、0.01 mm、0.001 mm、0.0005 mm 等。图 8-1-14 所示测量器具 i=1 μm。有一些测量器具（如数字式量仪）由于没有刻度尺，就不称刻度值而称分辨率。分辨率是指量仪显示的最末一位数所代表的量值。例如，F604 坐标测量机的分辨率为 1 μm，高精度光栅测长仪的分辨率可达到 0.01 μm。

3. 测量范围

测量器具所能测量的被测量最小值到最大值的范围为测量范围。图 8-1-14 所示测量器具的测量范围为 0～180 mm。

4. 示值范围

由测量器具所显示或指示的最小值至最大值的范围为示值范围。图 8-1-14 所示测量器具的示值范围为 ± 100 μm。

5. 灵敏度 s

测量器具反映被测几何量微小变化的能力称为灵敏度（迟钝度）。

6. 放大比 k

测量器具的指针位移量与被测参数的变化量之比为放大比。如果被测参数的变化量为 Δx，引起测量器具的指针位移量为 ΔL，则放大比为 $k=\dfrac{\Delta L}{\Delta x}$。对于均匀刻度的量仪，放大比为 $k=\dfrac{\text{刻线间距}}{i}$。

7. 示值误差

测量器具显示的数值与被测量的真值之差为示值误差。一般可用量块作为真值来检定测量器具的示值误差。

8. 校正值

为消除测量器具系统测量误差，用代数法加到测量结果上的值为校正值（修正值）。它与测量器具的系统测量误差的绝对值相等而符号相反。

9. 回程误差

在相同测量条件下，当被测量不变时，测量器具沿正、反行程在同一点上测量结果之差的绝对值为回程误差。回程误差是由测量器具中测量系统的间隙、变形和摩擦等引起的。

测量时，为了减少回程误差的影响，应按一个方向进行测量。

10. 重复精度

在相同测量条件下，对同一被测参数进行多次重复测量时，其结果的最大差异为重复精度。差异值越小，重复性就越好，测量器具精度也就越高。

11. 测量力

在接触式测量过程中，测量器具测头与被测工件之间的接触压力为测量力。测量力太小，会影响接触的可靠性；测量力太大，会引起弹性变形，从而影响测量精度。

（三）测量方法的分类

1. 按获得测量结果的方法不同分类

（1）直接测量：被测量的数值直接在测量器具上读出。例如，用游标卡尺和千分尺测量外圆直径。

（2）间接测量：被测量的数值与测量结果按一定的函数关系运算后获得。例如，测量图 8-1-15 所示的样板直径 D 时，无法直接测出直径 D，可先测量弦长 S 和弓形高 H，然后按下式计算出直径：

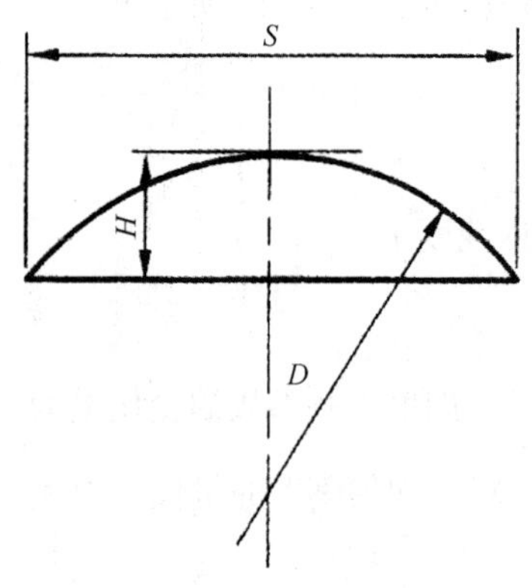

图 8-1-15 间接测量

$$D=\frac{S^2}{4H}+H$$

2. 按测量结果的读数值不同分类

（1）绝对测量：测量时从测量器具上直接得到被测参数的整个量值。例如，用游标卡尺测量工件。

（2）相对测量：测量时从测量器具上直接得到的数值是被测量相对于标准量的偏差值。例如，用如图 8-1-14 所示的比较仪测量轴径 x 时，先用量块（标准量）x_0 调整零位，实测后获得的示值 Δx 就是轴径相对于量块（标准量）的偏差值，实际轴径 $x=x_0+\Delta x$。

3. 按工件被测表面与测量器具测头是否有机械接触分类

（1）接触测量：测量器具测头与工件被测表面直接接触，并有机械测量力存在。例如，用千分尺、游标卡尺等测量工件。

（2）非接触测量：测量器具的测头与工件被测表面不接触，没有机械测量力。例如，用光学投影测量、气动测量等。

4. 按测量在工艺过程中所起作用分类

（1）主动测量：零件在加工过程中进行测量。此时测量结果直接用来控制工件的加工过程，决定是否需要继续加工或调整机床，故能及时防止废品的产生。一般自动化程度高的机床具有主动测量功能，如数控机床、加工中心等先进设备。

（2）被动测量：零件加工后进行的测量。此测量结果仅限于发现并剔除废品。

5. 按零件上同时被测参数多少分类

（1）单项测量：单个地彼此没有联系地测量零件的单项参数。例如，分别测量齿轮的齿厚、齿形、齿距；螺纹的中径、螺距等。

（2）综合测量：同时测量零件上几个有关的参数，从而综合判断零件的合格性。例如，用齿轮单啮仪测量齿轮的切向综合误差；用螺纹量规检验螺纹等。

6. 按被测工件在测量时所处状态分类

（1）动态测量：测量时零件被测表面与测量器具的测头有相对运动。它能反映在生产过程中被测参数的变化过程。例如，用激光比长仪测量精密线纹尺；用电动轮廓仪测量表面粗糙度等都属于动态测量。

（2）静态测量：测量时零件被测表面与测量器具测头是相对静止的。例如，用齿距仪测量齿轮齿距；用工具显微镜测量丝杠螺距等。

（四）测量误差及数据处理

1. 测量误差的基本概念

一个量在被检测的瞬间，严格定义的那个值，就是该量本身所具有的真实大小，称为真值（$L_{真}$）。量的真值是理想的概念，一般真值是不知道的。在长度测量中，不管使用多么精确的测量器具，采用多么可靠的测量方法，进行多么仔细精确的测量，由于存在各种测量误差，如测量器具的制造误差、测量方法误差、调整误差等，所测得的值 l 不可能是真值。被测量测得的值 l 与真值 $L_{真}$ 的差称为测量误差 δ，即

$$\delta=l-L_{真} \tag{8-1-2}$$

式（8-1-2）表达的测量误差也称为绝对误差。

在实际测量中，虽然真值 $L_{真}$ 不能得到，但往往要求分析或估算测量误差的范围，即求出真值 $L_{真}$ 必落在测得的值 l 附近的最小范围，称为测量极限误差 $\delta_{\lim}$，它应满足

$$l-|\delta_{\lim}| \leqslant L_{真} \leqslant l+|\delta_{\lim}| \tag{8-1-3}$$

在测量过程中，因为测得的值可能大于真值，也可能小于真值，所以 δ 可能大于零，也可能小于零，即有

$$\delta=l \pm L_{真} \tag{8-1-4}$$

绝对误差 δ 的大小反映测得的值与真值的偏离程度，δ 越小，l 偏离 $L_{真}$ 越小，测量精度越高；反之，测量精度越低。因此，对同一尺寸进行测量，可以通过绝对误差 δ 的大小来判断测量精度的高低。但对不同尺寸进行测量，就不能用绝对误差 δ 的大小来判断测量精

度的高低。

例如，有两个被测零件，一个零件基本尺寸为 100 mm，另一个零件基本尺寸为 1000 mm，它们的测量绝对误差δ均等于 0.01 mm，基本尺寸大的零件测量精度远高于基本尺寸小的零件，因此用绝对误差δ的大小来判断测量精度高低，对不同尺寸的测量是不合适的。测量精度的高低，不仅与绝对误差有关，还与被测尺寸大小有关。为了判断不同尺寸的测量精度，常用相对误差δ_r来判断。

相对误差δ_r是指测量的绝对误差δ与被测量真值$L_{真}$之比，通常用百分数表示，即

$$\delta_r=\frac{l-L_{真}}{L_{真}}\times 100\%=\frac{\delta}{L_{真}}\times 100\%\approx\frac{\delta}{l}\times 100\% \tag{8-1-5}$$

从式（8-1-5）中可以看出，δ_r是无量纲的量。

用相对误差来判断上面例子的测量精度大小，具体如下。

基本尺寸为 100 mm 时，

$$\delta_r\approx\frac{\delta}{l}\times 100\%=\frac{0.01}{100}\times 100\%=0.01\%$$

基本尺寸为 1000 mm 时，

$$\delta_r\approx\frac{\delta}{l}\times 100\%=\frac{0.01}{1000}\times 100\%=0.001\%$$

很显然，对不同尺寸的测量，用相对误差δ_r大小来判断测量精度高低更为合适。

绝对误差和相对误差都可以用来判断测量器具的精确度，因此，测量误差是评定测量器具和测量方法在测量精确度方面的定量指标，每一种测量器具都有这种指标。

在实际生产中，为了提高测量精度，就应该减少测量误差，要减少测量误差，就必须了解误差产生的原因、变化规律及误差的处理方法。

2. 测量误差产生的原因

在实际测量中，产生测量误差的原因很多，主要有以下几个方面。

1）测量器具误差

测量器具误差是指测量器具设计、制造和装配调整不准确而产生的误差。例如，量头的直线位移与指针的角位移不成比例；刻度盘和标尺刻度制造有误差；刻度盘安装偏心；测量器具零、部件本身的制造误差、变形和磨损等。又如，在设计量具时，为了简化结构，采用近似设计所产生的误差，属设计原理误差。如图 8-1-16 所示，游标卡尺测量轴颈所引起的误差就属于设计原理误差。根据长度测量的阿贝原则，在设计测量器具或测

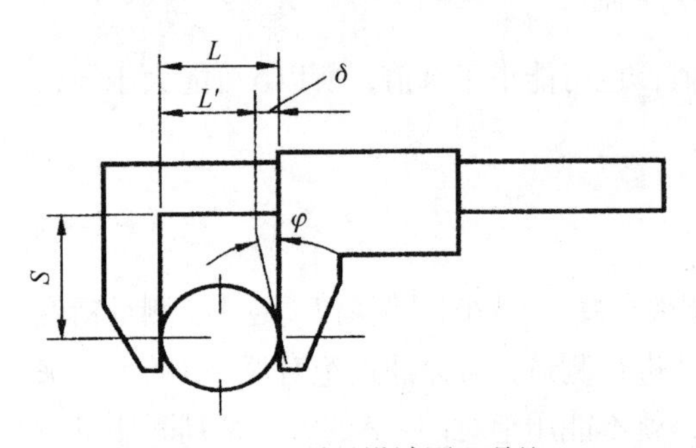

图 8-1-16　量具设计原理误差

量零件时，应将被测长度与基准长度置于同一直线上。显然，用游标卡尺测量时，不符合阿贝原则，用于读数的刻线尺上的基准长度和被测工件直径不在同一直线上，受游标框架与主尺之间的间隙影响，可能使活动量爪发生倾斜，由此而产生的测量误差为

$$\delta=L'-L=S\cdot\tan\varphi$$

式中：φ——活动量爪的倾斜角；

S——刻度尺与被测工件尺寸之间的距离。

2）基准件误差

基准件误差是指作为基准件使用的量块或标准件等本身存在的制造误差和使用过程中磨损产生的误差。特别是用相对测量时，基准件的误差直接反映到测量结果中。因此，为了提高测量精度，应提高基准件的精度，并且要经常校验基准件。

3）测量方法误差

测量方法误差是指由于测量方法不完善（包括工件安装不合理，测量方法选择不当，计算公式不准确等）或对被测对象认识不够全面而引起的误差。例如，大直径外圆的直径 d 往往通过测量周长 s 来间接得到，即 $d=\dfrac{s}{\pi}$，由于π是无理数，可取近似值，则在计算结果中带有方法误差。

4）调整误差

调整误差是指测量前未能将测量器具或被测工件调整到正确位置（或状态）而产生的误差。例如，用未经调零或未调零位的百分表、千分表测量工件而产生的零位误差等。

5）环境误差

环境误差是指测量时的环境条件不符合标准条件所引起的误差。环境误差包括温度、湿度、气压、振动、灰尘等因素引起的误差，其中温度对测量结果的影响最为突出。在实际测量时，当测量器具和被测工件的温度偏离了标准温度 20 ℃时，测量器具和工件由于材料不同，线膨胀系数不同，产生的误差可用下式计算：

$$\delta_w=L_{真}(\alpha_1\cdot\Delta t_1-\alpha_2\cdot\Delta t_2) \tag{8-1-6}$$

式中：δ_w——温度引起的测量误差；

$L_{真}$——被测尺寸真值（通常用基本尺寸代替）；

α_1——测量器具的线膨胀系数；

α_2——被测工件的线膨胀系数；

Δt_1——测量器具实际温度 t_1 与标准温度之差，即$\Delta t_1=t_1-20$ ℃；

Δt_2——被测工件实际温度 t_2 与标准温度之差，即$\Delta t_2=t_2-20$ ℃。

由式（8-1-6）看出，测量时最好使测量器具与被测工件材料相同（通用量具很难保证），即$\alpha_1=\alpha_2$，这样，只要温度相近，即使偏离标准温度影响也不大。

对于一些高精度零件的精密测量，为了减少环境误差，应在恒温、恒湿、无灰尘、无振动的条件下进行。

6）测量力误差

测量力误差是指在进行接触式测量时，测量力使测量器具和被测工件变形而产生的误

差。为了保证测量结果的可靠性，必须控制测量力的大小并保持恒定，特别是精密测量尤为重要。测量力过小，不能保证测头与被测工件可靠接触而产生误差；测量力过大，使测头和被测工件产生变形，也产生误差。一般测量器具的测量力大都控制在 2N 之内，高精度测量器具的测量力控制在 1N 之内。

7）人为误差

人为误差是指测量人员的主观因素（如技术熟练程度、测量习惯、思想情绪等）引起的误差。例如，测量器具调整不正确、瞄准不准确、估读误差等都会造成测量误差。

由此可见，造成测量误差的因素很多，测量时应找出主要影响因素，设法消除或减小其对测量结果的影响。

3. 测量误差的分类

根据测量误差的性质和特点，可分为三大类，即系统误差、随机误差和粗大误差。

1）系统误差

在相同测量条件下，多次测量同一量值时，误差的数值和符号均不变，或者当条件改变时，其值按一定规律变化的误差，称为系统误差。系统误差按其出现的规律又可分为常值系统误差和变值系统误差。

（1）常值系统误差（又称定值系统误差）：在相同测量条件下，多次测量同一量值时，其大小和方向均不变的误差，如基准件的误差、仪器的原理误差和制造误差等。

（2）变值系统误差（又称变动系统误差）：在相同测量条件下，多次测量同一量值时，其大小和方向按一定规律变化的误差，如温度均匀变化引起的测量误差。

从理论上讲，系统误差是可以消除的，特别是对常值系统误差，易于发现并能够消除或减小。但在实际测量中，系统误差不一定能够完全消除，且消除系统误差也没有统一的方法，特别是对变值系统误差，只能针对具体情况采用不同的处理措施。对于这些未能消除的系统误差，在规定允许的测量误差时应予以考虑。

2）随机误差

在相同的测量条件下，多次测量同一量值时，绝对值大小和符号均以不可预知的方式变化着的误差，称为随机误差。随机误差又称偶然误差。随机误差的存在及它的大小和方向不受人为的支配与控制，即单次测量之间无确定的规律，不能从前一次的误差推断后一次误差。但是对多次重复测量的随机误差，按概率与统计方法进行统计分析发现，它们是有一定规律的。在测量中，测量器具的变形、测量力的不稳定、温度的波动和读数不准确等产生的误差均属随机误差。

3）粗大误差

在测量过程中，明显歪曲测量结果的误差或大大超出在规定条件下预期的误差称为粗大误差。粗大误差主要是由测量操作方法不正确和测量人员的主观因素造成的，如读错数值、记录错误、测量器具测头残缺等。外界条件的大幅度突变，如冲击振动、电压突降等也会导致粗大误差的产生。

4. 测量精度

测量精度是与测量误差相对的概念。测量精度越高，测量误差越小；反之，测量误差越大。由于误差分系统误差和随机误差，必须对两者及它们综合的影响提出相应的概念。

1）精密度

精密度表示测量结果中随机误差大小的程度，是用于评定随机误差的精度指标。随机误差越小，精密度越高。它说明在一个测量过程中，在同一测量条件下进行多次重复测量时，所得结果彼此之间相符合的程度。

2）正确度

正确度表示测量结果中系统误差大小的程度，是用于评定系统误差的精度指标。系统误差越小，正确度越高。

3）准确度

准确度表示测量结果中随机误差与系统误差综合影响的程度，也就是测量结果与真值的一致程度。若随机误差与系统误差都小，准确度就高。

一般来说，精密度高，而正确度不一定高，反之亦然；但准确度高，则精密度和正确度都高。以射击打靶为例，如图 8-1-17 所示，图（a）表示随机误差小而系统误差大，即打靶的精密度高而正确度低；图（b）表示系统误差小而随机误差大，即打靶正确度高而精密度低；图（c）表示随机误差和系统误差都小，即打靶的准确度高。

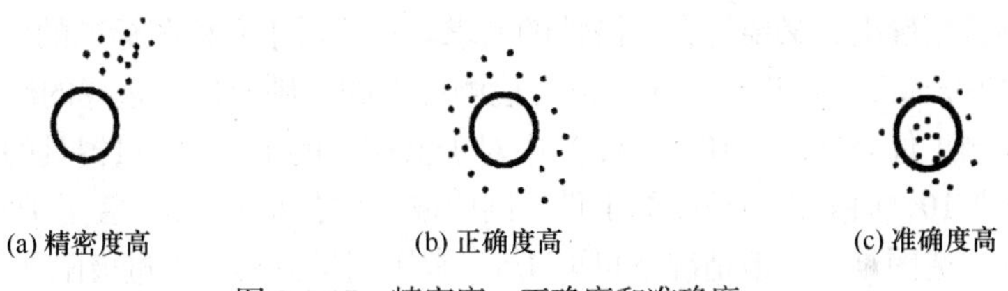

图 8-1-17　精密度、正确度和准确度

5. 随机误差的特性

虽然随机误差变化无规律，但只要多次重复测量，按概率与数理统计方法来进行统计分析就可以看出，随机误差就其整体来说是有它的内在规律的。例如，在相同的测量条件下，对某一轴颈外圆直径重复测量 120 次，得到 120 个测得值（不存在系统误差或已消除系统误差），找出其中的最大测得值和最小测得值，用最大值减去最小值得到测得值的分散范围，将分散范围按一定尺寸间隔分成 7 组，统计测得值在每一组出现的次数 n_i（频数），计算每一组的频率（频数 n_i 与测量总次数 N 之比），列于表 8-1-4 中。

表 8-1-4　频率计算示例

测得值分组区间/mm	区间中间值/mm	频数 n_i	频率 $\frac{n_i}{N}$/%
9.992 5～9.993 5	9.993	4	3.3
9.993 5～9.994 5	9.994	8	6.7
9.994 5～9.995 5	9.995	20	16.7

续表

测得值分组区间/mm	区间中间值/mm	频数 n_i	频率 $\frac{n_i}{N}$ /%
9.995 5～9.996 5	9.996	48	40
9.996 5～9.997 5	9.997	24	20
9.997 5～9.998 5	9.998	12	10
9.998 5～9.999 5	9.999	4	3.3
测得平均值：9.996		$N=\sum n_i=120$	$\sum(n_i/N)=100$

（五）测量器具的选择

根据不同的被测对象，正确地选择测量器具对于保证测量精度、降低测量成本有很重要的意义。

1. 测量器具选择时应考虑的因素

（1）选择测量器具应考虑与被测工件的外形、位置和尺寸的大小相适应。所选择的测量器具的测量范围应能满足要求。

（2）选择测量器具应考虑与被测工件的尺寸公差相适应。所选择的测量器具的极限误差既要保证测量精确度，又要符合经济性的要求。一般对于有检测标准的（如光滑工件尺寸的检验），应按标准规定进行；对于没有检测标准的，则应使所选择的测量器具的测量极限误差占被测工件公差的 1/10～1/3，其中对于低精度的工件，测量器具的测量极限误差取工件公差的 1/10，而对于高精度的工件，则应取工件公差的 1/3，甚至 1/2。这是因为高精度测量器具制造困难，一般情况下可取 1/5。常用测量器具的测量极限误差见表 8-1-5。

表 8-1-5　常用测量器具测量极限误差

测量器具名称	刻度值/mm	所用量块		尺寸范围/mm							
		检定等别	精度级别	1～10	10～50	50～80	80～12	120～180	180～260	260～360	360～500
				测量极限误差（±）/μm							
游标卡尺	0.02	绝对测量		40	40 45	45 60	45 60	45 60	57 70	60 80	70 90
游标卡尺	0.05	绝对测量		80	80	90	100	100	100	110	110
测量外尺寸					100	130	130	150	150	150	150
测量内尺寸											
游标深度尺和高度尺	0.02	绝对测量		80	60	60	60	60	60	70	70
游标深度尺和高度尺	0.05	绝对测量		100	100	150	150	150	150	150	150
零级千分尺	0.01	绝对测量		4.5	5.5	6	7	8	10	12	15
1 级深度千分尺	0.01	绝对测量		7	8	9	10	12	10	20	15
2 级千分尺	0.01	绝对测量		12	13	14	15	18	20	25	30

续表

测量器具名称	刻度值/mm	所用量块		尺寸范围/mm							
		检定等别	精度级别	1～10	10～50	50～80	80～12	120～180	180～260	260～360	360～500
				测量极限误差（±）/μm							
2 级深度千分尺	0.01	绝对测量		14	16	18	22	—	—	—	—
千分表	0.001	4 5	1 2	0.6 0.7	0.8 1.0	1.0 1.7	1.2 1.8	1.4 2.0	2.0 2.5	2.5 3.5	3.0 4.5
千分表	0.002	5	2	1.2	1.5	1.8	2.0	2.5	3.0	4.0	5.0
杠杆式卡规	0.002	5	2	3	3	3.5	3.5	—	—	—	—
立式卧式测长仪测外尺寸	0.001	4 5	1 2	0.4 0.7	0.6 1.0	0.8 1.3	1.0 1.6	1.2 1.8	1.8 2.5	2.5 3.5	3.0 4.5
立式卧式测长仪测外尺寸	0.001	绝对测量		1.1	1.5	1.9	2.0	2.3	2.3	3.0	3.5
卧式测长仪测内尺寸	0.001	绝对测量		2.5	3.0	3.3	3.5	3.8	4.2	4.8	—
测长机	0.001	绝对测量		1.0	1.3	1.6	2.0	2.5	4.0	5.0	6.0
万能工具显微镜	0.001	绝对测量		1.5	2	2.5	2.5	3	3.5	—	—
大型工具显微镜	0.001	绝对测量		5	5						
接触式干涉仪				$0.03+1.5ni\Delta\lambda/\lambda$，$n$ 为格数，i 为格值，$\Delta\lambda$为滤光电波长误差，λ为滤光电中心波长							

（3）应根据生产类型和要求选择测量器具。一般来说，单件小批生产时应选用通用量具；大批量生产时应选用专用量具（如极限量规等），以提高检验效率。

2. 普通测量器具的选择

1）检验条件的要求

（1）工件尺寸合格与否通常只按一次测量结果来判断。

（2）考虑到普通测量器具的特点（即两点式测量），一般只能用来测量尺寸，且不考虑被测工件上可能存在的形状误差。

（3）对偏离测量的标准条件（如温度和测量力等）所引起的误差及测量器具和标准件不显著的系统误差等一般不作修正。

2）安全裕度与验收极限

由于采用普通测量器具（通常有游标卡尺、千分尺、指示表和比较仪等）对光滑工件尺寸检测是在上述三个条件下进行的，测量器具的内在误差和测量条件误差综合作用产生了测量误差。由于存在测量误差，实际测得尺寸可能大于也可能小于被测尺寸的真值。因此，如果根据实际测得尺寸是否超出极限尺寸来判断合格性，即以极限尺寸为验收极限，则当工件真值处于极限尺寸附近时，按测得尺寸来验收工件就可能出现误收或误废，如图 8-1-18 所示。

为了保证被判断为合格零件的真值不超出设计规定的极限尺寸，《产品几何技术规范（GPS） 光滑工件尺寸的检验》（GB/T 3177—2009）中规定，验收极限从被测工件的极限尺寸向公差带内缩一个安全裕度 A，如图 8-1-19 所示。安全裕度 A 由被检验工件的尺寸公差确定。

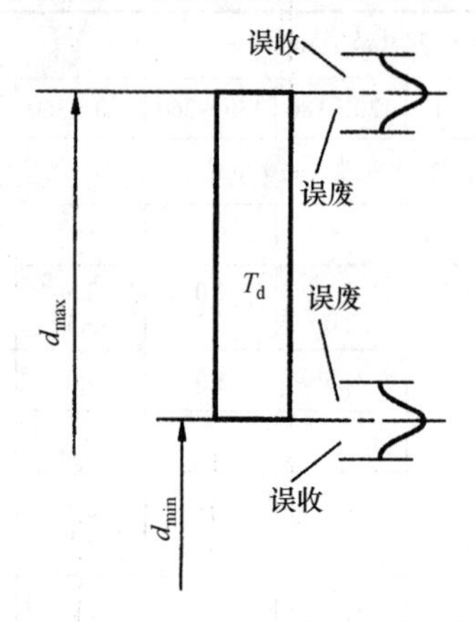

图 8-1-18　实际尺寸与真正尺寸的关系

T_d—轴的公差

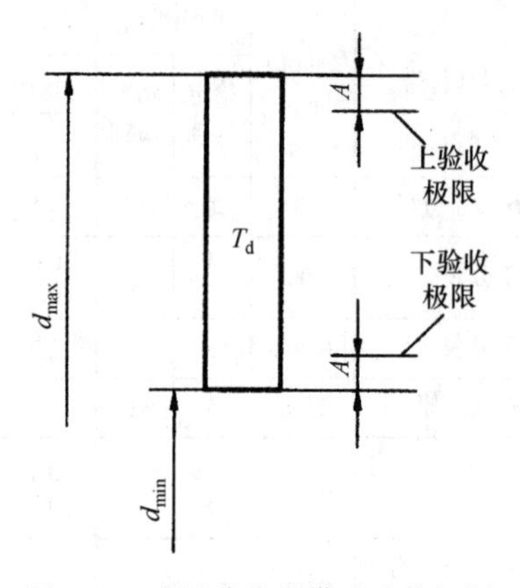

图 8-1-19　尺寸公差带及验收极限

T_d—轴的公差

3）测量的不确定度

由于测量误差的存在，同一真实尺寸的测得值必须有一分散范围，表示测得尺寸分散程度的测量范围称为测量不确定度。也就是说，不确定度用来表征测量结果对真值可能分散的一个区间。它包括以下两个方面的因素。

（1）测量器具的不确定度允许值，它包括测量器具内在误差及调整标准器的不确定度，其允许值 $u_1 \approx 0.9A$。表 8-1-6～表 8-1-8 列出了普通测量器具的不确定度 u_1'。

表 8-1-6　千分尺和游标卡尺的不确定度

<table>
<tr><td rowspan="2">尺寸范围</td><td>分度值 0.01 mm
外径千分尺</td><td>分度值 0.01 mm
内径千分尺</td><td>分度值 0.02 mm
游标卡尺</td><td>分度值 0.05 mm
游标卡尺</td></tr>
<tr><td colspan="4">不确定度 u_1'</td></tr>
<tr><td>≤50</td><td>0.004</td><td rowspan="3">0.008</td><td rowspan="4">0.020</td><td rowspan="4">0.050</td></tr>
<tr><td>50～100</td><td>0.005</td></tr>
<tr><td>100～150</td><td>0.006</td></tr>
<tr><td>150～200</td><td>0.007</td><td>0.013</td></tr>
</table>

表 8-1-7　比较仪的不确定度

<table>
<tr><td rowspan="2">尺寸范围</td><td>分度值 0.0005 mm
外径千分尺</td><td>分度值 0.001 mm
内径千分尺</td><td>分度值 0.002 mm
游标卡尺</td><td>分度值 0.005 mm
游标卡尺</td></tr>
<tr><td colspan="4">不确定度 u_1'</td></tr>
<tr><td>≤25</td><td>0.006</td><td rowspan="2">0.0010</td><td>0.017</td><td></td></tr>
<tr><td>25～40</td><td>0.0007</td><td rowspan="2">0.020</td><td rowspan="2">0.0030</td></tr>
<tr><td>40～65</td><td>0.0008</td><td>0.0011</td></tr>
</table>

续表

<table>
<tr><td rowspan="2">尺寸范围</td><td>分度值 0.0005 mm
外径千分尺</td><td>分度值 0.001 mm
内径千分尺</td><td>分度值 0.002 mm
游标卡尺</td><td>分度值 0.005 mm
游标卡尺</td></tr>
<tr><td colspan="4">不确定度 u_1'</td></tr>
<tr><td>65～95</td><td>0.0008</td><td></td><td></td><td rowspan="2"></td></tr>
<tr><td>95～115</td><td>0.0009</td><td>0.0012</td><td>0.0019</td></tr>
</table>

注：1. 本表规定的数值是指测量时，使用的标准器由四块 1 级（或 4 等）量块组成的数值；

2. 分度值 0.0005 mm、0.001 mm、0.002 mm、0.005 mm 分别相当于放大 2000 倍、1000 倍、100 倍和 250 倍。

表 8-1-8　指示表的不确定度

<table>
<tr><td rowspan="2">尺寸范围</td><td>分度值为 0.001 的千分表（0 级在全程范围内，1 级在 0.2 内），分度值为 0.002 mm 的千分表（在 1 级范围内）</td><td>分度值为 0.001、0.002、0.005 的千分表（1 级在全程范围内），分度值为 0.01 的百分表（0 级在任意 1 内）</td><td>分度值为 0.01 的百分表（0 级在全程范围内，1 级在任意 1 内）</td><td>分度值为 0.01 的百分表（1 级在全程范围内）</td></tr>
<tr><td colspan="4">不确定度 u_1'</td></tr>
<tr><td>≤25</td><td rowspan="5">0.005</td><td rowspan="5">0.010</td><td rowspan="5">0.018</td><td rowspan="5">0.030</td></tr>
<tr><td>25～40</td></tr>
<tr><td>40～65</td></tr>
<tr><td>65～95</td></tr>
<tr><td>95～115</td></tr>
</table>

（2）其他因素引起的不确定度允许值 u_2，主要是由温度、压陷效应和工件形状误差等因素引起的不确定度，其允许值的 $u_2=0.45A$，按随机误差的合成规则，其误差总不确定度 u 为

$$u=\sqrt{u_1^2+u_2^2}=\sqrt{(0.9A)^2+(0.45A)^2}\approx A$$

3. 测量器具的选择方法

选择测量器具时应使所选测量器具的不确定度 u_1' 小于或等于测量器具不确定度的允许值 u_1。在实际测量中，当缺乏必要的测量器具而只有精度较低的测量器具时，可采取以下两种方法处理。

1）比较测量法

（1）用现有测量器具按等于工件基本尺寸的量块调整零位，然后再测量工件，读出相对测量数据。

（2）现有测量器具测量等于工件基本尺寸的量块，得出测量器具的误差值，在测量工件时再进行修正。

2）扩大 A 值法

当所选用的测量器具的 $u_1'>u_1$ 时，按 u_1' 计算出扩大的安全裕度 A'（$A'=u_1'/0.9$），当 A'

不超过工件公差15%时，允许选用该测量器具，此时需要按*A'*数值确定上、下验收极限。

第二节 装 配

一、装配的概念

任何一台机器都是由许多零件和部件组成的。按照规定的装配精度和技术要求，将若干个零件和部件进行必要的配合与连接，并经调整、试验使之成为合格产品的过程称为装配。

零件是机器最基本的单元。相应地，将若干个零件安装在一个基础零件上面构成组件的装配称为组件装配；将若干零件、组件安装在另一个基础零件上而构成部件的装配称为部件装配；将若干个零件、组件、部件安装在一个较大、较重的基础零件上而构成产品的装配称为总装配。

二、典型零件的装配

1. 螺栓、螺母的装配

螺纹连接是机器中最常见的一种可拆卸固定连接。它具有装拆简便，调整、更换容易，易于多次拆装等优点。在装配工作中，常遇到大量的螺栓、螺母的装配，在装配中应注意以下各项。

（1）螺纹配合应做到螺母能用手自由旋入，既不能过紧，又不能过松，过紧会咬坏螺纹，过松会在螺纹受力后，使其易断裂。

（2）螺母端面应与螺纹的轴线垂直，以便受力均匀，零件与螺母的贴合面应平整光洁。为了提高贴合品质和防松，一般应加垫圈。

（3）装配成组螺栓、螺母时，为了保证贴合面受力均匀，应按一定的顺序拧紧，如图8-2-1所示的1～6，并且一次不能拧紧，应按顺序分两次或三次拧紧。

（4）螺纹连接应采取防松措施。

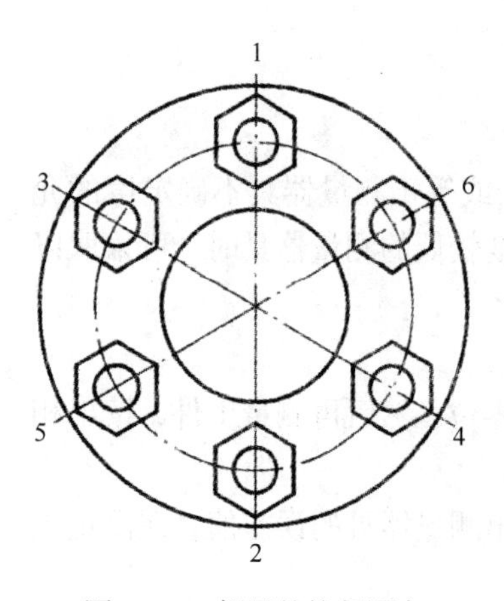

图8-2-1 螺母的拧紧顺序

2. 滚动轴承的装配

滚动轴承的装配多数为较小的过盈配合，常用锤子或压力机装。为了使轴承圈受到均匀压力，应采用垫套加压。

轴承往轴上装配时，应通过垫套施力于轴承内圈端面，如图8-2-2（a）所示；轴承压到机体孔中时，则应施力于外圈端面，如图8-2-2（b）所示；若同时将轴承压到轴上和机体孔中，则内外圈端面应同时加压，如图8-2-2（c）所示。

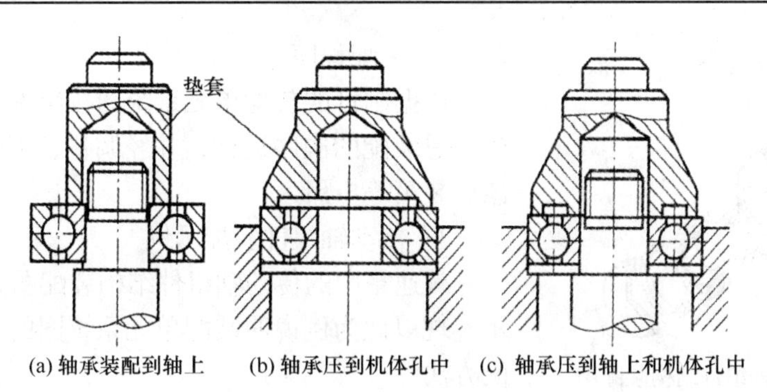

(a) 轴承装配到轴上　(b) 轴承压到机体孔中　(c) 轴承压到轴上和机体孔中

图 8-2-2　用垫套压装滚动轴承

若轴承与轴为较大的过盈配合，最好将轴承吊在 80～90 ℃的热油中加热，然后趁热装入。

3. 轴与传动轮的装配

传动轮（如齿轮、带轮、蜗轮等）与轴一般采用键连接，如图 8-2-3 所示。键与轴槽、轴与轮多采用过渡配合；键与轮槽常采用间隙配合或过渡配合。

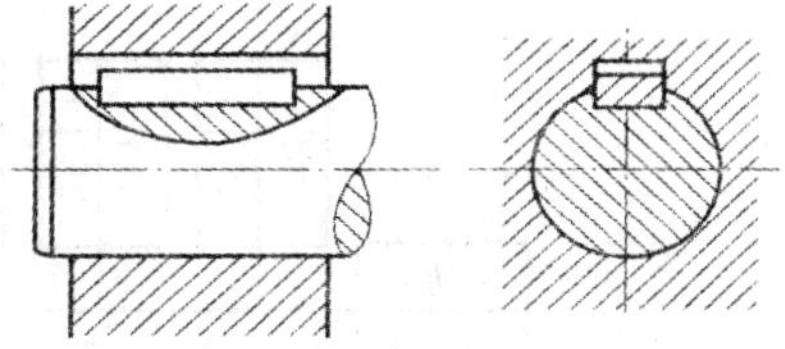

图 8-2-3　普通平键连接

在单件小批量生产中，轴、键、传动轮的装配要点如下。

（1）清理键及键槽上的毛刺。

（2）用键的头部与轴槽试配，使键能较紧地嵌入轴槽中。

（3）锉配键长，使键与轴槽在轴向为 0.1 mm 左右的间隙。

（4）在装合面上加机油，用铜棒或台虎钳（钳口座加通铜皮）将键压入轴槽中，并与槽底接触良好。

（5）试配并安装好传动轮，注意槽底部与键应留有间隙。

三、拆装工艺

1. 装配工艺及程序

1）制订装配工艺规程

装配前，研究和熟悉装配图的技术条件，了解产品的结构和零件的作用及相互连接的关系，确定装配的方法（有完全互换装配法、分组装配法、修配装配法和调整装配法等）和装配的工艺规程。

装配工艺规程是指导装配生产的主要技术文件，制订此规程是生产技术准备工作中的一项重要项目，对保证装配质量，提高装配生产效率，缩短装配周期，减轻工人的劳动强度等都有着重要的影响。

制订装配工艺规程，最主要的是划分装配单元，确定装配顺序。将产品划分为可进行独立装配的单元，是制订装配工艺规程中最重要的一个步骤。

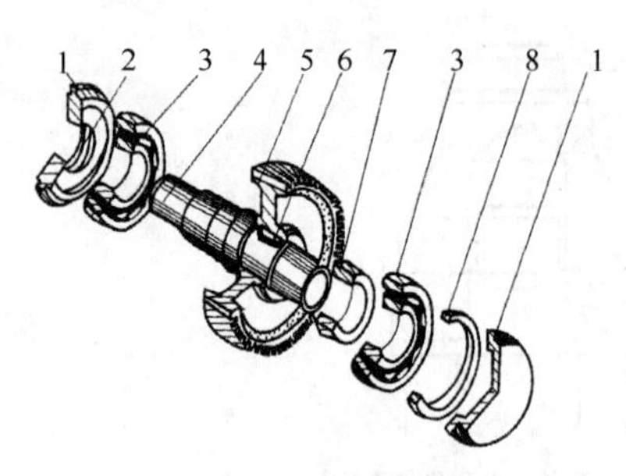

图 8-2-4　传动轴组件结构装配图

1—端盖；2—油封；3—滚动轴承；4—轴；5—齿轮；6—键；7—支撑环；8—调整环

2）装配程序

依据制订的装配单元系统图按组件装配—部件装配—总装配的次序进行，并经调整、试验、检验、喷漆、装箱等步骤。

3）传动轴组件装配示例

减速箱中的传动轴组件结构装配图如图 8-2-4 所示。现以此为例说明装配单元系统图的绘制方法和装配方法。

首先，介绍装配单元系统图的绘制方法。

（1）先画一条横线。

（2）横线的左端面一小长方格代表基准零件，在长方格中要注明装配单元的编号、名称和数量。

（3）横线的右端面一小长方格代表装配的成品。

（4）横线自左至右表示装配的顺序，直接进入装配的零件画在横线的上面，直接进入装配的组件画在横线的下面，如图 8-2-5 所示。

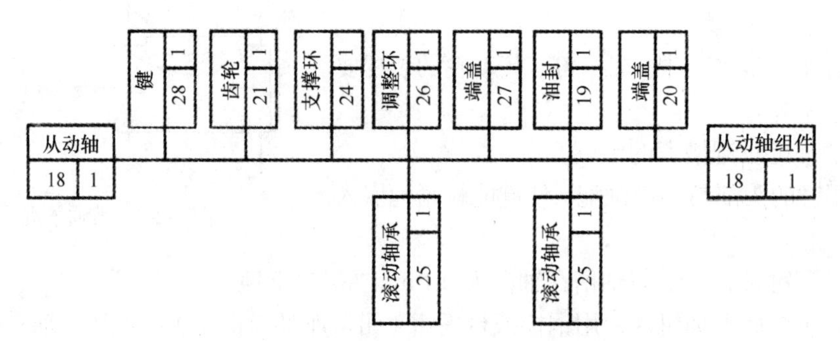

图 8-2-5　传动轴组件装配单元系统图

然后，介绍组件的装配方法。

（1）将键 28 装在基准件从动轴 18 上。

（2）装入齿轮 21。

（3）装入支撑环 24。

（4）装入滚动轴承 25。

（5）装调整环 26。

（6）装端盖 27。

（7）装另一滚动轴承 25。

（8）装入油封（毛毡）19。

（9）装入端盖 20。

装配后，用于转动调试。

2. 装配要求

（1）装配时，应检查零件与装配有关的形状和尺寸精度是否合格，检查有无变形、损坏等，应注意零件上的各种标记，防止装错。

（2）固定连接的零部件，不允许有间隙；活动的零件能在正常的间隙下灵活、均匀地按规定的方向活动。

（3）各种运动部件的接触表面，必须保证足够润滑，若有油路则必须使之畅通。

（4）各种管道和密封部件，装配后不得有渗漏现象。

（5）试车前，应检查各部件连接的可靠性和运动的灵活性，检查各种变速和变向机构的操纵是否灵活。

（6）根据试车情况进行必要的调整，但应注意不能在运动中调整。

3. 拆卸

机器使用一段时间后要进行检查和修理，这时要对机器进行拆卸。拆卸要注意如下几项。

（1）机器拆卸工作，应按其结构的不同预先考虑拆卸的顺序，以免先后倒置。拆卸的顺序应与装配的顺序相反，一般应先拆外部附件，然后按总成、部件进行拆卸。在拆卸部件或组件时，应按从外部到内部、从上部到下部的顺序，依次拆卸组件或零件。

（2）拆卸时，使用的工具必须保证对合格零件不发生损坏，尽可能使用专用工具（如各种拉出器、固定扳手、铜锤、铜棒等），严禁用硬手锤直接在零件的工作表面上敲击。

（3）拆卸时要记住每个零件原来的位置，防止以后装错。零件拆下后，要摆放整齐，严防丢失，配合件要做上记号，以免搞乱。

（4）紧固件上的防松装置，在拆卸后一般要更换，以避免这些零件在重新使用时折断而造成事故。

4. 装配质量与产品性能

装配是机械制造过程中的最后一个阶段。为了使产品达到规定的技术要求，装配不仅是指零、部件的结合过程，还应包括调整、检验、试验、油漆和包装等工作。

机器的质量是以机器的性能、使用效果、可靠性和寿命等综合指标来评定的。这些指标除与产品结构设计的正确性和零件的制造质量有关外，还与机器的装配质量有密切的关系。

机器的质量，即产品的性能、使用效果、可靠性等，最终是通过装配工艺来保证的。若装配不当，即使零件的制造质量都合格，也不一定能够装配出合格的产品。反之，当零件的质量不是很好时，但只要在装配中采取合格的工艺措施，也能使产品达到规定的要求。因此，装配质量对保证产品性能起着十分重要的作用。

另外，通过机器的装配，可以发现机器设计上的错误（如不合理的结构和尺寸等）和零件加工工艺中存在的问题，并加以改进，起到了在机器生产过程中作为最终检验环节的作用。

第九章　综合与创新训练

实习目的和要求

（1）了解工程训练中综合与创新训练的意义、如何进行创新训练。

（2）列举创新实例，了解单一工种综合创新训练及多工种结合综合创新训练。

第一节　工程训练全过程

综合是指把分析过程的对象或现象的各个部分、各属性联合成一个统一的整体，或是把不同种类、不同性质的事物按一定的规律有机地组合在一起。创新是把知识感悟和技术转化为能够创造新的价值、驱动经济增长、提高生活标准的新的产品、新的过程与方法和新的服务。创新是一个创造性过程，是开发一种新事物的过程。创新包括技术创新、工艺创新和组织管理上的创新。创新并非一定是全新的东西，旧的东西以新的形式出现是创新，模仿提高也是创新，总之，能够提高资源配置效率的新活动都是创新。本章旨在通过创新思维方法，让学生对在各个工种获得的比较零散的、难以掌握的冷热加工工艺加以综合运用，使获得的知识系统化、一体化，并希望为培养学生独立思考的能力、综合运用知识的能力、分析问题和解决问题的能力、创新能力打下一个良好的基础。

“工程训练”是一门实践性很强的技术基础课，是机械类各专业学习机械制造的基本工艺方法，完成工程基本训练，培养工程素质和创新精神的重要必修课。通过工程训练，同学初步具备了进行工艺分析和选择加工方法的能力，在主要工种上具有独立完成简单零件加工的实践能力，在此基础上，通过综合与创新训练，学生能进一步建立安全质量、环保、群体、责任、管理、经济、竞争、市场、创新等工程意识，具备初步的工艺创新能力。

一、综合与创新训练简介

“工程训练”是一门涉及面很广的复杂的教学课程，具有实践性强、与工程实际联系紧密等特点，在培养创新思维能力方面有着其他课不可替代的作用，因此在工程训练中非常适宜对学生进行创新能力的培养。在工程训练中进行综合与创新训练，就是通过有组织、有计划的训练形式，在训练过程中构建具有创造性、实践性的学生主体活动形式，通过学生主动参与、主动实践、主动思考、主动探索、主动创造，培养学生的创新意识。

传统的金工实习模式是围绕各个实习工种展开的，且以教师为主体，学生被动地按照他人设计的零件和工艺进行加工，在学生大脑中形成的是孤立和分散的机械加工工艺知识。他们无法对机械加工工艺过程形成系统的和整体的深刻印象，也就难以将工艺知识灵活地运用到生产实践中，去解决实际问题。

综合与创新训练是一个全方位培养和提高学生工程素质和创新意识的教学环节，它是将所学知识应用于工艺综合分析、工艺设计和制造过程的一个重要的实践环节，是学生获取分析问题和解决问题能力、创新思维能力、工程指挥和组织能力的重要途径。以学生为主体，学生变被动为主动，按照自己的意愿设计产品，制订加工工艺，通过教师的引导与提示，完成一件产品的整个设计与制造过程。教师起着引导制订方案、审核图样资料、协助设计工装、提供安全服务的作用。

综合与创新训练的过程主要有进行市场调研、设计产品方案、设计产品图样、设计加工工艺、加工产品零件和组装成品等环节。要求在教学目的、内容、工程训练报告等工程训练全过程贯彻创新思维的理念。

在工程训练中进行创新训练，要求指导教师不再是师傅带徒弟，不再是照本宣科，而是在对学生进行基本功训练的同时指导学生懂得从哪里得到知识，掌握获取知识的能力和方法，引导学生对未来的认识。指导教师要有创新精神、创新观念，才能培养出具有创新精神的学生。教师应改变传统的教学方法，改变教师要有一桶水才能倒给学生一瓶水的传统教学观念，要从一个送水的人转变成帮助学生找水的引路人。将“教育是有组织地和持续不断地传授知识的工作”的观念，转变为“教育被认为是导致学习的、有组织的及持续的交流活动”的观念，使教师从知识的传授者、教学的组织领导者转变成学习过程中的咨询者、指导者和合作伙伴。

二、综合与创新训练的意义

“创新是一个民族进步的灵魂，是国家兴旺发达的不竭动力。”高校作为我国培养人才的重要场所，关于创新人才的培养工作已经起步，已进行了很多探索，并取得了一定的经验。尤其是以清华大学傅水根教授为首的同仁经过多年的实践证明，在工程训练中进行综合与创新训练在培养基础宽、能力强、素质高和富于创新精神的工程技术人才和管理人才中起着重要的作用。

（1）可以锻炼学生的工程实践能力，提高质量、成本、效益、安全等工程素质，培养学生刻苦钻研、一丝不苟、团结协作等优良品质和工作作风，有利于锻炼学生在实践中获取知识的能力，有利于培养高素质的工程技术人才。

（2）可以激发学生的创新思维，培养学生创造性地解决工程实践问题的能力。学生在已掌握的工艺基础知识和操作技能的基础上，按照工程训练动员中教师布置的创新性训练题目，在教师的启发、引导下，把所学到的零散的知识加以综合并灵活地运用，提高分析问题、解决工程实践问题的能力，建立起与生产实践的密切关联。

（3）可以激发学生的工程训练兴趣和创造热情，培养学生的创新能力。工程训练中要求学生独立完成的创新产品要外形美观、工艺合理、经济适用。创新产品完成的过程中，学生既可以采用普通的切削加工技术又可以采用现代加工技术，开拓了学生的视野，培养了学生的创新能力，提高工程训练的积极性和主动性，使学生工程训练由被动转变为主动。

综合与创新训练计划还为学生创造了与教师密切联系、平等交流和合作的机会及有利的条件，在培养高素质的工程技术人才的过程中具有重要地位和作用。

三、思维方式及创造性

思维是运用大脑分析、解决问题或得出结论的过程，是人们对事物的理性认识活动。

只有大脑深层次的思考和认识活动，才具有创造性。因此，要善于引导学生在工程训练的过程中进行深度思维。为了更好地在工程训练中创新，应了解各类思维形式及其创造性，以便更好地在工程训练全过程中进行运用。

（1）发散思维。发散思维是以某个问题为中心点，从这里出发，寻觅多种方法，向四面八方展开，既不受一定的方向和范围的限制，又不受任何条件的约束，在广阔的领域里探索问题新答案的一种开放性的思维活动。应用时注意防止思维过度扩散、停留于表面而一事无成，应和集中思维有机结合。

（2）集中思维。集中思维是人们在寻求某个问题答案时，把该问题作为研究中心，从不同方面、不同角度对这个问题进行反复探讨，来揭示其本质属性和规律。当问题一直都得不到解决时，集中思维应与发散思维有机地结合，避免过度集中，而使思维僵化。

（3）系统思维。系统思维是把事物作为一个多元素和多层次并相互作用、相互依赖的统一有机体而进行思考的活动。系统思维在大的科学工程项目中是绝对不可缺少的一环。

（4）直觉思维。直觉是直接领悟的思维活动，或者说，是通过对事物的直觉感，对其做出猜测、设想或顿悟的思维活动。这里的顿悟是事先未经准备的，不含有逻辑推理的活动，但在一瞬间的顿悟中，理性活动和抽象化的形象交叉其中进行。“实验物理的全部伟大发现都来源于一些人的直觉”，在一定情况下，直觉对创新活动是起作用的。顿悟不会凭空产生，只有在思维活动积累到一定程度的情况下才会产生。

（5）形象思维。形象思维是人们凭借对事物的具体形象和表象进行联想的思维活动。其作用是能使深奥的理论变得简明，有助于产生联想，促进创新思维进程。

（6）灵感思维。灵感思维是用已知的知识探索未知的答案，在构思中所产生的超智力的思维活动火花。灵感在创新者的头脑里停留的时间极短，所以当创新者获得灵感时，应立即把它记录下来，否则，很快会在大脑中消失。

（7）逆向思维。逆向思维是跳出束缚人们思路的习惯性思维，用挑剔的眼光多问几个为什么，甚至是把问题加以颠倒，反向探求，倒转思考的一种思维方式。逆向思维有时可能会有意想不到的收获。

（8）“两面神”。“两面神”是人们在进行创新思维活动时，要同时构思出两个或多个并存的、同样起作用（或同样正确）的、相反（或对立）的概念（或思想或形象）。运用“两面神”思维不是一件易事，但它蕴藏着巨大的创造力，已成为现代科学家创新中的主要思维方式。

（9）想象式思维。想象式思维是人脑中所储存信息之间的联系，经过重新加工、排列和组合而形成新的联系的过程。历史上，许多科学家之所以有创新，想象起了很大的作用。

四、工程训练全过程进行创新训练

每个大学生都具有创新的潜质和潜力，如何发掘大学生的潜质，使其创新的潜力释放呢？应该在工程训练全过程贯穿创新思维培养、参与创新训练。具体体现在工程训练动员、工程训练内容、工程训练方法、工程训练报告方面的创新。

1. 工程训练动员创新

好的开端等于成功的一半，如果工程训练动员能引人入胜，那么工程训练就成功了一半。一个生动的工程训练动员，能使同学在疑问、好奇、兴奋、快乐中度过。

针对一些同学不愿意进行热加工训练的现状，可以利用集中思维方式教育学生，可以列举下列事实：在河北石家庄藁城出土的商代铁刃铜钺，它是我国发现的最早锻件，这证明3000年前我国就掌握了锻造技术。同时我国又是应用铸造技术最早的国家，在1939年河南安阳出土的青铜祭器司母戊大方鼎，便是3000多年前的商朝冶铸的。这个大方鼎重达875 kg，体积庞大，花纹精巧……这些事实证明，我国古代在热加工工艺方面的科学技术远远超过同时代的欧洲。现在，我国已成功地进行了耗钢水达490 t的轧钢机架铸造、锻造能力达12 kt水压机的生产、50 kt远洋油轮的焊接。从上面的热加工工艺史可知，热加工工艺是在实践当中发展起来的一门学科，作为一名工程技术人员，掌握一定的热加工工艺和毛坯的生产知识，对今后的工作是非常有必要的……这种集中思维的教育方式，使同学深刻认识到一个不懂热加工工艺的人员，不是一个好的工艺人员。

在工程训练动员时，还应给学生讲解创新训练的意义及方法，并且给学生布置创新性训练题目，如布置学生进行创新设计，制作各种产品，要求该产品美观、经济、实用。从资料检索到工程训练作品的构思、设计、制图，再到毛坯的选择、零部件的加工制作，最后到整体的装配，要求学生独立完成或以组为单位协作完成。

在工程训练动员中要求学生在工程训练中不但要动手实践，而且要积极开动脑筋，细致观察工程训练中机床、工具、夹具、量具及工艺方法的每一个细节，去发现问题和提出问题。在工程训练结束后，提交一份创新思维报告。

2. 工程训练内容创新

在工程训练内容方面，不仅要注重系统传授冷热加工工艺内容，重视“无探索性”问题，重视智力因素的培养，而且要注重灵活施教，重视“有探索性”问题，重视非智力因素的培养。应注意的是，工程训练内容的新颖绝不等于工程训练内容的创新。重点应该偏重思维能力的训练，强化智力开发，挖掘大脑潜能，而不应该偏重系统传授知识，强化记忆力，对大脑功能不开发或开发较少。

例如，在学习机床结构时，可以探索第一台机床是如何生产出来的：机床是用来制造机器的机器，所以也称为工作“母机”。既然如此，机床和机器之间就好比“鸡”和“蛋”之间的关系，那么第一台机床是如何产生的呢？这种逆向思维式的质疑，使学生的思维处于激发状态，就像一粒石子在学生的脑海中激起千层浪，从而诱发学生与教师同步思维，达到学生与教师的思维共鸣。

又如，在学习电火花加工时还可以利用逆向思维方法探索创造性加工的问题：机床（母机）的精度总要比被加工零件的精度高，这一规律称为"蜕化"原则，或称"母性"原则。对于精密加工和超精密加工，由于被加工零件的精度要求很高，用高精度的"母机"有时甚至不可能，这时可否利用精度低于工件精度要求的机床和设备呢？如果用了，这与传统的机械加工格格不入，与"人巧不如家什妙"相违背，与工欲善其事，必先利其器不统一……当学生的思维调动起来之后，可以接着学习电火花加工，电火花加工能借助于工艺手段和特殊工具，直接加工出精度高于"母机"的工件，这是直接的"进化"加工。而用较低精度的机床和工具，制造出加工精度比"母机"精度更高的机床和工具（即第二代"母机"和工具），用第二代"母机"加工高精度工件，为间接式的"进化"加工，称创造性加工。

再如，学习确定刀具角度的几个辅助平面时可以采用形象思维的方法，用教室内的同学比较熟悉的墙壁做比喻，前面的墙就相当于主剖面，侧面墙就相当于切削平面，水平的地面就相当于基面，这三面墙在空中无论怎样旋转都是互相垂直相交的，同理，确定刀具角度的几个辅助平面无论在空中怎样旋转也都是互相垂直相交的。当刀具的主偏角为 90°时，三个辅助平面的位置和前面的墙壁、侧面墙壁、地面的位置是一致的。通过这种形象思维的训练方法，发现同学会很快掌握这一难点内容。既传授了知识，又培养了学生的思维能力。

在工程训练内容方面，不断充实探索性问题，可以使工程训练得到事半功倍的效果。

3. 工程训练方法创新

因为工程训练的目的不仅是掌握知识，提高知识水平，而且是要活学活用知识，发现新知识。掌握知识、提高知识水平固然重要，但更重要的是如何活学活用所学的知识，这样才能使所学的知识放射出光彩，发挥其应有的作用。因此，在工程训练方法上应重在激发学生的思维能力，教会学生怎样创新，而不只是灌输知识，完成教学任务。单纯地灌输知识、培养学生运用知识解决问题的能力固然重要，但更重要的是培养学生的思维能力。思维能力人人都有，关键在于如何激发。在教学中，教师应注重教学活动的均衡性，要避免重逻辑思维能力轻创新思维能力培养的倾向。要克服从众心理，培养学生独立思维的习惯；克服凡事正向思维、定向思维的习惯，培养学生的逆向思维、侧向思维、立体思维、发散思维等多种思维形式。

在工程训练过程中除了考核学生对基本加工工艺、装夹方式、刀具与量具的使用及设备的操作技能等问题的掌握程度，教师可引导学生采用不同的材料、不同的切削用量、不同的工艺路线等去加工同一零件，分析所加工的零件为什么会存在质量差异，以加强学生的工艺分析能力。

例如，车工训练前布置给学生设计任务，让他们设计出一个综合件，这个综合件要求只用车工工艺（因为这时其他工艺还没有学习），在车工训练中学生边学习车工工艺知识，边进行综合件的设计，设计了如蜡台、火炬、运载火箭、组合手柄等，在车工工艺学完之后，指导教师开始检查本组学生的综合件图纸及工艺，检查合格后再加工成产品，这种设计活动的开展，发挥了学生的聪明才智，培养了学生的创新意识和创新能力，从而大大提高了工程训练质量。

又如，在钳工训练时，可以增加一项由学生自行设计并制造完成的创新项目。仍然要求学生自行独立完成选材、结构设计、毛坯制作、加工路线安排、成品的加工制作。在创新项目完成的过程中指导教师根据出现的不同问题及时进行启发，让学生通过查阅书籍、资料加以解决。例如，可以设计学校的校徽、各部门的标志、食品的商标、测量用的多功能卡钳、多功能直尺等。在这个过程中学生进行了材料的选用、零件结构的设计、技术参数的确定和加工工艺选择的一次综合性演练，使理论与实践得到了很好的结合，从而启发了学生的思维，激发了学生的责任心和求知欲，使学生保持了浓厚的工程训练兴趣，发挥了学生的创造力。这种工程训练模式提高了学生的创新意识及工程训练的积极性，使学生变被动为主动，由“要我训练”转变为“我要训练”。

工程训练中应该教育学生大胆怀疑，敢于和指导教师争论，敢于向学术权威挑战。在过去相当长的一段时间内，人们认为知识是人类经验的积累和升华，教学过程中掌握知识是最重要的内容，而现代知识观则认为知识具有主观性、相对性，认为知识是对现实的一种假设、一种解释，因此，反对“唯师是从，墨守成规，循规蹈矩，恭顺温驯，迷信学术权威”。教师对待学生应该宽宏大量，允许学生标新立异。教师可根据教学内容利用发散性思维、逆向思维等方法激发学生的想象力，因为“想象力作为一种创造性的认识能力，是一种强大的创造力量，它从实际自然所提供的材料中，创造出第二自然”。知识是有限的，而想象力却是无限的，它推动着社会的进步，成为知识进化的源泉。

4. 工程训练报告创新

工程训练创新应该注重多出创新成果。不但要鼓励已转化为生产力的创新成果，而且要鼓励没有转化为生产力的创新成果，如一个创新的设计、一个创新的思想、一个创新的小产品等。在工程训练效果方面不容忽视的是创新的思想，因为没有创新思想，就不可能有将来转化为生产力的创新成果。创新思想是孕育着创新成果的胚芽。训练过程中，随着学生对机械加工工艺知识的不断积累，他们的构思会不断成熟。当完成基本功训练进入设计制作阶段时，大部分学生已经完成了自己的设计。经教师检查无误后，学生可以进行创新制作。在检查过程中，教师引导学生独立思考，学生勇于发表不同的意见，并和教师探讨自己的其他设计方案，最后优化出合理的方案。在工程训练结束时，根据工程训练动员的要求，每一个同学交一份创新思维报告。创新思维报告最早是在 1999 年由傅水根教授提出并率先在清华大学实施的。报告应对工程训练中所用的机床、工、夹、量具等一两个具体问题提出改进思路，也可以是日常生活中的新思路、新想法，甚至是对制造行业的现状和发展进行思考。创新思维报告可以促使学生更加热爱制造业，激发学生工程训练的积极性和创造热情，因此这一创新的做法目前已被一些院校借鉴使用。

创新思维的创造力量是巨大无穷的，难以用公式定量地加以描述，工程训练的创新形式是多种多样的，难以定性地加以说明。每一种形式的创新思维又有着各自应用的场合和时空性。在高校应将创新的思想融入包括工程训练的每一个教学环节当中，这样才能使“创新之树常青”。

第二节　创 新 实 例

创新包括技术创新、工艺创新和组织管理上的创新，本节主要介绍结合工程训练进行的单工种工艺创新和多工种工艺创新训练实例。

一、结合工程训练进行综合创新训练过程

在工程训练中进行创新训练，可以综合单一工种的工艺进行，也可以综合多个工种的工艺进行，主要包括以下几个方面。

（1）学习各类思维方法，熟悉各类思维及其在创造中的启发。

（2）根据创新设计任务，学生检索并搜集资料，独立制订一种或多种设计方案。

（3）教师审核设计方案，并和学生共同分析所设计的零、部件的结构工艺性和技术要求是否合理，如外形和内腔结构的复杂程度、装配和定位的难度、各零件的尺寸精度和表面粗糙度的高低、生产批量的大小等。教师在审核方案的过程中，引导学生确定结构合理、技术可行、经济适用、外形美观的零、部件为最终设计方案。

（4）学生根据零件的结构工艺性和性能要求选择合适的材料与制造方法。要分析材料的铸造性、锻造性、焊接性、切削加工性及冲压性能，以便确定合适的材料成型和机械加工方法。

（5）编制工艺卡片或数控程序。

（6）进行加工、制造和装配。按照相关的工艺卡片或数控加工程序进行材料的成型和加工，测量各零件的尺寸精度、形状精度、位置精度和表面粗糙度，选购相关标准件进行部件的装配和调试。

（7）零件和部件的质量分析及创新思维报告。对零件和部件的内部质量、外观质量、尺寸精度、位置精度和表面粗糙度进行综合分析，总结优缺点，对不足之处提出创新方案，并写创新思维报告。

（8）收获及体会。说明自己通过创新训练在创新思想、动手能力、实践技术、获得知识的能力、分析问题和解决问题的能力等方面有哪些收获与体会，并对训练做出自己的评价，提出自己的建议。

二、结合单一工种进行综合创新训练实例

工程训练的每个工种，如车工、铣工、刨工、磨工都可以进行综合创新训练。下面举几个单一工种进行创新训练的例子，以启发同学的思维。

1. 车工综合创新训练实例

在车床上能加工外圆、端面、内孔等，这些都是回转体表面，那么能不能加工非回转体表面呢？例如，能不能加工椭圆？

如果用习惯性思维方法，车床主轴带动工件的回转运动为主运动，刀具的纵向或横向

移动为进给运动，这种运动方式肯定是加工不出非回转体表面的。

现在用逆向思维的方法，让工件和刀具的位置变换，得出的结果却大不一样。如图 9-2-1 所示，工件 4 装在中滑板上，可以随中滑板做纵向或横向进给。联轴器 6 一端与三爪自定心卡盘相连，另一端与刀杆 2 相连，刀杆 2 由支架 1 和支架 5 支承，并与工件轴向间夹角为ϕ。镗刀 3 装在刀杆 2 上。主轴旋转时带动刀杆 2 旋转，刀杆 2 又带动镗刀 3 旋转，实现了刀具的旋转运动为主运动。这样，镗刀 3 做旋转运动，工件 4 纵向进给，便可车出椭圆。为了车出符合要求的椭圆，应注意以下两点：

（1）保证镗刀 3 的刀体与刀杆 2 垂直，且镗刀 3 的刀体与工件 4 的径向之间的夹角为ϕ。

（2）镗刀 3 的刀体与工件 4 的径向之间的夹角ϕ为 b/a。其中，ϕ为镗刀刀体与工件径向之间的夹角（°），a 为椭圆长轴（mm），b 为椭圆短轴（mm）。

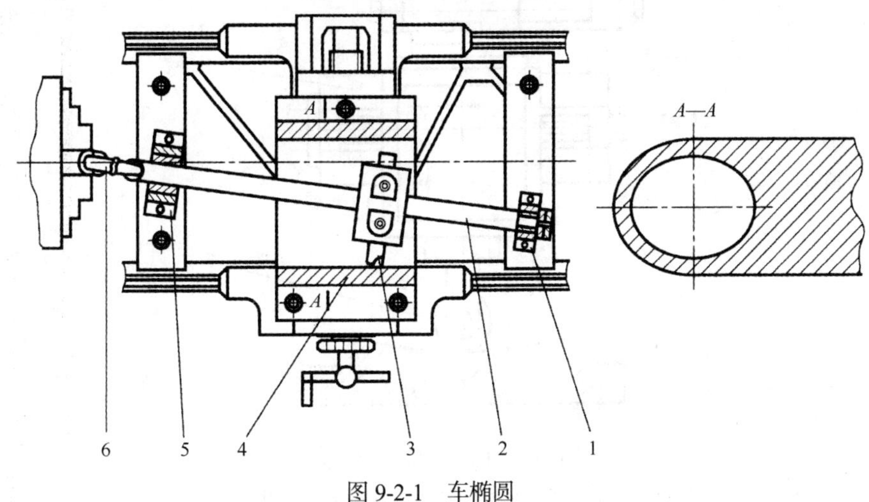

图 9-2-1　车椭圆

1，5—支架；2—刀杆；3—镗刀；4—工件；6—联轴器

2. 刨工综合创新训练实例

在刨床上可以加工 V 形槽、燕尾槽等沟槽，如何加工呢？如果大批量刨削尺寸较大的凹圆弧面，可以用逆向思维、发散思维和集中思维相结合的方式来解决这样的问题。用集中思维方法的目的是避免思维过度发散，远离要求的结果，避免加工质量达不到要求。分析思路如下。

（1）用现有的设备及机床附件加工。如果凹圆弧面尺寸较小，可以用成型刨刀加工；凹圆弧面尺寸较大，可以将刀架的垂向进给和工作台的间歇横向进给相结合，用尖头（圆头）刨刀加工。但这两种方法生产效率都较低，只适合单件小批量生产，而题目要求的是大批量生产。

此方法行不通，还要考虑其他方法。

（2）联想车床加工成型面用的靠模法。

此方法可行，可以设计靠模。

（3）设计靠模结构。图 9-2-2 所示为用靠模刨凹圆弧面。靠模 8 中间一段圆弧面和加工后的工件 3 的圆弧面是一对形状相反的圆弧面。将工作台 6 的垂直丝杠拆出，下边装上滚轮 7，在工作台的自重下，滚轮 7 支承在靠模 8 上，当工作台纵向间歇进给时，滚轮沿靠模面滚动，带动工作台上面的工件对刨刀做曲线运动，刨出与靠模 8 形状相反的圆弧面。

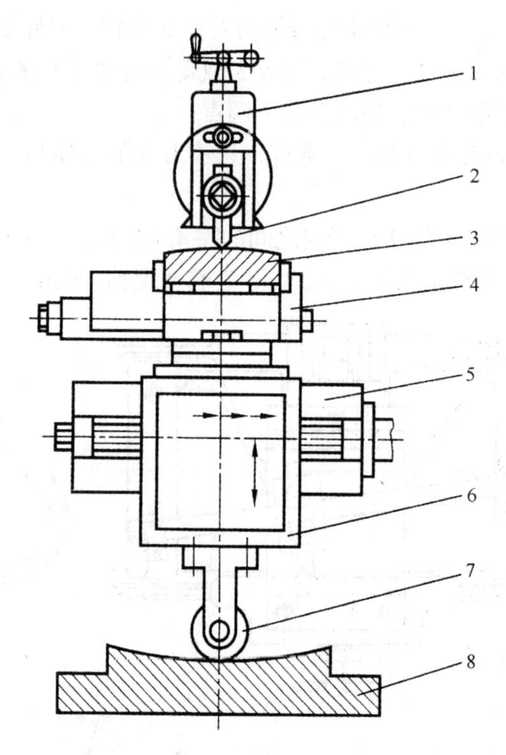

图 9-2-2　用靠模刨凹圆弧面

1—刀架；2—刨刀； 3—工件；4—机用平口钳；5—横梁；6—工作台；7—滚轮；8—靠模

3. 铣工综合创新训练实例

在铣床上可以加工各种沟槽，如果要求在某轴的两侧铣键槽，该如何保证键槽的对称度呢?

如果用习惯性思维方法，那只能选用标准的 V 形块，结果加工完一侧的键槽后，无法保证另外一侧键槽的位置精度。

如果用发散思维方法，以保证键槽对称度为中心点，寻觅多种方法，不受标准 V 形块的约束，以设计非标准 V 形块。正是这种开放性的思维活动，满足了保证键槽对称度的要求。如图 9-2-3 所示，在自行设计的非标准 V 形块 1 的中部，有一个圆柱孔，用以和圆柱销 4 配合。加工轴上一侧键槽时，先不插入圆柱销 4。当加工轴上另一侧键槽时，再将圆柱销 4 的一侧插入非标准 V 形块 1 的中部孔内，圆柱销 4 的另一侧则对刚刚加工完的键槽起定位作用，这样就能保证另一侧键槽的对称度了。

4. 磨工综合创新训练实例

材料为 W18Cr4V，硬度为 HRC66 的某矩形板长 200 mm，宽 60 mm，要求磨削该平板的上、下两平面，尺寸 7 mm，平行度公差为 0.01 mm，表面粗糙度 *Ra* 值为 0.4 μm。

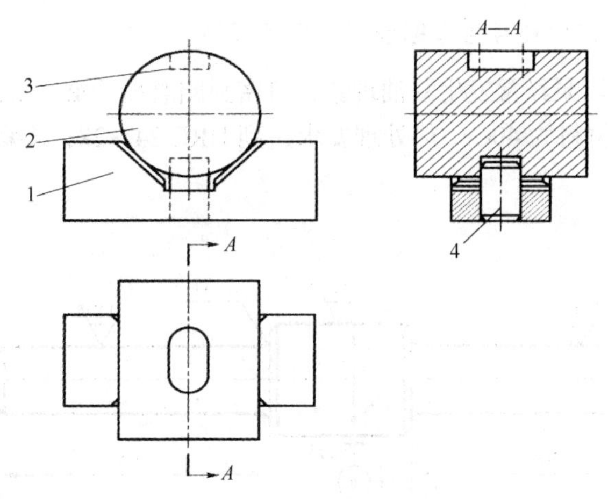

图 9-2-3　铣轴两侧键槽

1—非标准 V 形块；2—工件；3—键槽；4—圆柱销

分析思路如下。

1）常规磨削工艺

（1）合理选择和修正砂轮。选择磨料为白刚玉（WA）的砂轮，由于材料硬，磨削力大，应选择粗粒度、硬度软的砂轮。为了分散磨削时的磨削力，将砂轮修整成台阶状。

（2）将工件装夹在电磁吸盘上。

（3）粗磨、精磨分开进行。

（4）采用乳化液，以降低磨削区温度。

但是，检查常规工艺磨削的工件，发现平行度公差超过了 0.01 mm。

2）改进磨削工艺

（1）分析出现质量问题的原因：工件比较薄，当被电磁吸盘吸紧时，已发生弹性变形，磨削后取下工件，由于弹性恢复，磨平的表面又产生翘曲。

（2）在工件和电磁吸盘间垫入一层 0.5 mm 以下的橡胶皮或纸片，以减少电磁吸盘的吸力，减少工件的弹性变形，但此种方法适合磨削力较小的场合。

由于本工件较硬，磨削力较大，不适合用上述方法。

（3）跳出常规装夹工件的思维方式，将夹紧力改变 90°，采用压板螺栓从侧面夹紧。由于工件宽度方向的刚度较大，不会产生较大的夹紧变形。待磨平一个平面后，再将工件吸在电磁吸盘磨削。

改进夹紧力的方向后，工件的平行度公差符合要求。

三、结合多个工种进行综合创新训练实例

在完成各个工种的基本工艺知识的学习和操作技能训练后，可以结合多个工种进行综合创新训练，这期间教师的任务是，对设计方案引导启发并允许学生犯错误，对设计图纸的审核并引导同学思考加工中会遇到哪些问题，对制作过程中所用的工、夹及量具的准备，

在学生零件加工或装配过程中做必要的协助，以及提供工程训练安全保障。

1. 车工、磨工、热处理与钳工综合创新训练实例

某工厂生产的液压泵经常发生漏油现象，且密封圈磨损严重、寿命低。图 9-2-4 所示为活塞杆的零件图，材料为 40Cr，热处理要求达到 HRC 24～28，试编制活塞杆制造工艺。

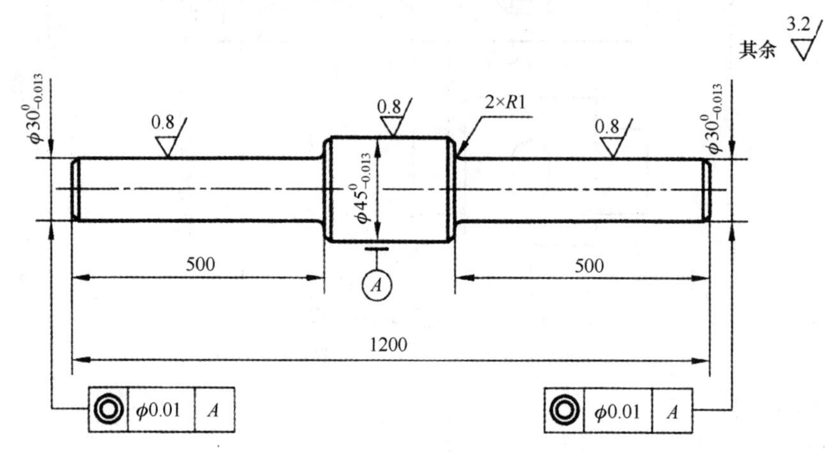

图 9-2-4 活塞杆零件

原活塞杆的制造工艺如下。

工序 1 下料：ϕ50 × 1205。

工序 2 车：粗车及半精车外圆及端面至ϕ48 × 1202。

工序 3 检验：超声探伤。

工序 4 车：按工序图一（图 9-2-5）粗车、半精车工件各段外圆及端面，倒圆角 *R*1，锐边倒角 *C*1。

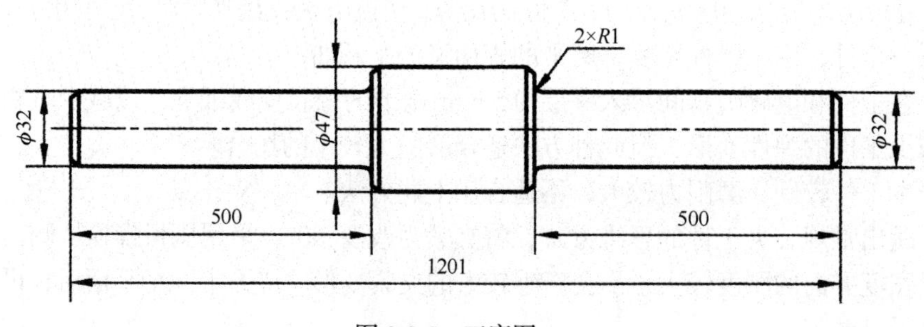

图 9-2-5 工序图一

工序 5 热处理：调质 HRC 24～28。

工序 6 车：按工序图二（图 9-2-6）粗车、半精车各尺寸，打两端中心孔 A3。

工序 7 磨：磨 $\phi45^{0}_{-0.013}$、$\phi30^{0}_{-0.013}$ 外圆至尺寸。

工序 8 检验：表面验伤。

工序 9 检验：终检合格后油封入库。

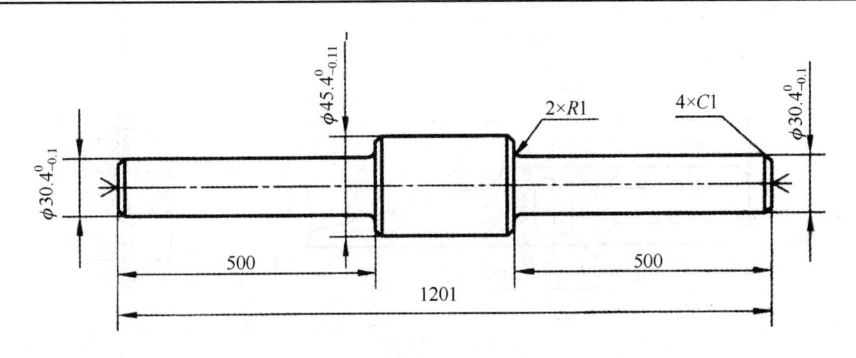

图 9-2-6　工序图二

由以上加工工艺过程可见活塞杆的最后一道机加工工序是磨外圆。将活塞杆磨后外圆表面的微观几何形状放大，可以观察到外圆表面实际轮廓存在凸凹不平。当液压泵工作时，活塞杆沿轴线做直线往复运动，运动会对固定不动的橡胶密封圈造成很大的磨损，以致漏油。

如何改变这一状况呢？首先想到的是采用精密磨削提高活塞杆表面质量，降低其表面粗糙度数值，但这样做会加大加工难度，尤其是对于细长杆，其加工成本很高。因此，考虑应采用一种既经济又简单的工艺方法解决以上问题，经试验采用以下方法：活塞杆外圆经过磨削后，增加一道钳工工序，即用金相砂纸沿轴向抛光，用此工序改变活塞杆外圆加工纹理的方向，使之与轴向及运动方向一致。通过上述措施，既解决了漏油问题，又解决了密封圈寿命低的问题。

2. 车工、钳工、数控加工综合创新训练实例

（1）已知锤柄零件图，设计锤头零件图。

图 9-2-7 为事先设计好的锤柄，请学生根据这张图样，用想象式思维的方式加工出自己设计的锤头零件，要求锤头零件能够与图 9-2-7 中的锤柄配合。

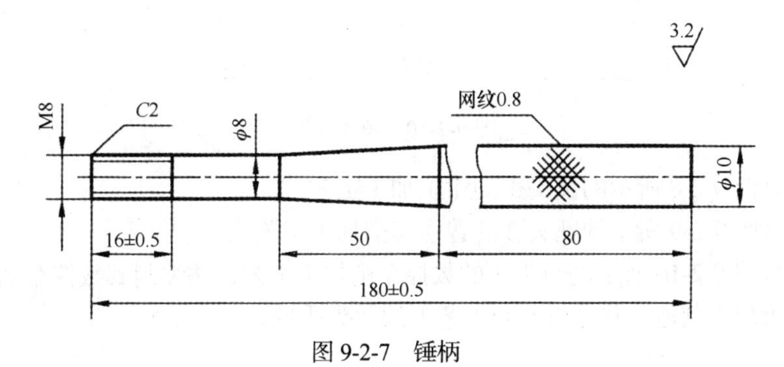

图 9-2-7　锤柄

结果学生按照自己的意愿设计出各种各样的与锤柄相配合的锤头工件，图 9-2-8～图 9-2-10 为众多锤头当中的三种。

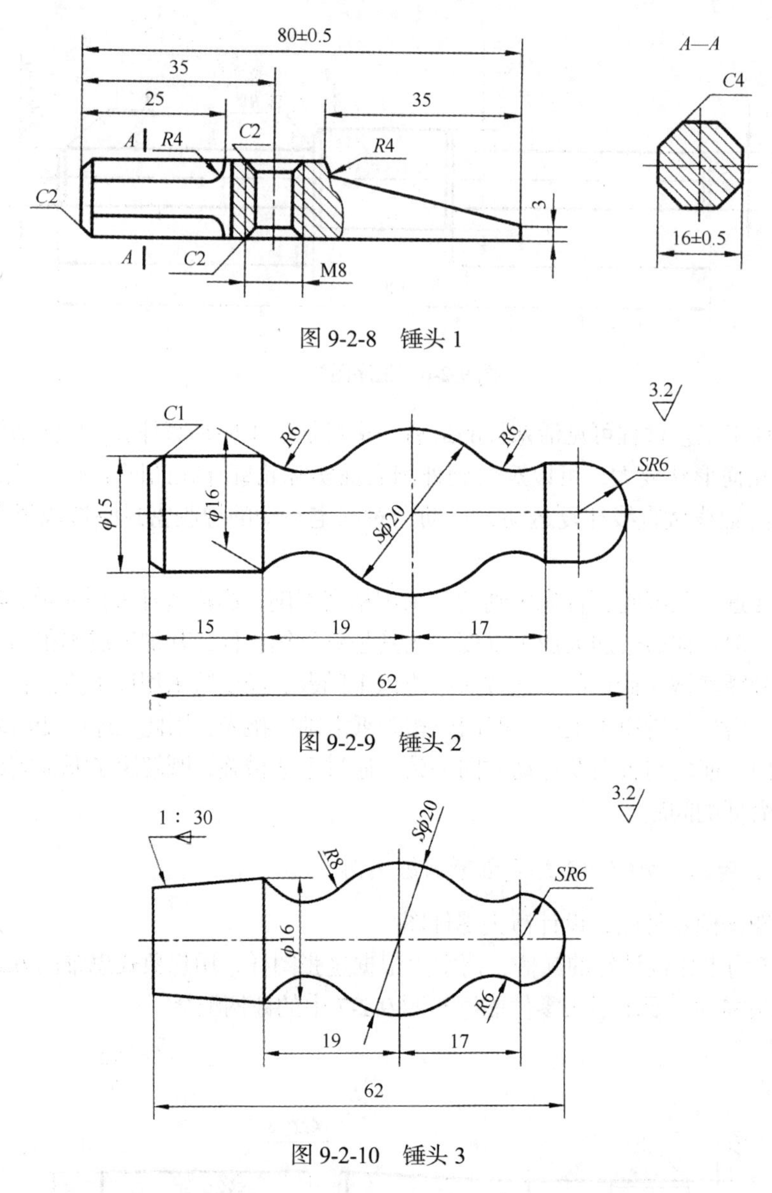

图 9-2-8　锤头 1

图 9-2-9　锤头 2

图 9-2-10　锤头 3

（2）制订图 9-2-8 所示的锤头 1 的钳工加工工艺。

（3）制订图 9-2-9 所示的锤头 2 的普通车削加工工艺。

（4）制订图 9-2-10 所示的锤头 3 的数控车削加工工艺，并编制其数控车削加工程序。

（5）进行加工制造，并分析不同工艺下的锤头质量。

参 考 文 献

蔡志楷, 梁家辉, 2017. 3D 打印和增材制造的原理及应用[M]. 北京: 国防工业出版社.

柴畅, 2016. 互换性与测量技术基础[M]. 2 版. 合肥: 中国科学技术大学出版社.

丛娟, 2007. 数控加工工艺与编程[M]. 北京: 机械工业出版社.

董欣, 2017. 金工实习[M]. 2 版. 武汉: 华中科技大学出版社.

郭永环, 姜银方, 2017.工程训练[M]. 4 版. 北京: 北京大学出版社.

贺文雄, 张洪涛, 周利, 2010. 焊接工艺及应用[M]. 北京: 国防工业出版社.

孔小东, 2015. 船舶工程材料[M]. 北京: 科学出版社.

李建明, 2010. 金工实习[M]. 北京: 高等教育出版社.

李启友, 常万顺, 李喜梅, 2011. 金工实训教程[M]. 武汉: 华中科技大学出版社.

李省委, 胡书烟, 2017. 金工实习[M]. 北京: 北京理工大学出版社.

李镇江, 付平, 吴俊飞, 2017. 工程训练[M]. 北京: 高等教育出版社.

廖念钊, 等, 2012. 互换性与技术测量[M]. 6 版. 北京: 中国质检出版社.

庞学慧, 2015. 互换性与测量技术基础[M]. 2 版. 北京: 电子工业出版社.

孙付春, 李玉龙, 钱扬顺, 2017. 工程训练[M]. 成都: 西南交通大学出版社.

王国华, 胡旭兵，2016. 金属工艺学实习教程[M]. 北京: 清华大学出版社.

王海文, 毛洋, 2017. 金工实习教程[M]. 武汉: 华中科技大学出版社.

王红梅, 赵静, 2011.机械创新设计[M]. 北京: 科学出版社.

王世刚, 2017. 工程训练与创新实践[M]. 2 版. 北京: 机械工业出版社.

王运赣, 王宣, 2014. 3D 打印技术[M]. 武汉: 华中科技大学出版社.

杨钢, 罗天洪, 2017.工程训练与创新[M]. 北京: 科学出版社.

杨叔子, 2012. 数控加工[M]. 北京: 机械工业出版社.

于杰, 2014. 数控加工工艺与编程[M]. 2 版. 北京: 国防工业出版社.

曾海泉, 等, 2015. 工程训练与创新实践[M]. 北京: 清华大学出版社.

周兆元, 李翔英, 2018. 互换性与测量技术基础[M]. 4 版. 北京: 机械工业出版社.